CATIA 数字样机——运动仿真技术

（第 4 版）

刘宏新 郭丽峰 编著

机械工业出版社

本书涵盖数字样机运动仿真的全部技术环节，融入教学与工程应用过程中的经验和技巧，设置旨在训练综合应用能力的多类复杂运动机构实例。知识点内容在保持有机联系的前提下又不失其相对独立性与完整性，力求全面、实用、系统。

本书出版以来，深受广大读者的欢迎，多次重印及改版，持续完善。为适应信息化时代的学习需求，本次修订的主要内容一是优化图片配置、精练文字表达、补充特征示例，二是利用视频信息与互联网技术，为书中全部知识点配套建设了在线教学资源，通过扫描章节中插入的二维码可直达对应内容的视频讲解与电子教案，专业辅导随时在你身边。全书的结构体系与内容编排既便于机械工程领域的读者系统地学习数字样机运动仿真技术，又适合工程技术人员对在数字样机运用工作实践中遇到的技术难点及问题进行查询。

图书在版编目（CIP）数据

CATIA 数字样机：运动仿真技术/刘宏新，郭丽峰编著. —4 版. —北京：机械工业出版社，2021.10

ISBN 978-7-111-69192-1

Ⅰ. ①C… Ⅱ. ①刘… ②郭… Ⅲ. ①机械工程－计算机仿真－应用软件 Ⅳ. ①TH-39

中国版本图书馆 CIP 数据核字(2021)第 190745 号

机械工业出版社（北京市百万庄大街 22 号 邮政编码 100037）
策划编辑：曲彩云　　责任编辑：曲彩云
责任校对：刘秀华　　责任印制：李　昂
北京中兴印刷有限公司印刷
2021 年 10 月第 4 版第 1 次印刷
184mm×260mm · 17.75 印张 · 437 千字
标准书号：ISBN 978-7-111-69192-1
定价：66.00 元

电话服务　　网络服务
客服电话：010-88361066　机　工　官　网：www.cmpbook.com
010-88379833　机　工　官　博：weibo.com/cmp1952
010-68326294　金　书　网：www.golden-book.com

封底无防伪标均为盗版
机工教育服务网：www.cmpedu.com

前　言

中国传统设计思想认为精神是造物设计的原动力，同时又对精神与物质的辩证关系有着深刻的认识与理解，正所谓“君子生非异也，善假于物也”。“数字样机（DMU，DIGITAL MOCK-UP）”是当今的“物”，可以简单地理解为由计算机呈现的、可替代物理样机功能的虚拟现实。通过数字样机，设计者可以创建、验证、优化和管理从概念到售后的产品生命周期的全过程，团队成员能够根据协议共享数字资源。数字样机技术以计算机辅助技术 CAX（CAD、CAM、CAE、CAPP、CIM、CIMS、CAS、CAT、CAI）和以产品生命周期为范围的设计技术 DFX（DFA、DFM、DFC、DFV、DFG、DFL）为基础，以机械系统运动学、动力学、材料学和控制理论为核心，融合虚拟现实、仿真、三维图形等技术，将分散的产品设计、制造与销售等过程有机地集成在一起。数字样机可以降低，甚至脱离对物理样机的依赖，是现代机械工业领域高端技术的代表，能够运用数字样机技术于复杂工程实践也是当前优秀工程师的基本素养。

运动仿真是数字样机的重要功能之一，也是 CATIA 的特色模块。编者针对运动仿真的核心内容，设计、制作了大量涵盖各种运动形式的典型机构模型，详细讲解了运动机构的建立过程以及基于运动仿真的数字样机分析方法，力求系统和全面。全书分为概述、面接触运动副（低副）、点线面接触运动副（高副）、关联运动副、基于轴系的运动副、仿真机构的运行与重放、复杂运动实例、基于运动仿真的数字样机分析 8 章，以及附录运动副一览表。各章节配合实例撰写了详细的操作步骤，专门设计了训练综合应用能力的多类复杂运动机构实例，并将编者在数字化设计教学与工程应用过程中总结的经验和技巧融入其中。本书示范使用的操作系统为 Windows 7 或 Windows 10，实例模型在 CATIA V5 R21 汉化版中制作完成。为兼顾使用英文版本软件的读者阅读与理解，书中将所涉及的功能指令与操作信息均采用中英文对照的形式编写。全书的结构体系和内容设置既便于读者系统地学习运动仿真技术，又适合工程技术人员在实际工作中对仿真技术的难点进行查询。

为适应信息化时代的特点与学习者的需求，本版利用视频信息与互联网技术，为书中全部知识点配套建设了在线教学资源，通过扫描章节中插入的二维码直达对应内容的视频讲解与电子教案，专业辅导随时在你身边。

由于水平所限，编者虽认真谨慎，纰漏与不当之处仍在所难免，恳请读者能够谅解并予以指正，也希望能籍此书为载体与广大机械工程领域的读者就 CATIA 各功能模块的全面开发以及更广泛的 CAD 技术应用进行交流与合作。

全书实例与示例均提供配套练习模型，关注微信公众号下载资源包并获取更多信息与学习资源。

微信公众号：数字化设计；三维机械设计
电子邮箱：T3D_home@hotmail.com
教学与交流群：32680201

编者　于哈尔滨

目　录

第1章　概　述

➢ 本章提要

- ◆ 数字样机与运动仿真简介
- ◆ CATIA V5 运动仿真工作窗口
- ◆ 运动仿真基本流程
- ◆ 运动副分类及创建方法

1．1　数字样机与运动仿真

数字样机（Digital Mock-Up，DMU）可以简单地理解为由计算机呈现的、可替代物理样机功能的虚拟现实。通过数字样机，设计者可以创建、验证、优化和管理从概念到售后的产品生命周期全过程，团队成员能够根据协议共享数字资源。

数字样机技术以计算机辅助技术“CAX”（CAD、CAM、CAE、CAPP、CIM、CIMS、CAS、CAT、CAI）和面向产品生命周期全过程的设计技术“DFX”（DFA、DFM、DFC、DFV、DFG、DFL）为基础，以机械系统运动学、动力学、材料学和控制理论为核心，融合虚拟现实、仿真、三维图形等技术，将分散的产品设计、制造与销售过程有机地集成在一起。数字样机可以减少或取消对物理样机的依赖，提高效率，节约成本，是现代制造业最高端技术的代表。

运动仿真是数字样机的重要功能之一，具有运动属性的数字样机可以替代实物样机供设计者分析与运动相关的性能和参数。运动仿真是数字化技术应用于产品开发过程的设计方案验证、功能展示、设计定型与结构优化阶段的必要技术环节。

1．2　工作窗口

启动 CATIA V5，在窗口上部菜单栏中按“开始（Start）”→“数字化装配（Digital Mockup）”→“DMU 运动机构（DMU Kinematics）”的路径进入数字样机运动仿真工作窗口，如图 1-1 所示。

运动仿真工作窗口打开后如图 1-2 所示。工作台布局与其他围绕产品（Product）而进行的操作台基本一致，上部为菜单区（Menus），下部第一层为通用工具栏区（Standard toolbar zone）、第二层为命令提示区（Dialog zone），中部为图形工作区（Graphic zone），左侧为操作对象“Product”的树形结构图（Tree and associated geometry），与其他工作台的区别在于屏幕右侧放置了对应运动仿真窗口的专属工具栏（Workbench specific toolbars）。

1．2．1　工具栏

运动仿真工作台常用的工具栏有“DMU 运动机构（DMU Kinematics）”“运动机构

更新（Kinematics Update）”“DMU 一般动画（DMU Generic Animation）”及“DMU 空间分析（DMU Space Analysis）”。本章仅就各运动仿真工具栏的组成及功能作一般性介绍，栏中每个功能指令的具体应用详见后续章节。

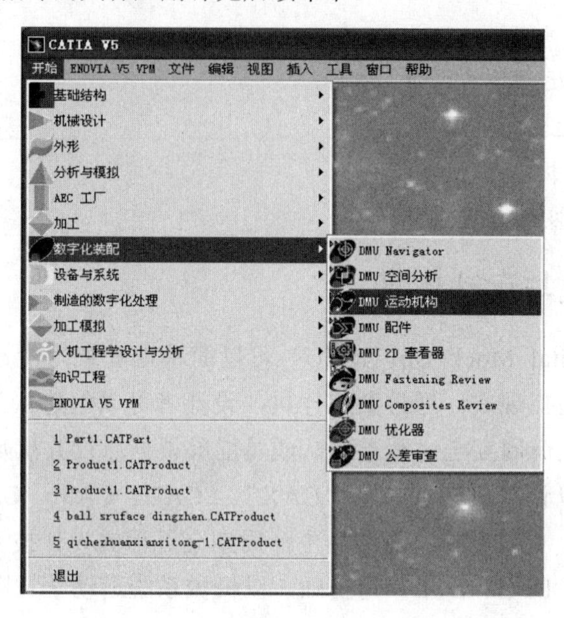

图 1-1　运动仿真工作窗口启动路径

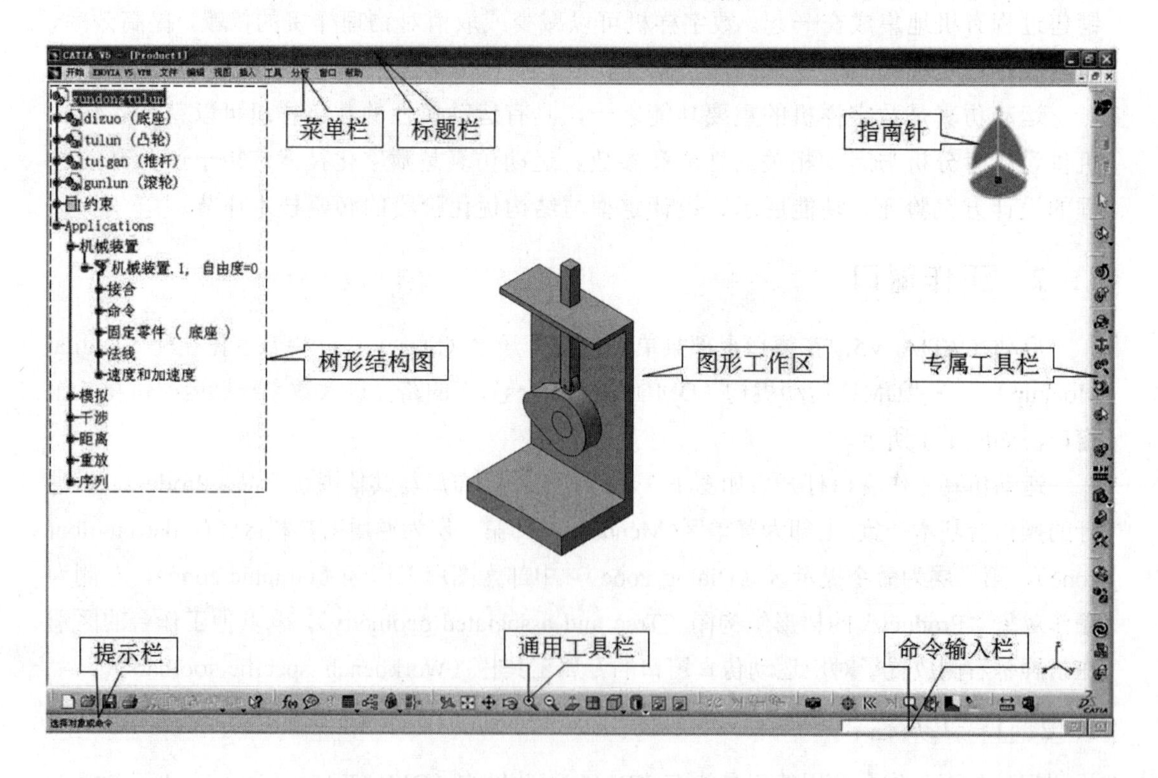

图 1-2　运动仿真工作窗口

（1）DMU 运动机构

“DMU 运动机构（DMU Kinematics）”工具栏提供了数字样机运动机构的构建及运动仿真实现的基本功能。工具栏中从前至后功能图标分别为：模拟（Simulation）、机械装置修饰（Mechanism Dress up）、运动接合点（Kinematics Joints）、固定件（Fixed Part）、装配件约束转换（Assembly Constraints Conversion）、速度及加速度（Speed and Acceleration）和机械装置分析（Mechanism Analysis）。其中模拟及运动接合点具有扩展功能工具栏，如图 1-3 所示。

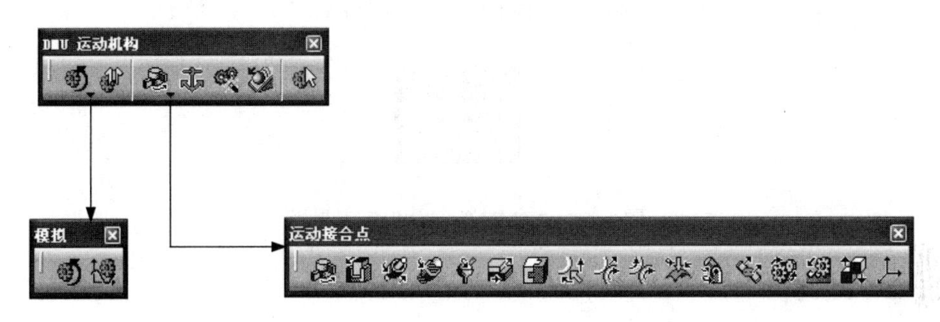

图 1-3 “DMU 运动机构”工具栏

（2）运动机构更新

“运动机构更新（Kinematics Update）”工具栏如图 1-4 所示，它提供运动约束改变后的位置更新（Update Positions）、子机械装置导入（Import Sub-Mechanisms）与动态仿真后的机械装置初始位置重置（Reset Positions）功能。

图 1-4 “运动机构更新”工具栏

（3）DMU 一般动画

“DMU 一般动画（DMU Generic Animation）”工具栏提供运动仿真的动画制作、管理以及部分运动分析功能。工具栏的功能图标由综合模拟（Generic Simulation）、重放（Simulation Player）、碰撞检测（Clash Detection）、扫掠包络体（Swept Volume）和运动轨迹（Trace）组成。其中综合模拟、重放与碰撞检测具有扩展功能工具栏，如图 1-5 所示。

（4）DMU 空间分析

“DMU 空间分析（DMU Space Analysis）”工具栏用于对数字样机进行与空间有关的距离、干涉及运动的范围研究，如图 1-6 所示。工具栏具有碰撞（Clash）、距离与区域分析（Distance and Band Analysis）两个功能图标。

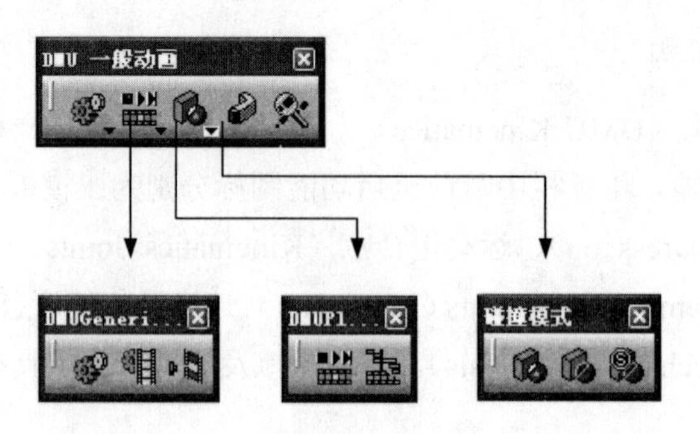

图 1-5　“DMU 一般动画”工具栏

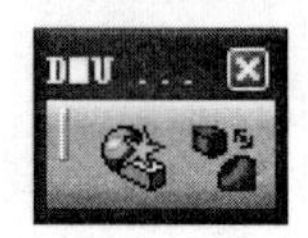

图 1-6　“DMU 空间分析”工具栏

1．2．2　结构树

一个典型的、具备运动仿真分析功能的数字样机，其结构树如图 1-7 所示。与其他仅完成静态装配约束的产品结构树相比，它最大的变化在于结构树上“Applications”节点下出现了运动仿真专用的要素与子节点。

“机械装置（Mechanisms）”在运动副创建过程中生成。其中，“机械装置. 1（Mechanism. 1）”为运动机构的序号，一个“机械装置（Mechanisms）”下可以具有多个运动机构。

“自由度（DOF）”显示数字样机可动零部件的全部自由度。如固定件定义完成，且机构所有驱动命令被施加后自由度（DOF）＝0，表示机构可以进行运动模拟。

“接合（Joints）”节点下显示数字样机已创建完成的所有运动副，

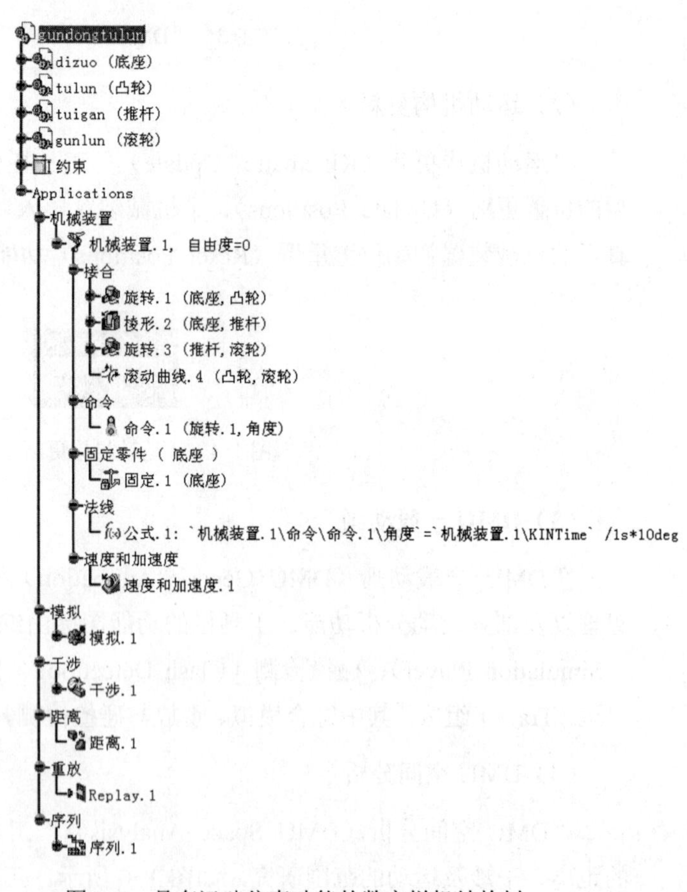

图 1-7　具有运动仿真功能的数字样机结构树

该例为两个“旋转（Revolute）”和一个“棱形（Prismatic）”共三个低副，以及一个“滚动曲线（Roll Curve Joint）”高副。

“命令（Commands）”节点中记录机构运动的驱动命令数量和驱动位置，本例为一个驱动命令，驱动位置为“旋转. 1（Revolute. 1）”。

“固定零件（Fix Part）”节点中记录被设计者固定的零部件。一个静止的“固定零件（Fix Part）”作为数字样机运动仿真过程中的参考元素，是机械可以进行运动模拟的必要条件。一个运动机构只能固定一个零部件，其他要求固定零件属性的零部件采用与已固定件刚性连接的方式进行处理。

“法线（Laws）”用以记录由设计者制定的、以公式或程序形式存在的、规定机构运动方式的函数或指令集。制定运动函数或动作程序是运动机构模拟仿真过程中一些运动参数（如速度、加速度、运动轨迹等）测量与分析的基础条件。

“速度和加速度（Speed-Accelerations）”节点中显示数字样机中被放置了用于测量某一零部件或某一点速度与加速度的传感器。该传感器在运动分析时可以被激活，采集的信息可以图形或数据的形式供设计人员查看。一个数字样机可以在不同部件设置多个“速度和加速度（Speed-Accelerations）”传感器，采集所需要的信息。

“模拟（Simulation）”“干涉（Interference）”“距离（Distance）”“重放（Replay）”“序列(Sequences)”等与“机械装置(Mechanisms)”同属于“Applications”的下层节点，这些节点在数字样机运动仿真分析的相应操作过程中自动生成，记录分析结果或模拟状态，方便查看与研究。

1. 3　运动仿真的流程

数字样机的运动仿真流程如图 1-8 所示。其中，将数字样机赋予运动属性，即建立运动机构是运动仿真的核心与基础工作。

1. 4　运动机构的建立

1. 4. 1　数字样机的准备

数字样机在建立运动机构之前一般应先完成静态装配，具有完整的静态约束。所谓完整的静态约束，是指具有装配关系的两个零部件之间由三个能够限制或规定零部件 3D 空间全部自由度的约束组成，保证数字样机上的每一个零部件均具有唯一确定的位置。

※**【提示】**：对于一些只有几个零部件组成的简单样机，以及复杂样机上某些运动副的运动部件，也可以不经过静态装配过程，而直接创建运动机构。

打开资源包中的“Exercise\1\1. 4&8. 1-3\gundongtulun. CATProduct”，出现滚动凸轮机构，如图 1-9 所示。该机构已完成全面的静态装配，具备完整的静态约束，参见图示结构树。

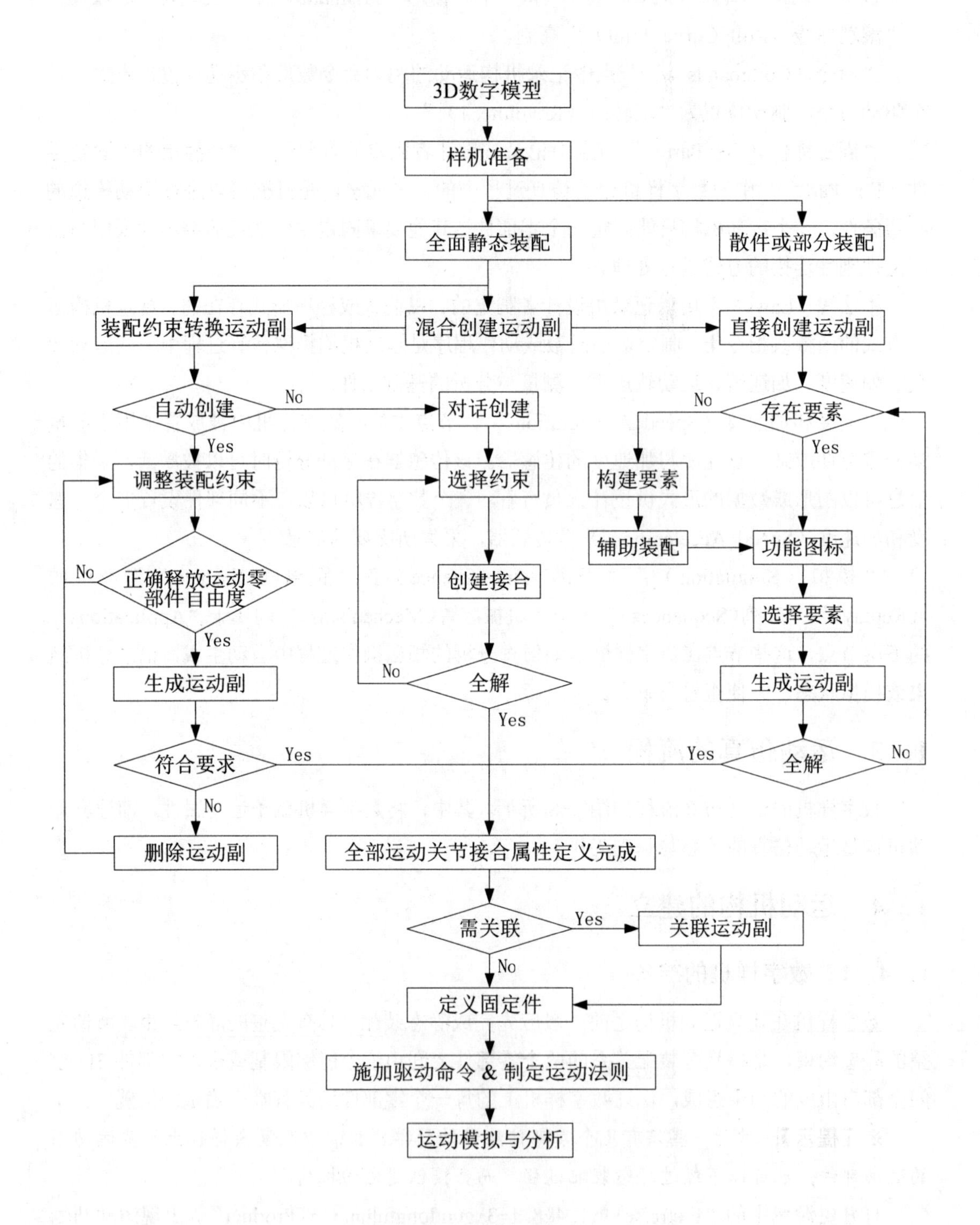
3D数字模型
样机准备
全面静态装配
散件或部分装配
装配约束转换运动副
混合创建运动副
直接创建运动副
自动创建
No
对话创建
存在要素
Yes
调整装配约束
选择约束
构建要素
辅助装配
功能图标
正确释放运动零部件自由度
创建接合
选择要素
生成运动副
全解
生成运动副
符合要求
全解
删除运动副
全部运动关节接合属性定义完成
需关联
关联运动副
定义固定件
施加驱动命令 & 制定运动法则
运动模拟与分析

图 1-8　运动仿真流程图

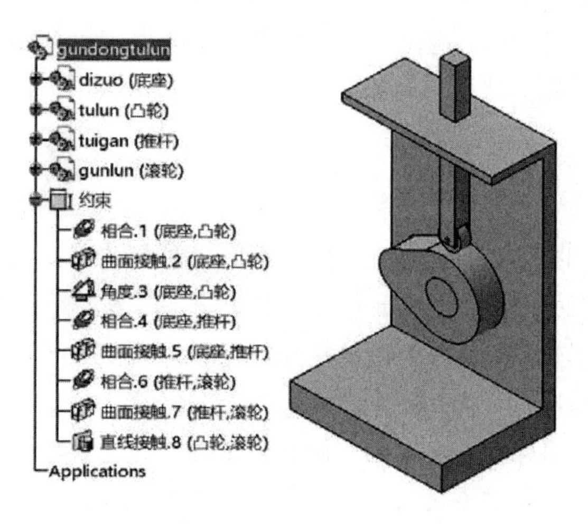

图 1-9 滚动凸轮机构

1．4．2 运动副的创建

（1）运动副的分类与创建方法

运动副可分为两大类，分别是基础运动副和关联运动副。用于规定两个零部件之间运动关系的运动副称为基础运动副，基础运动副又可分为面接触运动副（低副）与点线接触运动副（高副）两种形式。如在一个运动副内涉及 3 个以上零部件或包含两对低副，则称其为关联运动副。刚性连接虽只涉及两个零部件之间的关系，但根据其在运动机构建立过程中的作用将其定义为一种特殊的关联副。运动机构建立的主要工作是各种运动副的创建。

① 基础运动副

基础运动副创建的方法有装配约束转换法、直接创建法与构建要素创建法三大类。

装配约束转换法利用静态装配过程中已建立的零部件之间由约束所限制的位置关系转换成运动约束（即运动副），转换过程可分为自动创建与对话创建两种形式。

直接创建法是对于可以通过装配约束转换法创建的运动副，在未经装配的数字样机散件上直接利用模型的几何要素进行运动副的创建，并且在创建运动副的过程中可以自动在结构树的“约束”节点下生成对应的静态装配约束，常用于仅有若干个组件的样机或复杂样机的某些运动部件。

⚠**【注意】**：直接创建法的创建要素及其相应的静态装配约束是固定的，而采用装配约束转换法生成运动副时会有更多种组合方式。例如，在创建棱形运动副时，若采用直接创建法需要一对相合直线和一对与直线平行或重合的相合面，而采用装配约束转换法时，两对相合直线、一对相合直线与一对偏移约束的平面、一对角度约束的平面或两对相合面等等组合均可生成棱形运动副。

构建要素创建法是针对那些无法通过装配约束转换法生成或生成类型与要求不符的

运动副，如点曲线、滚动曲线、滑动曲线、点曲面等高副。构建要素创建法需依赖静态装配约束保证或调整运动副构建要素的位置关系。

② 关联运动副

关联运动副的创建相对简单，一种方法是先完成相关的基础运动副创建，然后根据关联运动副创建对话框的提示选择已创建好的基础运动副实现关联，这种形式为顺序创建。另一种方法是直接展开关联副创建对话框，在其引导下转入创建相关基础运动副的操作，基础运动副创建完成后自动作为关联副的构成单元，这种形式为逆向创建。逆向创建不需要事先准备相关基础运动副，思路更为清晰。

⚠【注意】：若存在多个关联运动副同时共享某一基础运动副的情况，除第一个创建的关联副可使用顺序创建外，其余关联副在使用该共享基础运动副上只能采用逆向创建。

实际操作过程中，复杂数字样机运动副的创建是根据具体情况综合运用以上各种方法来进行的，读者需在练习过程中体会其中的技巧。本节以图 1-9 所示滚动凸轮机构为例讲解基础运动副的各种创建方法。

【经验】：推荐读者先完成数字样机的静态装配，然后再根据实际情况综合运用各种方法创建运动副，这样可以提高效率并且为后续的运动分析建立一个良好的基础。

（2）装配约束转换法创建运动副

① 自动创建

a. 检查与调整装配约束。自动创建运动副前需检查并调整一下数字样机的装配约束，根据样机的结构及预期功能释放运动零部件的某一自由度，即逐一核查样机中具有装配关系的零部件之间的约束，并删除限制运动部件运动的约束。本例“滚动凸轮机构”应删除“角度. 3（Angle. 3）（底座，凸轮）”和“直线接触. 8（Line contact. 8）（凸轮，滚轮）”。调整后的结构树如图 1-10 所示，调整的结果是分别释放了凸轮、滚轮的转动和推杆上下运动的自由度。

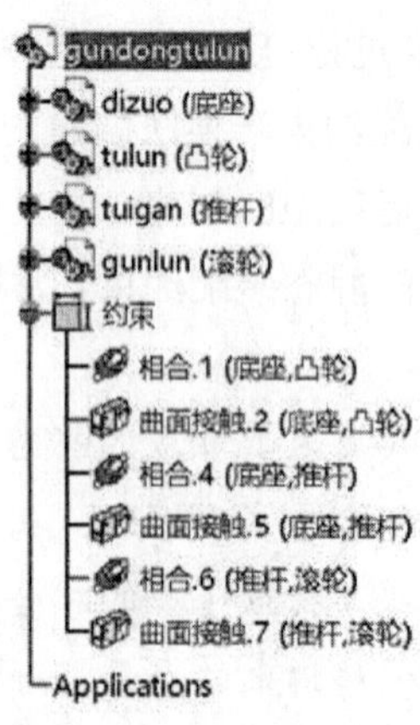

图 1-10 调整装配约束

b. 在“DMU 运动机构（DMU Kinematics）”工具栏中单击“装配件约束转换（Assembly Constraints Conversion）”图标，显示如图 1-11 所示的“装配件约束转换（Assembly Constraints Conversion）”对话框。

c. 单击对话框中“新机械装置（New Mechanism）”按钮，显示“创建机械装置（Mechanism Creation）”对话框，如图 1-12 所示。

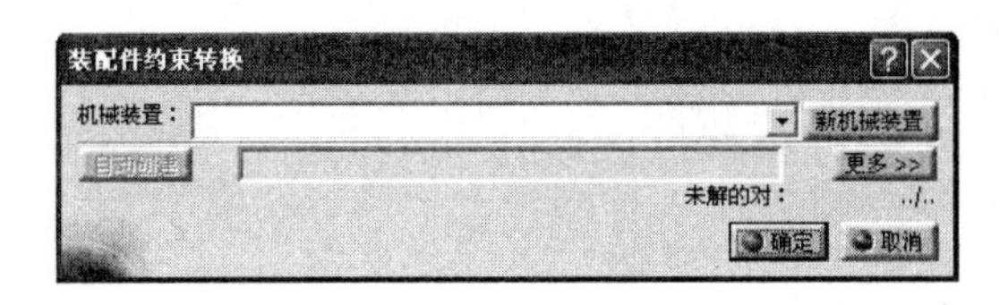

图 1-11　“装配件约束转换”对话框

图 1-12　“创建机械装置”对话框

用户可根据需要自行命名，单击“确定（OK）”，“装配件约束转换（Assembly Constraints Conversion）”对话框更新显示，如图 1-13 所示。

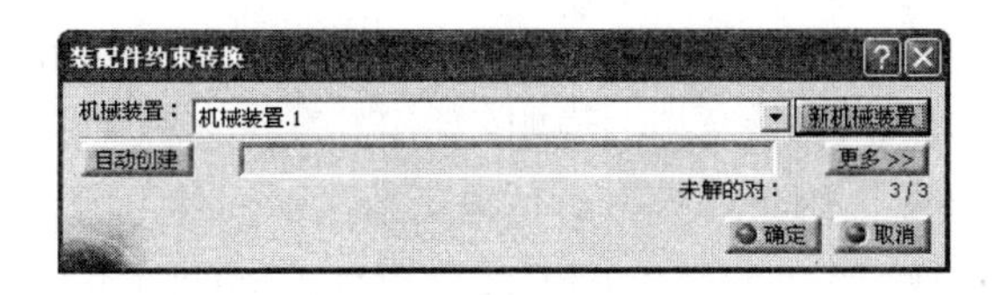

图 1-13　“装配件约束转换”对话框更新显示

d. 单击“自动创建（Auto Create）”按钮，进行装配约束到运动副的转换，转换进度通过对话框中间窗口显示。

待转换完成后，单击“确定（OK）”按钮关闭对话框，在结构树上可以看到“机械装置. 1（Mechanism. 1）”于“Applications”节点下生成，装配中的静态约束项作为各运动副的构建要素自动创建了“Applications\机械装置（Mechanisms）\接合（Joints）”节点下的“旋转. 1（Revolute. 1）（底座，凸轮）”“棱形. 2（Prismatic. 2）（底座，推杆）”“旋转. 3（Revolute. 3）（推杆，滚轮）”运动副，如图 1-14 所示。

⚙【技巧】：若建立静态装配时，在某一部件上创建固定约束，则利用自动创建法创建运动副时，该部件被自动转换定义为固定件。

② 对话创建

与自动创建相比，对话创建运动副的方式不需要事先进行样机静态约束的检查和调整，运动副需逐一进行创建。

a. 对于图 1-9 所示的具备完整静态约束的滚动凸轮，不需要释放制约零部件运动的约束，直接使用“DMU 运动机构（DMU Kinematics）工具栏”中的“装配件约束转换（Assembly Constraints Conversion）”图标，显示“装配件约束转换（Assembly Constraints Conversion）”对话框，参见图 1-11。

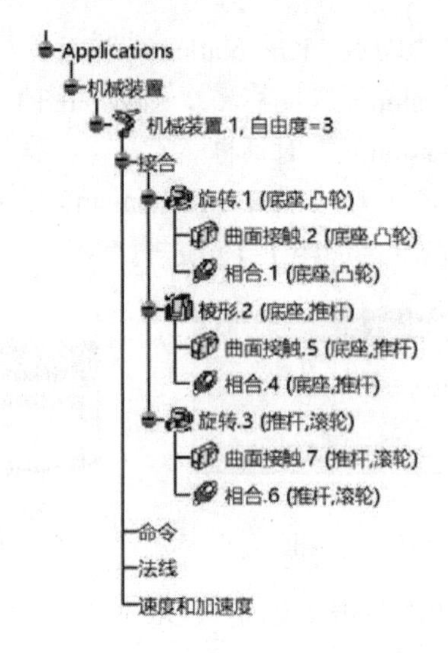

图 1-14 结构树的更新显示

单击“新机械装置（New Mechanism）”按钮，显示“创建机械装置（Mechanism Creation）”对话框，参见图 1-12 及相关说明。使用其默认名称“机械装置. 1”，单击“确定（OK）”按钮，“装配件约束转换”对话框更新显示，参见图 1-13。

单击“装配件约束转换（Assembly Constraints Conversion）”对话框右侧“更多（More）”按钮，将其展开显示。对话框中显示当前未具备运动关系的运动副“未解的对（Unresolved Pairs）”有 4 个，当前为“产品 1：底座”与“产品 2：凸轮”。当前待解“对”涉及的两零部件在样机中和结构树上均以高亮方式突出显示，如图 1-15 所示。操作按钮组可依次查看所有待解运动副。左侧“约束列表（Constraints List）”中显示内容为当前对象“底座”与“凸轮”间的三个静态约束。

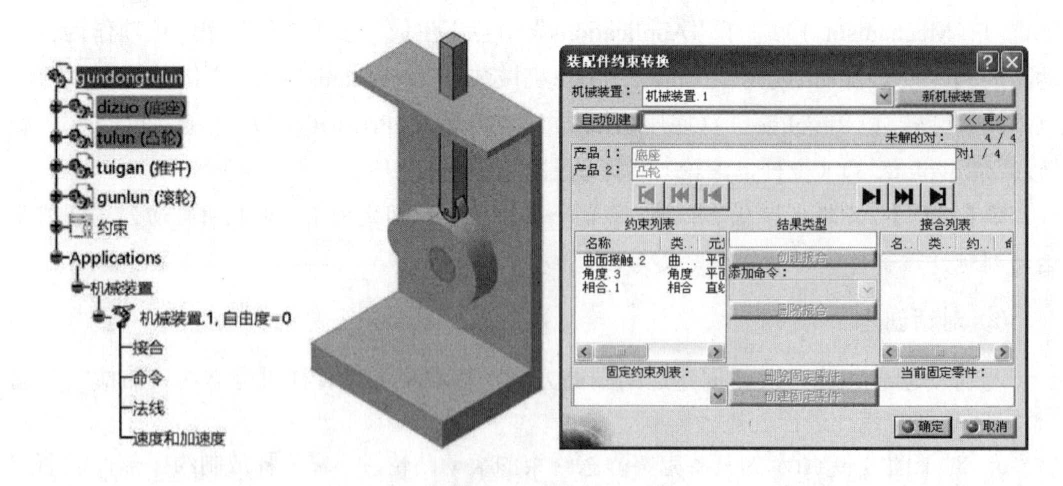

图 1-15 “装配件约束转换展开”对话框

b. 在对话框的“约束列表（Constraints List）”中同时选中符合“底座”和“凸轮”

构建旋转运动副所需要的约束项“相合.1（Coincidence.1）（底座，凸轮）”和“曲面接触.2（Contact.2）（底座，凸轮）”。对话框中部的“结果类型（Resulting Type）”信息栏显示出“旋转（Revolute）”，同时“创建接合（Create Joint）”按钮被激活，对话框更新显示如图1-16所示。

※【提示】：利用“装配约束转换”法创建旋转运动副时，一对相合直线和一对相合轴向面、一对相合直线和一对偏移距离轴向面、一对相合直线和一对角度约束轴向面、一对相合直线和一对曲面接触轴向面等组合均可转换为旋转运动副。

c. 单击“装配件约束转换（Assembly Constraints Conversion）”对话框中已被激活的“创建接合(Create Joint)”按钮，将选中的“相合.1(Coincidence.1)(底座，凸轮)”“曲面接触.2（Contact.2）（底座，凸轮）”两静态约束转换成“底座”和“凸轮”之间的旋转运动。

转换完成后，在对话框右侧“接合列表（Joints List）”中出现新建的“旋转.1（Revolute.1）”运动副，而左侧“约束列表(Constraints List)”中仅剩“角度.3(Angle.3)（底座，凸轮）”，如图1-17所示。

图1-16 “装配件约束转换”对话框更新显示

图1-17 旋转运动副生成

d. 单击对话框中▶|按钮，显示下一对零部件之间的静态约束。用上述同样的方法依次将“相合.4（Coincidence.4）（底座，推杆）”和“曲面接触.5（Contact.5）（底座，推杆）”、“相合.6（Coincidence.6）（推杆，滚轮）”和“曲面接触.7（Contact.7）（推杆，滚轮）”转换成“棱形.2（Prismatic.2）（底座，推杆）”和“旋转.3（Revolute.3）（推杆，滚轮）”。

当全部运动副创建完毕后，“装配件约束转换（Assembly Constraints Conversion）”对话框的状态及结构树上的接合节点记录的运动副如图1-18所示。

⚙【技巧】：若建立静态装配时，在某一部件上创建固定约束，则利用对话创建法创建运动副时，单击“装配约束转换（Assembly Constraints Conversion）”对话框中“创建固定零件（Create Fixed Part）”按钮即可将该零部件转换定义为固定件，如图1-19所示。

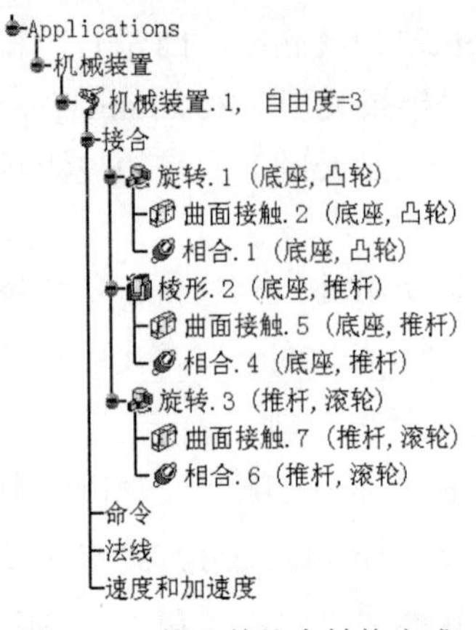

图 1-18　装配件约束转换完成

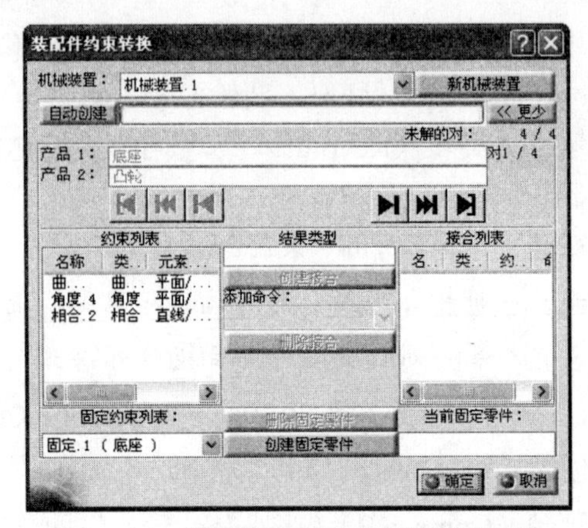

图 1-19　装配件约束转换创建固定零件

（3）　直接创建法

a. 导入滚动凸轮机构（Exercise\1\1. 4&8. 1-3\gundongtulun. CATProduct），参见图 1-9。将该机构的全部静态约束删除，并分散放置零部件，如图 1-20 所示。

b. 在“DMU 运动机构（DMU Kinematics）”→“运动接合点（Kinematics Joints）”工具栏中单击“旋转接合(Revolute Joint)”图标，显示“创建接合：旋转(Joint Creation: Revolute）”对话框，如图 1-21 所示。

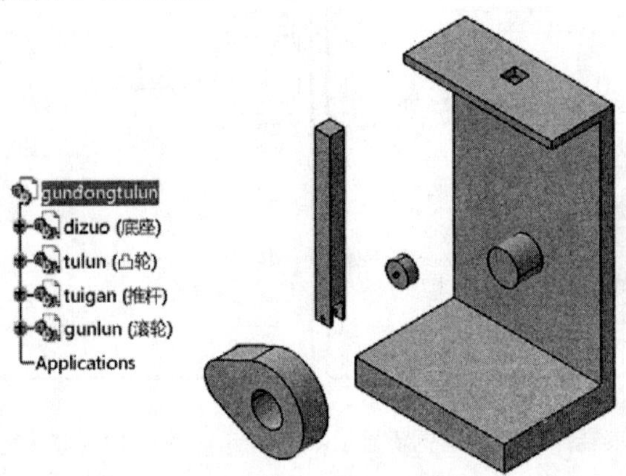

图 1-20　无装配约束的滚动曲线凸轮组件

图 1-21　“创建接合：旋转”对话框

c. 单击对话框右侧“新机械装置（New Mechanism）”按钮，创建新机构“机械装

置. 1（Mechanism. 1）”，参见图 1-12 及相关说明。

机械装置名称生成后，“创建接合：旋转（Joint Creation：Revolute）”对话框更新显示，如图 1-22 所示。

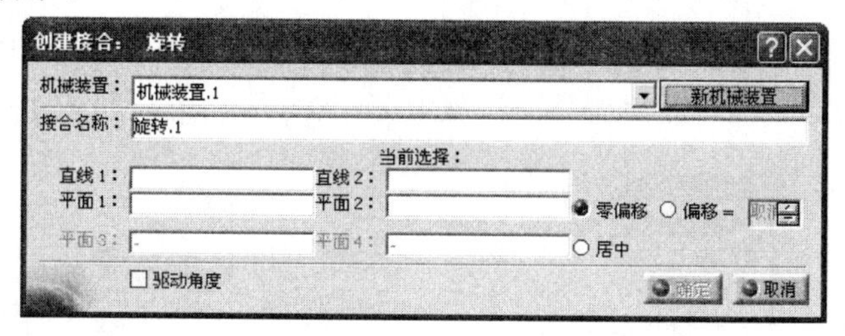

图 1-22　“创建接合：旋转”对话框更新显示

在对话框更新显示的同时，结构树中“Applications”节点下生成“机械装置（Mechanisms）”及其下一级节点“机械装置. 1（Mechanism. 1）”，如图 1-23 所示。“机械装置. 1（Mechanism. 1）”下还包含“接合（Joints）”“命令（Commands）”“法线（Laws）”“速度和加速度（Speed-Accelerations）”等 4 个子节点。

d. 利用 3D 模型的几何元素作为运动副的创建要素。对应对话框内的“当前选择（Current Selection）”项，分别选中底座支承轴和凸轮孔的轴线，以及底座和凸轮图示的相对面，“创建接合：旋转（Joint Creation：Revolute）”对话框中的“直线 1（Line 1）、直线 2（Line 2）”“平面 1（Plane 1）、平面 2（Plane 2）”随着选择自动更新，选中的要素在结构树和机构模型中同时突出显示，如图 1-24 所示。

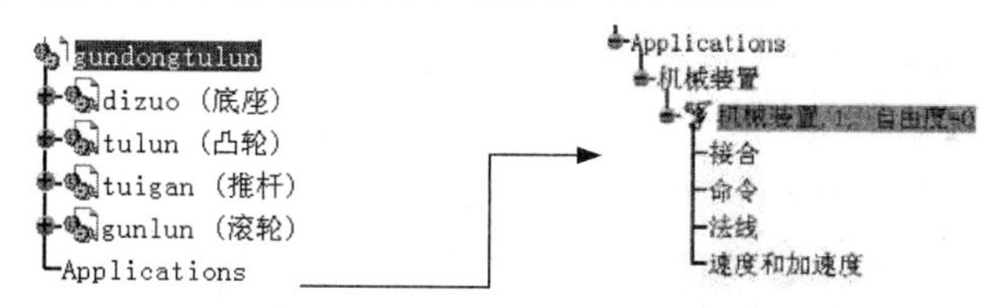

图 1-23　结构树上的机械装置

⚙【技巧】：当样机组件较多、结构复杂时，为了方便要素选择，可以综合运用放大、缩小、移动、旋转、隐藏等方式调整几何模型。

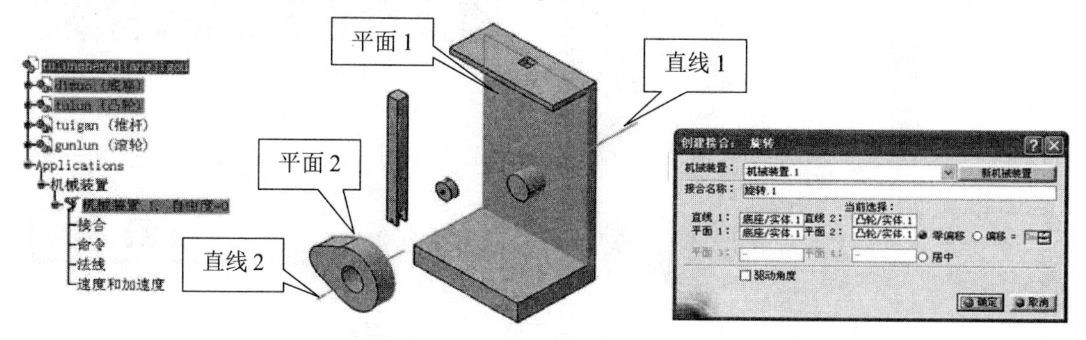

图 1-24　“旋转”构建要素选择

e. 单击对话框中“确定（OK）”按钮，工作窗口中底座与凸轮按设定的运动约束装配在一起，旋转机构完成创建。在底座与凸轮完成装配动作的同时，结构树随即更新，新创建的旋转运动副“旋转. 1（Revolute. 1）”出现在“Applications\机械装置（Mechanisms）\接合（Joints）”节点下，装配“约束（Constraints）”节点下也自动生成对应的轴“相合. 9（Coincidence. 9）”与面“偏移. 10（Offset. 10）”约束，如图 1-25 所示。

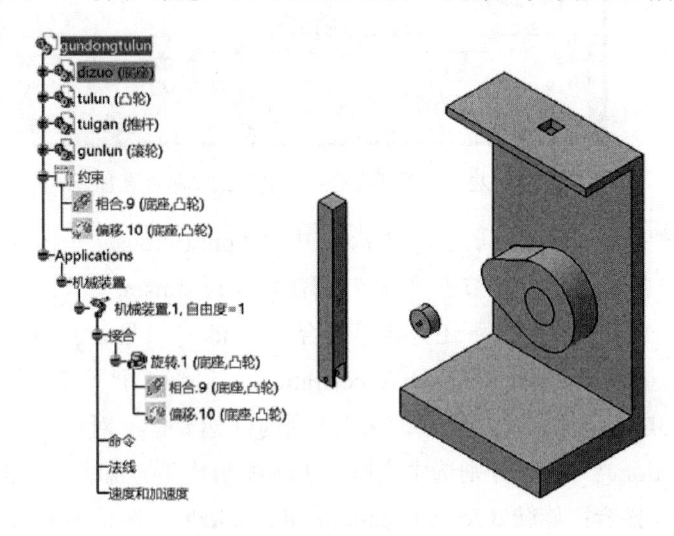

图 1-25　旋转副完成创建

f. 按上述过程及方法依次创建推杆与底座孔之间的“棱形接合（Prismatic Joint）”，以及推杆与滚轮之间的“旋转接合（Revolute Joint）”运动副，其构造要素的选择如图 1-26 所示，完成后如图 1-27 所示。

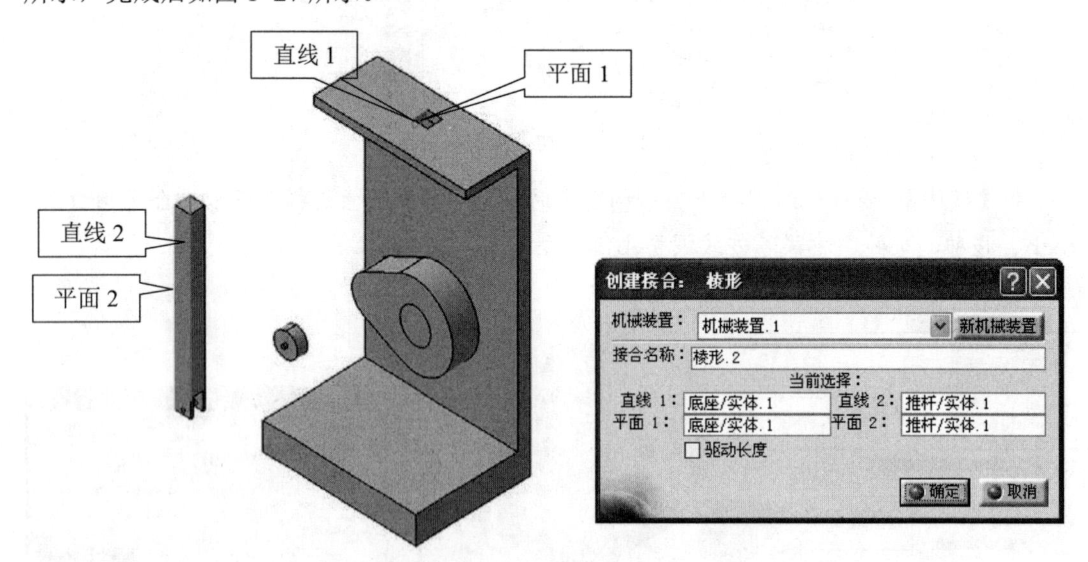

a）推杆与底座之间“棱形接合”的构造要素选择

图 1-26　“棱形”和“旋转”构造要素选择

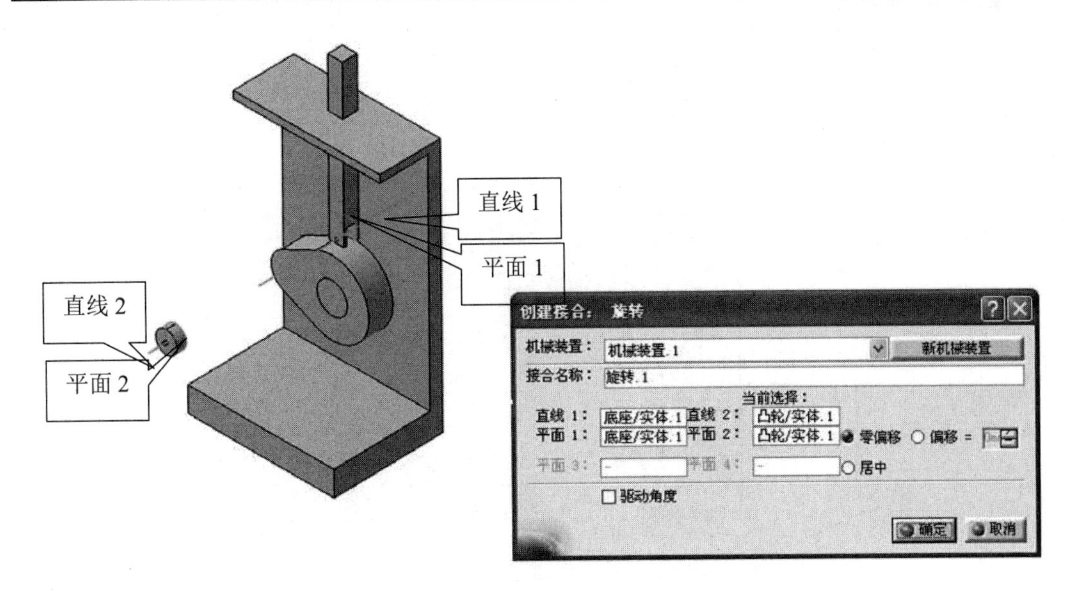

b）推杆与滚轮之间“旋转接合”的构造要素选择

图 1-26 “棱形”和“旋转”构造要素选择（续）

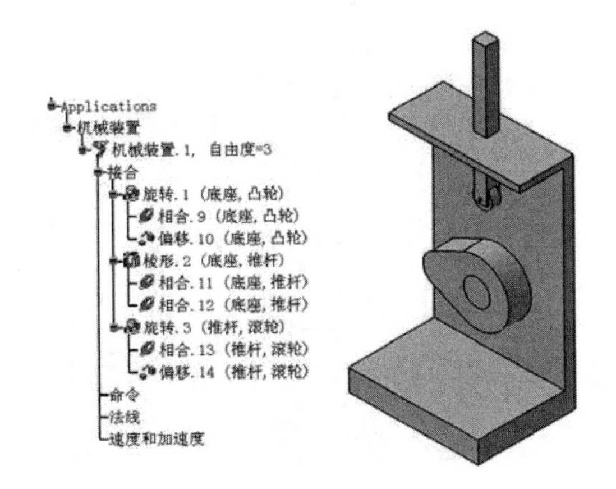

图 1-27 运动机构完成创建

⚠【注意】：上述 3 个运动副创建完毕后，因具有装配关系的每对零部件之间只有运动副创建过程中由构建要素自动生成的两个装配约束，不具备零部件完全定位的“三个装配约束”条件，因此，样机的装配结果往往与设计者预期的装配位置有所出入，需要进一步调整。

g. 凸轮位置调整。切换至“开始(Start)”→“机械设计(Mechanical Design)”→“装配件设计（Assembly Design）”工作台，展开“底座”和“凸轮”的结构树并将它们的坐标平面显示出来，如图 1-28 所示。

在“约束（Constraints）”工具栏中单击“角度约束（Angle Constraint）”图标，选中可以控制凸轮转角的底座“xy 平面”与凸轮“xy 平面”，弹出 “约束属性（Constraint Properties）” 对话框，如图 1-29 所示。

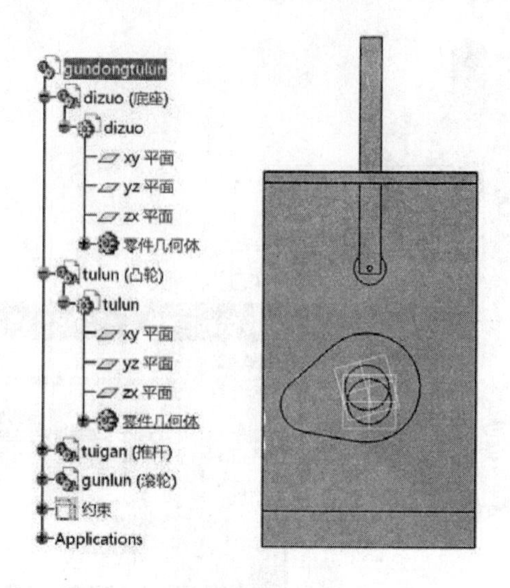

图 1-28　显示部分零部件坐标平面

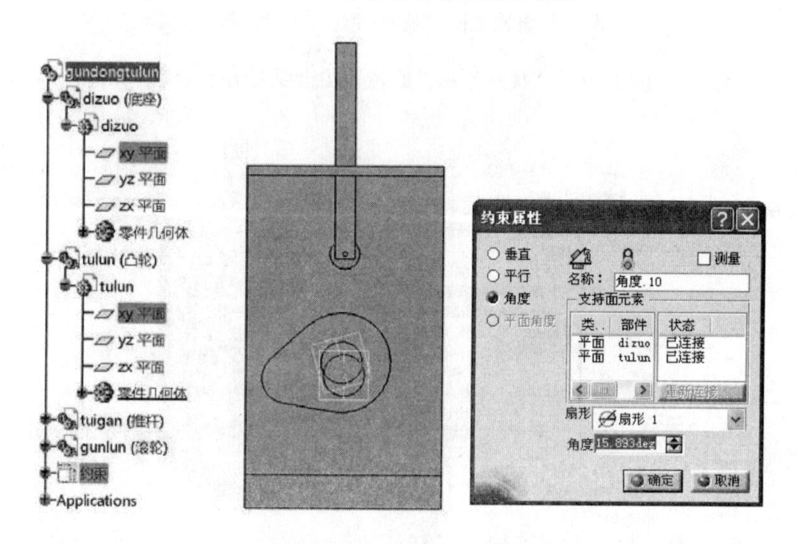

图 1-29　约束凸轮与底座支承轴的相对转角

对话框中显示当前角度为“15. 893 deg”，将其修改为“0 deg”，单击“确定（OK）”按钮。随后单击“运动机构更新（Kinematics Update）”工具栏中“更新（Update All）”图标，完成凸轮角度的调整，结构树及模型变化如图 1-30 所示。

h. 推杆位置调整。在“约束（Constraints）”工具栏中单击“接触约束（Contact Constraint）”图标，选中凸轮的基圆侧面与滚轮的侧面，弹出“约束属性（Constraint Properties）”对话框，如图 1-31 所示。

将对话框中方向设置为“外部（External）”，单击“确定（OK）”按钮，随后单击“运动机构更新（Kinematics Update）”工具栏中的“更新（Update All）”图标，推杆位置下移，滚轮与凸轮接触实现外切，如图 1-32 所示。

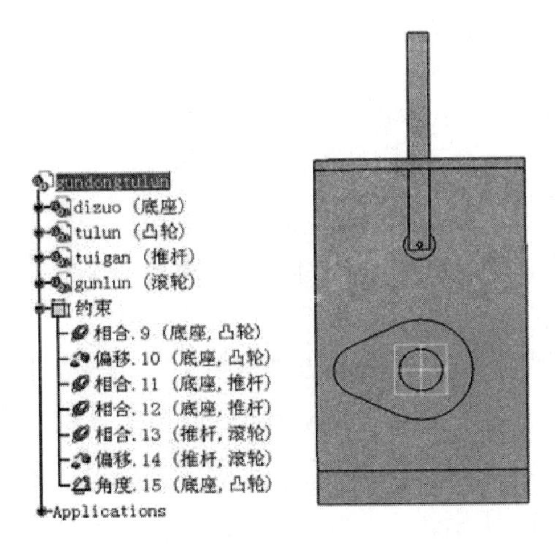

图1-30 凸轮位置调整完毕

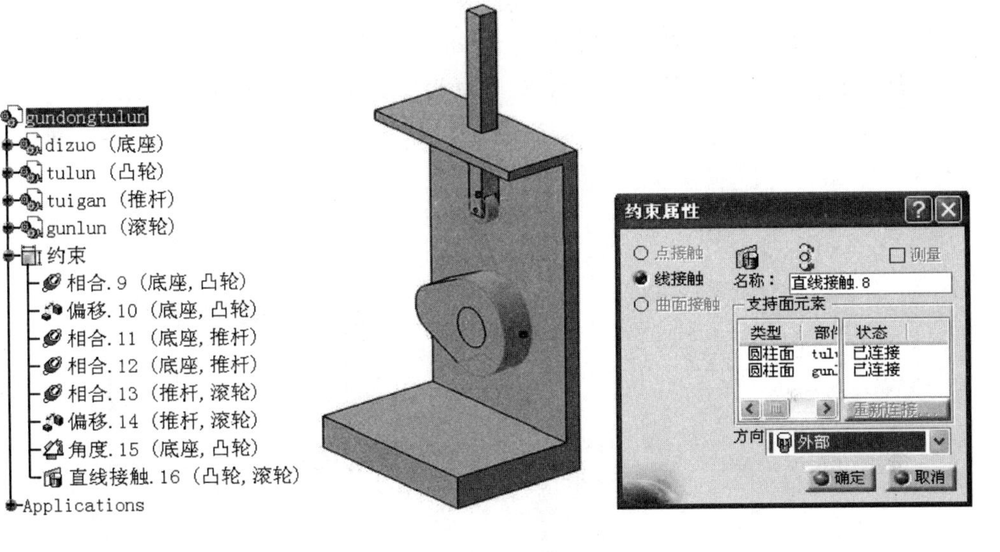

图1-31 约束推杆的上下位置

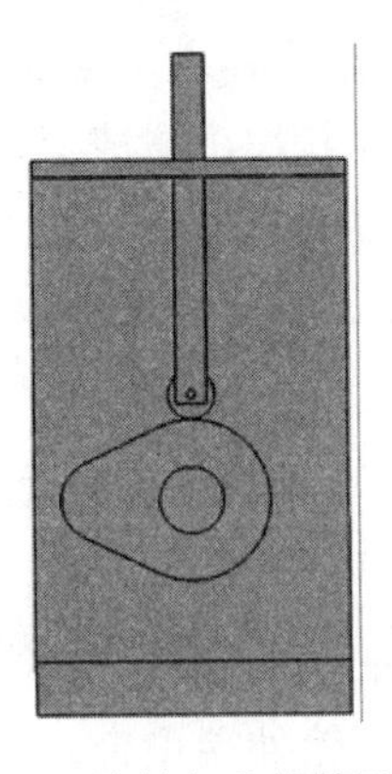

图1-32 滚轮与凸轮基圆外切

（4）构建要素创建法

当运动机构创建至图 1-32 所示状态时，“机械装置. 1（Mechanism. 1）”具有 3 个自由度，分别是凸轮的旋转、滚轮的旋转和推杆的上下运动。

三个运动均可单独驱动，但其间并无运动关联。这种情况下不能实现所希望的滚轮转动与推杆上下运动均由凸轮的旋转带动，因此，还需要一个能够将上述三个运动联系起来的附加运动副，即滚轮在凸轮上的滚动关系。

a. 双击 3D 模型中的“凸轮”，或双击结构树上“凸轮”的二级节点，切换至对“凸轮”进行操作的零件工作窗口，如图 1-33a 所示。选择菜单栏中“插入（Insert）”下拉菜单中的“几何图形集（Geometrical Set）”，出现“插入几何图形集（Insert Geometrical Set）”对话框，如图 1-33b 所示。

【难点】：切换工作台时，需明确操作对象，查看结构树显示的当前工作对象，避免要素创建位置错误，或将不同零部件的要素创建在同一零部件内等情况。完成运动副创建辅助要素后，返回运动仿真工作台只需双击“gundongtulun”，或按“开始（Start）”→“数字化装配（Digital Mockup）”→“DMU 运动机构（DMU Kinematics）”的路径返回运动仿真工作台。

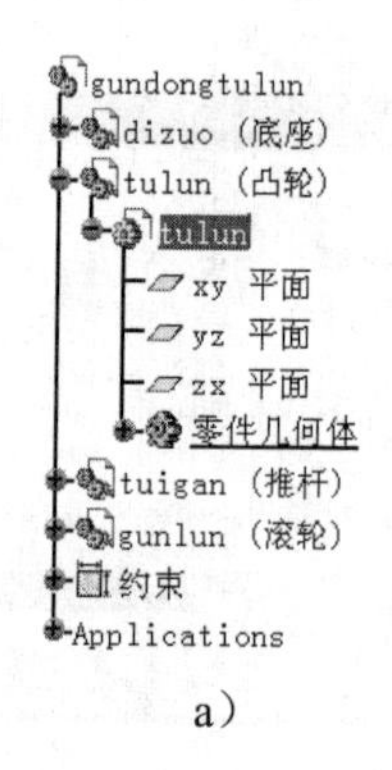

a）

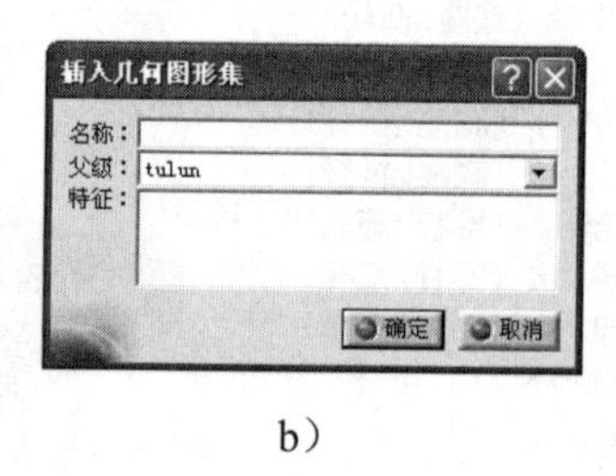

b）

图 1-33　插入几何图形集对话框

b. 在对话框“名称（Name）”栏内输入“运动副辅助创建要素”，或根据需要自行命名，单击“确定（OK）”按钮，结构树上生成“运动副辅助创建要素”几何图形集。

※**【提示】**：几何图形集的作用是将构造线、基准面、草图等辅助几何图形放入其中，方便查看、使用与管理，有效地组织和规范结构树中无顺序要求的几何图形，同时避免结构树复杂或者过长。

在结构树“运动副辅助创建要素”上单击鼠标右键，将其定义为当前工作对象，如图 1-34 所示。

c. 单击“草图编辑器（Sketcher）”工具栏中的“草图（Sketch）”图标，选择滚轮图示位置的外端面，进入一个与滚轮外端重合并横向剖切“凸轮”的草图平面，如图 1-35 所示。

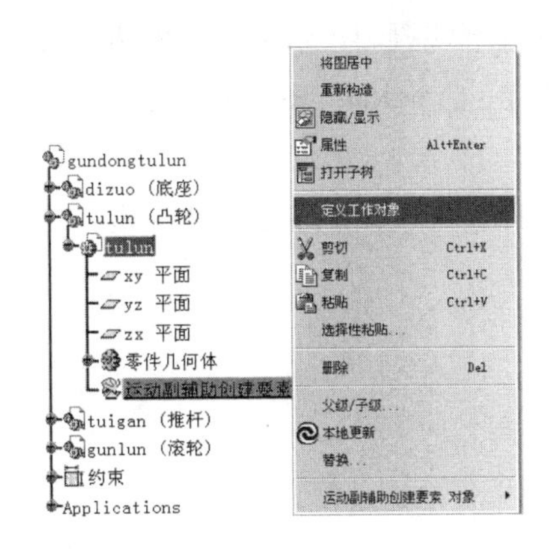

图 1-34 定义几何图形集为当前工作对象

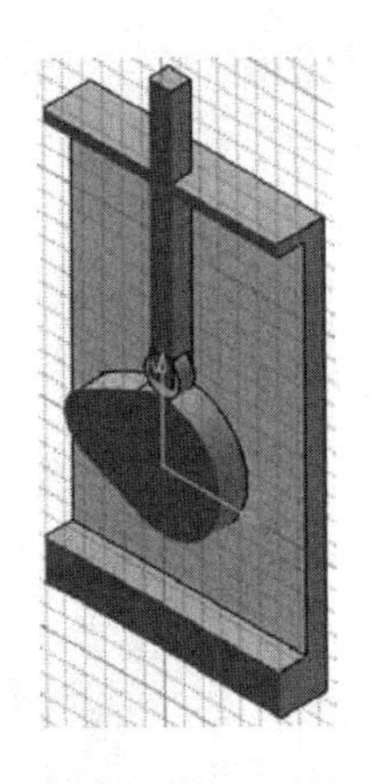

图 1-35 运动副辅助创建要素绘制草图平面

d. 单击“操作（Operation）”工具栏中的“投影 3D 元素（Project 3D Elements）”图标，然后选择凸轮的外廓侧面或端面上的外轮廓线投影到草图上。投影完成后，单击“工作台（Workbench）”工具栏中的“退出工作台（Exit Workbench）”图标，即退出草图工作台。

在“运动副辅助创建要素”几何图形集上创建的辅助要素如图 1-36 所示。该辅助要素的草图也可在凸轮的“零件几何体（Part Body）”内制作，但此种方式不推荐使用。

e. 切换至“开始（Start）”→“数字化装配（Digital Mockup）”→“DMU 运动机构（DMU Kinematics）”工作窗口。在“DMU 运动机构（DMU Kinematics）”→“运动接合点（Kinematics Joints）”工具栏中单击“滚动曲线接合（Roll Curve）”图标，显示“创建接合：滚动曲线（Joint Creation：Roll Curve）”对话框，如图 1-37 所示。

【重点】：创建滚动曲线接合等高副时，必须依赖静态装配约束保证或调整运动副构建要素的位置关系，本例需保证滚轮的外轮廓线与凸轮中构造的“草图.3（Sketch.3）”相切，否则不能创建。

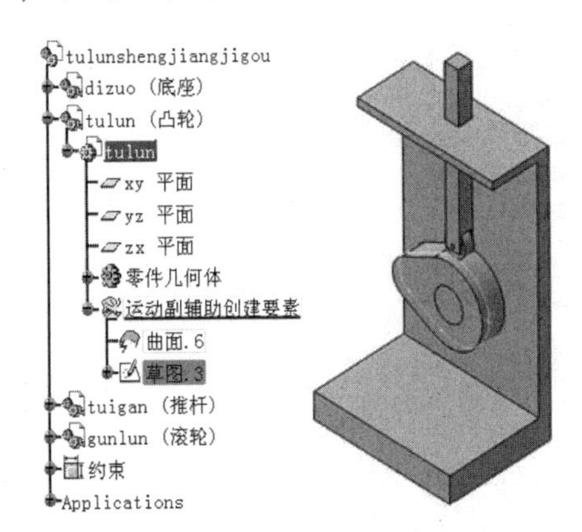

图 1-36 运动副辅助创建要素绘制草图面

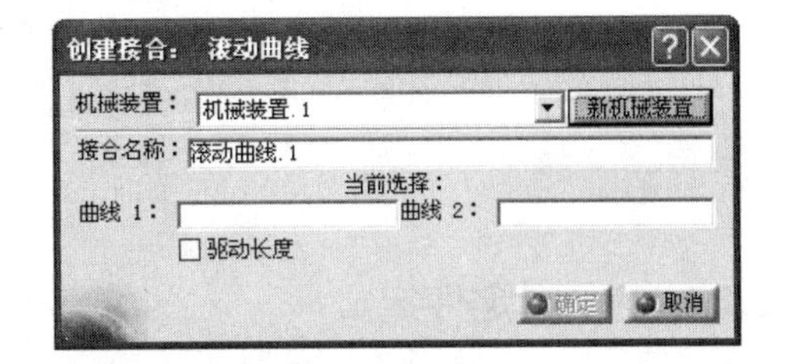

图 1-37 “创建接合：滚动曲线”对话框

f. 对应对话框中的“曲线 1（Curve 1）”“曲线 2（Curve 1）”选项栏，依次选中凸轮“运动副辅助创建要素”几何图形集中的凸轮外廓线投影，以及与之相切的滚轮图示位置外端面的圆廓线，“创建接合：滚动曲线（Joint Creation：Roll Curve）”对话框更新显示，如图 1-38 所示。

单击“确定（OK）”按钮，完成“滚动曲线（Roll Curve）”运动副创建，结构树更新显示如图 1-39 所示。

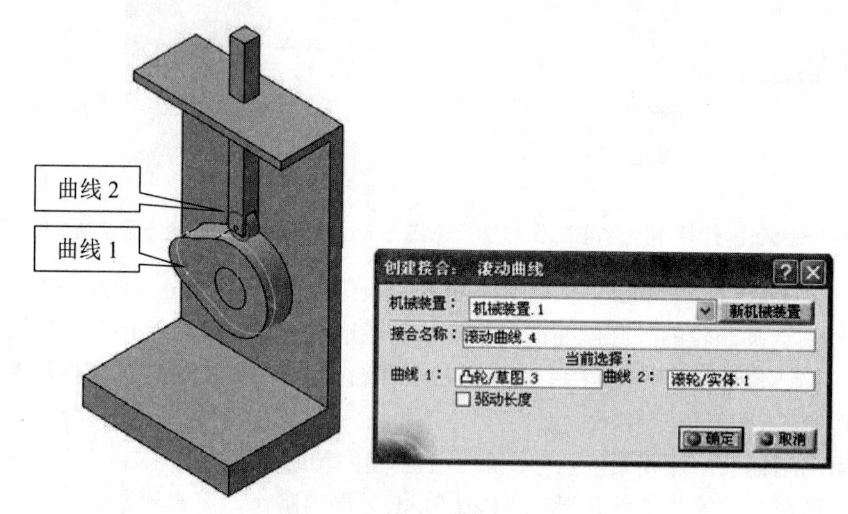

图 1-38 “创建接合：滚动曲线”对话框更新显示

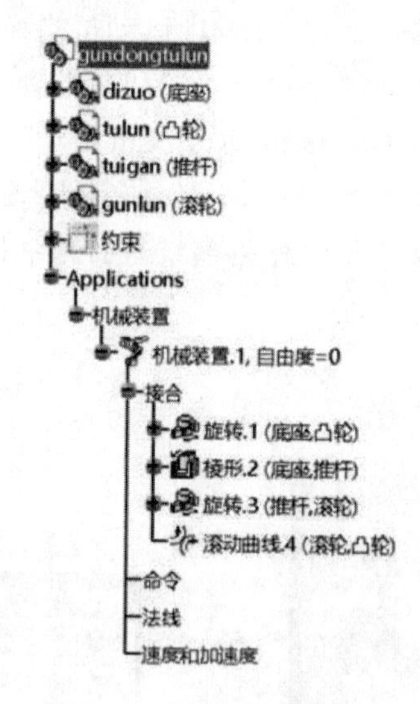

图 1-39 结构树更新显示

1．4．3 固定件定义

全部运动副创建完成后，要在数字样机中定义一个固定件，用于为各运动副及零部件提供运动的基准和参考，是机构能够运动的必要条件。固定件一般应选择体积较大的机体或底座。由多个零部件组成的复杂机器，除运动零部件外均应与固定件刚性连接。

在“DMU 运动机构（DMU Kinematics）”工具栏中单击“固定零件（Fixed Part）”图标，“新固定零件（New Fixed Part）”对话框弹出，如图 1-40 所示。

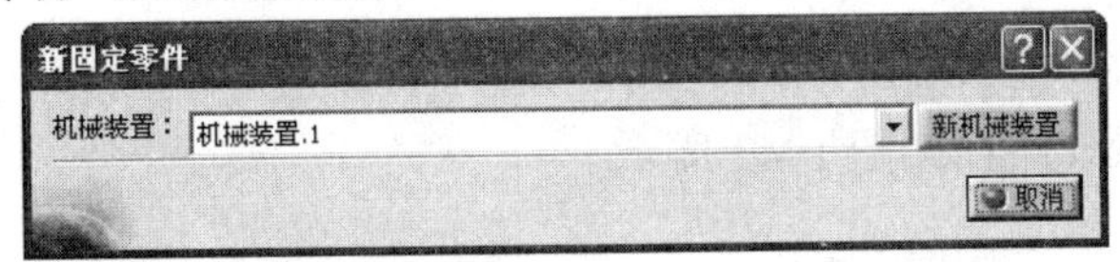

图 1-40　“新固定零件”对话框

对话框下拉项中可以选择固定件定义的操作对象，本例只有一个“机械装置.1（Mechanism. 1）”，因此可以在几何模型区或结构树上直接选择需要固定的零部件。

本例应选择底座为固定件，选中后底座上出现图标，同时在“Applications\机械装置（Mechanisms）”中生成“固定零件（Fixed Part）”节点及零件信息，如图 1-41 所示。

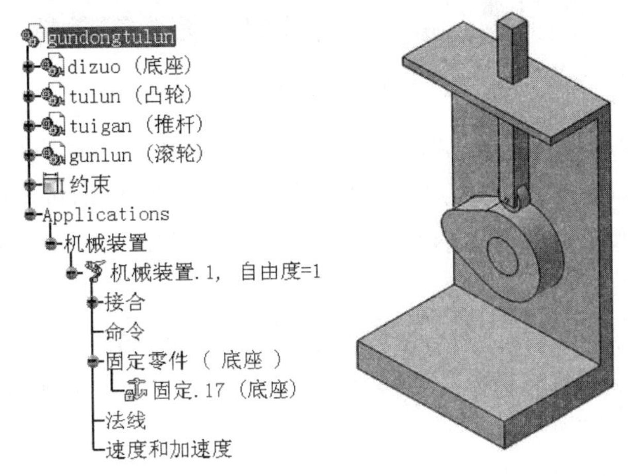

图 1-41　固定件定义

【经验】：对于复杂的数字样机，固定件的定义也可以在创建运动机构的第一步进行，并将所有静止部件与其刚性连接后再进行运动副的创建。这样在结构树的“机械装置.*（Mechanisms.*）”节点下可观察到运动机构创建过程中“自由度（DOF）”的真实变化情况，以便随时观察并及时发现问题。

至此，凸轮机构的全部运动副创建完成，机械装置的“自由度（DOF）”由“3”变成“1”，表明该机构只需一个驱动指令即可实现各运动零部件的有序运动，与机构的实际特点相符合。

1.4.4　施加驱动命令

施加驱动命令是建立运动机构的最后一个步骤。

结构树上机械装置节点下显示的“自由度（DOF）”数量表示运动机构有多少个独立的运动，同时也代表了完全驱动该运动机构所需的命令数，驱动位置则根据机构的机械原理进行选择。对于本例滚动凸轮机构，驱动命令为 1 个，驱动点应选择“旋转.1（Revolute. 1）（底座，凸轮）”。

施加该驱动命令可以通过两种途径进行：一是在结构树上双击“旋转. 1（Revolute. 1）（底座，凸轮）”；二是在结构树上选中“旋转. 1（Revolute. 1）（底座，凸轮）”，然后单击鼠标右键，在展开的菜单中选择“旋转. 1 对象（Revolute. 1 Object）”→“定义（Definition）”，操作路径如图 1-42 所示。

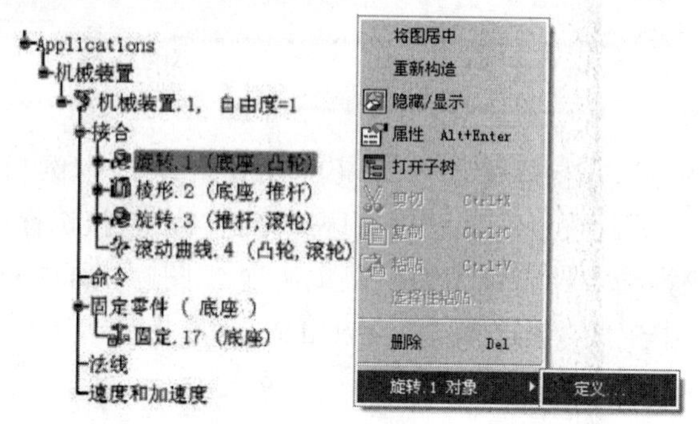

图 1-42　操作路径

以上两种操作方法均会弹出“编辑接合：旋转. 1（旋转）（Joint Edition：Revolute. 1）”对话框，对话框内显示该运动副的名称、接合几何图形（Joint Geometry）、运动范围“接合限制（Joints Limits）”及其上、下限，以及“驱动角度（Angle Driven）”复选框，如图 1-43 所示。

选中对话框中“驱动角度（Angle Driven）”复选框，确认驱动该运动副，“接合限制（Joints Limits）”设定区被激活。同时，在机构上对应该运动副的运动部件上出现运动指示箭头，如图 1-44 所示。

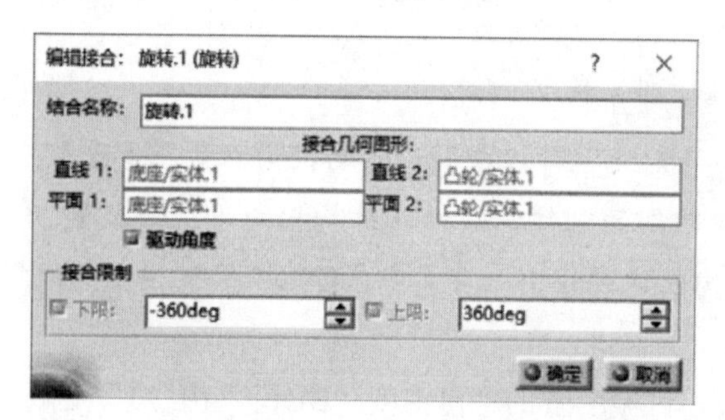

图 1-43　“编辑接合：旋转. 1（旋转）”对话框

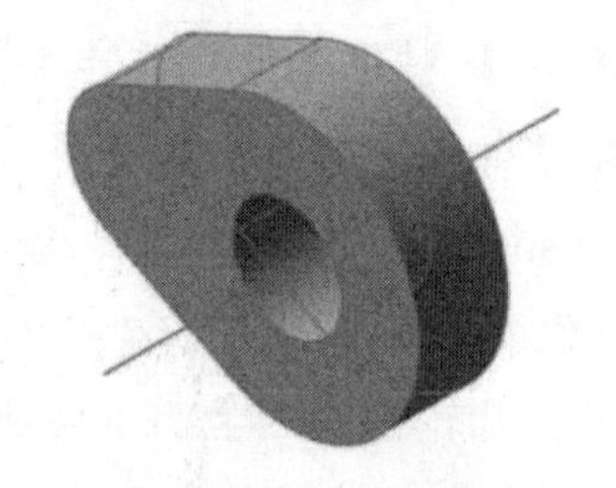

图 1-44　凸轮运动形式与方向标示

当鼠标靠近模型时，运动部件按箭头方向进行示意性的运动，单击箭头可改变运动的正方向。运动部件的运动范围可在对话框中“接合限制（Joints Limits）”功能区的“下限（Lower limits）”和“上限（Upper Limits）”设置栏内进行调整。

单击“确定（OK）”按钮，完成驱动命令的设置，弹出“可以模拟机械装置（The mechanism can be simulated）”信息，如图 1-45 所示。同时，结构树上机械装置的“自由度（DOF）”由“1”变为“0”，并在“Applications\机械装置（Mechanisms）\命令（Commands）”节点下显示驱动命令“命令. 1（Command. 1）（旋转. 1，角度）”的名称

与性质，如图 1-46 所示。

图 1-45 运动机构建立成功信息

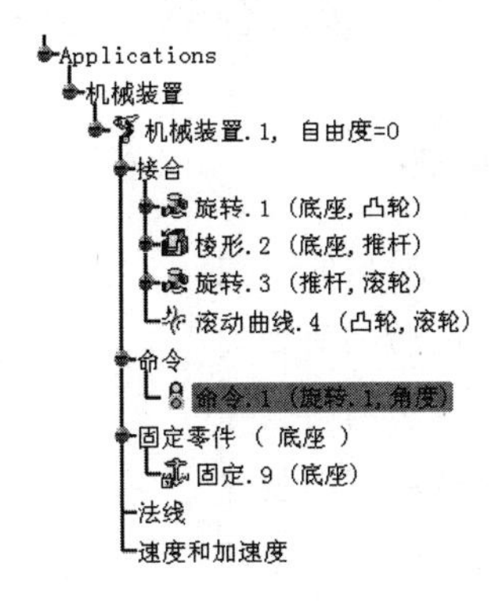

图 1-46 结构树上的命令

1. 5 运动模拟

运动机构建立完成后的运行称为运动模拟。CATIA 提供了多种用于不同目的的运行方式，本书第 6 章“仿真机构的运行与重放”中有详细的论述。

对于以检验运动机构建立效果为目的的运动模拟，常采用“使用命令模拟（Simulation with Commands）”的运行方式。在“DMU 运动机构（DMU Kinematics）”→“模拟（Simulation）”工具栏中单击“使用命令模拟（Simulation with Commands）”图标 ，显示“运动模拟-机械装置.1（Kinematic Simulation-Mechanism. 1）”对话框，如图 1-47 所示。

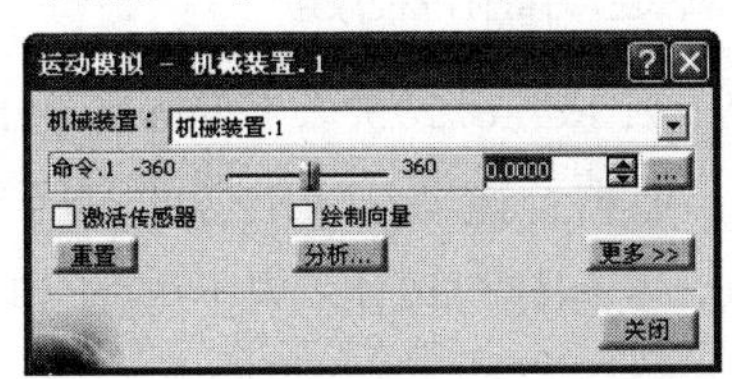

图 1-47 “运动模拟-机械装置. 1”对话框

用鼠标拖动对话框中的滚动条，可以观察机构的运行情况。机构也可以通过调节输入窗口右侧的上、下箭头实现步进运动，或直接在栏内输入角度数值，按 Enter 键执行。

1. 6 复习与思考

（1）论述数字样机的概念与意义。

（2）运动副的分类及创建方法有哪些？

（3）数字样机运动仿真的一般流程是什么？

（4）论述直接创建法与装配约束转换法各自的特点与适用场合。

（5）结合自身专业，谈一下数字样机技术可发挥的具体作用及优势。

第 2 章　面接触运动副（低副）

➢ 本章提要

- 旋转运动副的创建
- 棱形运动副的创建
- 圆柱运动副的创建
- 螺钉运动副的创建
- 球面运动副的创建
- 平面运动副的创建

面接触运动副包括“旋转（Revolute）”“棱形（Prismatic）”“圆柱（Cylindrical）”“螺钉（Screw）”“球面（Spherical）”及“平面（Planar）”。这类运动副可由直接创建法和装配约束转换法来实现，其中“旋转”“棱形”“圆柱”“螺钉”可单独及作为驱动副使用。

2. 1　旋转

2. 1. 1　概念与创建要素

旋转副是指两零部件之间的相对运动为转动的运动副，也称铰链。其创建要素是两条相合轴线及两个轴向限制面。

2. 1. 2　旋转运动副的创建

打开资源包中“Exercise\2\2. 1&4. 6. 2&5. 2. 1\huadongzhoucheng. CATProduct”，出现滑动轴承组件，如图 2-1 所示。或自行建立与之类似的可用于创建旋转副的 3D 模型组件。

该类运动副为基础运动副，其创建可以由直接创建法和装配约束转换法实现。本例以直接创建法创建旋转运动副。

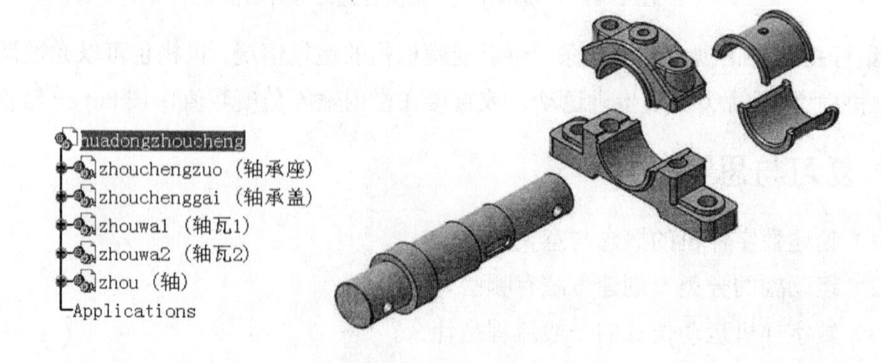

图 2-1　滑动轴承组件

① 进入“开始（Start）”→“机械设计（Mechanical Design）”→“装配件设计（Assembly Design）”工作台，完成轴承座、轴承盖与轴瓦 1、2 之间的装配。并将轴承座、轴承盖与轴瓦 1、2 按装配状态固联在一起，如图 2-2 所示。

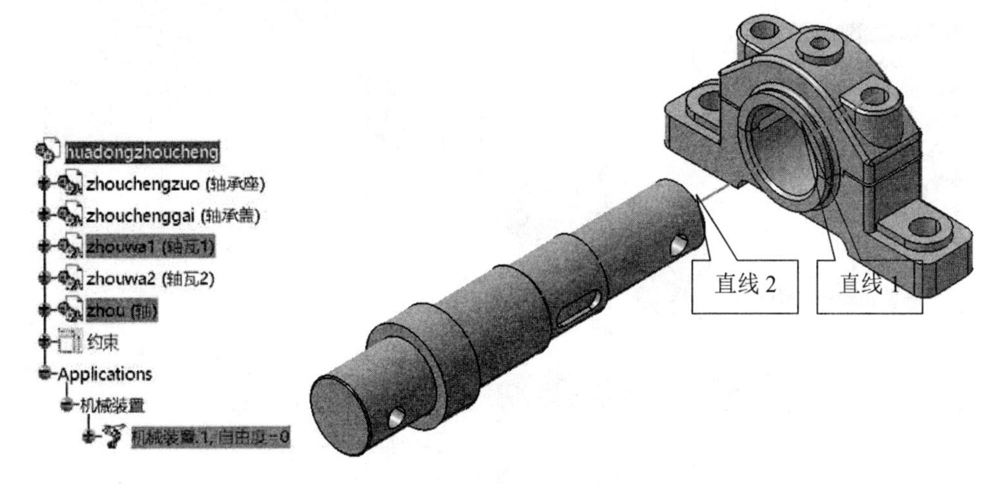

图 2-2　滑动轴承组装

② 切换至“开始（Start）”→“数字化装配（Digital Mockup）”→“DMU 运动机构（DMU Kinematics）”工作台。在“运动接合点（Kinematics Joints）”工具栏中单击“旋转接合（Revolute Joint）”图标，显示“创建接合：旋转（Joint Creation：Revolute）”对话框（参见图 1-21）。

③ 单击“新机械装置（New Mechanism）”按钮，创建“机械装置.1（Mechanism.1）”。“创建接合：旋转（Joint Creation：Revolute）”对话框更新显示（参见图 1-22）。同时，结构树中“Applications”节点下生成“机械装置（Mechanisms）”及其下一级节点，如图 2-3 所示。

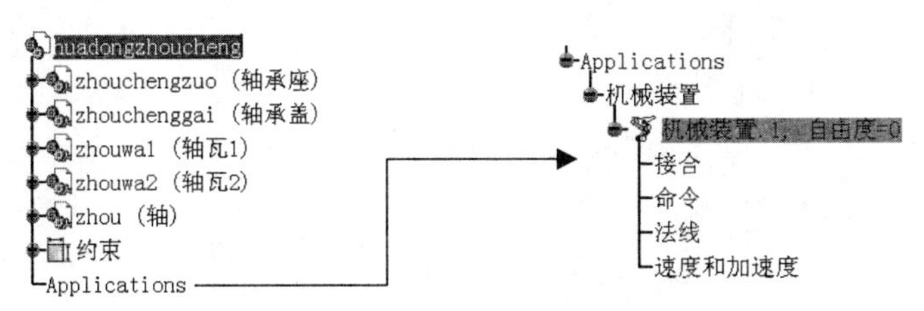

图 2-3　结构树显示机械装置

④ 在几何模型中选择创建要素。如图 2-4 所示，分别选中轴瓦 1 及轴的轴线，“创建接合：旋转（Joint Creation：Revolute）”对话框中“直线 1（Line 1）、直线 2（Line 2）”选项栏随着选择自动更新。为了方便要素选择，可以综合运用放大、缩小、移动、旋转、隐藏等方式调整几何模型。

该几何模型中可选择轴瓦 1 及轴的坐标平面来满足“两个轴向限制面”这一要素。为方便选择，需显示处于隐藏状态的轴瓦 1 及轴的相关坐标平面，如图 2-5 所示。

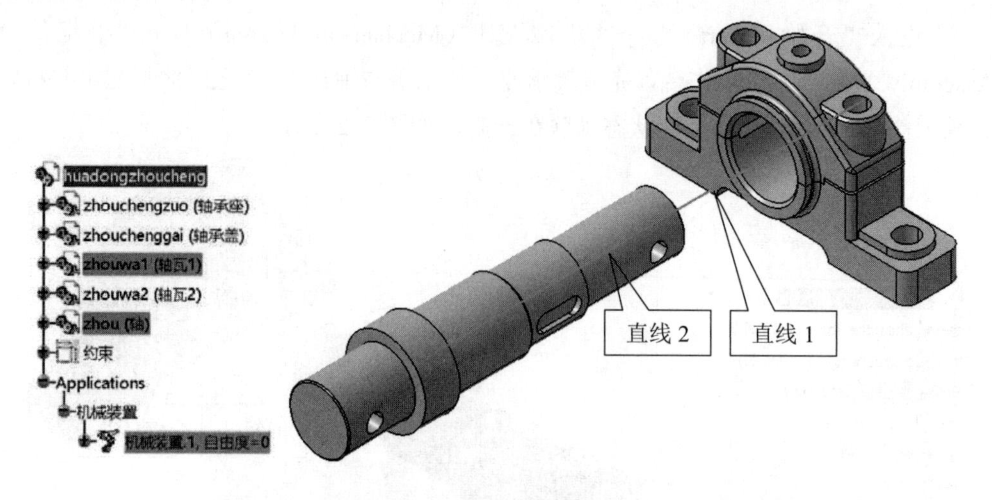

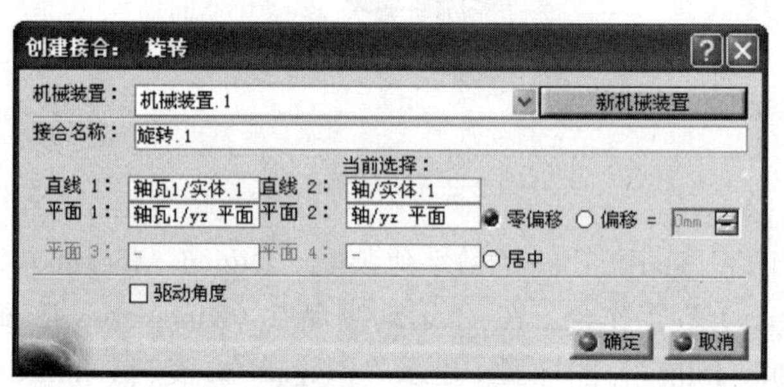

图 2-4　选择轴线

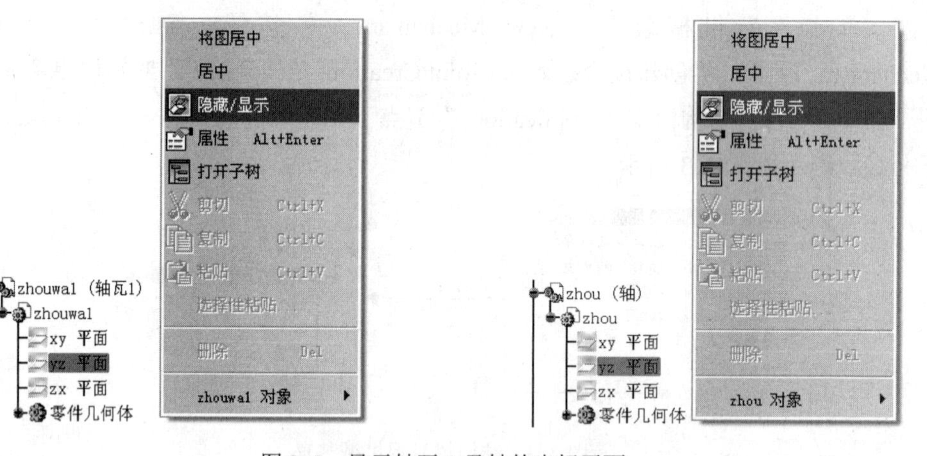

图 2-5　显示轴瓦 1 及轴的坐标平面

选择轴瓦 1 及轴的“yz 平面”，“创建接合：旋转（Joint Creation：Revolute）”对话框“平面 1（Plane 1）、平面 2（Plane 2）”选项栏随选择自动更新，如图 2-6 所示。

※【提示】：在“创建接合：旋转（Joint Creation：Revolute）”对话框设置时也可根据需要选中“偏移(Offset)”，并设置两平面之间的偏移距离。两个轴向限制面也可选择轴与轴瓦接触的端面。

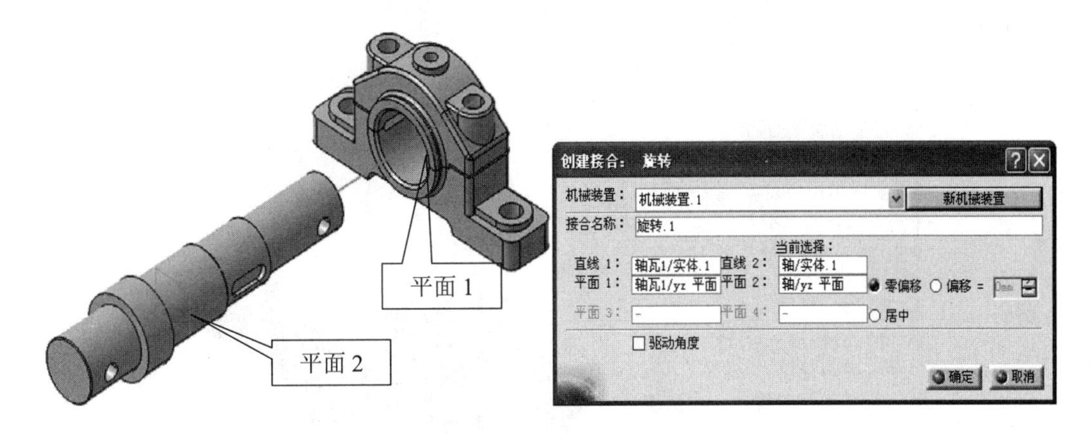

图 2-6　选择轴向限制面

⑤ 单击“确定（OK）”按钮，旋转运动副完成创建。在结构树上可以看到旋转运动副“旋转. 1（Revolute. 1）”在“Applications\机械装置（Mechanisms）\接合（Joints）”节点下显示，装配“约束（Constraints）”节点下也自动生成对应的轴“相合（Coincidence）”与面“偏移（Offset）”约束，如图 2-7 所示。

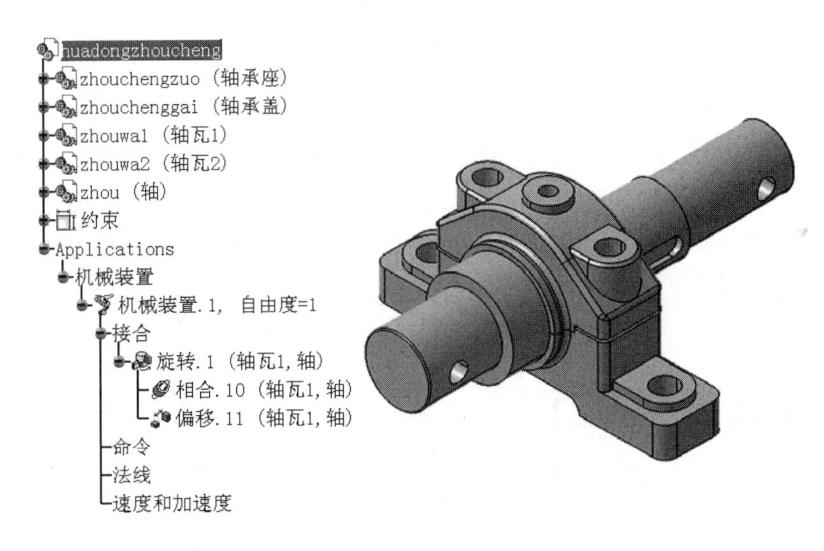

图 2-7　结构树及模型变化

MOOC

2．1．3　机构驱动

（1）固定件定义

在“DMU 运动机构（DMU Kinematics）”工具栏中单击“固定零件（Fixed Part）”图标，弹出“新固定零件（New Fixed Part）”对话框（参见图 1-40）。

在几何模型区或结构树上选择轴瓦 1 为固定件，选中后，轴瓦 1 上出现图标，同时在“Applications\机械装置（Mechanisms）\固定零件（Fix Part）”节点下有对应显示，如图 2-8 所示。

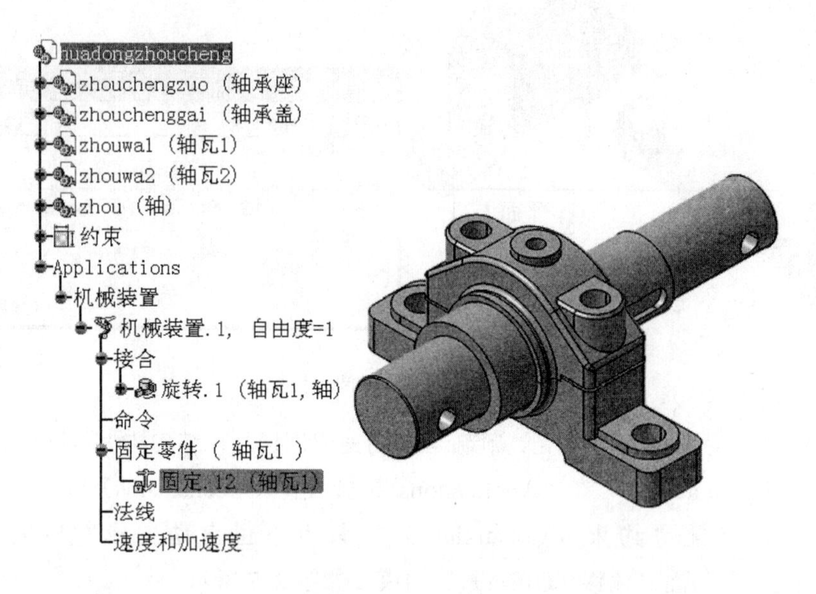

图 2-8 定义固定件

（2）施加驱动命令

在结构树上双击“旋转.1（Revolute.1）（轴瓦 1，轴）”，显示“编辑接合：旋转.1（旋转）（Joint Edition：Revolute.1）”对话框，如图 2-9 所示。对话框的显示也可以在结构树的“旋转.1（Revolute.1）（轴瓦 1，轴）”上单击鼠标右键，按“旋转.1 对象（Revolute.1 Object）”→“定义（Definition）”的路径来进行，如图 2-10 所示。

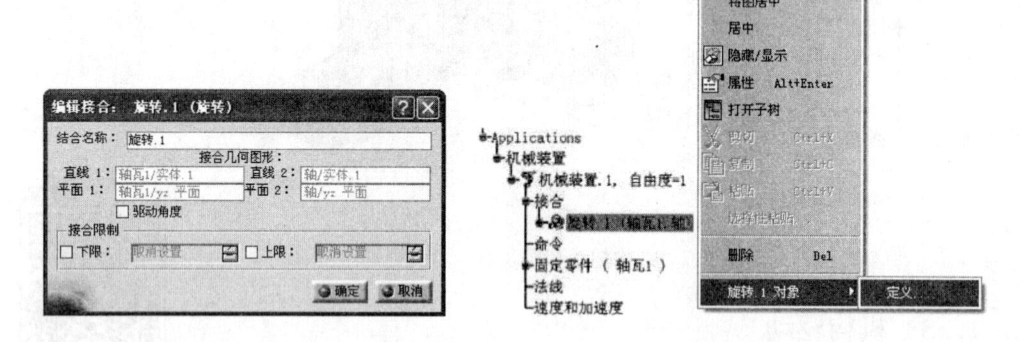

图 2-9 “编辑接合：旋转.1（旋转）对话框　　　图 2-10 定义驱动

选中对话框中的“驱动角度（Angle Driven）”复选框，如图 2-11 所示。可以看到机构上出现指示轴旋转方向的箭头，如图 2-12 所示。图示为逆时针旋转，读者可根据需要单击箭头更改运动方向。运动范围可以在对话框的“接合限制（Joints Limits）”功能区中进行更改。

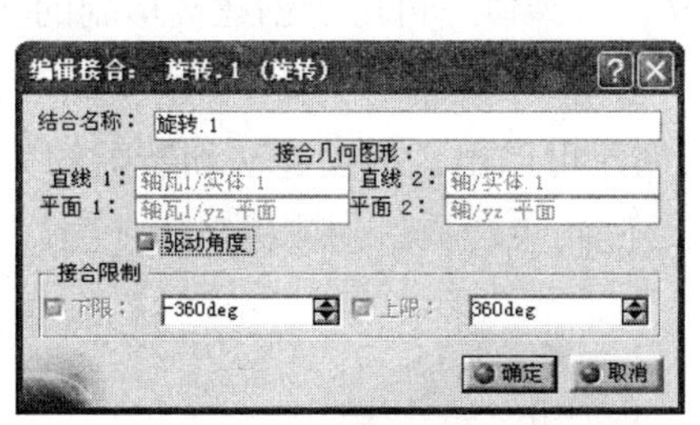

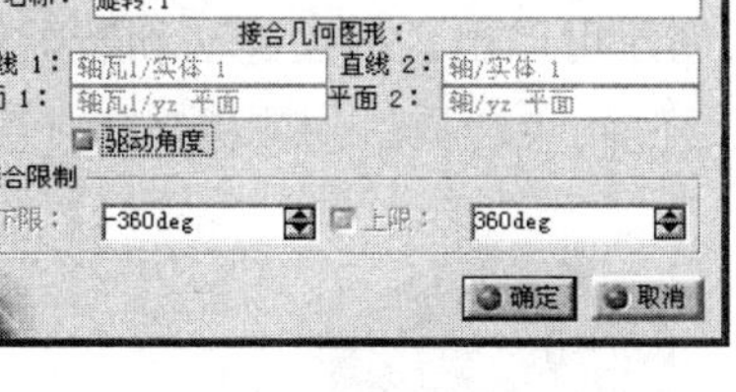

图 2-11　选中驱动角度复选框

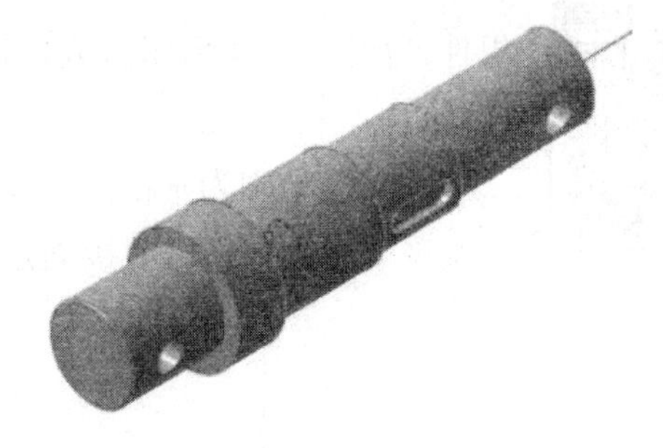

2-12　轴的运动形式与方向指示

单击“确定（OK）”按钮，完成驱动命令的设置，弹出“可以模拟机械装置（The mechanism can be simulated）”信息(参见图 1-45)。结构树上机械装置的“自由度(DOF)”变为“0”，并在“Applications\机械装置（Mechanisms）\命令（Commands）”节点下显示驱动命令的名称与性质，如图 2-13 所示。

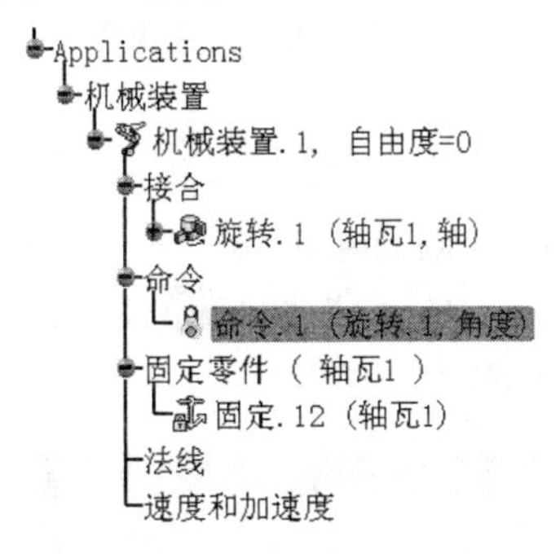

图 2-13　结构树上的驱动命令

（3）运动模拟

在“DMU 运动机构（DMU Kinematics）”→“模拟（Simulation）”工具栏中单击“使用命令模拟（Simulation with Commands）”图标，显示“运动模拟-机械装置.1（Kinematics Simulation-Mechanism.1）”对话框（参见图 1-47）。用鼠标拖动滚动条，可以观察到产品中轴的转动。

2.2　棱形

2.2.1　概念与创建要素

棱形副是两个零部件之间的相对运动为沿某一条公共直线滑动的运动副，该类运动副常用于机床刀架的移动及液压缸的伸缩。棱形副的基本创建要素是分属两个零部件的两条相合直线及分别与两条直线平行或分别重合的两个相合平面。

2.2.2　棱形运动副的创建

打开资源包中的“Exercise\2\2.2&5.3.2\huaguidaojia.CATProduct”，出现滑轨刀架

组件，如图 2-14 所示。或自行建立与之类似，可用于创建棱形副的 3D 模型组件。

该类运动副为基础运动副，其创建可以由直接创建法和装配约束转换法实现。本例分别以直接创建法和装配约束转换法创建棱形运动副。

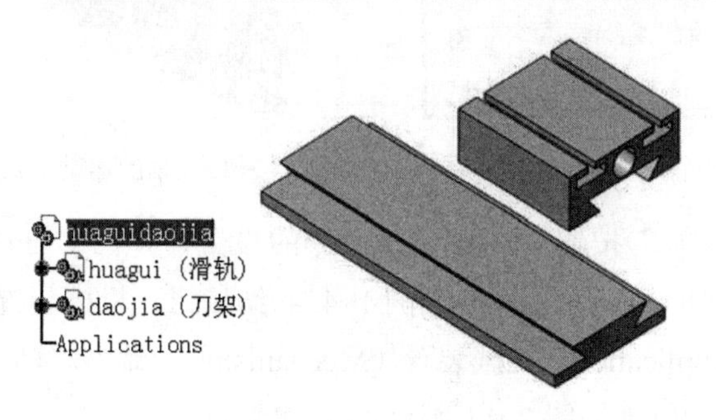

图 2-14　滑轨刀架组件

（1）直接创建

① 在"DMU 运动机构（DMU Kinematics）"→"运动接合点（Kinematics Joints）"工具栏中单击"棱形接合(Prismatic Joint)"图标，显示"创建接合：棱形(Joint Creation: Prismatic）"对话框，如图 2-15 所示。

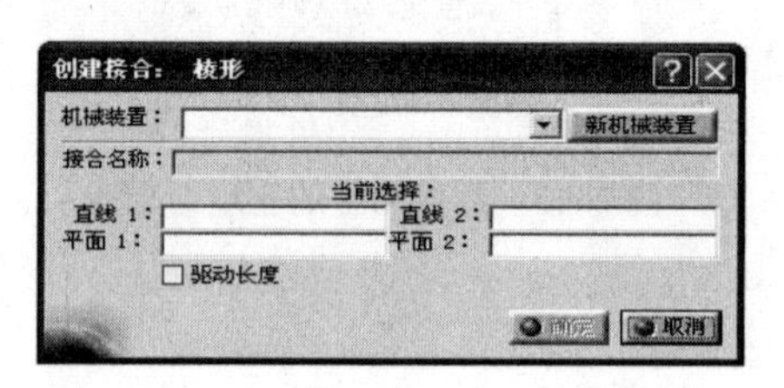

图 2-15　"创建接合：棱形"对话框

② 单击"新机械装置（New Mechanism）"按钮，创建"机械装置.1（Mechanism. 1）"。"创建接合：棱形（Joint Creation：Prismatic）"对话框更新显示，如图 2-16 所示。同时，结构树中"Applications"节点下生成"机械装置（Mechanisms）"及其下一级节点，如图 2-17 所示。

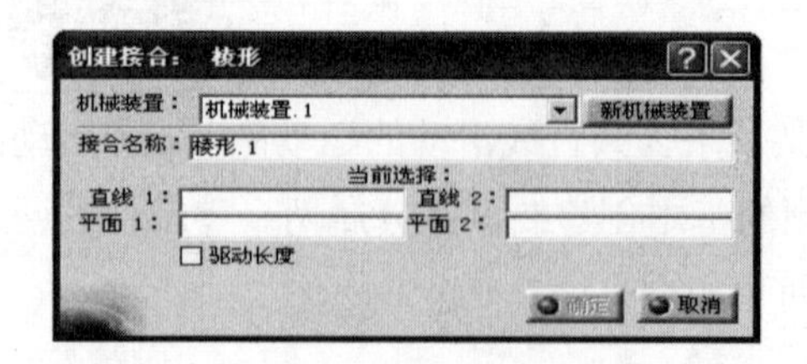

图 2-16 "创建接合：棱形"对话框更新显示

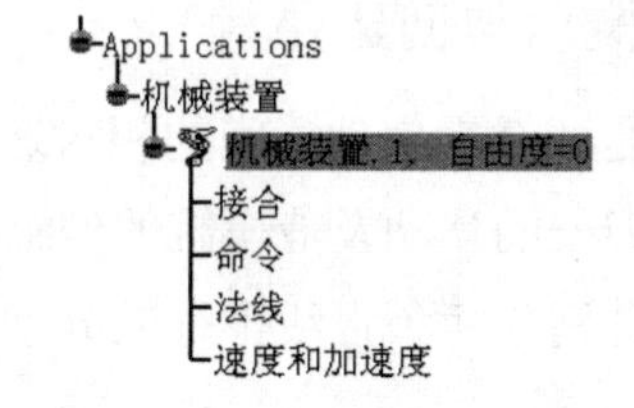

图 2-17　结构树上生成机械装置

③ 在几何模型中选择创建要素。如图 2-18 所示，分别选中滑轨及刀架对应的相合直

线，“创建接合：棱形（Joint Creation：Prismatic）”对话框中“直线 1（Line 1）、直线 2（Line 2）”选项栏也随着选择自动更新。为了方便要素选择，可以综合运用放大、缩小、移动、旋转、隐藏等方式调整几何模型。

选择该几何模型中导轨上表面及刀架滑槽下表面作为棱形副的“两个相合面”这一要素，“创建接合：棱形（Joint Creation：Prismatic）”对话框中“平面 1（Plane 1）、平面 2（Plane 2）”选项栏随着选择自动更新，如图 2-19 所示。

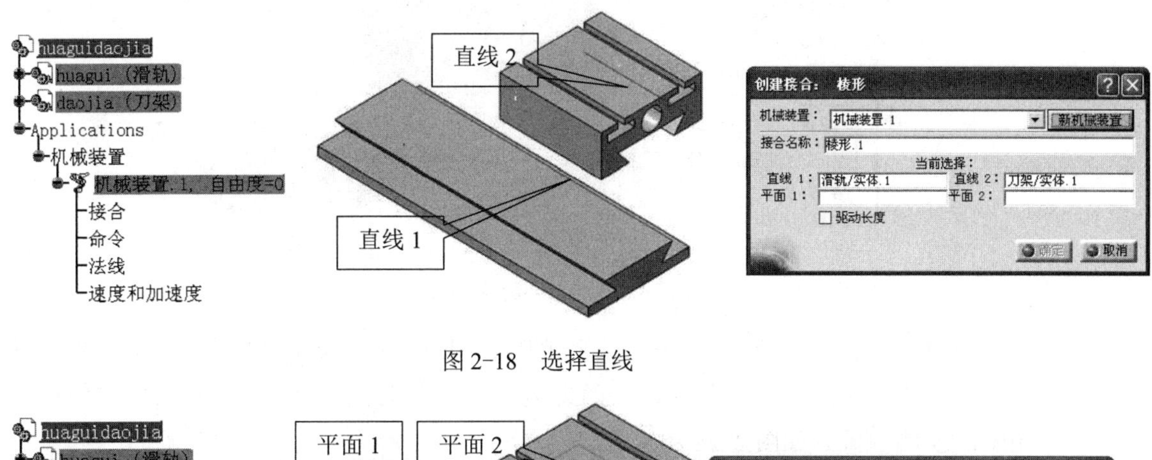

图 2-18　选择直线

图 2-19　选择平面

④ 单击“确定（OK）”按钮，棱形运动副完成创建。在结构树上可以看到棱形运动副“棱形. 1（Prismatic. 1）”在“Applications\机械装置（Mechanisms）\接合（Joints）”节点下显示，装配“约束（Constraints）”节点下也自动生成对应的“相合（Coincidence）”约束，如图 2-20 所示。

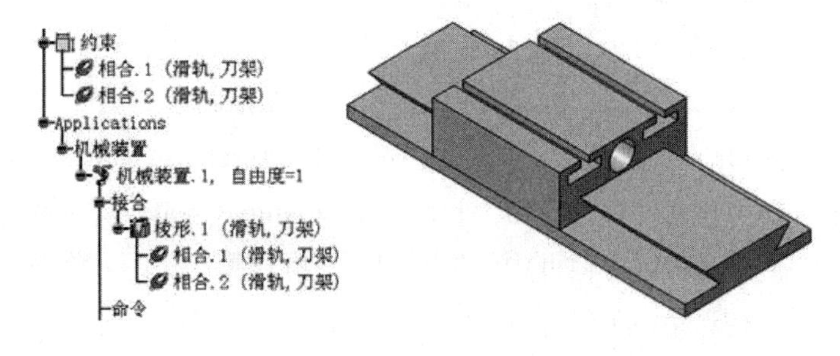

图 2-20　结构树的变化

（2）装配约束转换

① 重新打开模型文件，进入“开始（Start）”→“机械设计（Mechanical Design）”→“装配件设计（Assembly Design）”工作台，完成滑轨刀架的静态装配。装配约束状态如图 2-21 所示。

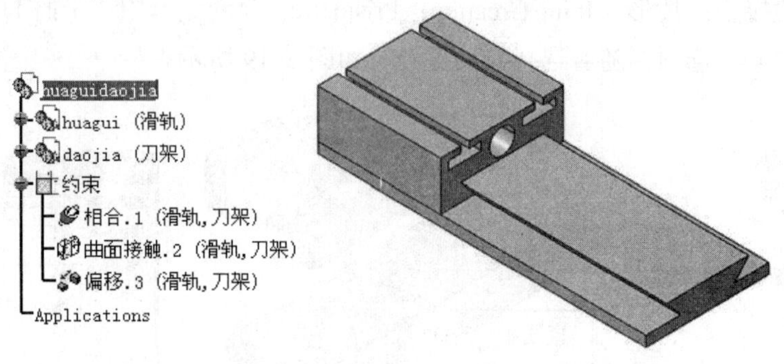

图 2-21　静态装配状态及约束

② 切换至“开始（Start）”→“数字化装配（Digital Mockup）”→“DMU 运动机构（DMU Kinematics）”工作台，将静态装配约束中限制刀架沿滑轨移动的“偏移. 3（Offset. 3）”删除，如图 2-22 所示。

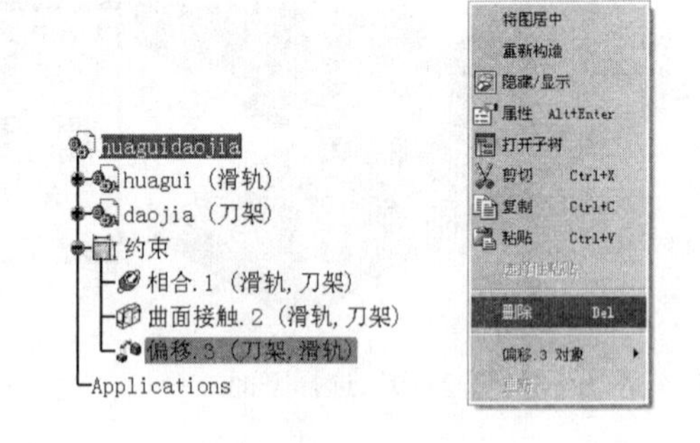

图 2-22　删除偏移约束

③ 在“DMU 运动机构（DMU Kinematics）”工具栏中单击“装配件约束转换（Assembly Constraints Conversion）”图标，显示“装配件约束转换（Assembly Constraints Conversion）”对话框（参见图 1-11）。

④ 单击“新机械装置（New Mechanism）”按钮，显示“创建机械装置（Mechanism Creation）”对话框（参见图 1-12）。用户可以根据需要重新命名。

⑤ 单击“确定（OK）”按钮，“装配件约束转换（Assembly Constraints Conversion）”对话框更新显示（参见图 1-13）。单击“自动创建（Auto Create）”按钮进行装配约束到运动副的转换，转换进度通过对话框中间窗口显示。待转换完成后，单击“确定（OK）”，在结构树上可以看到棱形运动副“棱形. 1（Prismatic. 1）（滑轨，刀架）”在“Applications\机械装置（Mechanisms）\接合（Joints）”节点下显示，如图 2-23 所示，棱形运动机构

完成创建。

※【提示】：利用“装配约束转换”法创建棱形运动副时，一对相合直线和一对相合直线或面、一对相合直线和一对偏移距离直线或面、一对相合直线和一对角度约束直线或面、一对相合直线和一对接触面等组合均可转换为棱形运动副。

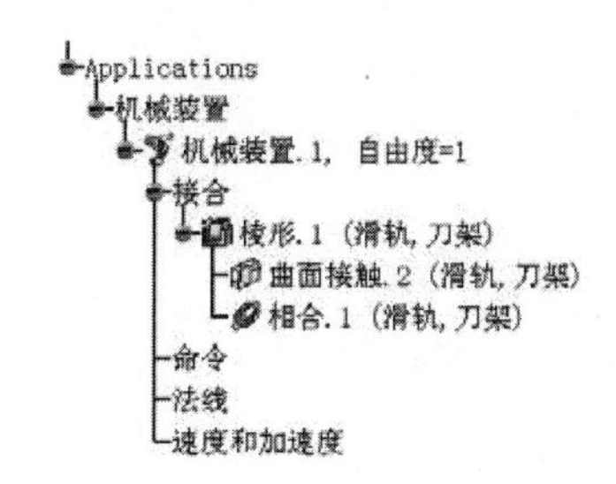

图 2-23　结构树的更新显示

2．2．3　机构驱动

（1）固定件定义

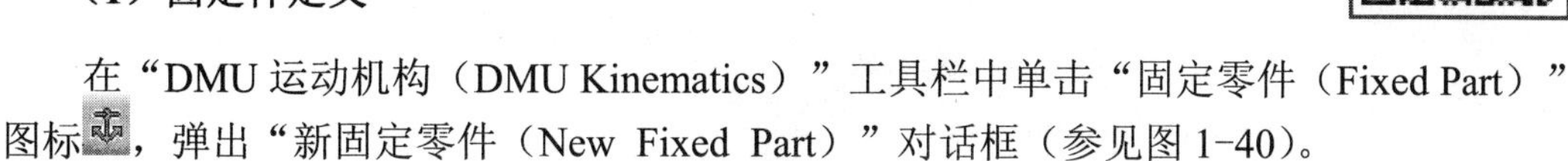

在“DMU 运动机构（DMU Kinematics）”工具栏中单击“固定零件（Fixed Part）”图标，弹出“新固定零件（New Fixed Part）”对话框（参见图 1-40）。

在几何模型区或结构树上选择滑轨为固定件，选中后，滑轨上出现图标，同时在“Applications\机械装置（Mechanisms）\固定零件（Fix Part）”节点下有对应显示，如图 2-24 所示。

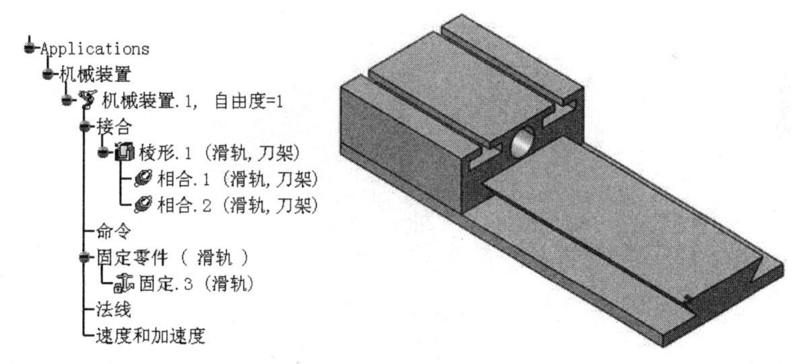

图 2-24　固定件定义

（2）施加驱动命令

在结构树上双击“棱形. 1（Prismatic. 1）（滑轨，刀架）”，显示“编辑接合：棱形. 1（棱形）（Joint Edition：Prismatic. 1）”对话框，如图 2-25 所示。对话框的显示也可以在结构树的“棱形. 1（Prismatic. 1）（滑轨，刀架）”上单击鼠标右键，按“棱形. 1 对象（Prismatic. 1 Object）”→“定义（Definition）”的路径来进行，如图 2-26 所示。

选中对话框中的“驱动长度（Length Driven）”复选框，可以看到机构上出现指示刀架运动的箭头，读者可根据需要单击箭头更改运动方向，如图 2-27 所示。运动范围可以在对话框的“接合限制（Joints Limits）”功能区中进行更改。本例将刀架与滑轨左端对齐后，设置运动范围为0~100mm。

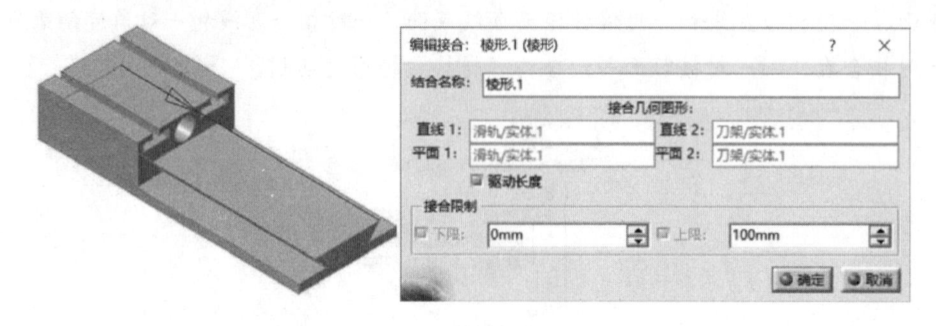

图 2-25 “编辑接合：棱形. 1（棱形）”对话框

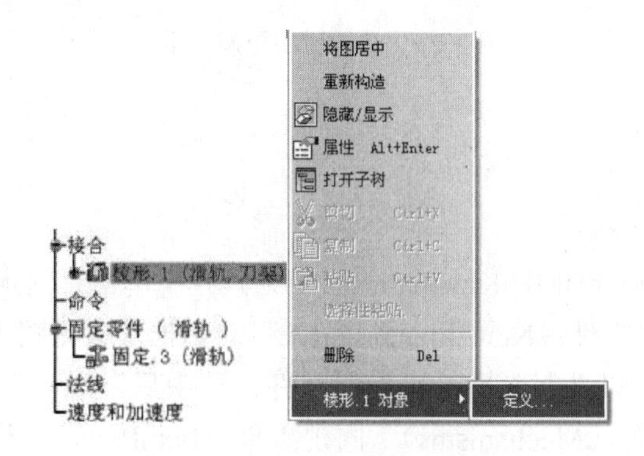

图 2-26 定义驱动

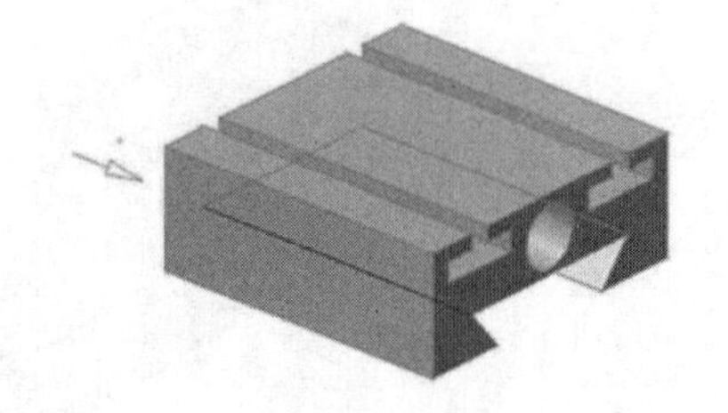

图 2-27 刀架的运动形式与方向标示

单击“确定（OK）”按钮，完成驱动命令设置，弹出“可以模拟机械装置（The mechanism can be simulated）”信息（参见图 1-45）。结构树上机械装置的“自由度（DOF）”变为“0”，并在“Applications\机械装置（Mechanisms）\命令（Commands）”节点下显示驱动命令的名称与性质，如图 2-28 所示。

（3）运动模拟

在“DMU 运动机构（DMU Kinematics）”→“模拟（Simulation）”工具栏中单击“使用命令模拟（Simulation with Commands）”图标，显示“运动模拟-机械装置. 1（Kinematics Simulation-Mechanism. 1）”对话框，机构模拟命令被激活，如图 2-29 所示。用鼠标拖动滚动条，可以观察到产品中刀架的移动。

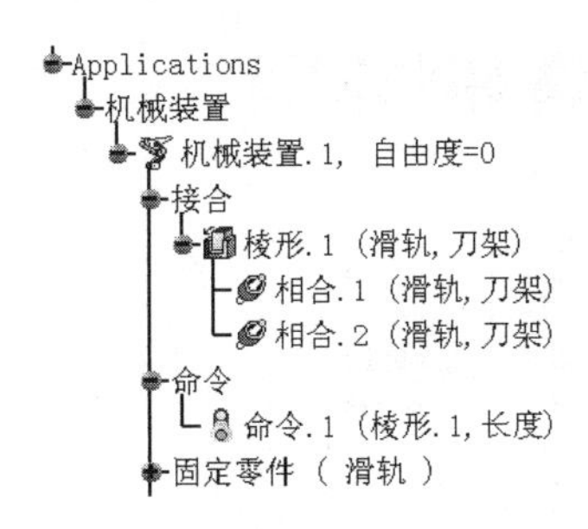

图 2-28　结构树上的驱动命令

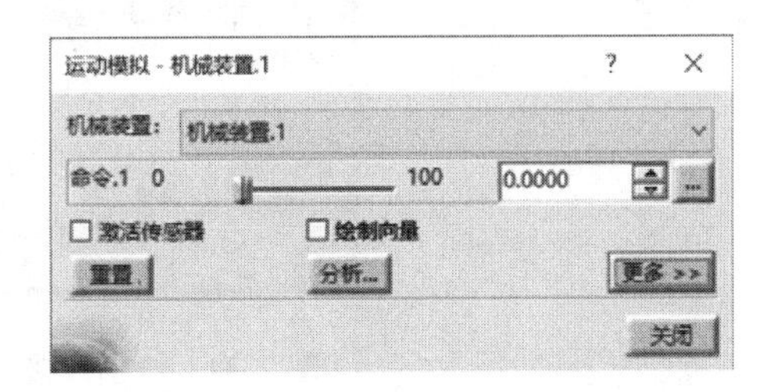

图 2-29　“运动模拟-机械装置. 1”对话框

2. 3　圆柱

2. 3. 1　概念与创建要素

圆柱副是指两零部件之间既可沿公共轴线转动又能像棱形副一样沿这一轴线滑动的运动副，如钻床摇臂的运动。圆柱副创建的基本要素是两条分属两零部件的相合轴线。

2. 3. 2　圆柱运动副的创建

打开资源包中的“Exercise\2\2. 3&5. 3. 3\zuanchuangyaobi. CATProduct”，出现钻床摇臂组件，如图 2-30 所示。或自行建立与之类似的可用于创建圆柱运动副的 3D 模型组件。

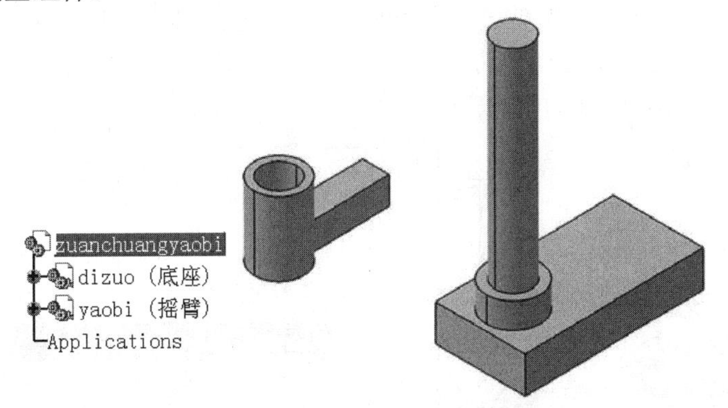

图 2-30　钻床摇臂组件

该类运动副为基础运动副，其创建可以由直接创建法和装配约束转换法实现。本例分别以直接创建法和装配约束转换法创建圆柱运动副。

（1）直接创建

① 在“DMU 运动机构（DMU Kinematics）”→“运动接合点（Kinematics Joints）”工具栏中单击“圆柱接合（Cylindrical Joint）”图标，显示“创建接合：圆柱面（Joint Creation：Cylindrical）”对话框，如图 2-31 所示。

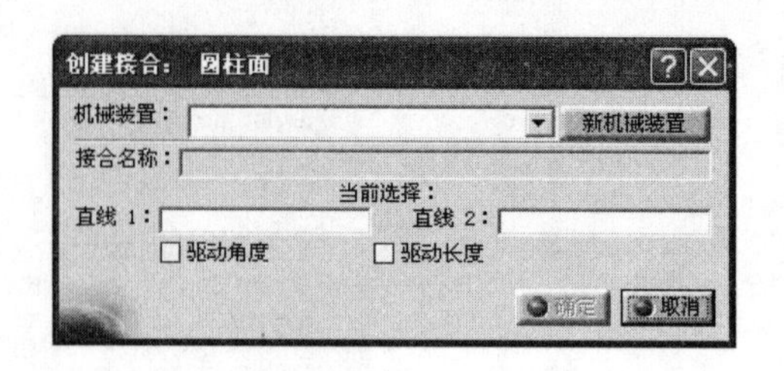

图 2-31 “创建接合：圆柱面”对话框

② 单击“新机械装置（New Mechanism）”按钮，创建“机械装置.1（Mechanism. 1）”。“创建接合：圆柱面（Joint Creation：Cylindrical）”对话框更新显示，如图 2-32 所示。同时，结构树中“Applications”节点下生成“机械装置（Mechanisms）”及其下一级节点，如图 2-33 所示。

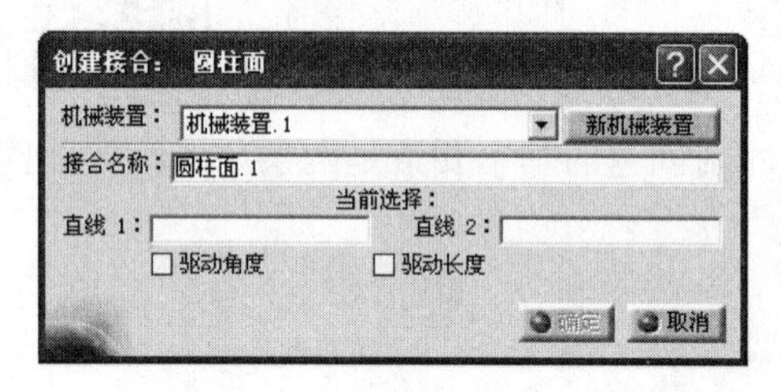

图 2-32 “创建接合：圆柱面”对话框更新显示

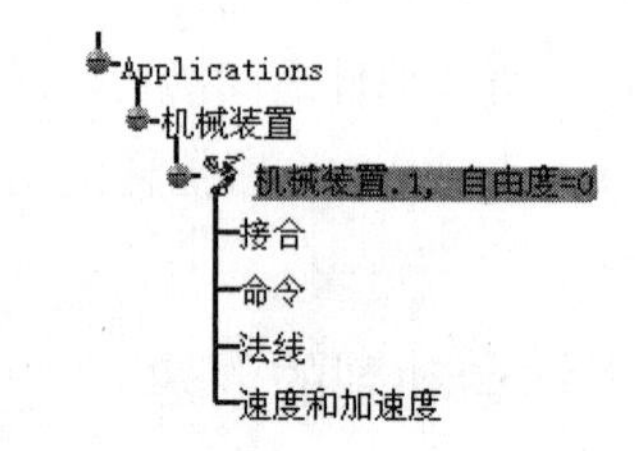

图 2-33 结构树上的机械装置

③ 在几何模型中选择创建要素。如图 2-34 所示，分别选中轴底座支杆及摇臂套筒的轴线，“创建接合：圆柱面（Joint Creation：Cylindrical）”对话框中“直线 1（Line 1）、直线 2（Line 2）”选项栏也随着选择自动更新。为方便要素选择，可以综合运用放大、缩小、移动、旋转、隐藏等方式调整几何模型。

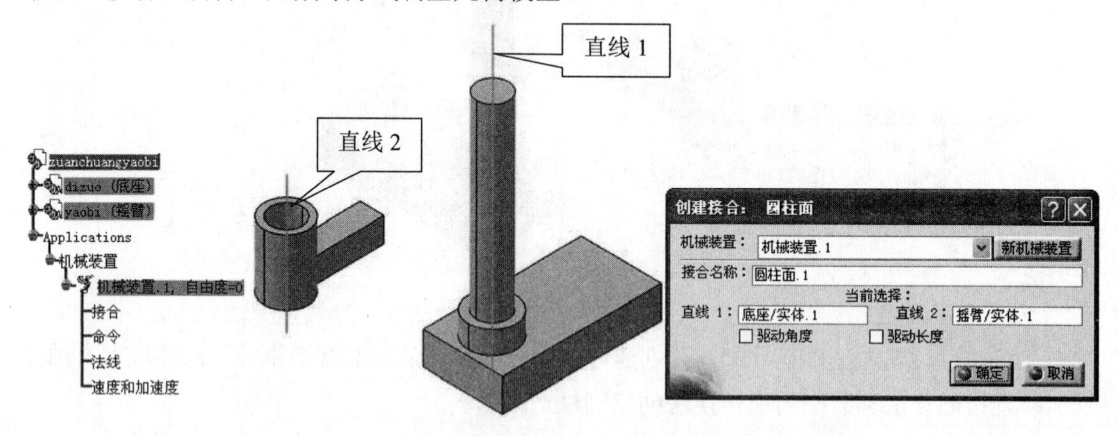

图 2-34 选择直线

④ 单击“确定（OK）”按钮，圆柱运动机构完成创建。在结构树上可以看到圆柱副“圆柱面.1（Cylindrical. 1）（底座，摇臂）”在“Applications\机械装置（Mechanisms）\接合（Joints）”节点下显示，装配“约束（Constraints）”节点下也自动生成对应的“相

合（Coincidence）”约束，如图 2-35 所示。

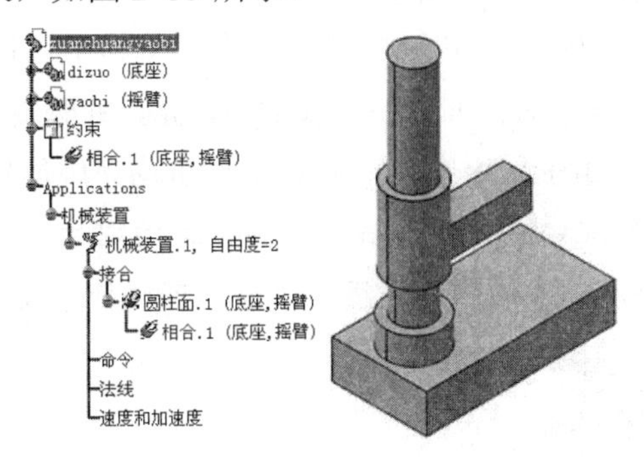

图 2-35　结构树的变化

（2）装配约束转换

① 重新打开模型文件，进入“开始（Start）”→“机械设计（Mechanical Design）”→“装配件设计（Assembly Design）”工作台，完成钻床摇臂的静态装配。装配约束如图 2-36 所示。

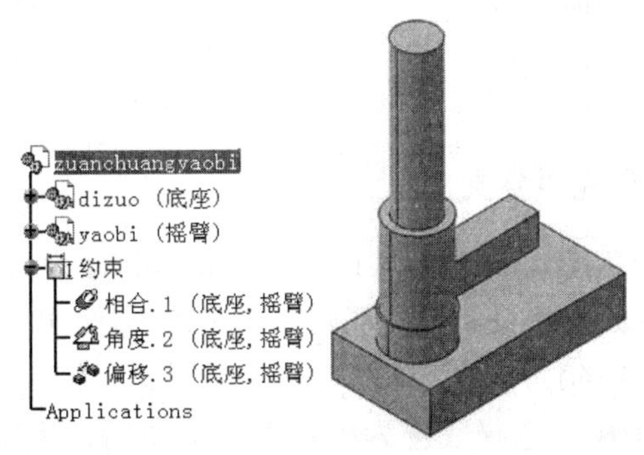

图 2-36　静态装配及约束

② 切换至“开始（Start）”→“数字化装配（Digital Mockup）”→“DMU 运动机构（DMU Kinematics）”工作台，将静态装配约束中限制刀架转动的“角度. 2（Angle. 2）（底座，摇臂）”及限制摇臂移动的“偏移. 3（Offset. 3）（底座，摇臂）”删除，如图 2-37 所示。

③ 在“DMU 运动机构（DMU Kinematics）”工具栏中单击“装配件约束转换（Assembly Constraints Conversion）”图标，显示“装配件约束转换（Assembly Constraints Conversion）”对话框（参见图 1-11）。

④ 单击“新机械装置（New Mechanism）”按钮，创建“机械装置. 1（Mechanism. 1）”，显示“创建机械装置（Mechanism Creation）”对话框（参见图 1-12）。用户可以根据需要重新命名。

⑤ 单击“确定（OK）”按钮，“装配件约束转换（Assembly Constraints Conversion）”对话框更新显示（参见图 1-13）。单击“自动创建（Auto Create）”进行装配约束到运动

副的转换，转换进度通过对话框中间窗口显示。

待转换完成后，单击“确定（OK）”按钮，在结构树上可以看到圆柱运动副“圆柱面. 1（Cylindrical. 1）（底座，摇臂）”在“Applications\机械装置（Mechanisms）\接合（Joints）”节点下显示，如图 2-38 所示，圆柱运动机构完成创建。

※【提示】：利用“装配约束转换”法创建圆柱运动副时，一对相合直线、一对偏移距离的相合直线、一对角度约束的相合直线等组合均可转换为圆柱运动副。

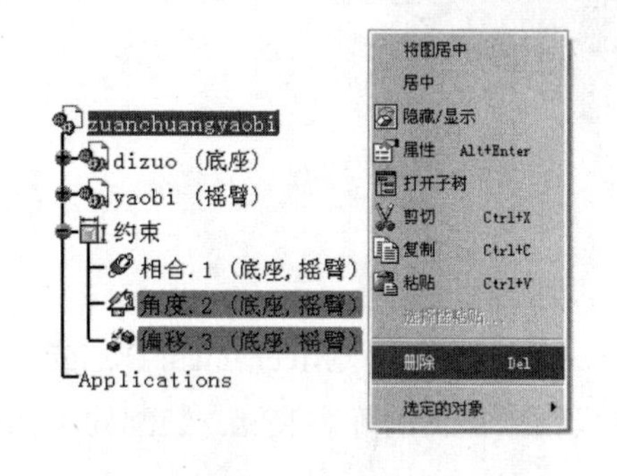

图 2-37 删除角度约束和偏移约束

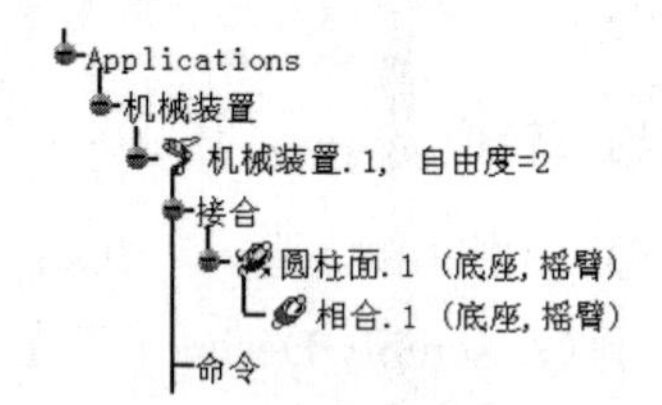

图 2-38 结构树的更新显示

2．3．3 机构驱动

（1）固定件定义

在“DMU 运动机构（DMU Kinematics）”工具栏中单击 “固定零件（Fixed Part）”图标，弹出“新固定零件（New Fixed Part）”对话框（参见图 1-40）。

在几何模型区或结构树上选择底座为固定件，选中后，底座上出现图标，同时在“Applications\机械装置（Mechanisms）\固定零件（Fix Part）”节点下有对应显示，如图 2-39 所示。

（2）施加驱动命令

在结构树上双击“圆柱面. 1（Cylindrical. 1）（底座，摇臂）”，显示“编辑接合：圆柱面. 1（圆柱面）（Joint Edition：Cylindrical. 1）”对话框，如图 2-40 所示。对话框的显示也可以在结构树的“圆柱面. 1（Prismatic. 1）（底座，摇臂）”上单击鼠标右键，按“圆柱面. 1 对象（Cylindrical. 1 Object）”→“定义（Definition）”的路径来进行，如图 2-41 所示。

选中对话框中的“驱动角度（Angle Driven）”及“驱动长度（Length Driven）”复选框，如需要可以在“接合限制（Joints Limits）”功能区中更改驱动角度和驱动长度，可以看到机构上出现指示摇臂旋转方向和移动方向的箭头，读者可根据需要单击箭头更改运动方向，如图 2-42 所示。本例将摇臂底部端面与底座上端面接触后，设置长度范围为“0~76mm”，角度范围为“-360deg~360deg”。

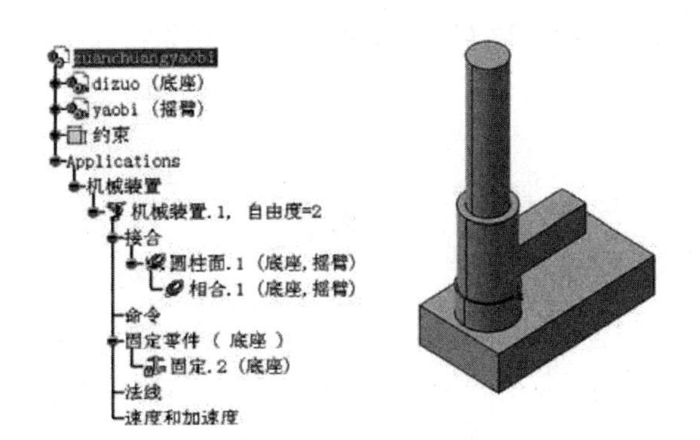

图 2-39　定义固定件

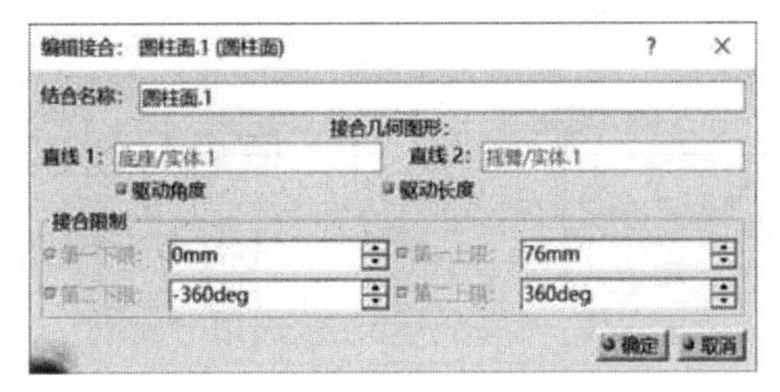

图 2-40　“编辑接合：圆柱面. 1（圆柱面）”对话框

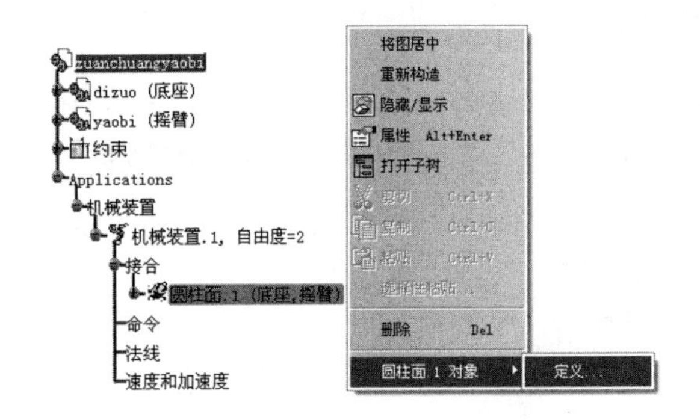

图 2-41　定义驱动

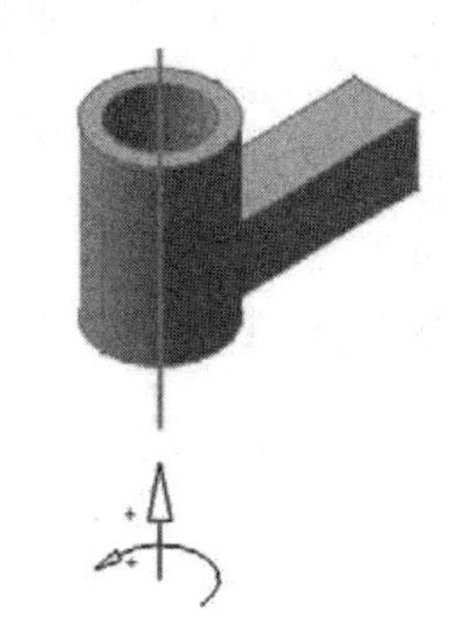

图 2-42　摇臂的运动形式与方向标示

单击“确定（OK）”按钮，完成驱动命令设置，弹出“可以模拟机械装置（The mechanism can be simulated）”信息（参见图 1-45）。结构树上机械装置的“自由度(DOF)”变为“0”，并在“Applications\机械装置（Mechanisms）\命令（Commands）”节点下显示驱动命令的名称与性质，如图 2-43 所示。

（3）运动模拟

在“DMU 运动机构（DMU Kinematics）”→“模拟（Simulation）”工具栏中单击“使用命令模拟(Simulation with Commands)”图标，显示“运动模拟-机械装置. 1(Kinematics Simulation-Mechanism. 1）”对话框，机构模拟命令被激活，如图 2-44 所示。

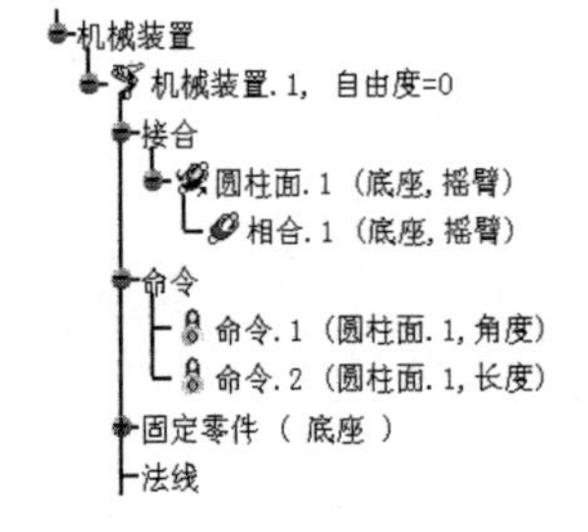

图 2-43　结构树上的驱动命令

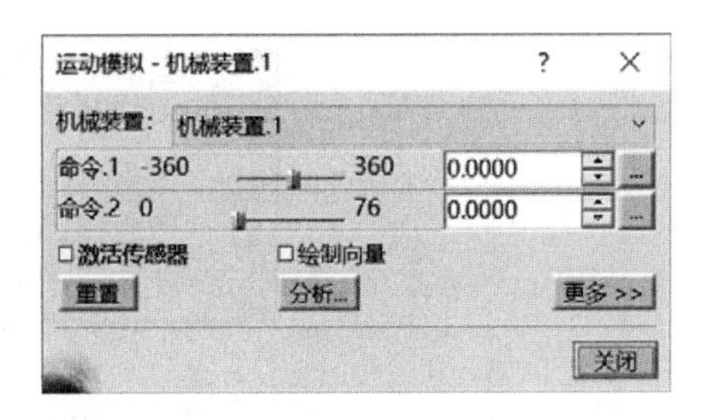

图 2-44　“运动模拟-机械装置. 1”对话框

用鼠标拖动“命令.1（Command. 1）”和“命令.2（Command. 2）”滚动条，可以观察到产品中摇臂的转动和移动。

2．4　螺钉

2．4．1　概念与创建要素

螺钉副是指两零部件之间沿公共轴线的转动以及沿这一轴线的滑动的两个运动形式以“螺距（pitch of screws）”为约束联动的运动副，如机床常用的丝杠传动。螺钉副的基本创建要素与圆柱副一样，为两条分属两零部件的相合轴线。

2．4．2　螺钉运动副的创建

打开资源包中的“Exercise\2\2. 4\luoxuanfu. CATProduct”，出现螺杆组件，如图 2-45 所示。或自行建立与之类似的可用于创建螺钉副的 3D 模型。

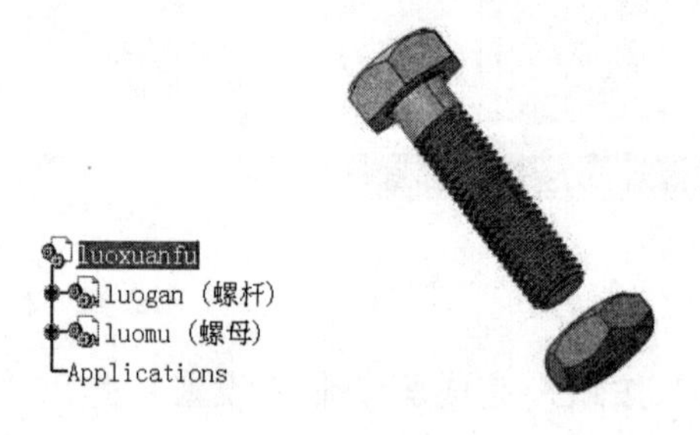

图 2-45　螺杆组件

该类运动副为基础运动副，其创建可以由直接创建法实现。本例以直接创建法创建螺钉运动副。

⚠【注意】：螺钉运动副是唯一一个不能利用“装配约束转换”法创建的低副。

① 在“DMU 运动机构（DMU Kinematics）”→“运动接合点（Kinematics Joints）”工具栏中单击 “螺钉接合（Screw Joint）”图标，显示“创建接合：螺钉（Joint Creation：Screw）”对话框，如图 2-46 所示。

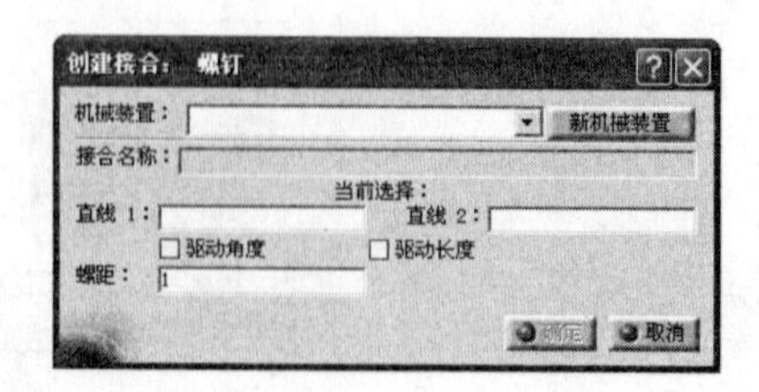

图 2-46　“创建接合：螺钉”对话框

② 单击“新机械装置（New Mechanism）”，创建“机械装置.1（Mechanism. 1）”。

"创建接合：螺钉（Joint Creation：Screw）"对话框更新显示，如图 2-47 所示。同时，结构树中"Applications"节点下生成"机械装置（Mechanisms）"及其下一级节点，如图 2-48 所示。

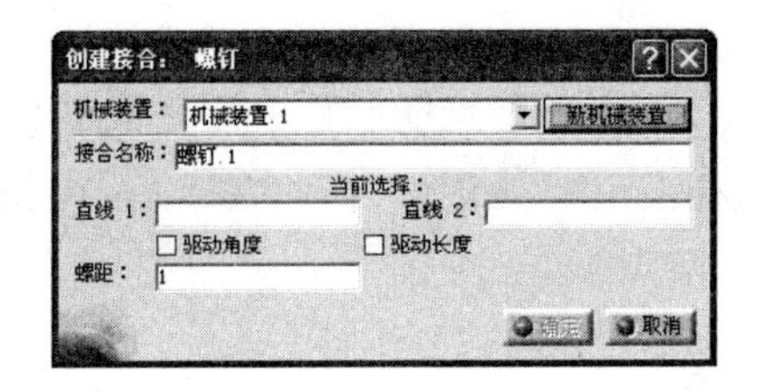

图 2-47　"创建接合：螺钉"对话框更新显示

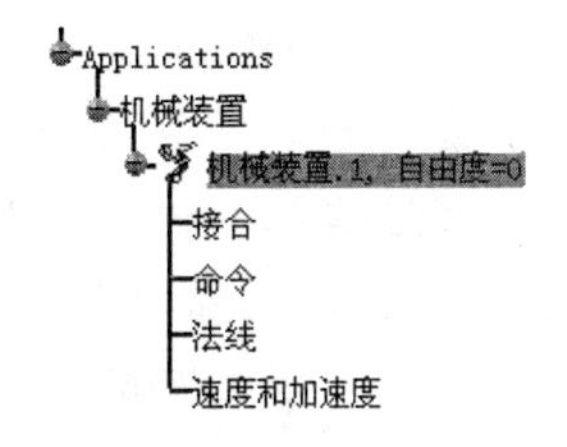

图 2-48　结构树上的机械装置

③ 在几何模型中选择创建要素。如图 2-49 所示，分别选中螺杆及螺母的轴线，"创建接合：螺钉（Joint Creation：Screw）"对话框中"直线 1（Line 1）、直线 2（Line 2）"选项栏也随着选择自动更新，同时将"螺距（pitch of screws）"修改为模型的实际螺距值"4"。为了方便要素选择，可以综合运用放大、缩小、移动、旋转、隐藏等方式调整几何模型。

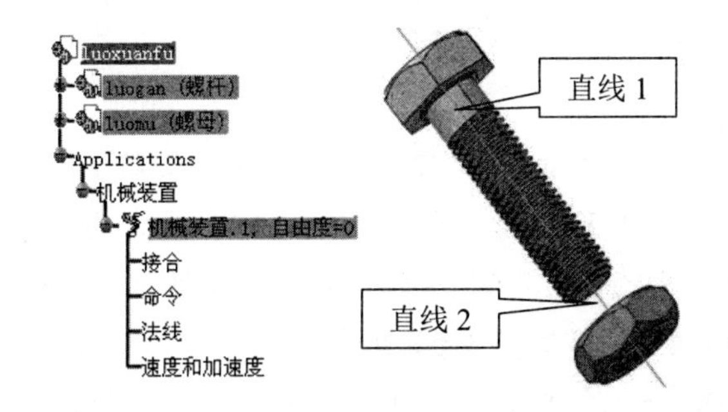

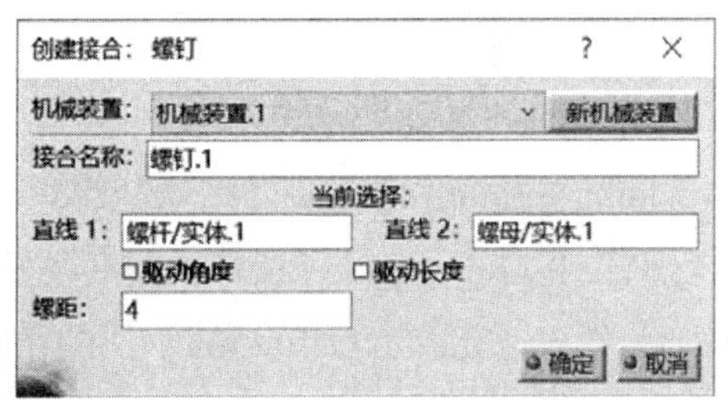

图 2-49　选择轴线

④ 单击"确定（OK）"按钮，螺钉机构完成创建。在结构树上可以看到螺杆运动副"螺钉.1（Screw.1）（螺杆，螺母）"在"Applications\机械装置（Mechanisms）\接合（Joints）"节点下显示，结构树中"约束（Constraints）"节点下也自动生成对应的"相合（Coincidence）"约束，如图 2-50 所示。

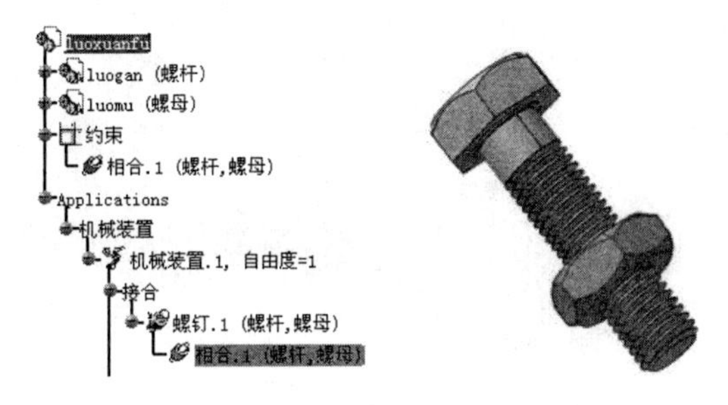

图 2-50　结构树的变化

2．4．3 机构驱动

（1）固定件定义

在“DMU 运动机构（DMU Kinematics）”工具栏中单击“固定零件（Fixed Part）”图标，“新固定零件（New Fixed Part）”对话框弹出（参见图 1-40）。

在几何模型区或结构树上选择螺杆，选中后螺杆上出现图标，同时在“Applications\机械装置（Mechanisms）\固定零件（Fix Part）”节点下有对应显示，如图 2-51 所示。

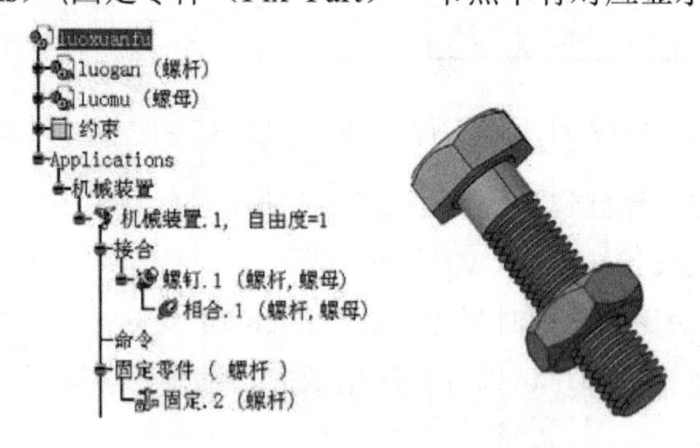

图 2-51 定义固定件

（2）施加驱动命令

在结构树上双击“螺钉. 1（Screw. 1）（螺杆，螺母）”，显示“编辑接合：螺钉. 1（螺钉）（Joint Edition：Screw. 1）”对话框，如图 2-52 所示。对话框的显示也可以在结构树的“螺钉. 1（Screw. 1）（螺杆，螺母）”上单击鼠标右键，按“螺钉. 1 对象（Screw. 1 Object）”→“定义（Definition）”的路径来进行，如图 2-53 所示。

选中对话框中的“驱动角度（Angle Driven）”复选框，可以看到机构上出现指示运动形式与方向的箭头，如图 2-54 所示，单击箭头可更改运动的方向。根据螺纹的长度在“接合限制（Joints Limits）”功能区中将旋转角度值调整到所需的范围，本例将螺母上端面与螺杆螺帽的下端面接触后，设置角度范围为-9000deg~0deg。

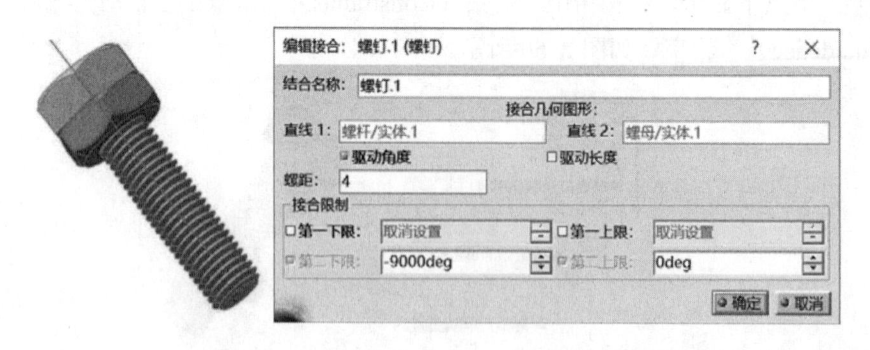

图 2-52 “编辑接合：螺钉. 1（螺钉）”对话框

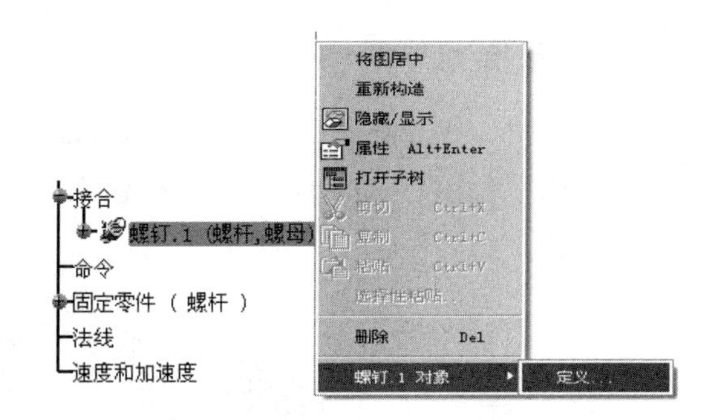

图 2-53　定义驱动

调整“螺距（pitch of screws）”值的正、负，使螺钉副中相关联的旋转和直线的运动配合关系与模型上的螺纹旋向相一致。

单击“确定（OK）”按钮，完成驱动命令设置，弹出“可以模拟机械装置（The mechanism can be simulated）”信息(参见图 1-45)。结构树上机械装置的“自由度(DOF)”变为“0”，并在“Applications\机械装置（Mechanisms）\命令（Commands）”节点下显示驱动命令的名称与性质，如图 2-55 所示。

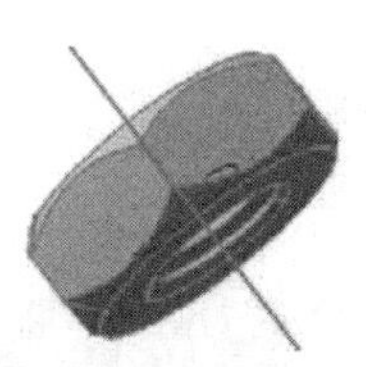

图 2-54　螺钉的运动形式与方向标示

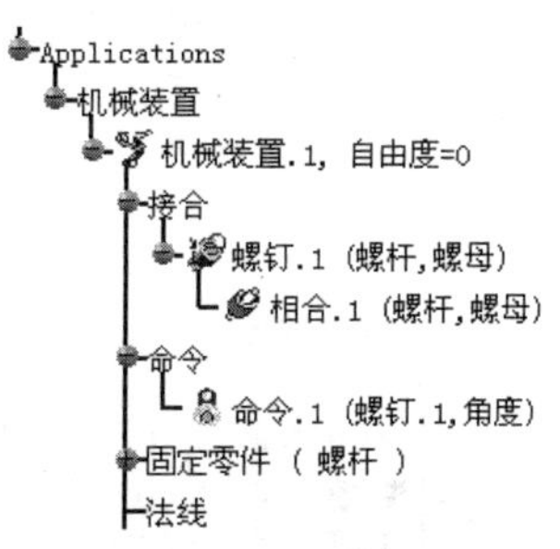

图 2-55　结构树上的驱动命令

（3）运动模拟

在“DMU 运动机构（DMU Kinematics）”→“模拟（Simulation）”工具栏中单击“使用命令模拟（Simulation with Commands）”图标，显示“运动模拟-机械装置.1（Kinematics Simulation-Mechanism. 1）”对话框，机构模拟命令被激活，如图 2-56 所示。用鼠标拖动滚动条，可以观察到产品中螺母的转动和移动。

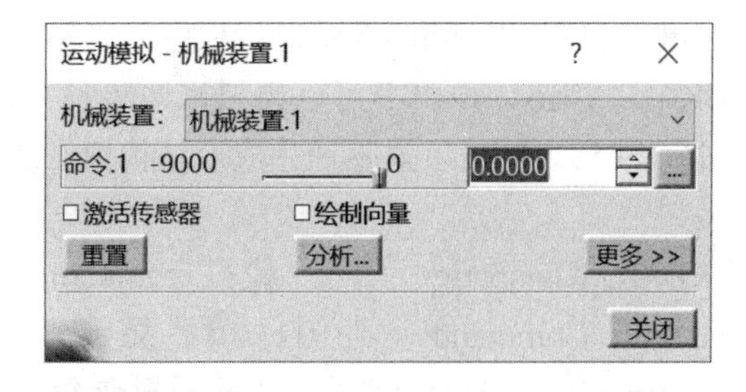

图 2-56　“运动模拟-机械装置.1”对话框

2．4．4 应用示例

打开资源包中的“Exercise\2\2. 4. 4\chechuangdaojia. CATProduct”，出现车床刀架组件，如图 2-57 所示。或自行建立与之类似的可用于创建车床刀架的 3D 模型。

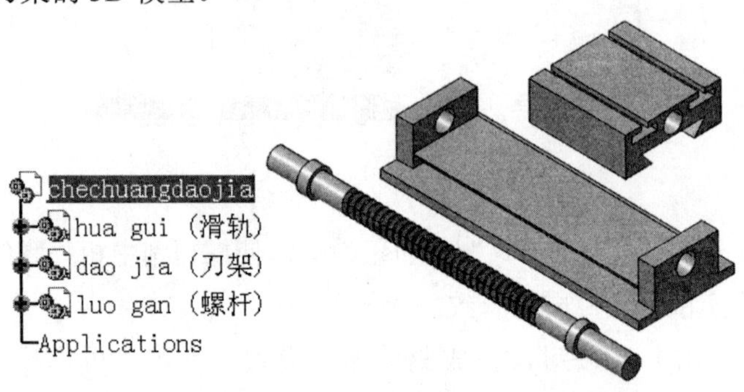

图 2-57 车床刀架组件

首先创建滑轨与螺杆的旋转副，再分别创建螺杆与刀架的螺钉副、刀架与滑轨的棱形副，机械装置创建完成后结构树如图 2-58 所示。

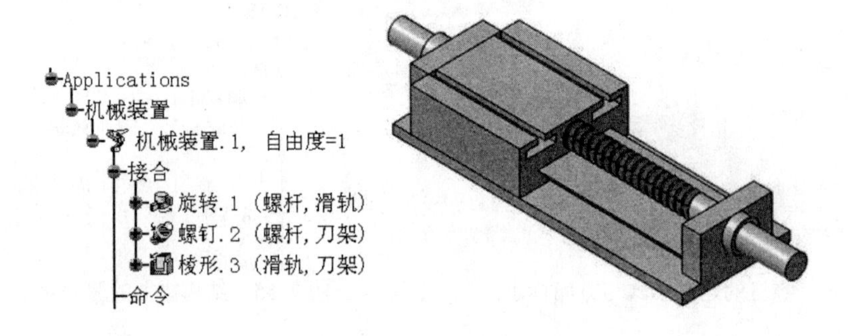

图 2-58 车床刀架机构结构树

在“DMU 运动机构（DMU Kinematics）”工具栏中单击“固定零件（Fixed Part）”图标，“新固定零件（New Fixed Part）”对话框弹出（参见图 1-40）。在几何模型区或结构树上选择滑轨为固定件。

在结构树上双击“旋转. 1（Revolute. 1）（螺杆，滑轨）”，弹出“编辑接合：旋转. 1（旋转）(Joint Edition: Revolute. 1)”对话框，选中对话框中的“驱动角度(Angle Driven)”复选框，单击“确定（OK）”按钮，弹出“可以模拟机械装置（The mechanism can be simulated）”信息（参见图 1-45）。机械装置驱动完成后结构树上的驱动命令如图 2-59 所示。

在“DMU 运动机构(DMU Kinematics)”→“模拟(Simulation)”工具栏中单击“使用命令模拟（Simulation with Commands）”图标，显示“运动模拟-机械装置. 1（Kinematics Simulation-Mechanism. 1）”对话框，机构模拟命令被激活，如图 2-60 所示。用鼠标拖动滚动条，可以观察到图 2-59 中车床刀架机构中螺杆的转动和刀架的移动。

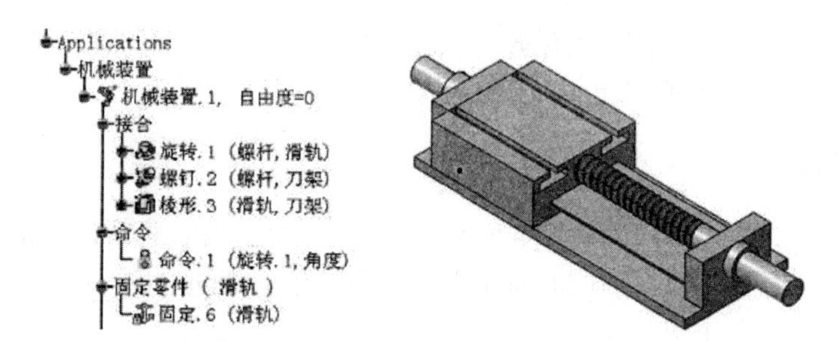

图 2-59　结构树上的驱动命令

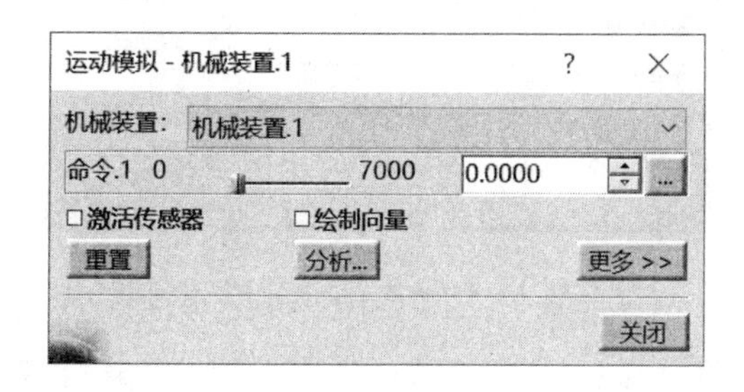

图 2-60　“运动模拟-机械装置. 1”对话框

2．5　球面

2．5．1　概念与创建要素

球面副是指两零部件之间仅被一公共点或一公共球面约束的多自由度运动副，可以实现多方向的摆动与转动，又称球铰。球面副构成的运动机构常见于球形万向节，以及各类具有仿形功能的杆件系统中，如拖拉机的后悬挂装置。

球面副的创建要素是分属两零部件上的两个相合的点，对于高仿真模型来讲即两零部件上相互配合的“球孔”与“球头”的球心。

2．5．2　球面运动副的创建

打开资源包中的“Exercise\2\2. 5&5. 3. 5\qiuwanxiangjie. CATProduct”，出现球万向节组件，如图 2-61 所示。或自行建立与之类似的可用于创建球面副的 3D 模型组件。

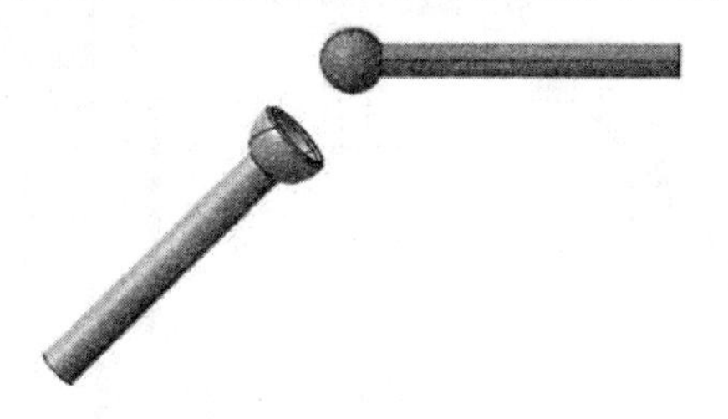

图 2-61　球万向节组件

该类运动副为基础运动副，其创建可以由直接创建法和装配约束转换法实现。本例分别以直接创建法和装配约束转换法创建球面运动副。

（1）直接创建

① 在“DMU 运动机构（DMU Kinematics）”→“运动接合点（Kinematics Joints）”工具栏中单击“球面接合(Spherical Joint)”图标，显示“创建接合:球面(Joint Creation: Spherical）”对话框，如图 2-62 所示。

图 2-62 “创建接合：球面”对话框

② 单击“新机械装置（New Mechanism）”，创建“机械装置. 1（Mechanism. 1）”。“创建接合：球面（Joint Creation：Spherical）”对话框更新显示，如图 2-63 所示。同时，结构树中“Applications”节点下生成“机械装置（Mechanisms）”及其下一级节点，如图 2-64 所示。

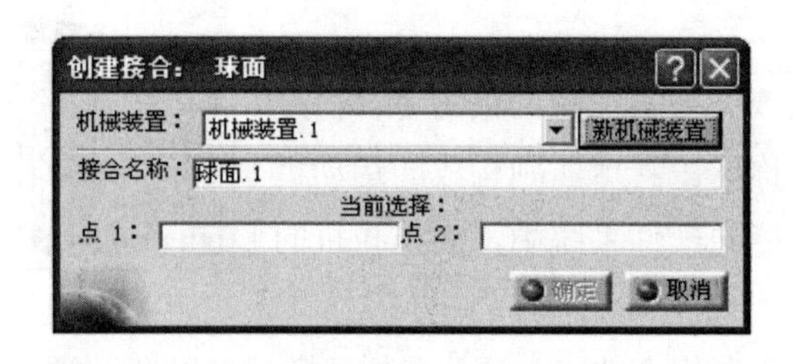

图 2-63 “创建接合：球面”对话框更新显示

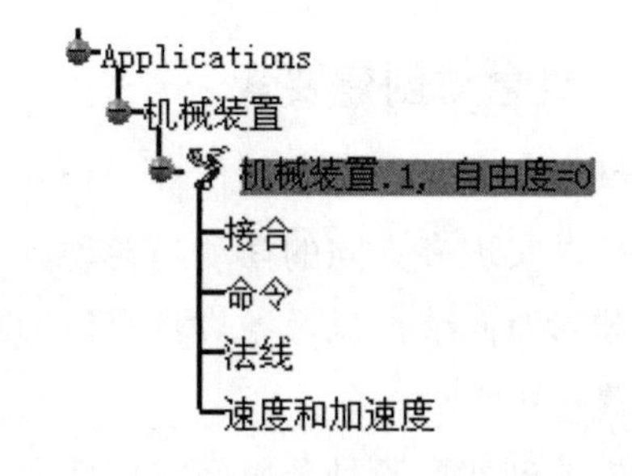

图 2-64 结构树上的机械装置

③ 在几何模型中选择创建要素。如图 2-65 所示，分别选中两球体的中心，“创建接合：球面（Joint Creation：Spherical）”对话框中“点 1（Point 1）、点 2（Point 2）”选项栏也随着选择自动更新。

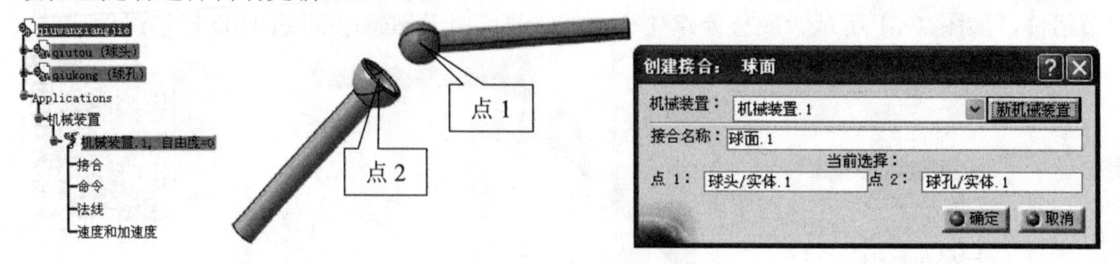

图 2-65 选择点

④ 单击“确定（OK）”按钮，球面运动机构完成创建。在结构树上可以看到球面运

动副“球面. 1（Spherical. 1）（球头，球孔）”在“Applications\机械装置（Mechanisms）\接合（Joints）”节点下显示，装配“约束（Constraints）”节点下也自动生成对应的“相合（Coincidence）”约束，如图 2-66 所示。

（2）装配约束转换

① 重新打开模型文件，进入“开始（Start）”→“机械设计（Mechanical Design）”→“装配件设计（Assembly Design）”工作台，完成球万向节的静态装配。装配约束如图 2-67 所示。

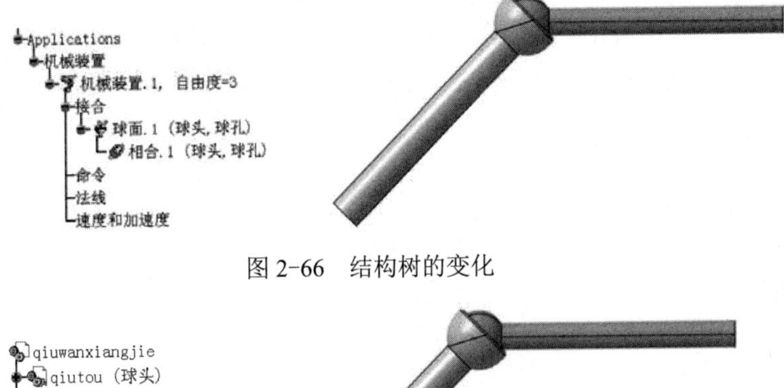

图 2-66　结构树的变化

图 2-67　静态装配及约束

② 切换至“开始（Start）”→“数字化装配（Digital Mockup）”→“DMU 运动机构（DMU Kinematics）”工作台，将静态装配约束中限制球头转动和摆动的约束“角度. 2（Angle. 2）（球头，球孔）”及“偏移. 3（Offset. 3）（球孔，球头）”删除，如图 2-68 所示。

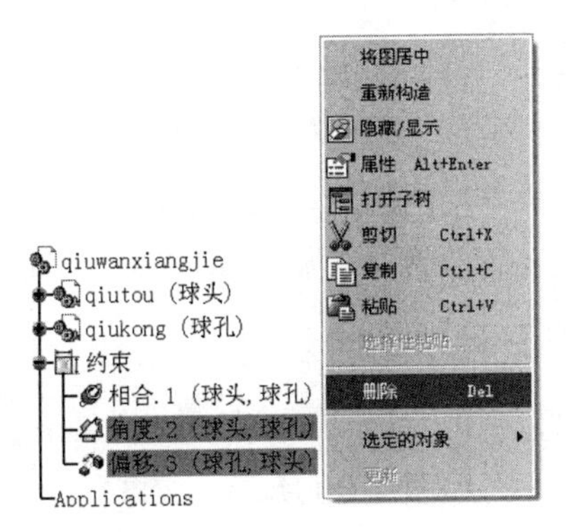

图 2-68　删除角度和偏移约束

③ 在“DMU 运动机构（DMU Kinematics）工具栏”中单击“装配件约束转换

（Assembly Constraints Conversion）”图标，显示“装配件约束转换（Assembly Constraints Conversion）”对话框（参见图 1-11）。

④ 单击“新机械装置（New Mechanism）”，创建“机械装置. 1（Mechanism. 1）”，显示“创建机械装置（Mechanism Creation）”对话框（参见图 1-12）。用户可以根据需要重命名。

⑤ 单击“确定（OK）”按钮，“装配件约束转换（Assembly Constraints Conversion）”对话框更新显示（参见图 1-13）。单击“自动创建（Auto Create）”进行装配约束到运动副的转换，转换进度通过对话框中间窗口显示。待转换完成后，单击“确定（OK）”按钮，在结构树上可以看到球面运动副“球面. 1（Spherical. 1）（球头，球孔）”在“Applications\机械装置（Mechanisms）\接合（Joints）”节点下显示，如图 2-69 所示，球面机构完成创建。

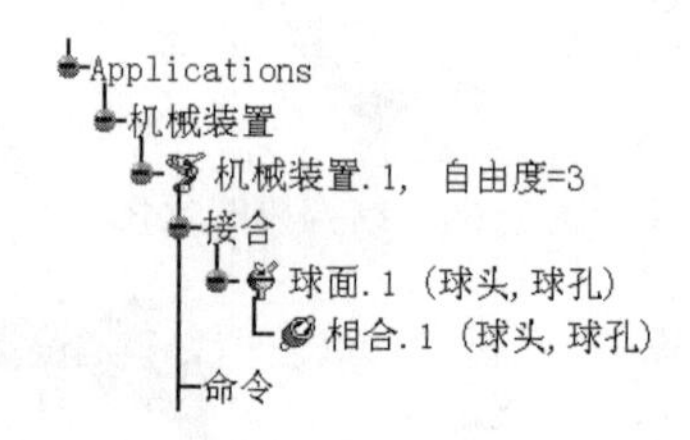

图 2-69　结构树更新显示

※【提示】：利用“装配约束转换”法创建球面运动副时，一对相合点、一对偏移距离的相合点等组合均可转换为球面运动副。

结构树上显示该机构的“自由度（DOF）”为“3”，所以，球面副不能单独驱动，只能配合其他运动副来建立运动机构，实际应用可参见“7. 2 斜盘式柱塞泵”。

2. 6　平面

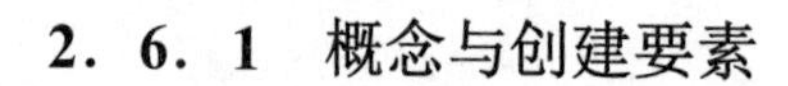

2. 6. 1　概念与创建要素

平面副是指两零部件之间以一个公共的平面为约束，具有除沿平面法向移动及绕平面坐标轴转动外的 3 个运动自由度。该运动副用于类似斜盘式柱塞泵滑靴与斜盘之间的运动关系的建立。

平面副的创建要素是分属于两零部件的相合平面。

2. 6. 2　平面运动副的创建

打开资源包中的“Exercise\2\2. 6\pingmianhuakuai. CATProduct”，出现平面滑块组件，如图 2-70 所示，或自行建立与之类似的可用于创建平面副的 3D 模型组件。

该类运动副为基础运动副，其创建可以由直接创建法和装配约束转换法

实现。本例分别以直接创建法和装配约束转换法创建平面运动副。

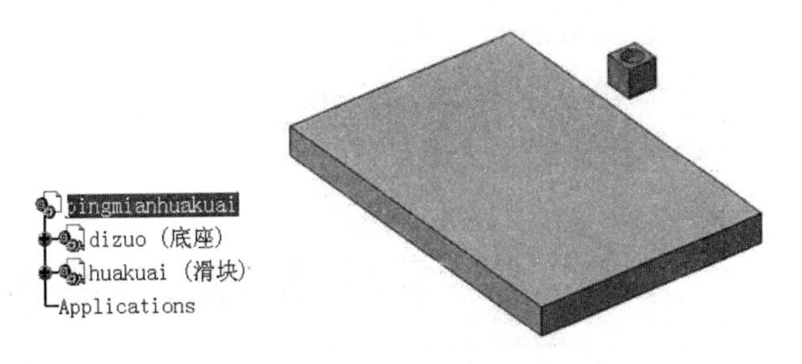

图 2-70　平面滑块组件

（1）直接创建

① 在“运动机构（DMU kinematics）”→“运动接合点（Kinematics Joints）”工具栏中单击 “平面接合（Planar Joint）”图标，显示“创建接合：平面（Joint Creation: Planar）”对话框，如图 2-71 所示。

图 2-71　“创建接合：平面”对话框

② 单击“新机械装置（New Mechanism）”创建“机械装置. 1（Mechanism. 1）”，“创建接合：平面（Joint Creation: Planar）”对话框更新显示，如图 2-72 所示。同时，结构树中“Applications\机械装置（Mechanisms）”生成下一级节点，如图 2-73 所示。

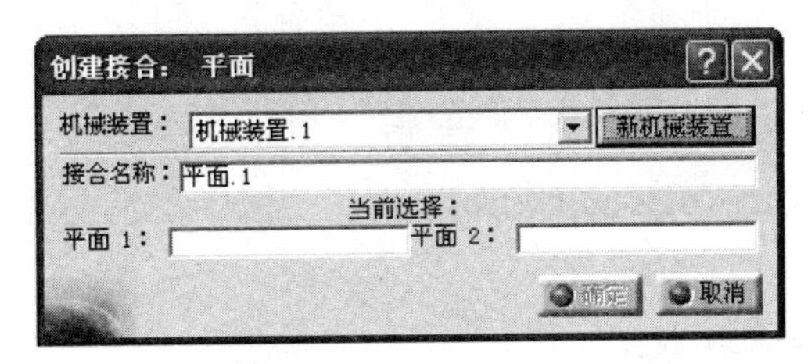

图 2-72　“创建接合：平面”对话框更新显示

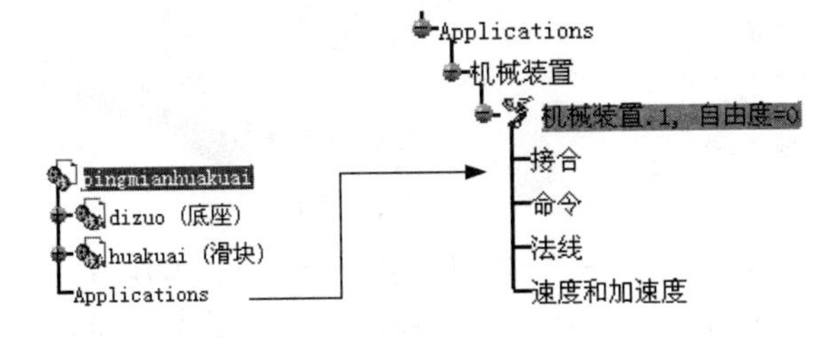

图 2-73　结构树上的机械装置

③ 在几何模型中选择创建要素。如图 2-74 所示，分别选中底座上表面及滑块的下表面，“创建接合：平面（Joint Creation：Planar）”对话框中“平面 1（Plane 1）、平面 2（Plane 2）”选项栏也随着选择自动更新。为方便要素选择，可以综合运用放大、缩小、移动、旋转、隐藏等方式调整几何模型。

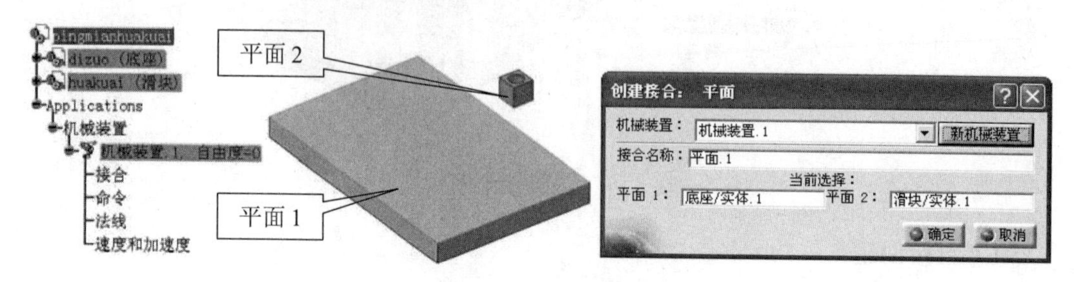

图 2-74　选择平面

④ 单击“确定（OK）”按钮，平面机构完成创建。在结构树上可以看到平面运动副“平面. 1（Planar. 1）（底座，滑块）”在“Applications\机械装置（Mechanisms）\接合（Joints）”节点下显示，结构树中“约束（Constraints）”节点下也自动生成对应的“相合（Coincidence）”约束，如图 2-75 所示。

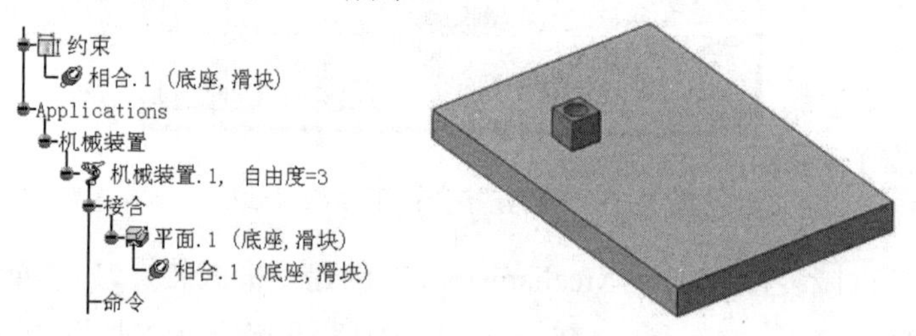

图 2-75　结构树的变化

（2）装配约束转换

① 重新打开模型文件，进入“开始（Start）”→“机械设计（Mechanical Design）”→“装配件设计（Assembly Design）”工作台，完成平面滑块的静态装配。装配约束如图 2-76 所示。

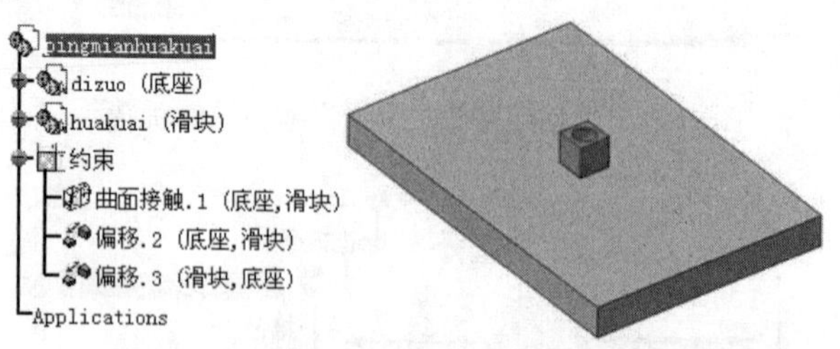

图 2-76　静态装配及约束

② 切换至“开始（Start）”→“数字化装配（Digital Mockup）”→“DMU 运动机构（DMU Kinematics）”工作台，将静态装配约束中限制滑块运动“偏移. 2（Offset. 2）

（底座，滑块）”及“偏移. 3（Offset. 3）（滑块，底座）”约束删除，如图 2-77 所示。

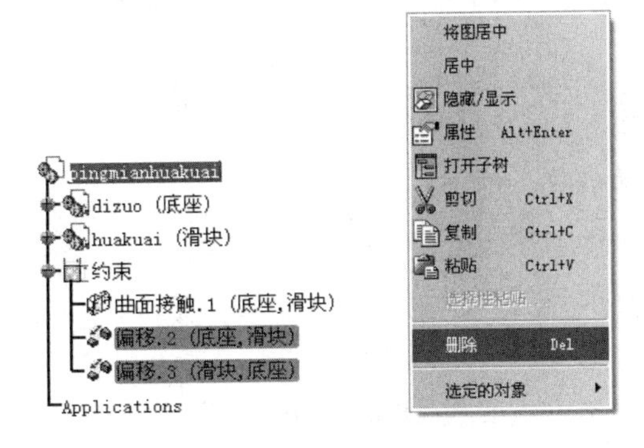

图 2-77　删除偏移约束

③ 在“DMU 运动机构（DMU Kinematics）工具栏”中单击“装配件约束转换（Assembly Constraints Conversion）”图标，显示“装配件约束转换（Assembly Constraints Conversion）”对话框（参见图 1-11）。

④ 创建“新机械装置（New Mechanism）”后单击“自动创建（Auto Create）”按钮进行装配约束到运动副的转换。待转换完成后，单击“确定（OK）”按钮，结构树上“平面. 1（Planar. 1）（底座，滑块）”在“Applications\机械装置（Mechanisms）\接合（Joints）”节点下生成，如图 2-78 所示，平面机构完成创建。

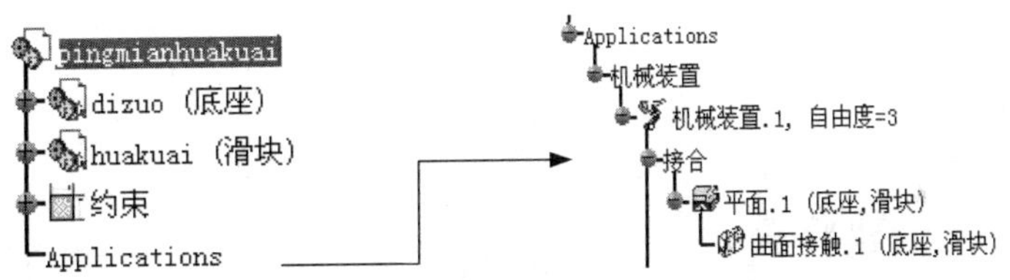

图 2-78　结构树的更新显示

※【提示】：利用“装配约束转换”法创建平面运动副时，一对相合面、一对偏移距离的相合面、一对角度约束的相合面、一对曲面接触约束的相合面等组合均可转换为平面运动副。

机构创建完成，结构树上显示“自由度（DOF）”为 3，平面副不能单独驱动，只能与其他运动副配合由其他运动副来驱动，实际应用可参见“7. 2 斜盘式柱塞泵”。

2. 7　复习与思考

（1）论述面接触运动副的种类及可模拟的实际机构。

（2）举 2 到 3 例说明面接触运动副的创建方法。

（3）从机械原理的角度论述面接触运动副的特点。

（4）总结归纳可转换成面接触运动副的装配约束组合。

（5）哪些面接触运动副需配合其他运动副才能构成可驱动的运动机构？为什么？

第 3 章　点线面接触运动副（高副）

➢ 本章提要

- ◆ 点曲线运动副的创建
- ◆ 滑动曲线运动副的创建
- ◆ 滚动曲线运动副的创建
- ◆ 点曲面运动副的创建

点线面接触运动副包括“点曲线（Point Curve）”“滑动曲线（Sliding Curve）”“滚动曲线（Roll Curve）”及“点曲面（Point Surface）”。这类运动副可由构造要素创建法来实现，其不能单独构成可驱动的运动，需配合其他运动副来建立运动机构。在运动机构中，“点曲线（Point Curve）”和“滚动曲线（Roll Curve）”可作为驱动副使用。

※【提示】:“点曲线（Point Curve）”和“滚动曲线（Roll Curve）”作为驱动副使用时，其运动范围的上、下限自动设定为曲线的始端（0）与终端（曲线的长度，自动测量），打开“使用命令模拟”对话框后位置信息栏显示的数值为当前位置与始端的距离。目前软件版本中“点曲线”和“滚动曲线”驱动命令不支持默认正方向改变及将当前位置“重置为零”，特殊需要时可通过命令函数的正负与数值修正的方式处理实际运动方向与初始位置问题。

3．1　点曲线

3．1．1　概念与创建要素

点曲线运动副是指两零部件之间通过点与曲线的相合而构成的运动副。其创建要素是一个零部件上的一条线（曲线或直线）及另一运动副构件上与该线相合的一个点。

3．1．2　运动副的创建

（1）模型准备

打开资源包中的“Exercise\3\3. 1\dianquxiantulun. CATProduct”，出现点曲线凸轮组件，如图 3-1 所示，或自行建立与之类似的可用于创建点曲线运动副的 3D 模型组件。

进入“开始（Start）”→“机械设计（Mechanical Design）”→“装配件设计（Assembly Design）”工作台，完成底座与推杆、底座与凸轮的静态装配，如图 3-2 所示。

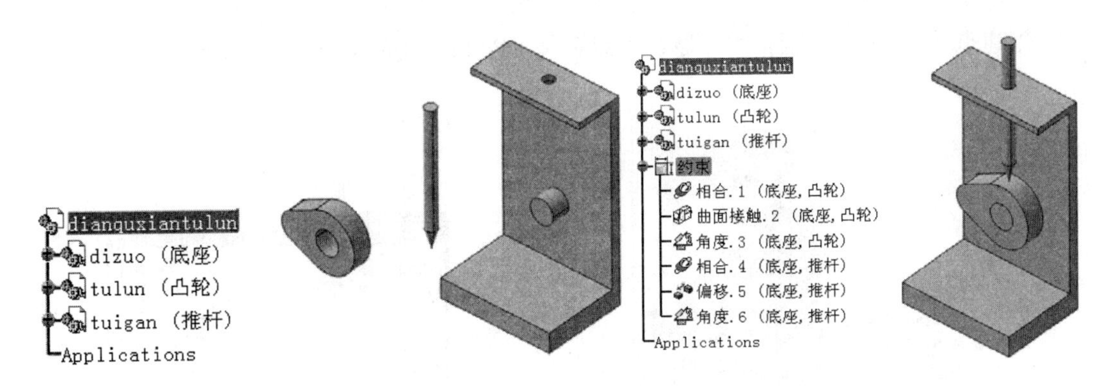

图 3-1　点曲线凸轮组件　　　　图 3-2　凸轮组件的静态装配及约束

🔍【**重点**】：*为满足创建该凸轮机构点曲线运动副的点线相合要素，在静态装配中应调整推杆顶尖到底座支承轴中心的距离与凸轮基圆的半径相等，并通过角度约束调整凸轮的位置，使其基圆部分与推杆接触。*

因此，“角度. 3（Angle. 3）（底座，凸轮）”约束定义底座的坐标平面“xy 平面”与凸轮的坐标平面“xy 平面”之间的角度为“0deg”；“偏移. 5（Offset. 5）（底座，推杆）”约束定义底座的坐标平面“xy 平面”与推杆的坐标平面“xy 平面”之间的偏移距离为“110mm”；“角度. 6（Angle. 6）（底座，推杆）”约束定义底座的坐标平面“yz 平面”与推杆的坐标平面“yz 平面”之间的角度为“0deg”。

（2）构建点线要素

① 构建点

在工作窗口的 3D 组件中双击“推杆”，切换至推杆“零件设计（Part Design）”工作台。选择菜单栏中“插入（Insert）”下拉菜单中的“几何图形集...（Geometrical Set...）”，显示“插入几何图形集（Insert Geometrical Set）”对话框，用户可在“名称（Name）”栏内输入几何图形集的名称，本例名称为“点”，如图 3-3 所示。单击“确定（OK）”，在结构树上可以看到几何图形集“点”在“tuigan（推杆）”节点下显示，如图 3-4 所示。

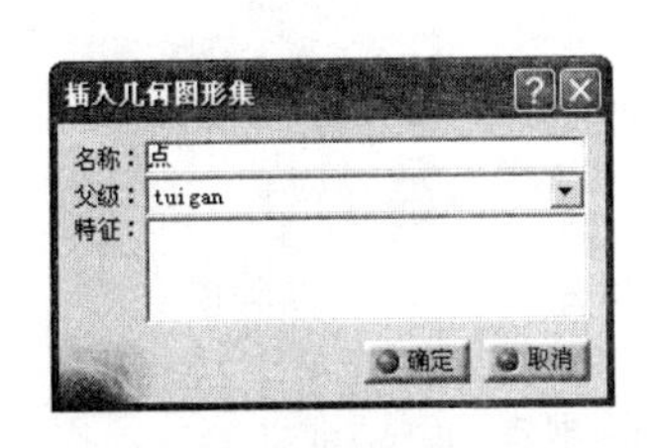

图 3-3　插入几何图形集对话框

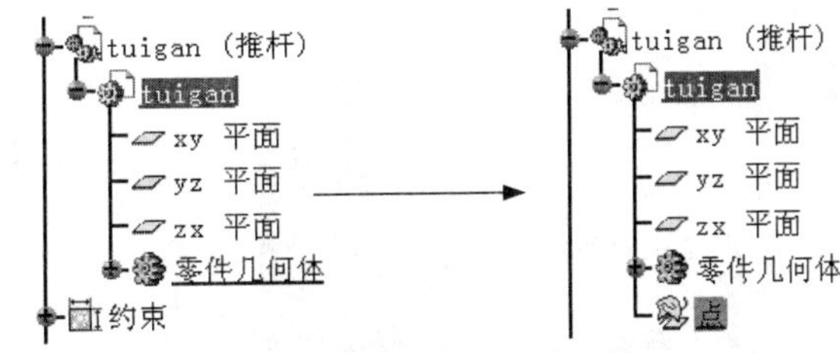

图 3-4　结构树上的几何图形集

在结构树中选中“点”，单击右键，选择“定义工作对象（Define In Work Object）”，将当前工作对象定义为几何图形集“点”，如图 3-5 所示。

在当前工作台的“参考元素（扩展）[Reference Elements（Extended）]”工具栏中单

击“创建点（Point）”图标，显示“点定义（Point Definition）”对话框，如图 3-6 所示。

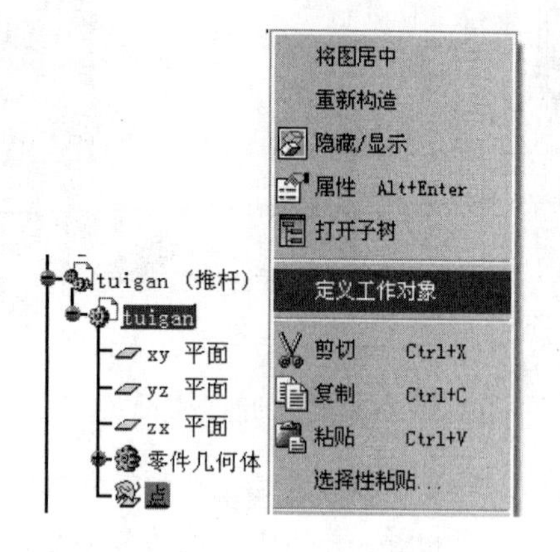

图 3-5　定义点为当前工作对象

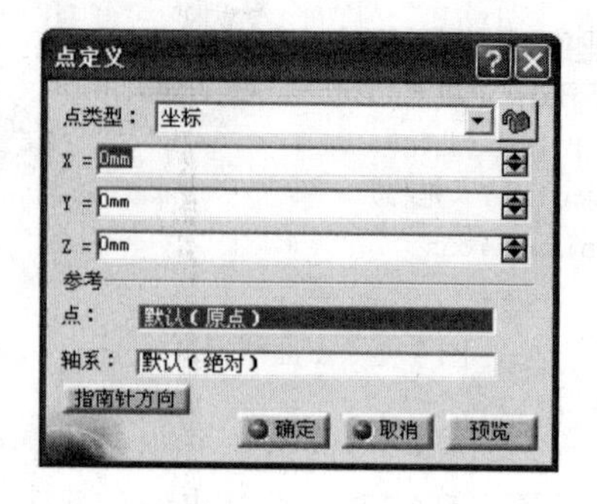

图 3-6　“点定义”对话框

本例推杆顶尖点相对于推杆坐标系的坐标为“（0，0，-80）”，将坐标值分别输入对话框内“X”“Y”“Z”对应的输入栏中，单击“确定（OK）”按钮。推杆尖端有点生成，在结构树上可以看到“点. 1”在“tuigan（推杆）\点”节点下显示，如图 3-7 所示。

【技巧】：对于未知点坐标的情况，读者可在草图工作台中通过投影或辅助构造线等方法在推杆顶尖处画出一个点。

② 构建线

本例中，生成凸轮的草图轮廓线与推杆顶尖部位同处凸轮的径向中间剖面上，因此可以利用生成凸轮几何实体的“草图轮廓线”作为“线”要素。双击“凸轮”，切换至凸轮的“零件设计（Part Design）”工作台，在结构树中显示处于隐藏状态的“草图. 1（Sketch. 1）”，如图 3-8 所示。凸轮上显示出相应的凸轮草图轮廓线，如图 3-9 所示。

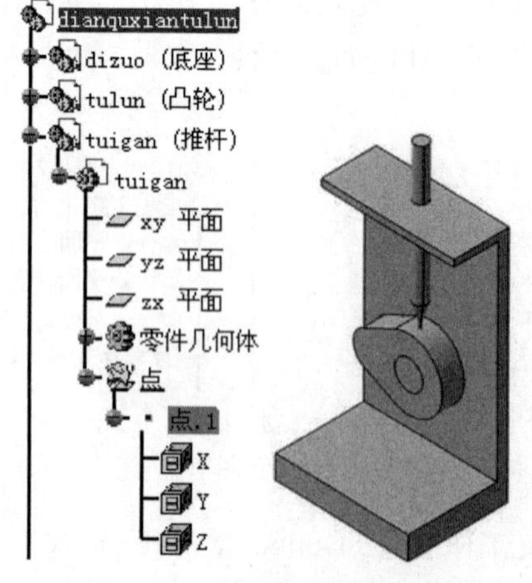

图 3-7　结构树及模型上的点

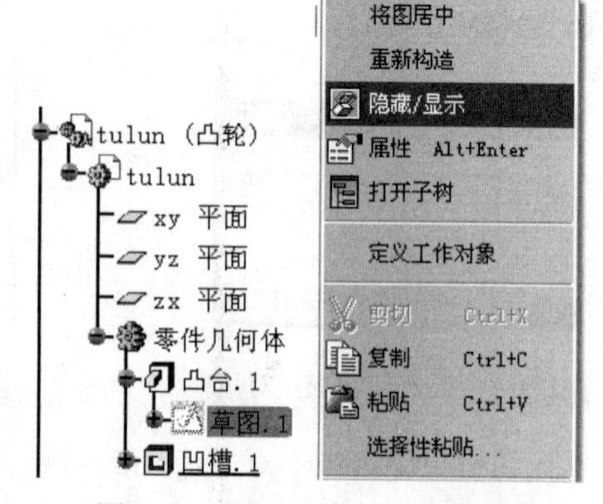

图 3-8　显示凸轮凸台草图轮廓线

⚙【技巧】：若所选实例不存在以上“草图轮廓线”可用的情况，读者可自行在凸轮通过推杆顶尖的横向剖面上利用投影或相交的方式构建图 3-9 所示的点相合的“线”。

（3）创建点曲线运动副

a. 切换至“开始（Start）”→“数字化装配（Digital Mockup）”→“DMU 运动机构（DMU Kinematics）”工作台。在“运动接合点（Kinematics Joints）”工具栏中单击“点曲线（Point Curve）”图标，显示“创建接合：点曲线（Joint Creation：Point Curve）”对话框，单击“新机械装置（New Mechanism）”，创建“机械装置. 1（Mechanism. 1）”，对话框更新显示，如图 3-10 所示。

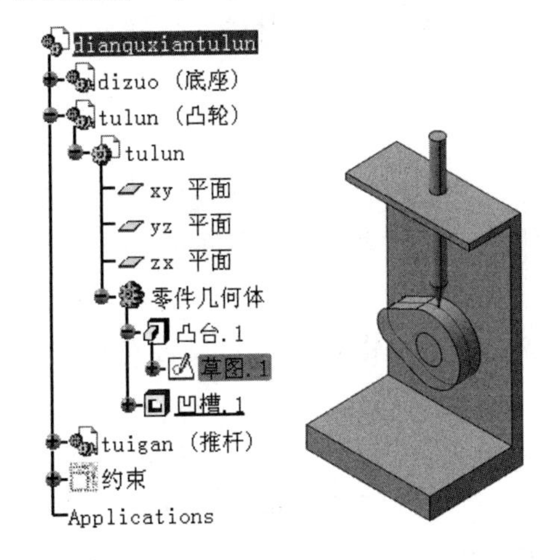

图 3-9　模型上的草图显示

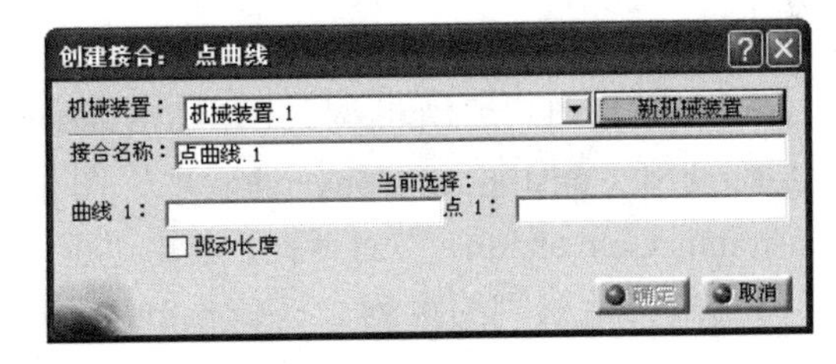

图 3-10　“创建接合：点曲线”对话框

b. 选择凸轮基圆轮廓线及推杆顶尖上已构建的点。“创建接合：点曲线（Joint Creation：Point Curve）”对话框更新显示，如图 3-11 所示。

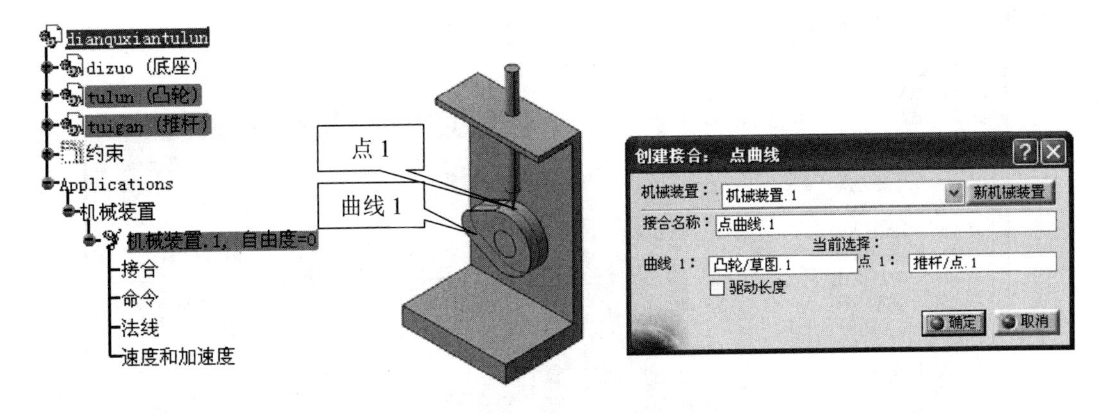

图 3-11　“创建接合：点曲线”对话框更新显示

c. 单击“确定（OK）”按钮，结构树中“Applications\机械装置（Mechanisms）\接合（Joints）”节点下生成“点曲线. 1（Point Curve. 1）（推杆，凸轮）”，如图 3-12 所示。

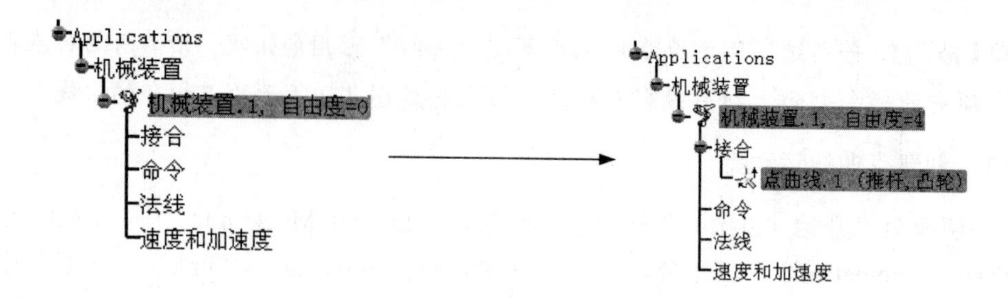

图 3-12　结构树上生成点曲线运动副

由结构树可见，仅有点曲线运动副的机构存在 4 个自由度，而其本身只有一个“驱动长度（Length Driven）”的指令，因此该机构还要配合其他运动副才能实现规定的运动。

（4）创建辅助运动副

① 创建凸轮与底座支承轴的旋转运动副

因该点曲线凸轮组件已完成静态装配，故采用“装配约束转换法”创建相应的面接触运动副。

a. 在“DMU 运动机构（DMU Kinematics）”工具栏中单击“装配件约束转换（Assembly Constraints Conversion）”图标，显示“装配件约束转换（Assembly Constraints Conversion）”对话框，单击“更多（More）”，展开对话框，如图 3-13 所示。

b. 在对话框“约束列表（Constraints List）”中同时选中“曲面接触. 2（Surface Contact. 2）（底座，凸轮）”与“相合. 1（Coincidence. 1）（底座，凸轮）”，“结果类型（Resulting Type）”信息栏中显示“旋转（Revolute）”。

单击被激活的“创建接合（Create Joint）”按钮，完成凸轮与底座旋转运动副的创建，注意观察结构树上“自由度（DOF）”的变化，如图 3-14 所示。

单击“确定（OK）”按钮，完成旋转运动副的创建。

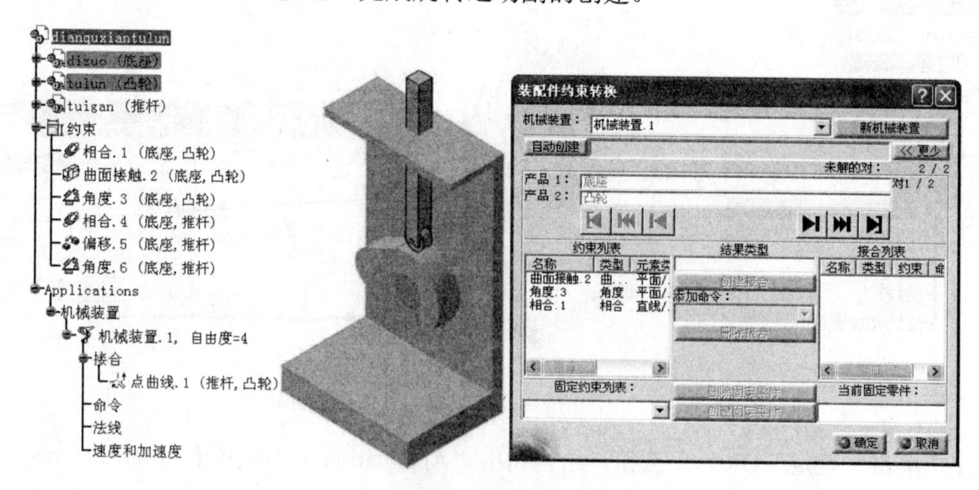

图 3-13　装配件约束转换对话框展开

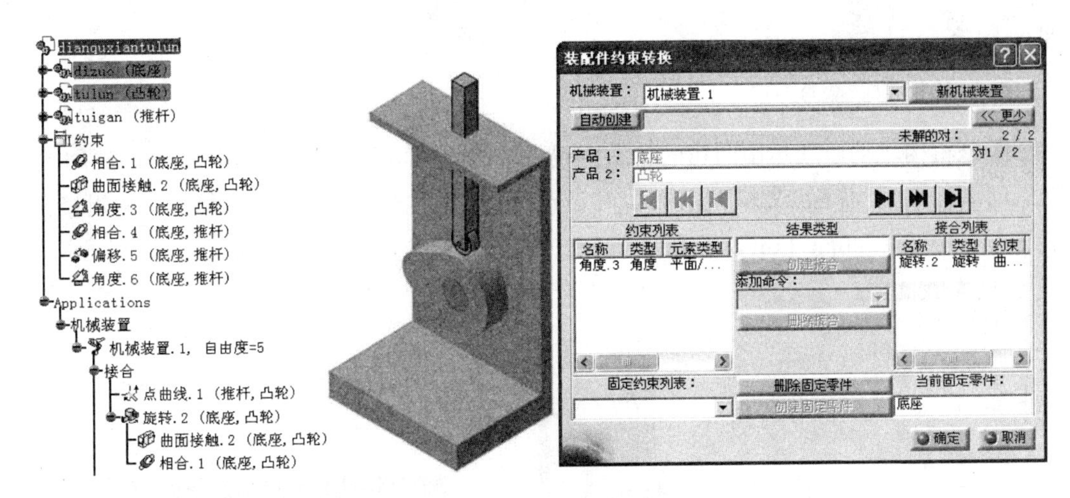

图 3-14　创建凸轮与底座的旋转运动副

② 创建推杆与底座上部圆孔之间的棱形运动副

单击“装配件约束转换（Assembly Constraints Conversion）”对话框中“前进（Step forward）”按钮，将底座支与推杆之间的“相合.4（Coincidence.4）（底座，推杆）”和“角度.6（Angle.6）（底座，推杆）”约束转换成棱形运动副。单击“确定（OK）”，完成辅助运动副的创建。

结构树上棱形运动副“棱形.3（Prismatic.3）（底座，推杆）”在“Applications\机械装置（Mechanisms）\接合（Joints）”节点下显示，注意“自由度（DOF）”的变化，如图 3-15 所示。

为保证机构运动仿真的美观，在运动机构建立完成后隐藏约束与创建要素。

3.1.3 机构驱动

（1）固定件定义

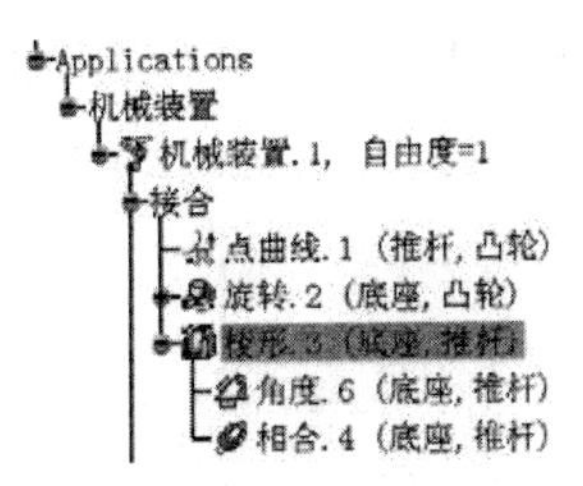

图 3-15　结构树上生成棱形运动副

在“DMU 运动机构（DMU Kinematics）”工具栏中单击“固定零件（Fixed Part）”图标，弹出“新固定零件（New Fixed Part）”对话框（参见图 1-40）。

在几何模型区或结构树上选择底座为固定件，选中后底座上出现图标，同时“Applications\机械装置（Mechanisms）\固定零件（Fix Part）”节点下有对应显示，如

图 3-16 所示。

（2）施加驱动命令

因该机构运动原理是由凸轮的转动实现推杆的往复运动，故应驱动底座与凸轮间的旋转运动副。在结构树上双击“旋转. 2（Revolute. 2）（底座，凸轮）”，显示“编辑接合：旋转. 2（旋转）（Joint Edition：Revolute. 2）”对话框，如图 3-17 所示。

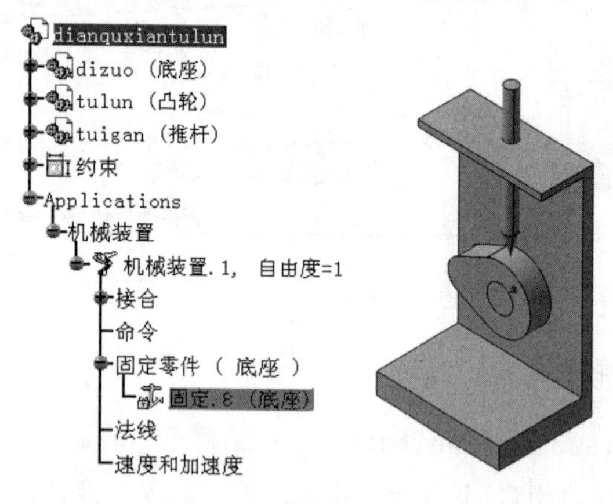

图 3-16　定义固定件

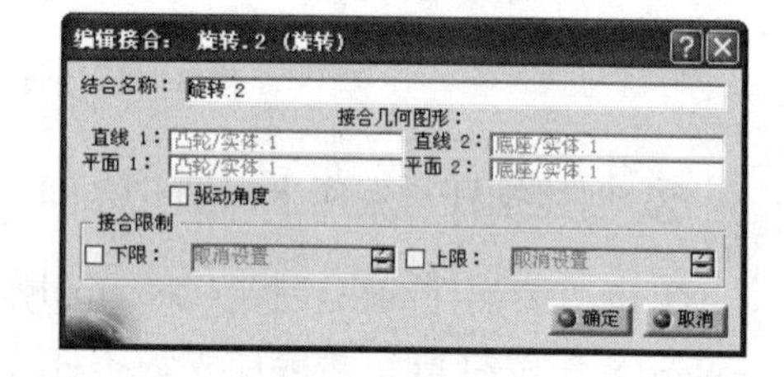

图 3-17　“编辑接合：旋转. 2（）”对话框

对话框也可以通过如图 3-18 所示的操作路径，在结构树→“旋转. 2（Revolute. 2）（底座，凸轮）”上单击鼠标右键，选择“旋转. 2 对象（Revolute. 2 Object）”→“定义（Definition）”来显示。

选中对话框中的“驱动角度（Angle driven）”复选框，并根据需要在“接合限制（Joints Limits）”功能区中更改运动范围。选中复选框的同时，轴上出现指示旋转运动方向的箭头，如图 3-19 所示。单击箭头可更改运动方向。

单击“确定（OK）”按钮，完成驱动命令设置，弹出“可以模拟机械装置（The mechanism can be simulated）”信息（参见图 1-45）。结构树上机械装置的“自由度（DOF）”变为“0”，并在“Applications\机械装置（Mechanisms）\命令（Commands）”节点下显示驱动命令的名称与性质，如图 3-20 所示。

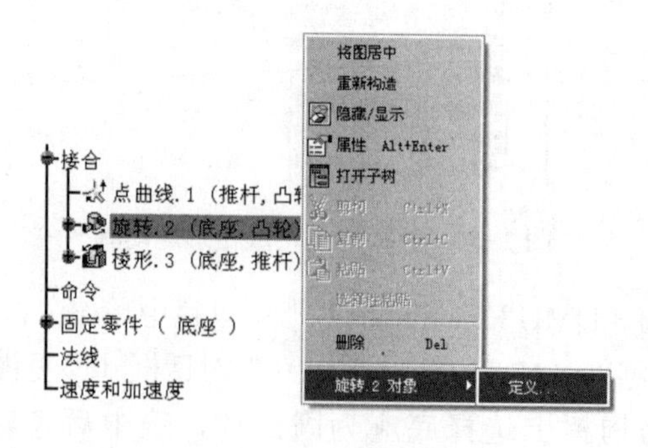

图 3-18　定义驱动

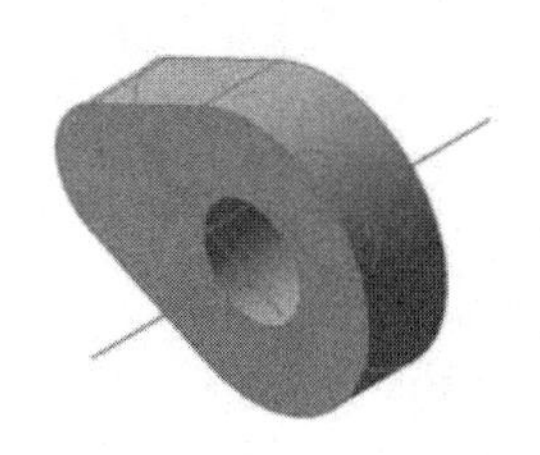

图 3-19　凸轮的运动形式与方向标示

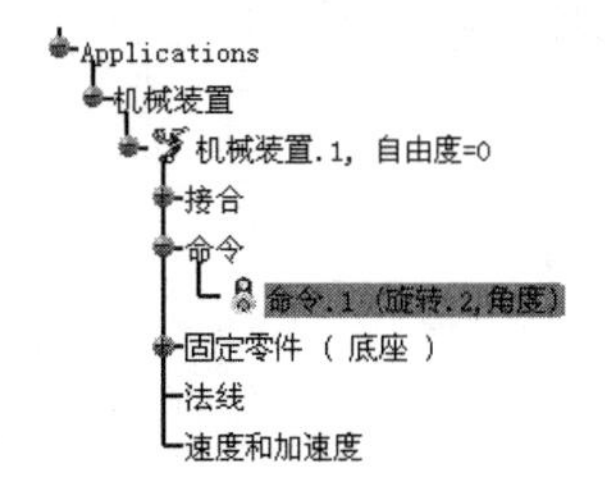

图 3-20　结构树上的驱动命令

（3）运动模拟

在“DMU 运动机构（DMU Kinematics）”→“模拟（Simulation）”工具栏中单击“使用命令模拟（Simulation with Commands）”图标，显示“运动模拟-机械装置.1（Kinematics Simulation-Mechanism.1）”对话框（参见图 1-47），机构模拟命令被激活。用鼠标拖动滚动条，可观察到产品中凸轮的转动及推杆的往复运动。

3.2　滑动曲线

3.2.1　概念与创建要素

滑动曲线运动副是指两零部件间通过一对相切的曲线，实现互为约束的、切点相对速度不为零的运动。其创建要素是分属于不同零部件上相切的两条曲线或直线与曲线。

3.2.2　运动副的创建

（1）模型准备

打开资源包中的“Exercise\3\3.2\huadongquxian.CATProduct”，出现滑动曲线凸轮组件，如图 3-21 所示，或自行建立与之类似可用于创建滑动曲线运动副的 3D 模型组件。

进入”开始（Start）”→“机械设计（Mechanical Design）”→“装配件设计（Assembly Design）”工作台，完成底座与摆杆、底座与凸轮的静态装配，如图 3-22 所示。

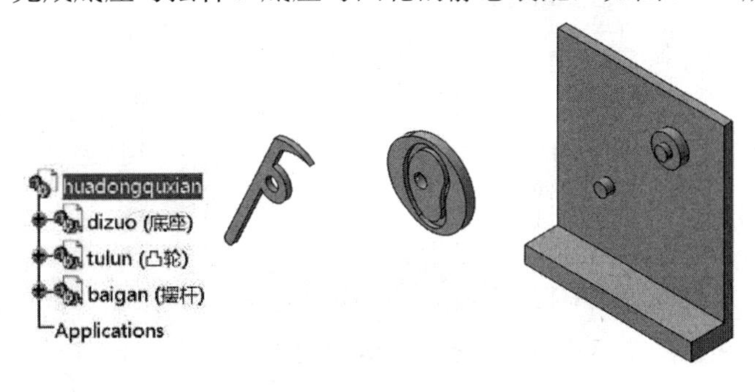

图 3-21　滑动曲线凸轮组件

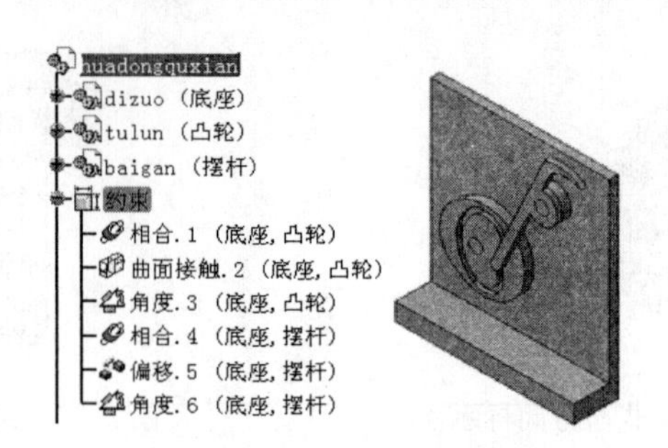

图 3-22　滑动曲线凸轮组件的静态装配及约束

【重点】: 为便于构建该凸轮机构滑动曲线运动副的相切的两个曲线要素，在静态装配中应调整摆杆上的凸台与凸轮上凹槽的正确配合。

因此，“角度. 3（Angle. 3）（底座，凸轮）”约束定义底座的坐标平面“xy 平面”与凸轮的坐标平面“xy 平面”之间的角度为“0deg”；“角度. 6（Angle. 6）（底座，摆杆）”约束定义底座的坐标平面“xy 平面”与摆杆的坐标平面“xy 平面”之间的角度为“0deg”。

（2）构建滑动曲线要素

① 构建凸轮上的曲线

本例中，凸轮上的凹槽为轮廓线进行“凹槽（Pocket）”除料而成，且凹槽的草图轮廓线与摆杆凸台上端面处于同一平面上，因此可以利用该草图作为运动副创建的一个曲线。

双击“凸轮”，切换至凸轮的“零件设计（Part Design）”工作台，显示处于隐藏状态的“草图. 2（Sketch. 2）”，如图 3-23 所示。

凸轮几何实体上显示凹槽草图轮廓线情况，如图 3-24 所示。

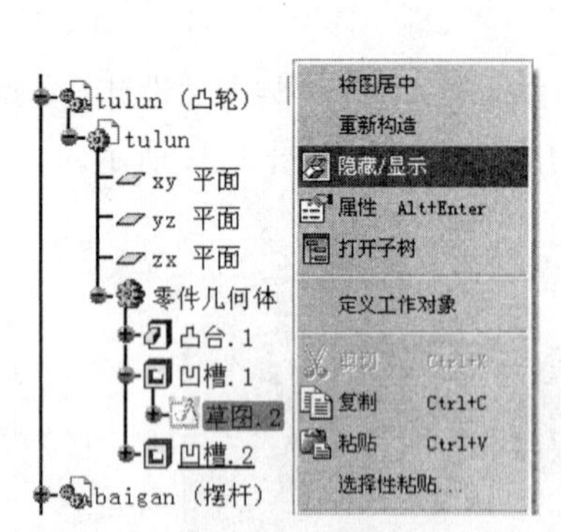

图 3-23　显示凸轮凹槽草图轮廓线

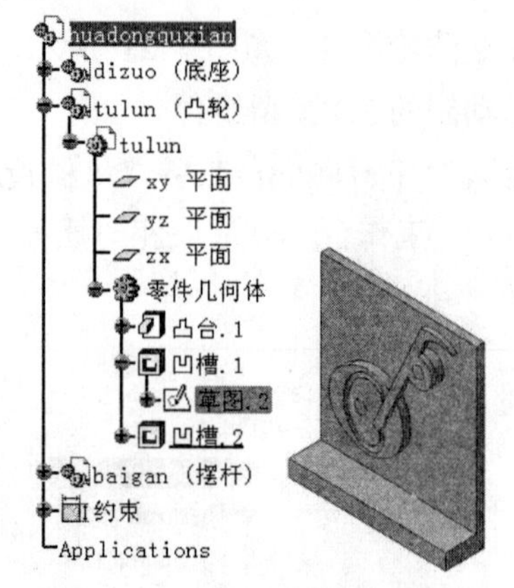

图 3-24　凸轮上的草图轮廓线

工作台同时显示凸轮凹槽内外轮廓线，运动副的创建只需选择内外轮廓线中的一条即可。

② 构建摆杆上的曲线

因卡在凸轮凹槽内摆杆凸台的草图轮廓线与凸轮凹槽不在同一平面，不能通过显示草图轮廓线来实现这一曲线要素，但可以直接利用摆杆凸台上端面轮廓作为另一曲线要素。

③ 创建滑动曲线运动副

a. 切换至“开始（Start）”→“数字化装配（Digital Mockup）”→“DMU 运动机构（DMU Kinematics）”工作台。在“运动接合点（Kinematics Joints）”工具栏中单击“滑动曲线（Sliding Curve）”图标，显示出“创建接合：滑动曲线（Joint Creation：Sliding Curve）”对话框，单击“新机械装置（New Mechanism）”按钮，创建“机械装置.1（Mechanism.1）”，对话框更新显示，如图 3-25 所示。

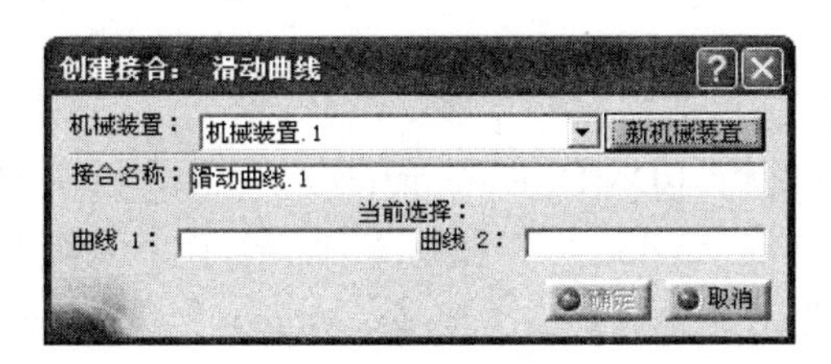

图 3-25　“创建接合：滑动曲线”对话框

b. 选择凸轮凹槽外轮廓线草图及摆杆凸台上端面曲线。“创建接合：滑动曲线（Joint Creation：Sliding Curve）”对话框更新显示，如图 3-26 所示。

c. 单击“确定（OK）”按钮，结构树中“Applications\机械装置（Mechanisms）\接合（Joints）”节点下生成“滑动曲线.1（Sliding Curve.1）（凸轮，摆杆）”，如图 3-27 所示。

由结构树可见，仅有滑动曲线运动副的机构存在 2 个自由度，而其本身没有驱动指令，因此该机构需配合其他运动副才能实现规定的运动。

（3）创建辅助运动副

该凸轮组件已完成静态装配，故使用“装配约束转换法”创建相应的面接触运动副。

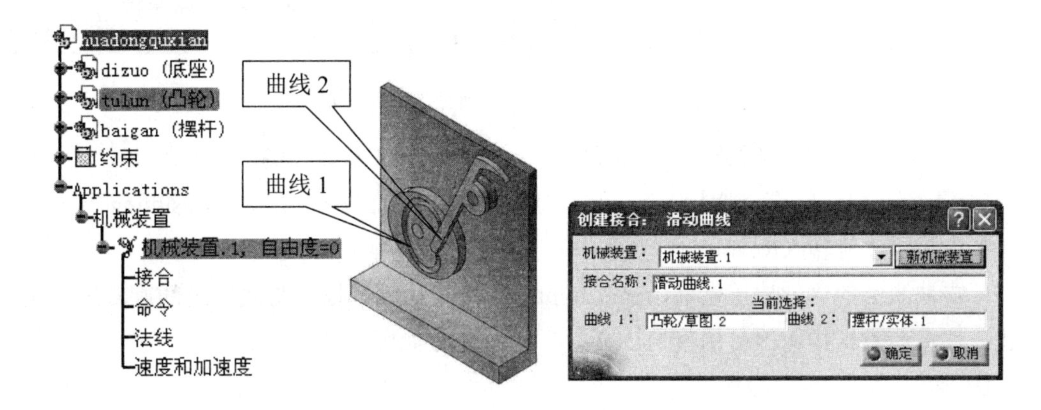

图 3-26　“创建接合：滑动曲线”对话框更新显示

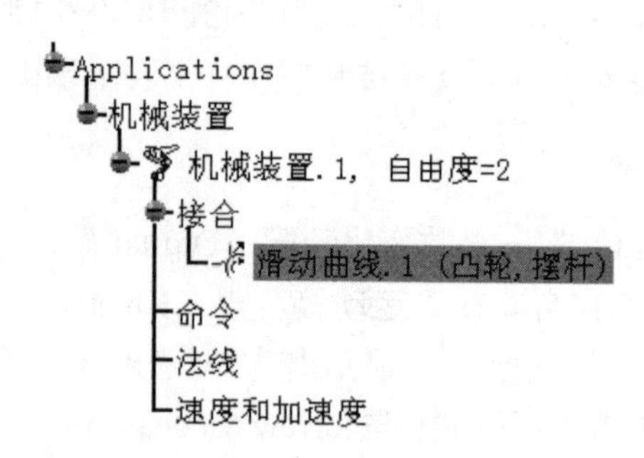

图 3-27 结构树上生成滑动曲线运动副

① **创建摆杆与底座支承轴的旋转运动副**

a. 在“DMU 运动机构（DMU Kinematics）”工具栏中单击“装配件约束转换（Assembly Constraints Conversion）”图标，显示“装配件约束转换（Assembly Constraints Conversion）”对话框，单击“更多（More）”，展开对话框，如图 3-28 所示。

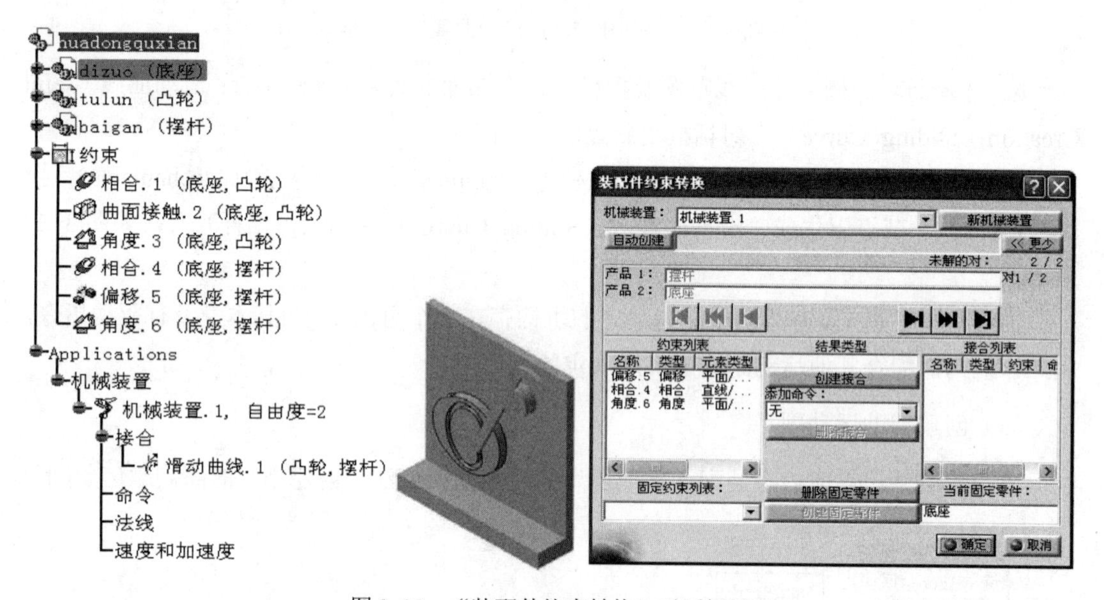

图 3-28 “装配件约束转换”对话框展开

b. 在对话框中同时选中“偏移.5（Offset.5）（底座，摆杆）”与“相合.4（Coincidence.4）（底座，摆杆）”，选中后对话框中的“结果类型（Resulting type）”信息栏中显示“旋转（Revolute）”。

单击被激活的“创建接合（Create Joint）”按钮，完成摆杆与底座之间旋转运动副的创建，注意观察结构树“自由度（DOF）”的变化，如图 3-29 所示。

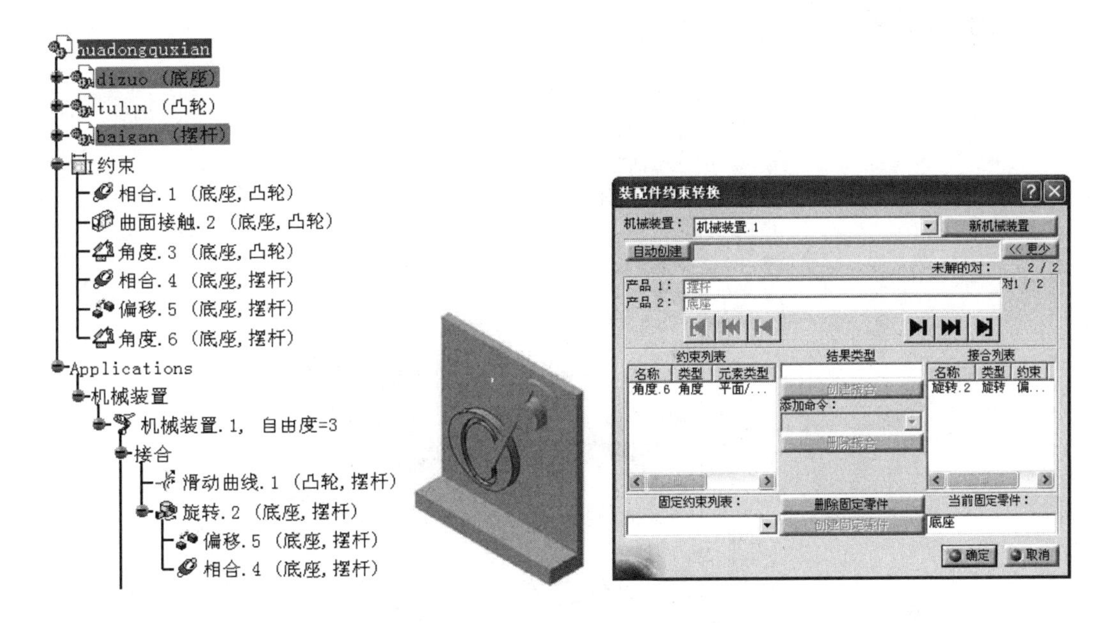

图 3-29　创建摆杆与底座的旋转运动副

② 创建底座支承轴与凸轮的旋转运动副

单击“装配件约束转换（Assembly Constraints Conversion）”对话框中“前进（Step forward）”按钮 ▶|，将底座支承轴与凸轮之间的“相合. 1（Coincidence. 1）（底座，凸轮）”和“曲面接触. 2（Surface Contact. 2）（底座，凸轮）”约束转换成旋转运动副。单击“确定（OK）”，完成辅助运动副的创建。

为保证机构运动仿真的美观，在运动机构建立完成后隐藏约束与创建要素。

3．2．3　机构驱动

（1）固定件定义

在“DMU 运动机构（DMU Kinematics）”工具栏中单击“固定零件（Fixed Part）”图标，“新固定零件（New Fixed Part）”对话框弹出（参见图 1-40）。

在几何模型区或结构树上选择想要固定的零部件。本例选择底座为固定件，选中后，底座上出现图标，同时在“Applications\机械装置（Mechanisms）\固定零件（Fix Part）”节点下有对应显示，如图 3-30 所示。

（2）施加驱动命令

因该机构运动原理是由凸轮的转动实现摆杆的摆动，故应驱动凸轮旋转运动副。在结构树上双击“旋转. 3（Revolute. 3）（底座，凸轮）”，显示“编辑接合：旋转. 3（旋转）（Joint Edition：Revolute. 3）”对话框，如图 3-31 所示。对话框也可以通过如图 3-32 所示的操作路径，在结构树的“旋转. 3（Revolute. 3）（底座，凸轮）”上单击鼠标右键，选择“旋转.3 对象（Revolute.3 Object）”→“定义（Definition）”来显示。

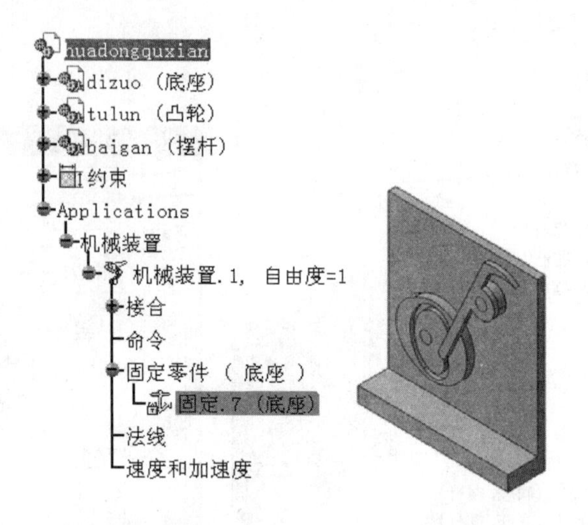

图 3-30 定义固定件

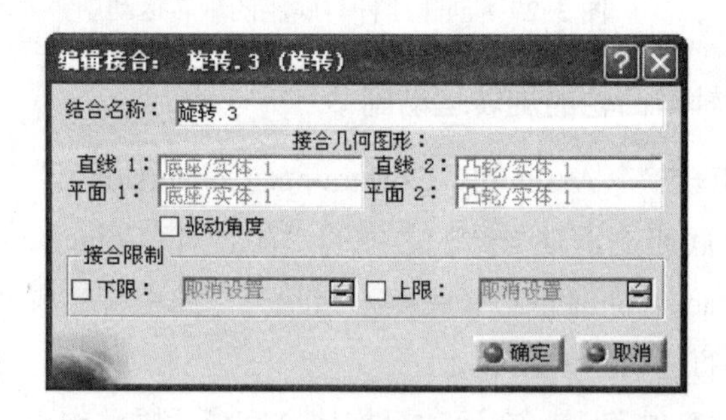

图 3-31 “编辑接合：旋转.3（旋转）”对话框

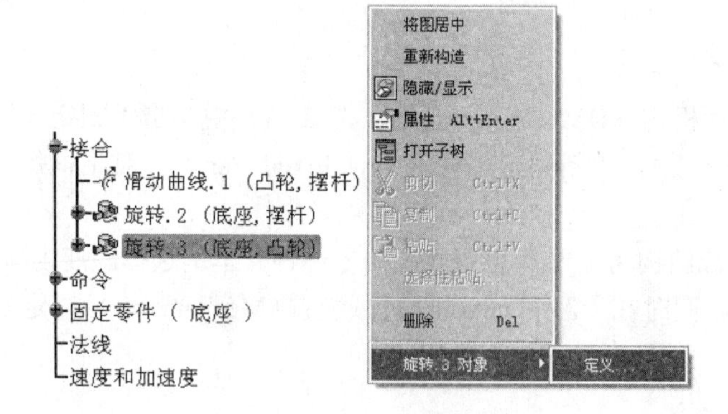

图 3-32 定义驱动

选中对话框中的“驱动角度(Angle Driven)”复选框,并根据需要在“接合限制(Joints Limits）”功能区中更改运动范围。此时轴上出现指示旋转运动方向的箭头，如图 3-33 所示。图示为逆时针旋转，读者可单击箭头更改运动方向。

单击“确定（OK）”按钮，完成驱动命令设置，弹出“可以模拟机械装置（The mechanism can be simulated）”信息(参见图 1-45)。结构树上机械装置的“自由度(DOF)”变为“0”，并在“Applications\机械装置（Mechanisms）\命令（Commands）”节点下显示驱动命令的名称与性质，如图 3-34 所示。

（3）运动模拟

在“DMU 运动机构（DMU Kinematics）”→“模拟（Simulation）”工具栏中单击“使用命令模拟（Simulation with Commands）”图标，显示“运动模拟-机械装置. 1（Kinematics Simulation-Mechanism. 1）”对话框，机构模拟命令被激活（参见图 1-47）。用鼠标拖动滚动条，可以观察到产品中凸轮的转动及摆杆的摆动。

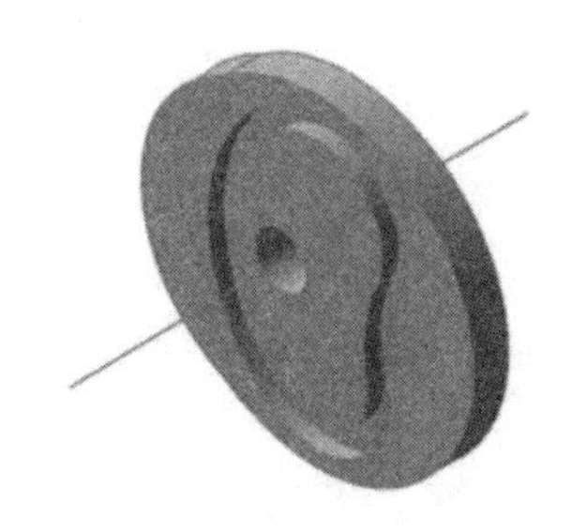

图 3-33　凸轮的运动形式与方向标示

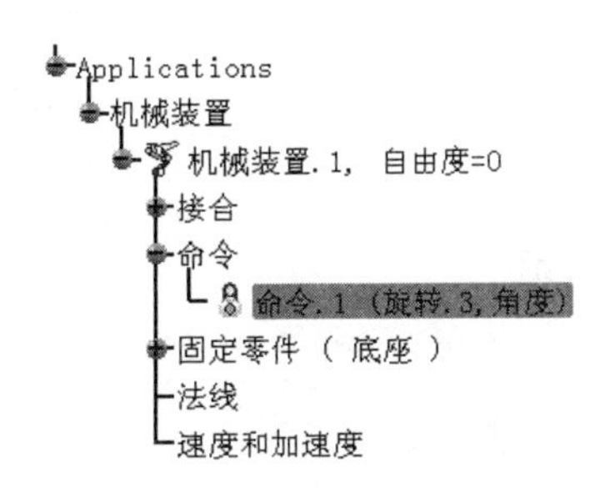

图 3-34　结构树上的驱动命令

3. 3　滚动曲线

3. 3. 1　概念与创建要素

滚动曲线运动副是指两构件间通过一对相切的曲线，实现互为约束的、切点相对速度为零的运动。其创建要素是分属于不同零部件上相切的两条曲线或直线与曲线。

3. 3. 2　运动副的创建

（1）模型准备

打开资源包中的“Exercise\3\3. 3\gundongquxian. CATProduct”，出现车轮铁轨组件，如图 3-35 所示，或自行建立与之类似的可用于创建滚动曲线运动副的 3D 模型组件。

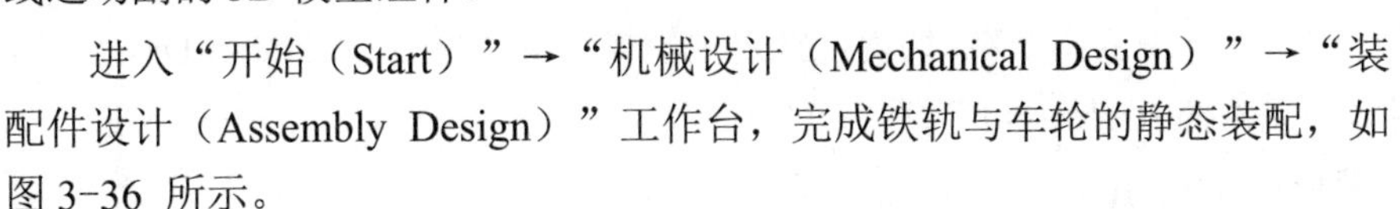

进入“开始（Start）”→“机械设计（Mechanical Design）”→“装配件设计（Assembly Design）”工作台，完成铁轨与车轮的静态装配，如图 3-36 所示。

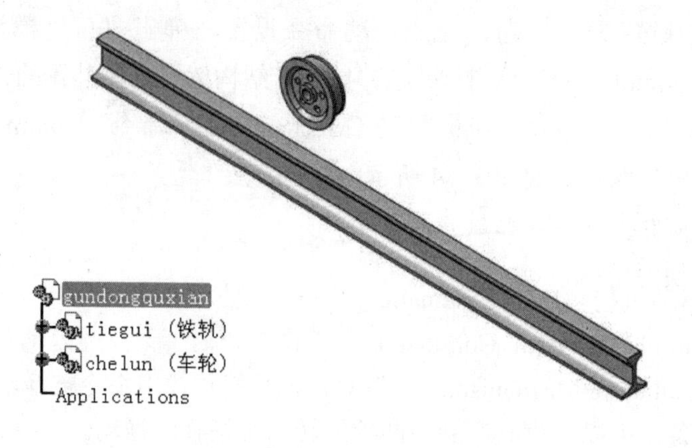

图 3-35 滚动曲线车轮铁轨组件

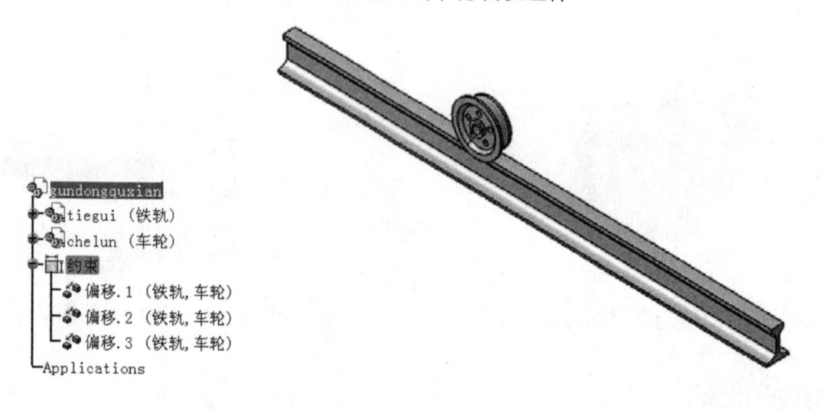

图 3-36 车轮铁轨组件的静态装配及约束

【重点】：为满足滚动曲线运动副创建所需的两线相切要素，在静态装配中应保证车轮中心到铁轨上端面中心线的距离与车轮该处横剖面的半径相等。

因此，“偏移.1（Offset.1）（铁轨，车轮）”约束定义铁轨的坐标平面“xy 平面”与车轮的坐标平面“xy 平面”之间的偏移距离为“220mm”；“偏移.2（Offset.2）（铁轨，车轮）”约束定义铁轨的坐标平面“yz 平面”与车轮的坐标平面“yz 平面”之间的偏移距离为“0mm”；“偏移.3（Offset.3）（铁轨，车轮）”约束定义铁轨的坐标平面“zx 平面”与车轮的坐标平面“zx 平面”之间的偏移距离为“0mm”。

（2）构建滚动曲线要素

① 构建直线

在工作窗口的 3D 组件中双击铁轨，切换至针对铁轨操作的“零件设计（Part Design）”工作台。选择菜单栏中“插入（Insert）”下拉菜单中的“几何图形集（Geometrical Set）”，显示“插入几何图形集（Insert Geometrical Set）”对话框，在“名称（Name）”栏内输入几何图形集的名称，本例名称为“运动副辅助创建要素”，如图 3-37 所示。在结构树上选中“运动副辅助创建要素”，单击右键，选择“定义工作对象（Define In Work

Object）”，将当前工作对象定义为几何图形集“运动副辅助创建要素”，如图 3-38 所示。选择“yz 平面”，在“草图编辑器（Sketcher）”工具栏中单击“草图（Sketch）”图标，进入“草图设计（Sketch Design）”工作台。绘制一条与铁轨长度相等的直线，该直线到坐标中心的距离等于铁轨上端面中心线到坐标系中心的距离。本例中该距离值为 95。

单击“退出草图（Exit Workbench）”图标，在“铁轨”上生成构建直线，结构树中“运动副辅助创建要素”生成下一级节点“草图. 2（Sketch. 2）”，如图 3-39 所示。

【技巧】：对于未知距离长度值的情况，读者可在草图工作台中通过投影或辅助构造线等方法在铁轨纵向对称面绘制出与铁轨上端中心线相合的一条直线。

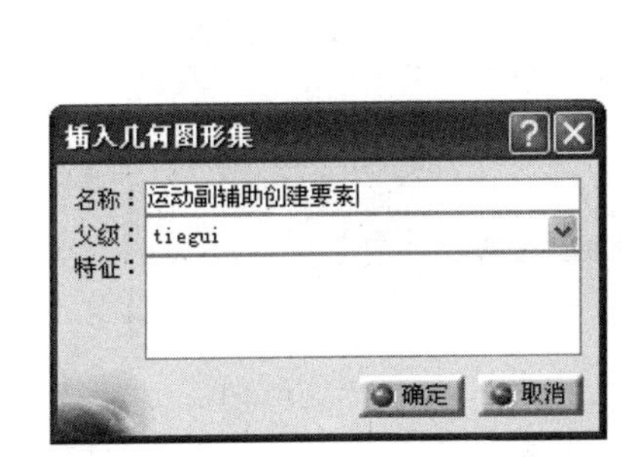

图 3-37　插入几何图形集对话框

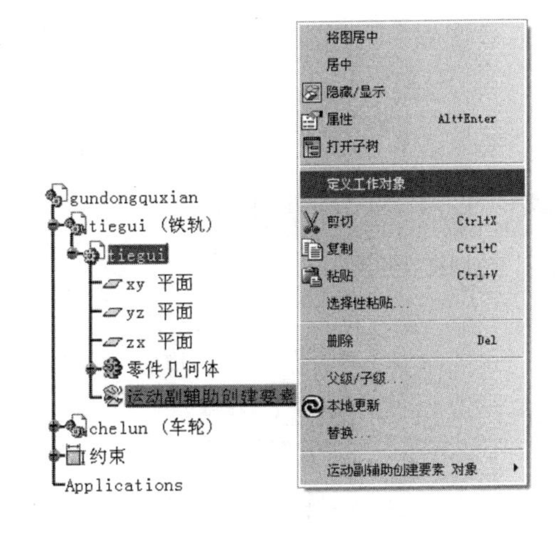

图 3-38　定义“运动副辅助创建要素”为工作对象

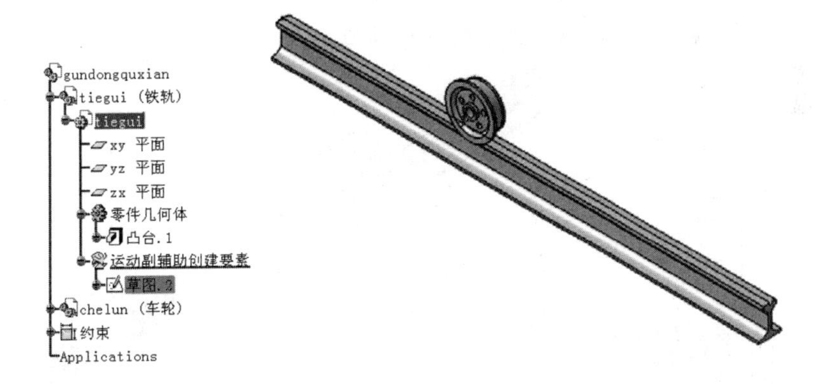

图 3-39　生成铁轨直线要素

② 构建曲线

在工作窗口的 3D 组件中双击“车轮”，切换至针对“车轮”的“零件设计（Part Design）”工作台。选择菜单栏中“插入（Insert）”下拉菜单中的“几何图形集（Geometrical Set）”，显示“插入几何图形集（Insert Geometrical Set）”对话框，在“名称（Name）”栏内输入几何图形集的名称，本例名称为“运动副辅助创建要素”，如图 3-40 所示。在结构树上选中“运动副辅助创建要素”，单击右键，选择“定义工作对象（Define In Work Object）”，将当前工作对象定义为几何图形集“运动副辅助创建要素”，如图 3-41 所示。选择“yz 平面”，在“草图编辑器（Sketcher）”工具栏中单击“草图（Sketch）”图标，进入“草图设计（Sketch Design）”工作台。以草图坐标原点为圆心绘制圆，该圆半径长度与该圆中心到上段中绘制的直线的距离相等。本例中圆的半径值为“125”。单击“退出草图（Exit Workbench）”图标，在车轮组件上生成构建曲线，结构树中“运动副辅助创建要素”生成下一级节点“草图. 5（Sketch. 5）”，如图 3-42 所示。

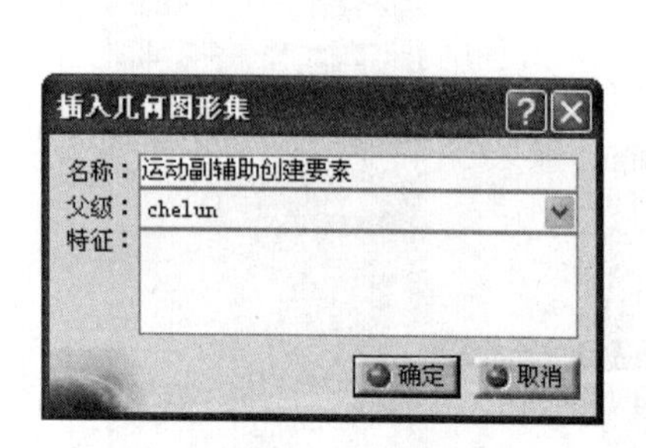

图 3-40 “插入几何图形集”对话框

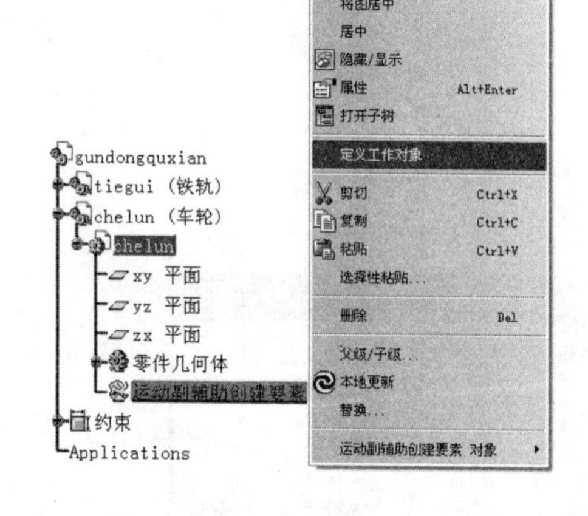

图 3-41 定义“运动副辅助创建要素”为工作对象

※【提示】：若所选实例存在与构建的直线相切的草图轮廓线，读者可选择显示隐藏该草图轮廓线，以简化运动副创建要素的构建过程。

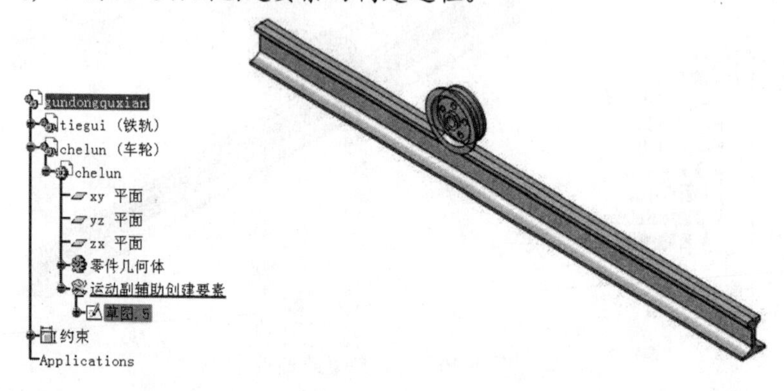

图 3-42 生成车轮曲线要素

（3）创建滚动曲线运动副

① 切换至“开始（Start）”→“数字化装配（Digital Mockup）”→“DMU 运动机构（DMU Kinematics）”工作台。在“运动接合点（Kinematics Joints）”工具栏中单击“滚动曲线（Roll Curve）”图标，显示出“创建接合：滚动曲线（Joint Creation：Roll

Curve）”对话框，单击“新机械装置（New Mechanism）”，创建“机械装置.1（Mechanism.1）”，对话框更新显示，如图 3-43 所示。

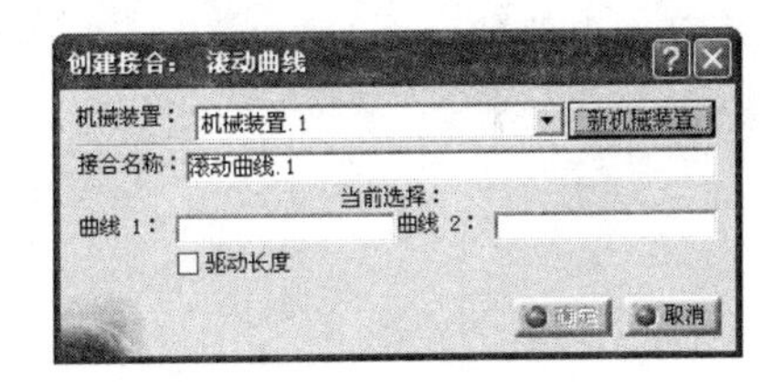

图 3-43　“创建接合：滚动曲线”对话框

② 选择铁轨上端部构建中心线即“tiegui（铁轨）\草图.2（Sketch.2）”及车轮构建圆曲线即“chelun（车轮）\草图.5（Sketch.5）”。“创建接合：滚动曲线（Joint Creation: Roll Curve）”对话框更新显示，如图 3-44 所示。

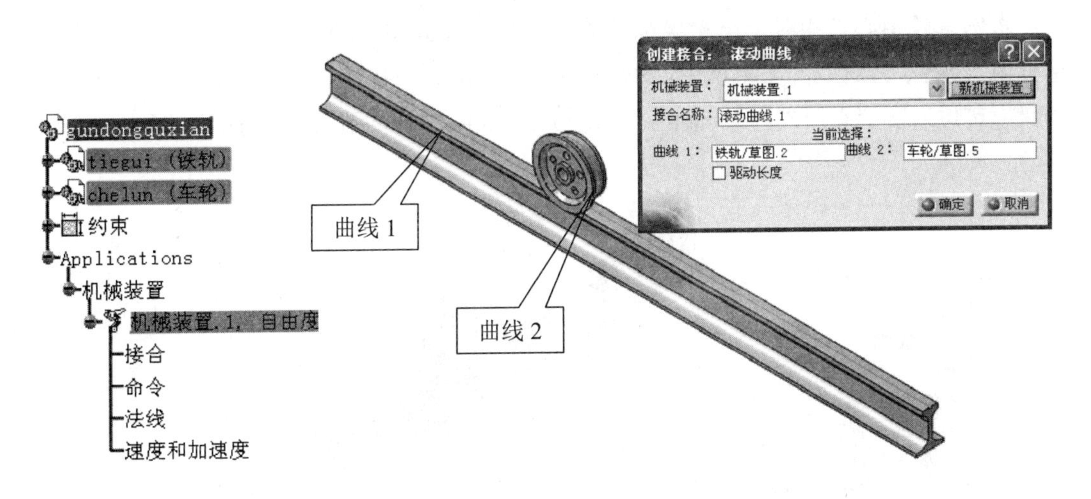

图 3-44　“创建接合：滚动曲线”对话框更新显示

③ 单击“确定（OK）”按钮，结构树中“Applications\机械装置（Mechanisms）\接合（Joints）”生成下一级节点“滚动曲线.1（Roll Curve.1）（车轮，铁轨）”，如图 3-45 所示。

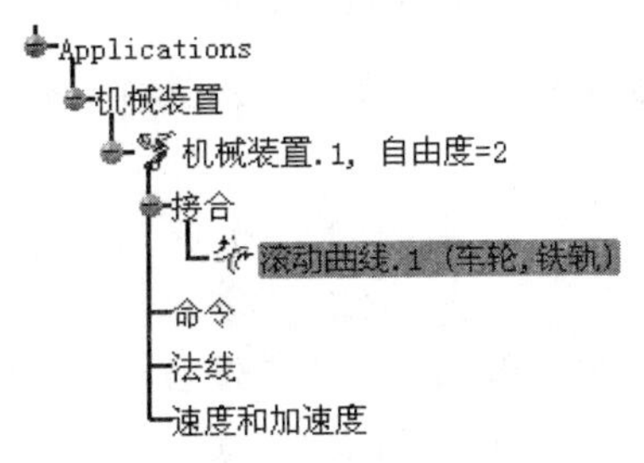

图 3-45　结构树上生成滚动曲线运动副

由结构树可见，仅有滚动曲线运动副的机构存在 2 个自由度，而其本身只有一个“驱动长度（Length driven）”的指令，因此该机构需配合其他运动副才能实现规定的运动。根据机构的运动特点，本例采用“点曲线（Point Curve）”作为辅助运动副，相应的点、线要素分别在车轮及铁轨上构建。

（4）构建点曲线要素

① 构建点

在工作窗口的 3D 组件中双击“车轮”，切换至针对“车轮”的“零件设计（Part Design）”工作台。

将当前工作对象定义为几何图形集“运动副辅助创建要素”。在当前工作台的“参考元素（扩展）[Reference Elements（Extended）]”工具栏中单击“创建点（Point）”图标 ，显示“点定义（Point Definition）”对话框（参见图 3-6）。

本例车轮中心点相对于车轮坐标系的坐标为“（0，0，0）”，将坐标值分别输入对话框内 X、Y、Z 对应的文本框中，单击“确定（OK）”按钮。车轮中心有点生成，在结构树上可以看到“点. 1”在“chelun（车轮）\点（Point）”节点下显示，如图 3-46 所示。

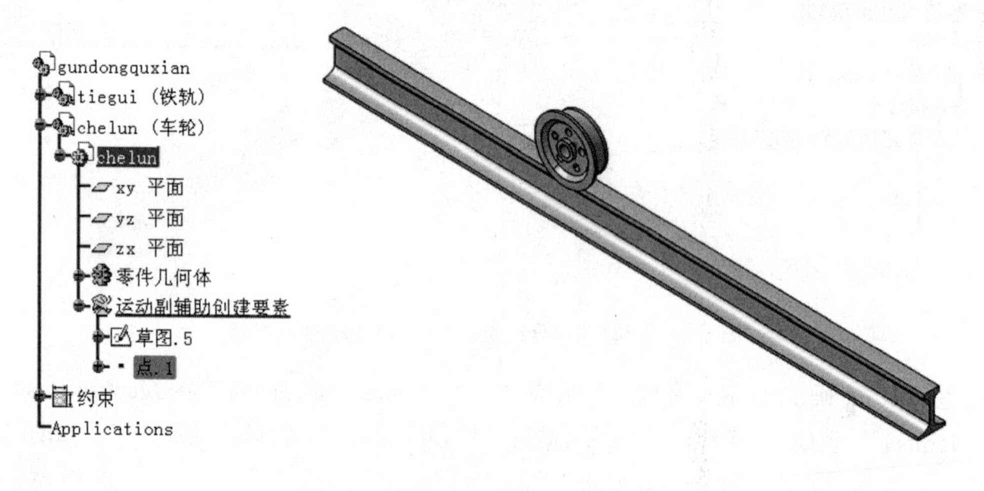

图 3-46　生成点

【技巧】：对于未知点坐标的情况，读者可在草图工作台中通过投影或辅助构造线等方法在车轮中心处绘制一个点。

② 构建线

双击“铁轨”，切换至针对“铁轨”的“零件设计（Part Design）”工作台。将当前工作对象定义为几何图形集“运动副辅助创建要素”。选择“yz 平面”，在“草图编辑器（Sketcher）”工具栏中单击“草图（Sketch）”图标 ，进入“草图设计（Sketch Design）”工作台。绘制一条与铁轨长度相等的直线，该直线与在车轮中心绘制的点重合且平行于铁

轨纵向。本例中该直线到坐标中心的距离为220。

单击“退出草图（Exit Workbench）”图标，在铁轨组件上生成构建直线，结构树中“运动副辅助创建要素”生成下一级节点“草图.3（Sketch.3）”，如图3-47所示。

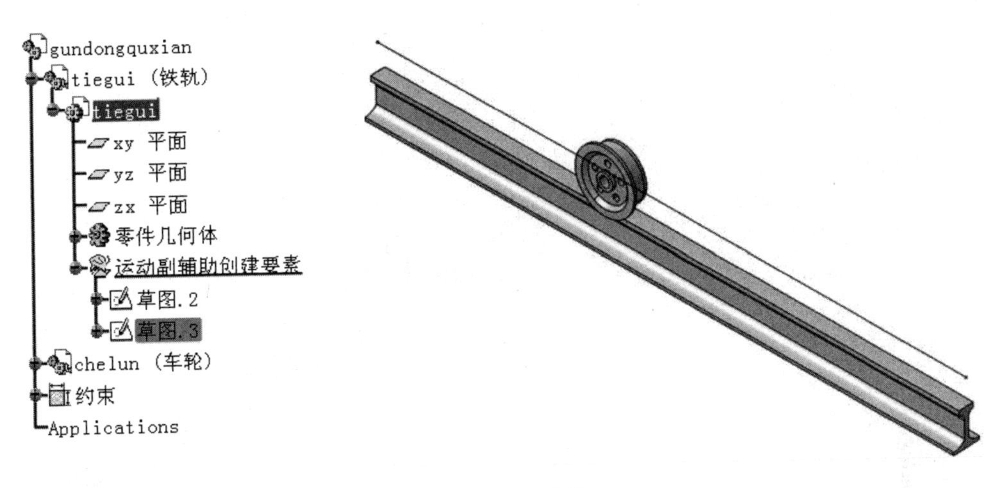

图3-47　生成线

（5）创建辅助运动副

① 切换至“开始（Start）”→“数字化装配（Digital Mockup）”→“DMU 运动机构（DMU Kinematics）”工作台。在“运动接合点（Kinematics Joints）”工具栏中单击“点曲线（Point Curve）”图标，显示“创建接合：点曲线（Joint Creation: Point Curve）”对话框，如图3-48所示。

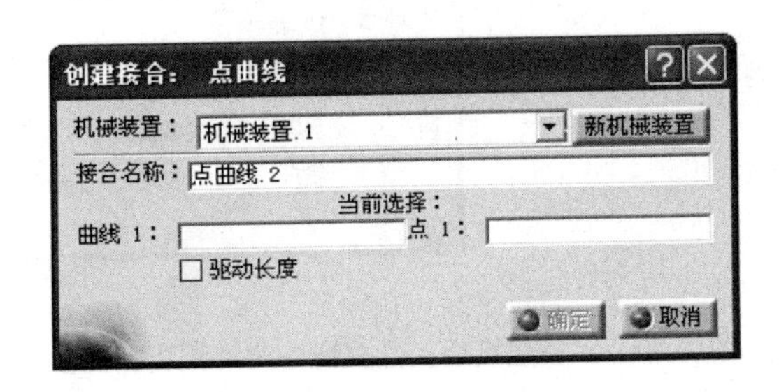

图3-48　“创建接合：点曲线”对话框

② 选择铁轨上构建的过车轮中心的直线，即“tiegui（铁轨）\草图.3（Sketch.3）”；选择车轮上构建的中心点，即“chelun（车轮）\点.1（Point.1）”。“创建接合：点曲线（Joint Creation: Point Curve）”对话框更新显示，如图3-49所示。

③ 单击“确定（OK）”按钮，结构树中“Applications\机械装置（Mechanisms）\接合（Joints）”节点下生成“点曲线.2（Point Curve.2）（车轮，铁轨）”，如图3-50所示。

为保证机构运动仿真的美观，在运动机构建立完成后隐藏约束与创建要素。

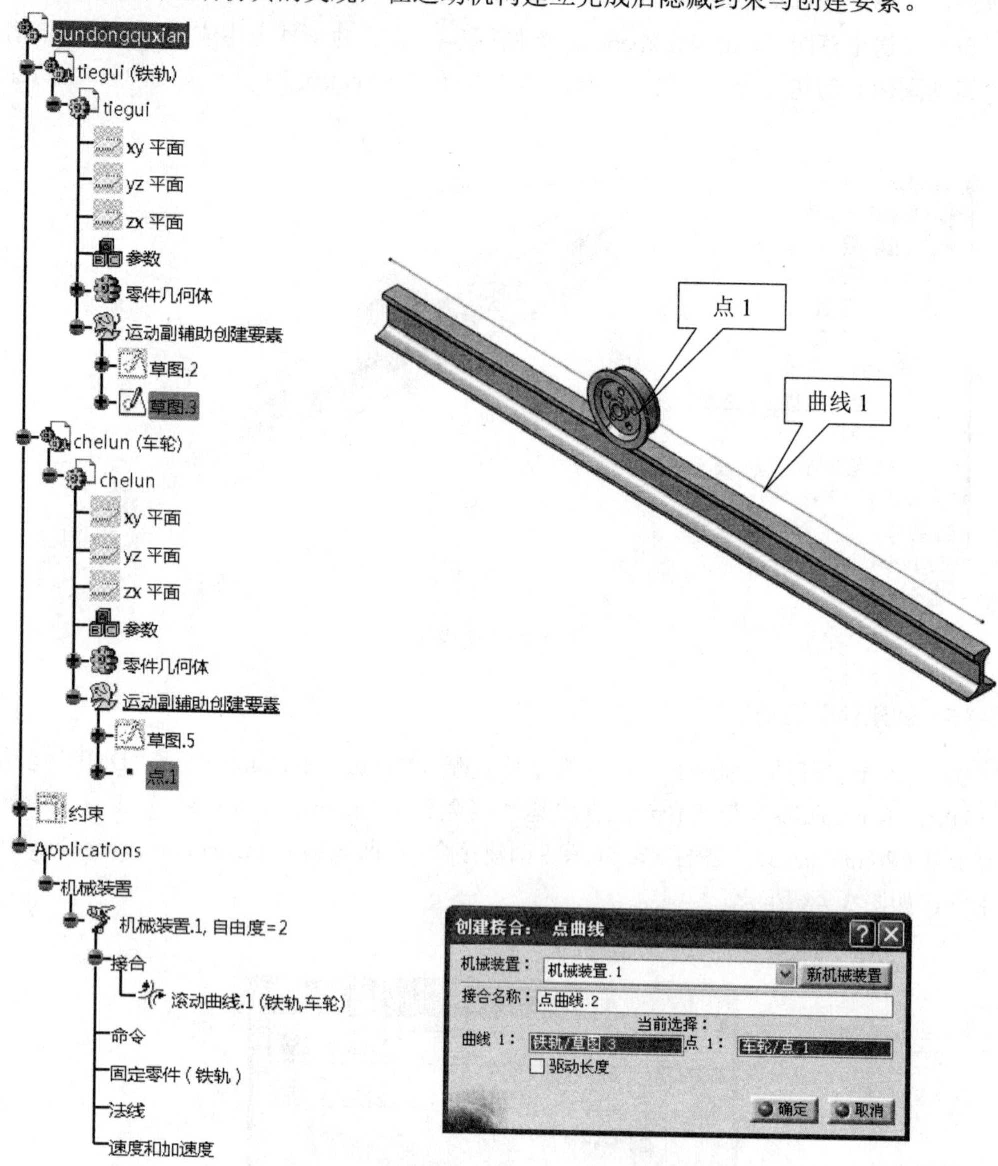

图 3-49 “创建接合：点曲线”对话框更新显示

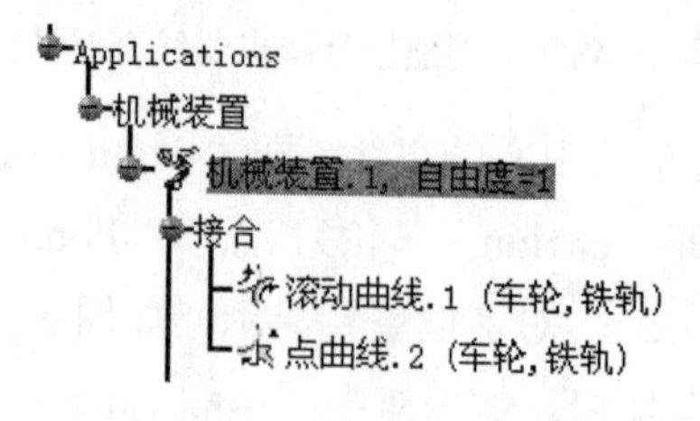

图 3-50 结构树更新显示

3. 3. 3　机构驱动

MOOC

（1）固定件定义

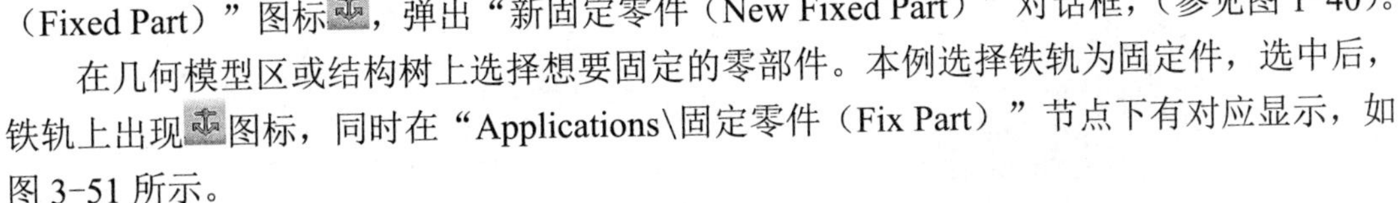

在“DMU 运动机构（DMU Kinematics）”工具栏中单击“固定零件（Fixed Part）”图标，弹出“新固定零件（New Fixed Part）”对话框，（参见图 1-40）。

在几何模型区或结构树上选择想要固定的零部件。本例选择铁轨为固定件，选中后，铁轨上出现图标，同时在“Applications\固定零件（Fix Part）”节点下有对应显示，如图 3-51 所示。

（2）施加驱动命令

该机构可以选择驱动滚动曲线运动副或点曲线运动副，这里以驱动点曲线运动副为例。在结构树上双击“点曲线. 2（Point Curve. 2）（车轮，铁轨）”，显示“编辑接合：点曲线. 2（点曲线）（Joint Edition：Point Curve. 2）”对话框，如图 3-52 所示。

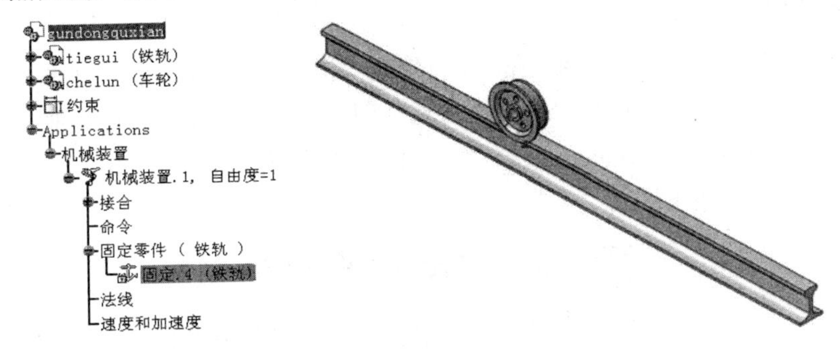

图 3-51　定义固定件

对话框也可以通过如图 3-53 所示的操作路径，在结构树的“点曲线. 2（车轮，铁轨）”上单击鼠标右键，选择“点曲线. 2 对象（Point Curve. 2 Object）”→“定义（Definition）”来显示。

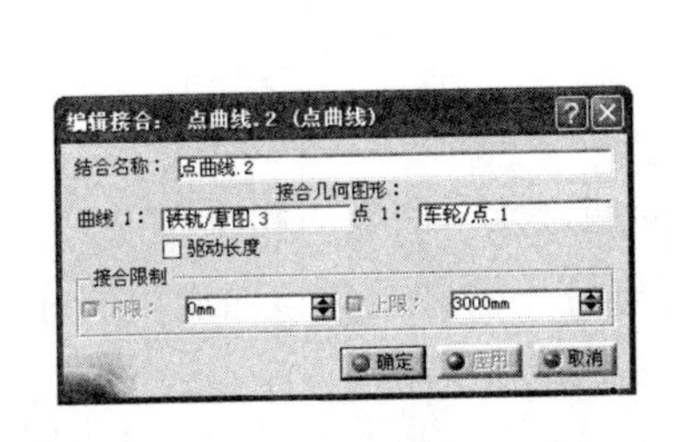

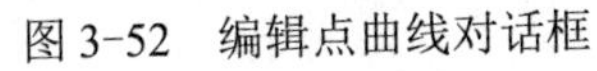

图 3-52　编辑点曲线对话框

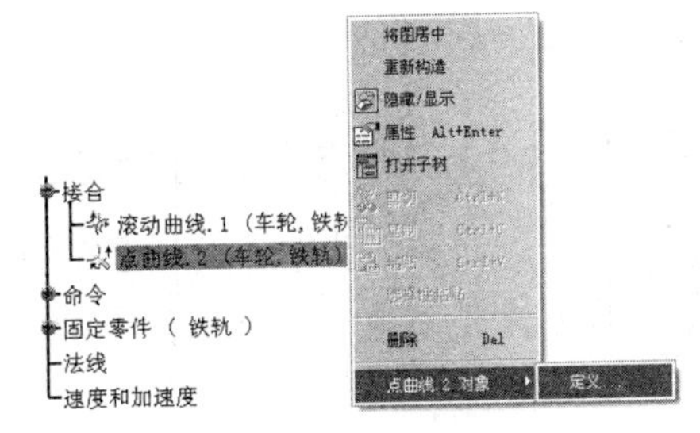

图 3-53　定义驱动

选中对话框中的“驱动长度（Length Driven）”复选框，并根据需要在“接合限制（Joints Limits）”功能区中更改运动范围。选中复选框的同时，车轮上出现指示运动方向的箭头，如图 3-54 所示，读者可单击箭头更改其运动方向。本例设置驱动长度范围为 0~3000mm。

单击“确定（OK）”按钮，完成驱动命令设置，弹出“可以模拟机械装置（The mechanism can be simulated）”信息(参见图 1-45)。结构树上机械装置的“自由度(DOF)”变为“0”，并在“Applications\机械装置（Mechanisms）\命令（Commands）”节点下显示驱动命令的名称与性质，如图 3-55 所示。

图 3-54　车轮的运动形式与方向标示

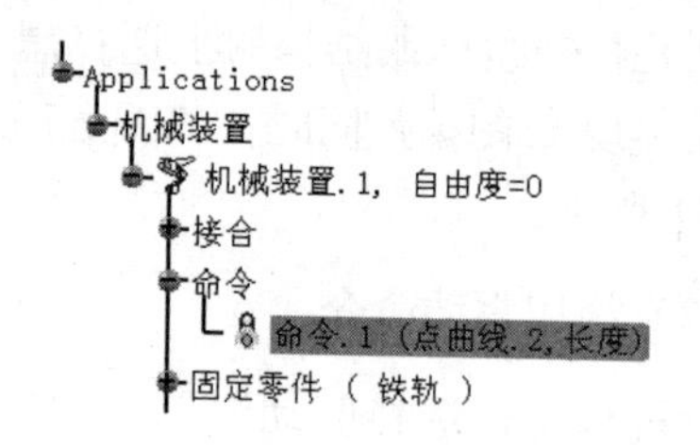

图 3-55　结构树上的驱动命令

（3）运动模拟

在“DMU 运动机构（DMU Kinematics）”→“模拟（Simulation）”工具栏中单击“使用命令模拟（Simulation with Commands）”图标，显示“运动模拟-机械装置. 1（Kinematics Simulation-Mechanism. 1）”对话框，机构模拟命令被激活，如图 3-56 所示。用鼠标拖动滚动条，可以观察到车轮在铁轨上滚动。

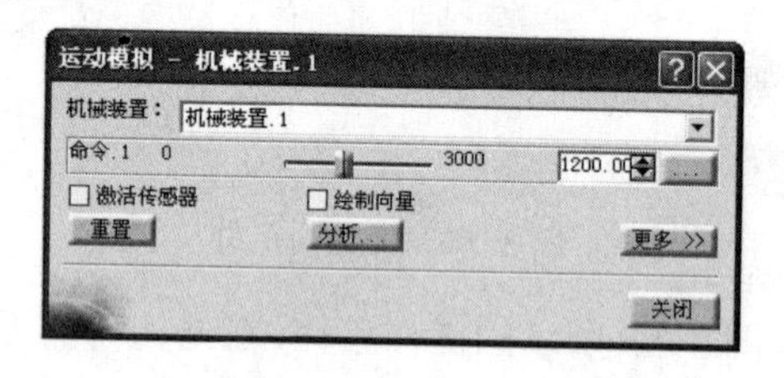

图 3-56　运动模拟-机械装置. 1 对话框

3. 4　点曲面

3. 4. 1　概念与创建要素

点曲面运动副是指两零部件之间通过点与曲面的相合而构成的运动副。其创建要素是一个零部件上的曲面与另一构件上与该曲面处于相合状态的一个点。

3. 4. 2　运动副的创建

（1）模型准备

打开资源包中的“Exercise\3\3. 4\dianqumiantulun. CATProduct”，出现点曲面凸轮组件，如图 3-57 所示，或自行建立与之类似的可用于创建点曲面运动副的 3D

模型组件。

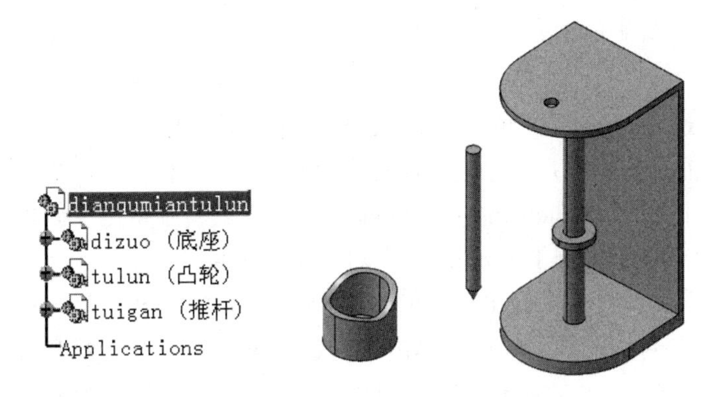

图 3-57　点曲面凸轮组件

进入“开始（Start）” → “机械设计（Mechanical Design）” → “装配件设计（Assembly Design）” 工作台，完成底座与推杆、底座与凸轮的静态装配，如图 3-58 所示。

【重点】：*为便于构建该凸轮机构点曲面运动副相合的点、曲面要素，在静态装配中应调整推杆顶尖到凸轮上端曲面相接触。*

因此，“偏移. 5（Offset. 5）（底座，推杆）” 约束定义底座的坐标平面 “xy 平面” 与推杆的坐标平面 “xy 平面” 之间的偏移距离为 “72mm” ，“角度. 3（Angle. 3）（底座，凸轮）”约束定义底座的坐标平面“yz 平面”与凸轮的坐标平面“yz 平面”之间的角度为“0deg”；“角度. 6（Angle. 6）（底座，推杆）” 约束定义底座的坐标平面 “yz 平面” 与推杆的坐标平面 “yz 平面” 之间的角度为 “0deg” 。

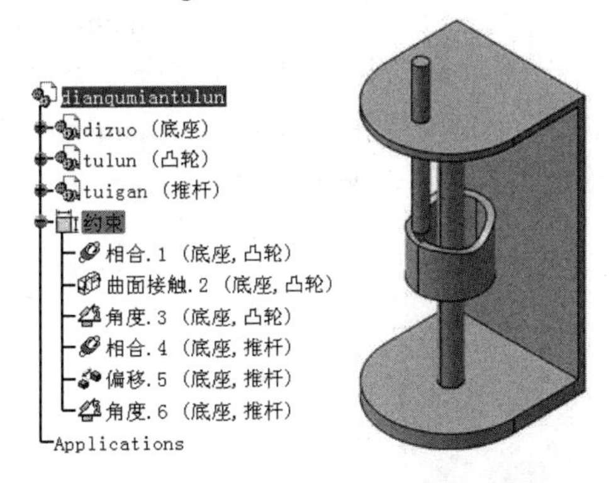

图 3-58　凸轮组件的静态装配及约束

（2）构建点曲面要素

① 构建点

在工作窗口的 3D 组件中双击 “推杆” ，切换至推杆的 “零件设计（Part Design）” 工作台。选择菜单栏中 “插入（Insert）” 下拉菜单中的 “几何图形集...（Geometrical Set...）” ，显示 “插入几何图形集（Insert Geometrical Set）” 对话框，用户可在 “名称

（Name）”栏输入几何图形集的名称，本例名称为“点”（参见图 3-3）。单击“确定（OK）”按钮，在结构树上可以看到几何图形集“点”在“tuigan（推杆）”节点下显示，参见图 3-4。

在结构树中选中“点”，单击鼠标右键，选择“定义工作对象（Define In Work Object）”，将当前工作对象定义为几何图形集“点”（参见图 3-5）。在当前工作台的“参考元素（扩展）[Reference Elements（Extended）]”工具栏中单击“创建点（Point）”图标，显示“点定义（Point Definition）”对话框（参见图 3-6）。

本例推杆顶尖点相对于推杆坐标系的坐标为“（0，0，-60）”，将坐标值分别输入对话框内 X、Y、Z 对应的输入栏中，单击“确定（OK）”按钮。推杆尖端有点生成，在结构树上可以看到“点. 1”在“tuigan（推杆）\点”节点下显示，如图 3-59 所示。

⚙【技巧】：对于未知点坐标的情况，读者可在草图工作台中通过投影或辅助构造线等方法在推杆顶尖部画出一个点。

② 构建曲面

本例中，在创建点曲面运动副时直接选择凸轮上端曲面即可。

⚙【技巧】：若所选实例不存在以上“曲面”，读者可自行在凸轮通过推杆顶尖利用投影或相交的方式构建凸轮上端曲面一样的“曲面”。

（3）创建点曲面运动副

① 切换至“开始（Start）”→“数字化装配（Digital Mockup）”→“DMU 运动机构（DMU Kinematics）”工作台。在“运动接合点（Kinematics Joints）”工具栏中单击“点曲面（Point Surface）”图标，显示“创建接合：点曲面（Joint Creation：Point Surface）”对话框。单击“新机械装置（New Mechanism）”，创建“机械装置. 1（Mechanism. 1）”，对话框更新显示，如图 3-60 所示。

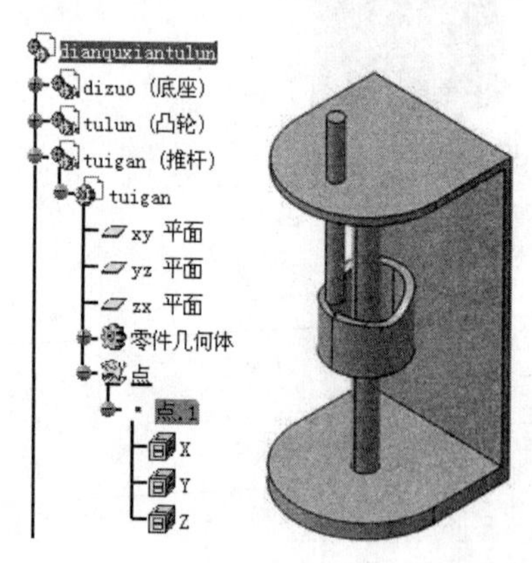

图 3-59　生成点

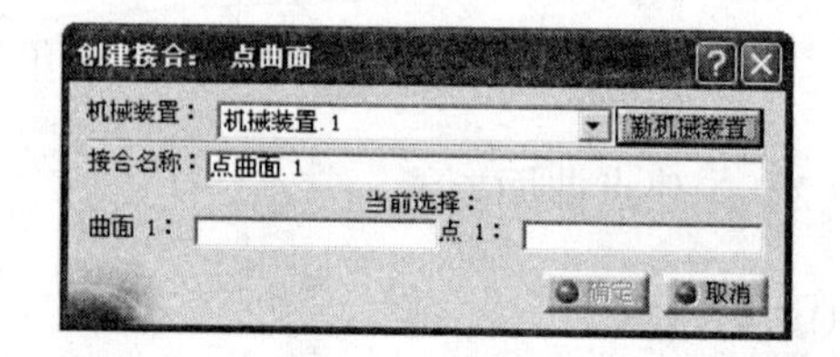

图 3-60　“创建接合：点曲面”对话框

② 选中凸轮上端曲面及推杆顶尖上已构建的点，“创建接合：点曲面（Joint Creation：Point Surface）”对话框更新显示，如图 3-61 所示。

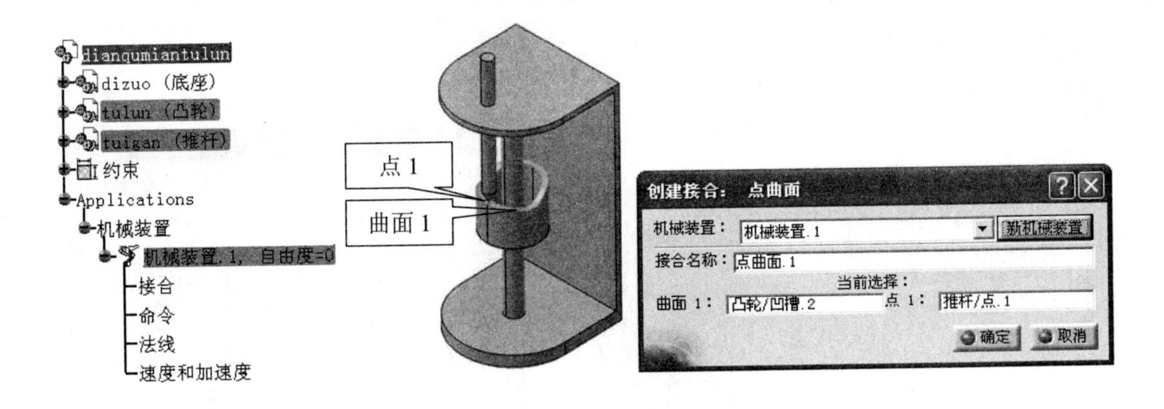

图3-61　“创建接合：点曲面”对话框更新显示

③ 单击“确定（OK）”按钮，结构树中“Applications\机械装置（Mechanisms）\接合（Joints）”生成下一级节点“点曲面.1（Point Surface.1）（推杆，凸轮）”，如图3-62所示。

由结构树可见，仅有点曲面运动副的机构存在5个自由度，而其本身没有驱动指令，因此该机构需要配合其他运动副才能实现规定的运动。

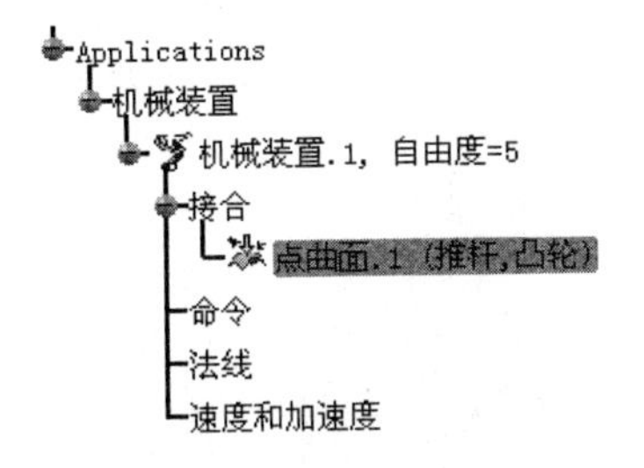

图3-62　结构树上生成点曲面运动副

（4）创建辅助运动副

① 创建凸轮与底座支承轴的旋转运动副

因该点曲面凸轮组件已完成静态装配，故使用装配约束转换法创建相应的面接触运动副。

a. 在“DMU运动机构（DMU Kinematics）”工具栏中单击“装配件约束转换（Assembly Constraints Conversion）”图标，显示“装配件约束转换（Assembly Constraints Conversion）”对话框，单击“更多（More）”，展开对话框，如图3-63所示。

b. 在对话框中同时选中“曲面接触.2（Surface Contact.2）（底座，凸轮）”与“相合.1（Coincidence.1）（底座，凸轮）”，“结果类型（Resulting type）”信息栏中显示“旋转（Revolute）”。单击被激活的“创建接合（Create Joint）”按钮，完成凸轮与底座旋转运动副的创建，注意观察结构树“自由度（DOF）”的变化，如图3-64所示。

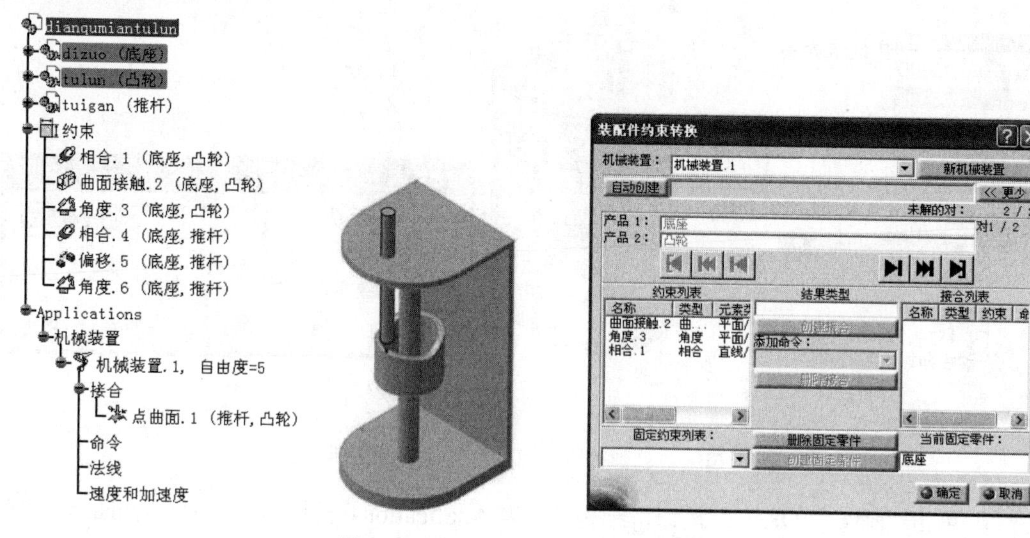

图 3-63　装配件约束转换对话框展开

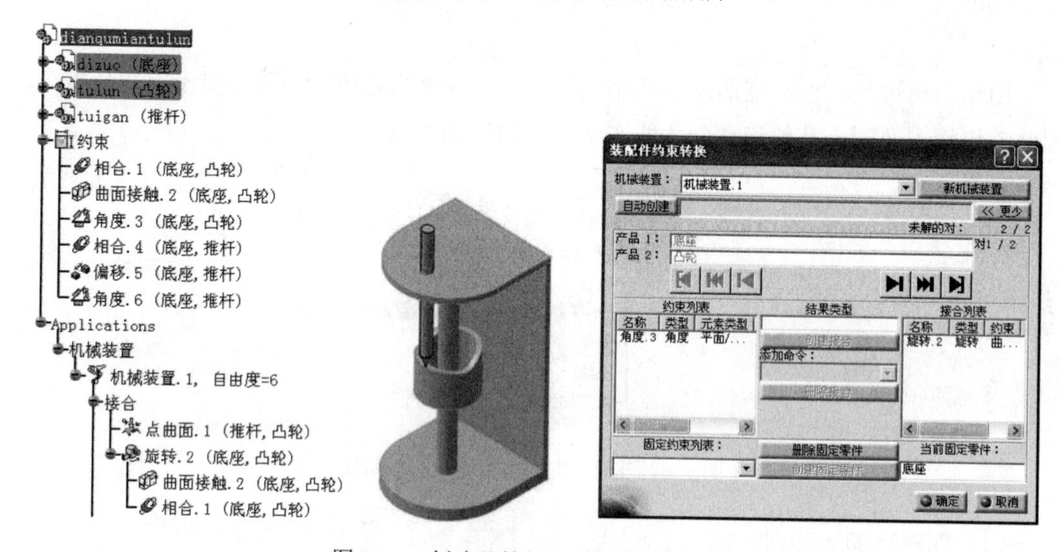

图 3-64　创建凸轮与底座的旋转运动副

单击“确定（OK）”按钮，完成旋转运动副的创建。

② **创建推杆与底座上部圆孔之间的棱形运动副**

单击“装配件约束转换（Assembly Constraints Conversion）”对话框中“前进（Step forward）”按钮▶|，将底座与推杆之间的“相合.4（Coincidence.4）（底座，推杆）”和“角度.6（Angle.6）（底座，推杆）”约束转换成棱形运动副。单击“确定（OK）”按钮，完成辅助运动副的创建。

棱形运动副“棱形.3（Prismatic.3）（底座，推杆）”在结构树“Applications\机械装置（Mechanisms）\接合（Joints）”节点下生成，结构树自由度（DOF）发生变化，如图 3-65 所示。

为保证机构运动仿真的美观，在运动机构建立完成后隐藏约束与创建要素。

3．4．3　机构驱动

（1）固定件定义

在“DMU 运动机构（DMU Kinematics）”工具栏中单击“固定零件（Fixed Part）”图标，弹出“新固定零件（New Fixed Part）”对话框（参见图 1-40）。

在几何模型区或结构树上选择底座为固定件，选中后，底座上出现图标，同时在“Applications\固定零件（Fix Part）”节点下有对应显示，如图 3-66 所示。

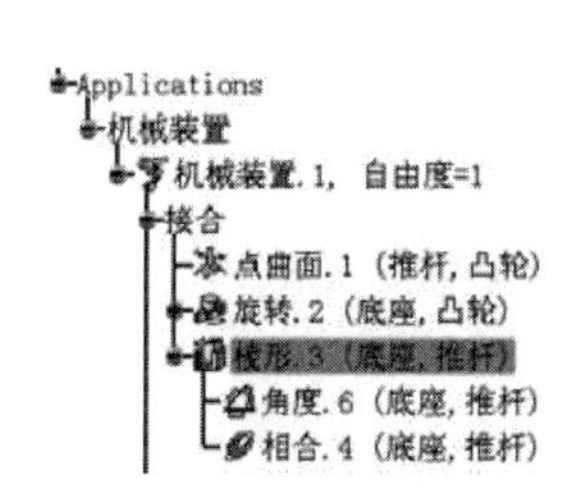

图 3-65　结构树的变化

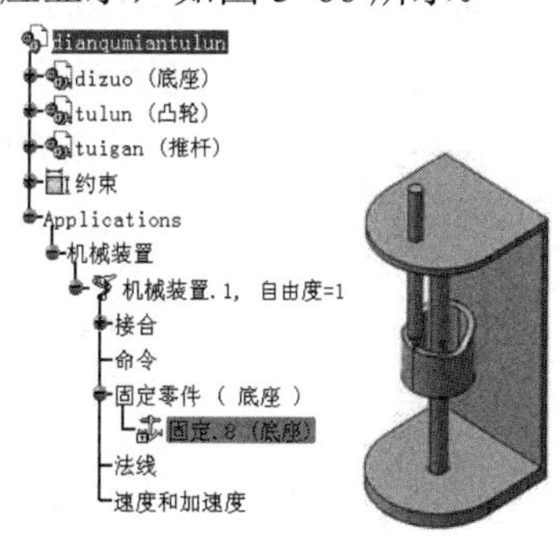

图 3-66　定义固定件

（2）施加驱动命令

因该机构运动原理是由凸轮的转动实现推杆的往复运动，故应驱动旋转运动副。在结构树上双击“旋转.2（Revolute.2）（底座，凸轮）”，显示“编辑接合：旋转.2（旋转）（Joint Edition：Revolute.2）”对话框，如图 3-67 所示。

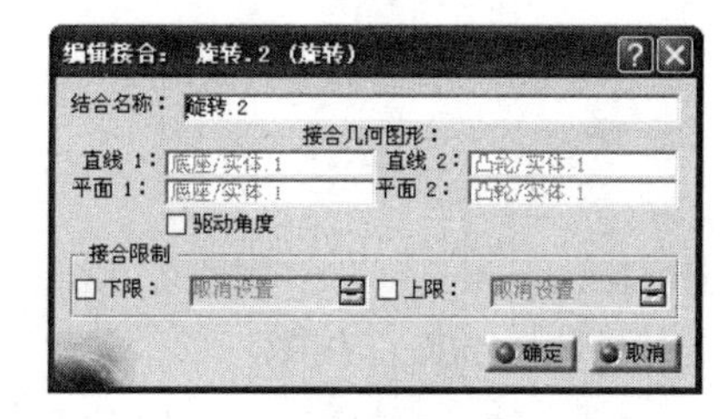

图 3-67　“编辑接合：旋转.2（旋转）”对话框

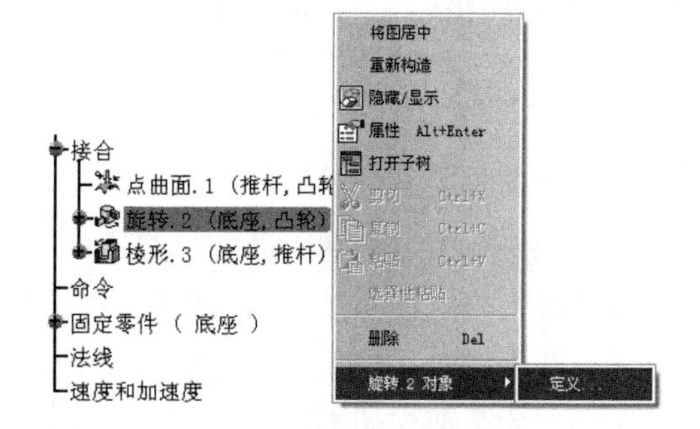

图 3-68　定义驱动

对话框也可以通过如图 3-68 所示的操作路径，在结构树的“旋转. 2（Revolute. 2）（底座，凸轮）”上单击鼠标右键，选择“旋转. 2 对象（Revolute. 2 Object）”→“定义（Definition）”来显示。

选中对话框中的“驱动角度（Angle Driven）”复选框，并根据需要在“接合限制（Joints Limits）”功能区中更改驱动范围。选中复选框的同时，凸轮上出现指示旋转运动方向的箭头，如图 3-69 所示。图示为逆时针旋转，读者可单击箭头更改旋转方向。

单击“确定（OK）”，完成驱动命令设置，弹出“可以模拟机械装置（The mechanism can be simulated）”信息（参见图 1-45）。结构树上机械装置的“自由度（DOF）”变为“0”，并在“Applications\机械装置（Mechanisms）\命令（Commands）”节点下显示驱动命令的名称与性质，如图 3-70 所示。

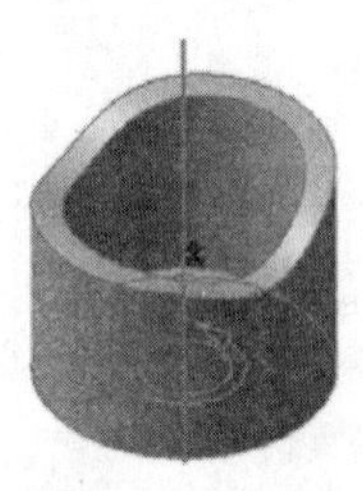

图 3-69　凸轮的运动形式与方向标示

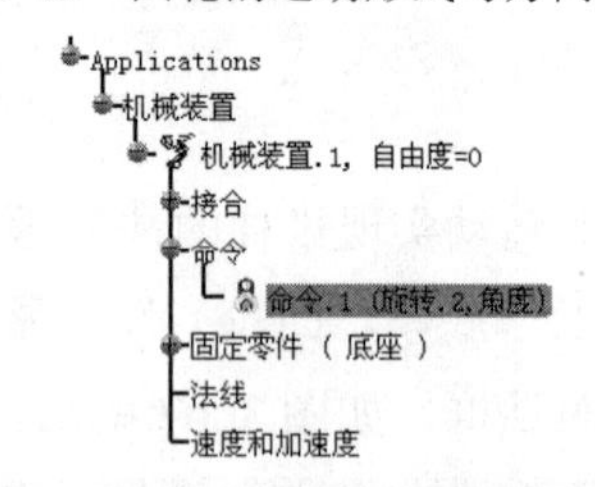

图 3-70　结构树上的驱动命令

（3）运动模拟

在“DMU 运动机构（DMU Kinematics）”→“模拟（Simulation）”工具栏中单击“使用命令模拟（Simulation with Commands）”图标，显示“运动模拟-机械装置. 1（Kinematics Simulation-mechanism. 1）”对话框，机构模拟命令被激活（参见图 1-47）。用鼠标拖动滚动条，可以观察到机构中凸轮的转动及推杆的往复运动。

3. 5　复习与思考

（1）论述点线面接触运动副的种类及可模拟的实际机构。

（2）从机械原理的角度论述点线面运动副（高副）的特点。

（3）从自由度的角度考虑，为何点线面接触运动副无法单独构成可驱动的运动？

（4）以对比的形式论述点线面接触运动副的创建与低副创建的区别。

（5）论述点线面接触运动副构建要素的来源及各自特点。

第 4 章　关联运动副

➢ 本章提要

- ◆ U 形接合的创建
- ◆ CV 接合的创建
- ◆ 齿轮接合的创建
- ◆ 齿轮齿条接合的创建
- ◆ 电缆接合的创建
- ◆ 刚性接合的创建

关联运动副包括“U 形/通用接合（U Joint）”“CV 接合（CV Joint）”“齿轮接合（Gear Joint）”“齿轮齿条/架子接合（Rack Joint）”及“电缆接合（Cable Joint）”。“刚性接合（Rigid Joint）”不属于基础或关联运动副，而是一种特殊的关联，用于完全约束空间的两个零部件，其他接合用来以特定的形式关联基础运动副中的“旋转（Revolute）”和“棱形（Prismatic）”。

4. 1　U 形接合

4. 1. 1　概念与创建要素

U 形接合用于关联两条轴线相交的旋转，这种接合可以不依赖相关零部件的物理连接，用在不以传动过程为重点的运动机构创建过程中能够简化结构并减少操作过程。其创建要素是分属于不同零件上的两条相交轴线。

⚠【注意】：该运动副模拟十字万向节的传动方式，单节使用时输入轴和输出轴的角速度不等。

4. 1. 2　运动副的创建

（1）模型准备

打开资源包中的“Exercise\4\4. 1&5. 3. 4\Uxingjiehe. CATProduct”，出现 U 形接合组件，如图 4-1 所示，或自行建立与之类似的可用于创建 U 形接合的 3D 模型组件。

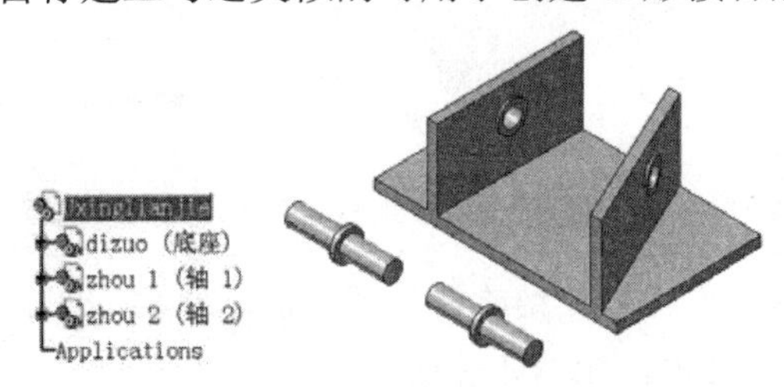

图 4-1　U 形接合组件

进入“开始(Start)”→“机械设计(Mechanical Design)”→“装配件设计(Assembly Design)”工作台，完成底座与轴 1、底座与轴 2 的静态装配，如图 4-2 所示。

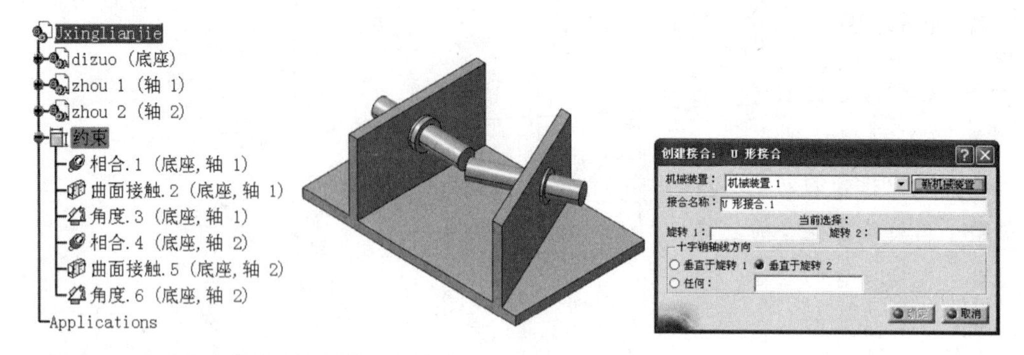

图 4-2 U 形接合组件的静态装配及约束　　图 4-3 “创建接合：U 形接合”对话框

(2)创建 U 形接合

a. 切换至“开始（Start）”→“数字化装配（Digital Mockup）”→“DMU 运动机构（DMU Kinematics）”工作台，在“运动接合点（Kinematics Joints）”工具栏中单击“U 形接合/通用接合（U Joint）”图标，显示“创建接合：U 形接合（Joint Creation：U Joint）”对话框，单击“新机械装置（New Mechanism）”，创建“机械装置.1（Mechanism. 1）”，对话框更新显示，如图 4-3 所示。

b. 选中轴 1 及轴 2 的轴线，“创建接合：U 形接合（Joint Creation：U Joint）”对话框更新显示，如图 4-4 所示。

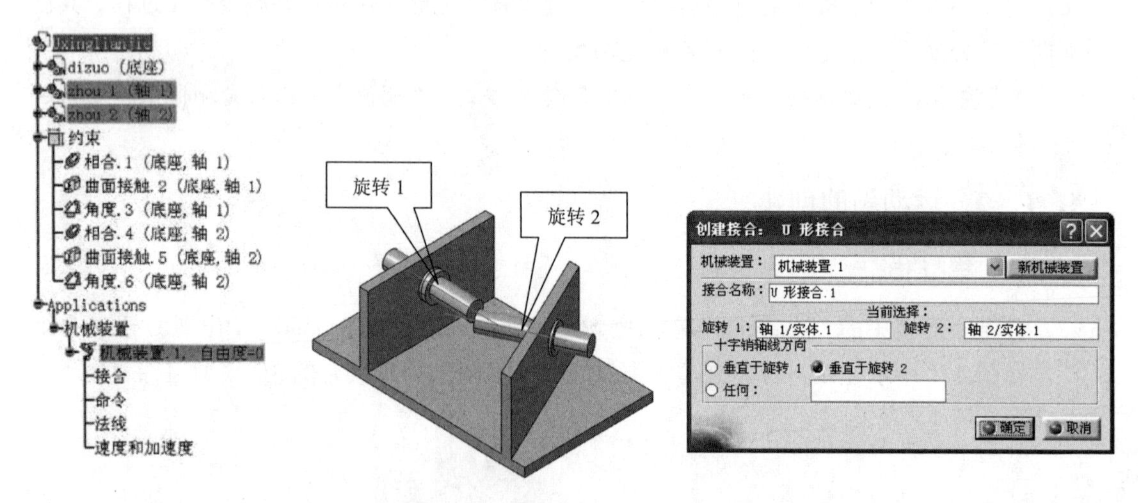

图 4-4 “创建接合：U 形接合”对话框更新显示

c. 单击“确定（OK）”按钮，结构树中“Applications\机械装置（Mechanisms）\接合（Joints）”生成下一级节点，如图 4-5 所示。

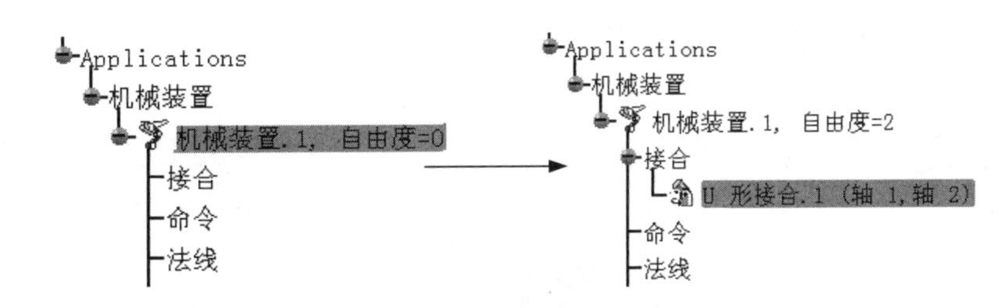

图 4-5　结构树更新显示

（3）创建辅助运动副

① 创建轴 1 与底座轴孔的旋转运动副

因该 U 形接合组件已完成静态装配，故本节使用“装配约束转换法”创建相应的旋转运动副。

a. 在“DMU 运动机构（DMU Kinematics）”工具栏中单击“装配件约束转换（Assembly Constraints Conversion）”图标，显示“装配件约束转换（Assembly Constraints Conversion）”对话框，单击“更多（More）”，展开对话框，如图 4-6 所示。

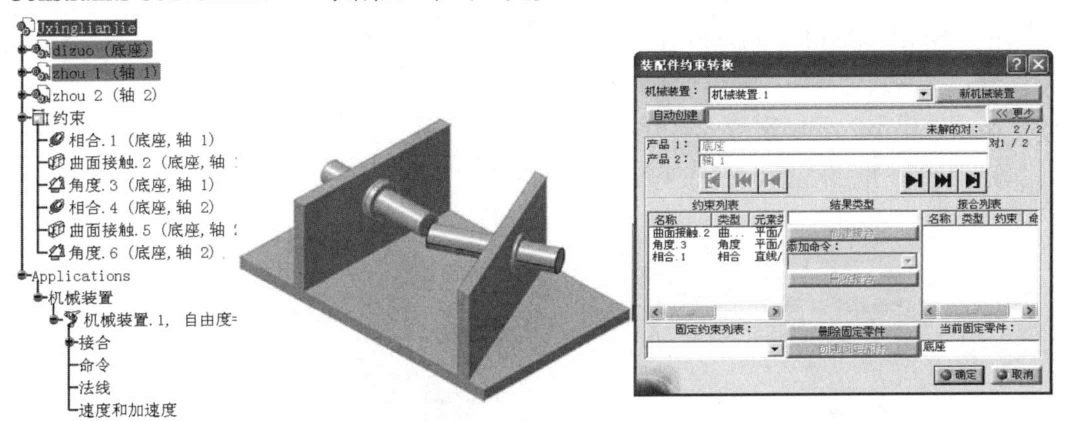

图 4-6　装配件约束转换对话框展开

b. 在对话框中同时选中“曲面接触. 2（Surface Contact. 2）（底座，轴 1）”与“相合. 1（Coincidence. 1）（底座，轴 1）”，在“结果类型（Resulting Type）”信息栏中显示“旋转（Revolute）”，单击被激活的“创建接合（Create Joint）”按钮，完成轴 1 与底座旋转运动副的创建，注意观察结构树“自由度（DOF）”的变化，如图 4-7 所示。

② 创建轴 2 与底座轴孔的旋转运动副

单击“装配件约束转换”对话框中“前进（Step forward）”按钮，“装配件约束转换”对话框的“约束列表（Constraints List）”更新显示，选择轴 2 与底座轴孔之间的“相合. 4（Coincidence. 4）（底座，轴 2）”和“曲面接触. 5（Surface Contact. 5）（底座，轴 2）”约束转换成旋转运动副。

单击“确定（OK）”按钮，完成辅助运动副的创建。

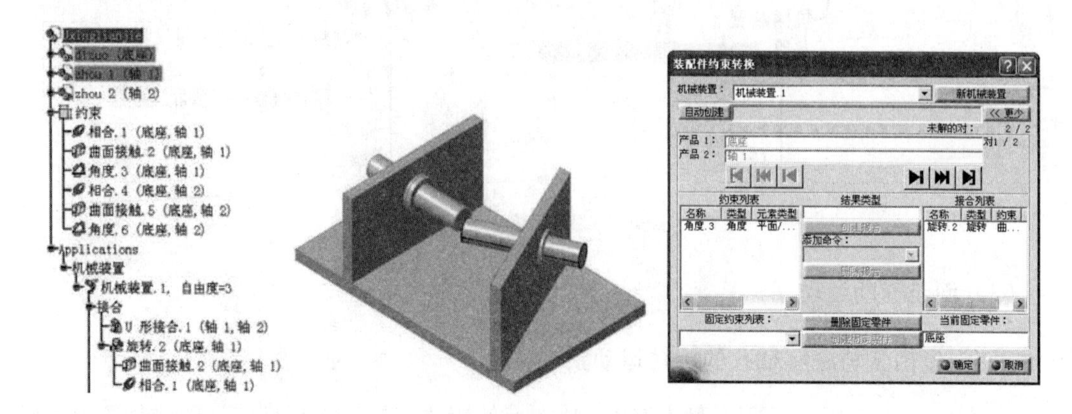

图 4-7 创建轴 1 与底座轴孔的旋转运动副

4．1．3 机构驱动

（1）固定件定义

在“DMU 运动机构（DMU Kinematics）”工具栏中单击“固定零件（Fixed Part）”图标，“新固定零件（New Fixed Part）”对话框弹出（参见图 1-40）。

在几何模型区或结构树上选择底座为固定件，选中后底座上出现图标，同时在“Applications\机械装置（Mechanisms）\固定零件（Fix Part）”节点下有对应显示，如图 4-8 所示。

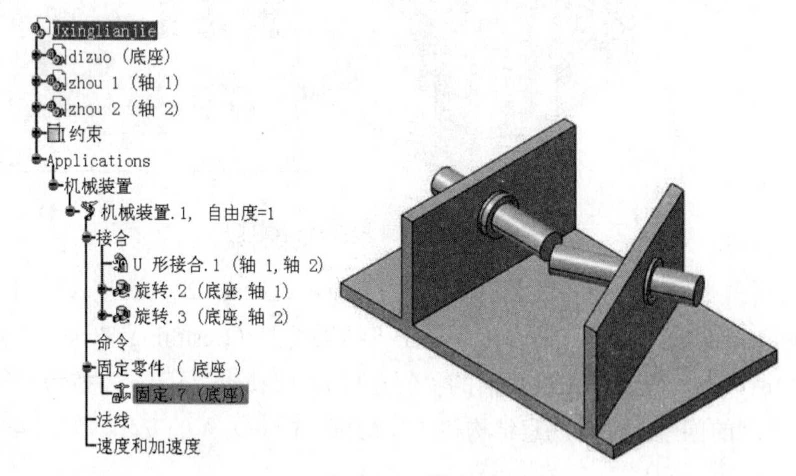

图 4-8 定义固定件

（2）施加驱动命令

U 形接合运动副本身没有驱动命令，应选择驱动旋转运动副。本例选择驱动底座与轴 1 旋转运动副。在结构树上双击“旋转.2（Revolute.2）（底座，轴 1）”，显示“编辑接合：旋转.2（旋转）（Joint Edition：Revolute.2）”对话框，如图 4-9 所示。对话框的显

示也可以在结构树的“旋转. 2（Revolute. 2）（底座，轴 1）”上单击鼠标右键，选择“旋转. 2 对象（Revolute. 2 Object）”→“定义（Definition）”的路径来进行，如图 4-10 所示。

选中对话框中的“驱动角度（Angle Driven）”复选框，可以在接合限制中更改运动范围。此时机构上出现示意轴旋转运动方向的箭头，如图 4-11 所示。图示为逆时针旋转，读者可根据需要单击箭头更改运动方向。

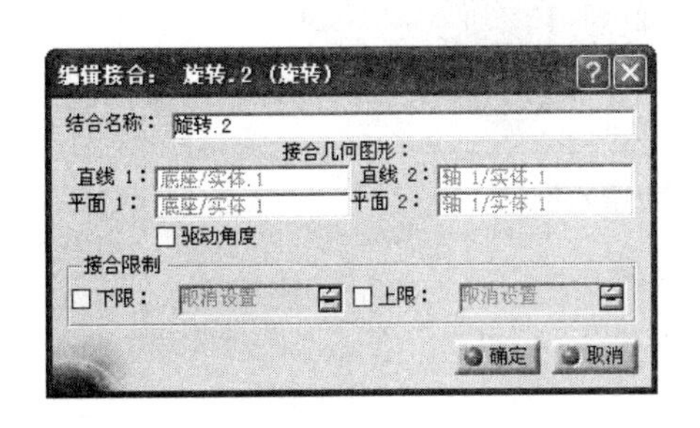

图 4-9　“编辑接合：旋转. 2（旋转）”对话框

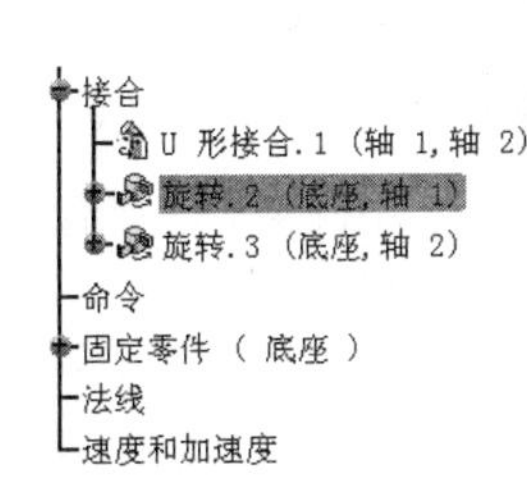

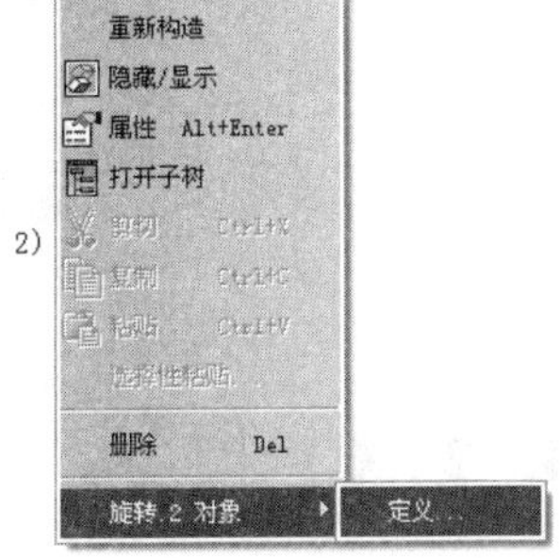

图 4-10　定义驱动

单击“确定（OK）”按钮，完成驱动命令设置，弹出“可以模拟机械装置（The mechanism can be simulated）”信息（参见图 1-45）。结构树上机械装置的“自由度（DOF）”变为“0”，并在“Applications\机械装置（Mechanisms）\命令（Commands）”节点下显示驱动命令的名称与性质，如图 4-12 所示。

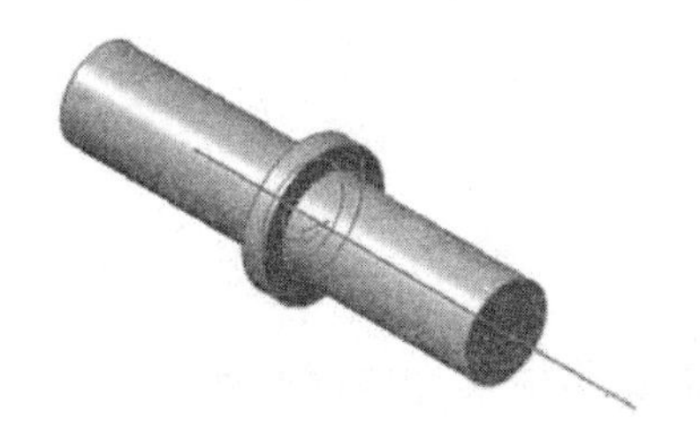

图 4-11　轴的运动形式与方向指示

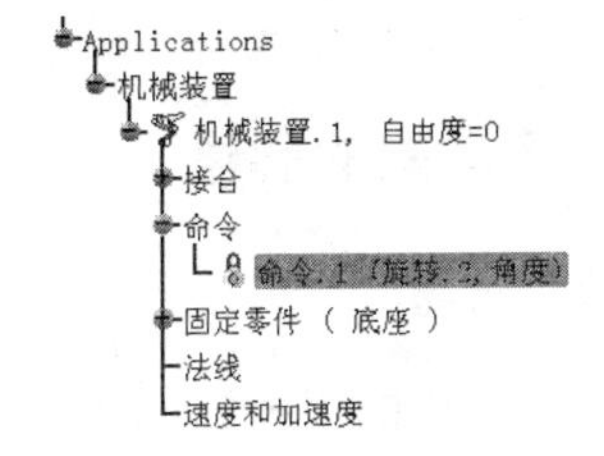

图 4-12　结构树上的驱动命令

（3）运动模拟

在“DMU 运动机构（DMU Kinematics）”→“模拟（Simulation）”工具栏中单击“使用命令模拟（Simulation with Commands）”图标，显示“运动模拟-机械装置. 1（Kinematics Simulation-Mechanism. 1）”对话框，机构模拟命令被激活（参见图 1-47）。用鼠标拖动滚动条，可以观察到产品中轴 1 及轴 2 的关联旋转运动。

4. 1. 4　应用示例

打开资源包中的“Exercise\4\4. 1&5. 3. 4\4. 1. 4\wanxiangjie. CATProduct”，完成球形

万向节运动机构，如图 4-13 所示。

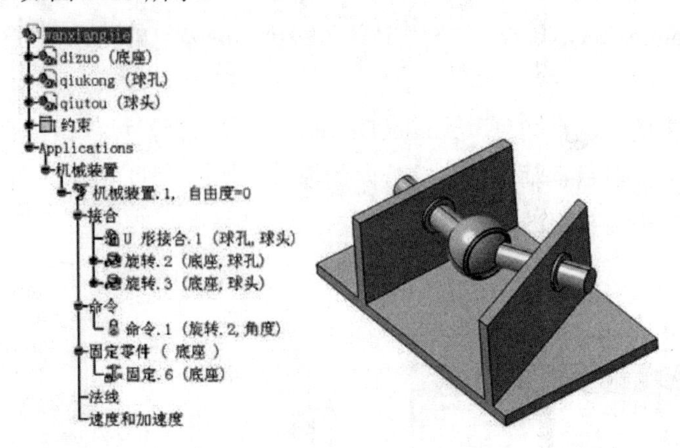

图 4-13　球形万向节应用示例

4．2　CV 接合

4．2．1　概念与创建要素

CV 接合用于通过中间轴同步关联两个特定位置的旋转运动副。这种接合可以不依赖于相关零部件的物理连接，用于不以传动过程为重点的运动机构建立，可以简化结构并减少操作步骤。其创建要素是分属于不同零部件上的三个轴线。

⚠【注意】：关联的基本条件是三条轴线相交并处于同一平面内，且输入、输出端轴线与中间轴轴线夹角相同。

4．2．2　运动副的创建

（1）模型准备

打开资源包中的“Exercise\4\4. 2\CVjiehe. CATProduct”，出现 CV 接合组件，如图 4-14 所示，或自行建立与之类似的可用于创建 CV 接合的 3D 模型组件。

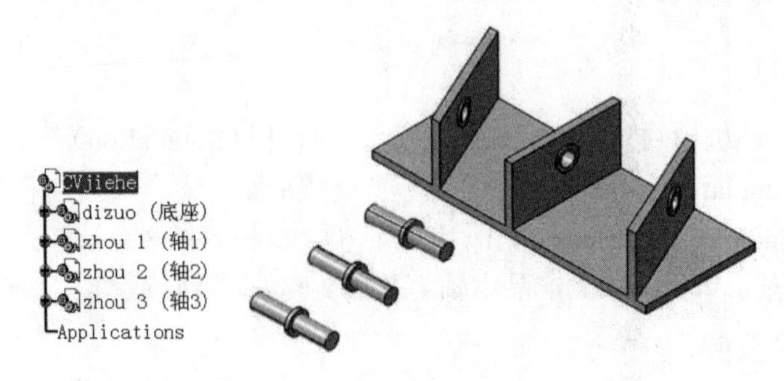

图 4-14　CV 接合组件

进入“开始(Start)”→“机械设计(Mechanical Design)”→“装配件设计(Assembly Design)”工作台，完成底座与轴1、底座与轴2、底座与轴3的静态装配，如图4-15所示。

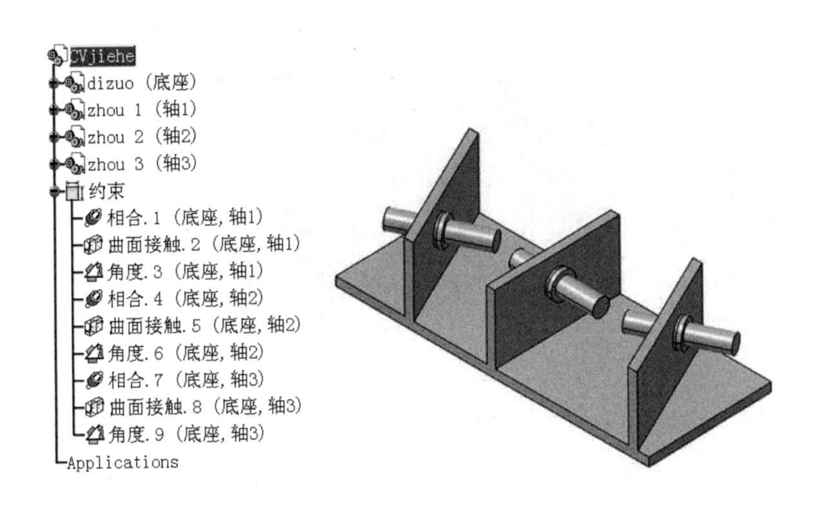

图4-15 CV接合组件的静态装配及约束

（2）创建CV接合

① 切换至“开始（Start）”→“数字化装配（Digital Mockup）”→“DMU运动机构（DMU Kinematics）”工作台。

② 在“DMU运动机构（DMU Kinematics）”→“运动接合点（Kinematics Joints）”工具栏中单击“CV接合(CV Joint)”图标，显示“创建接合：CV接合(Joint Creation: CV Joint)”对话框，单击“新机械装置（New Mechanism）”，创建“机械装置.1（Mechanism.1）”，对话框更新显示，如图4-16所示。

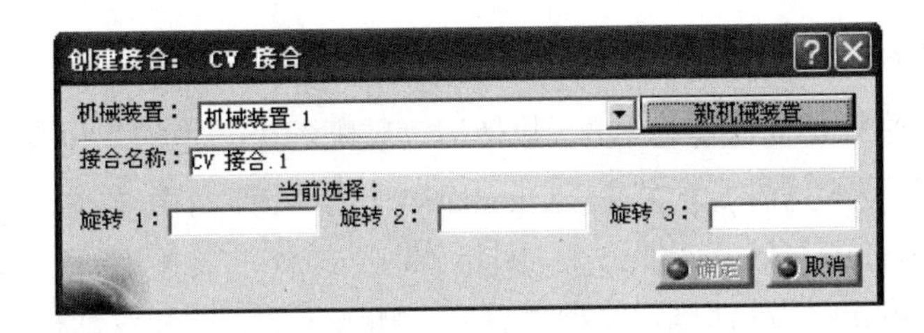

图4-16 “创建接合：CV”接合对话框

③ 选中轴1、轴2及轴3的轴线，“创建接合：CV接合（Joint Creation：CV Joint）”对话框更新显示，如图4-17所示。

④ 单击“确定（OK）”按钮，结构树中“Applications\机械装置（Mechanisms）\接合（Joints）”生成下一级节点，如图4-18所示。

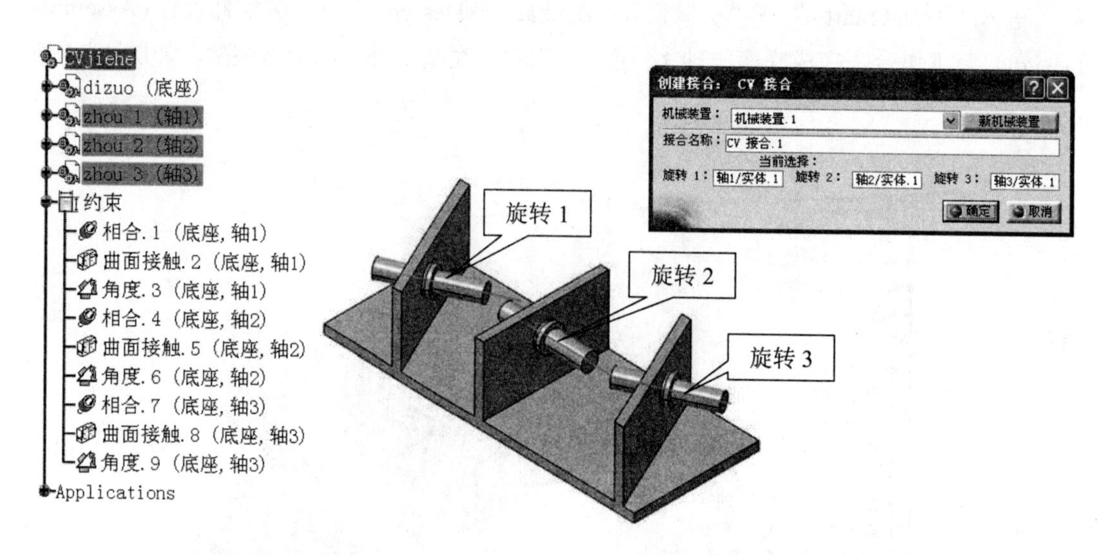

图 4-17　“创建接合：CV”对话框更新显示

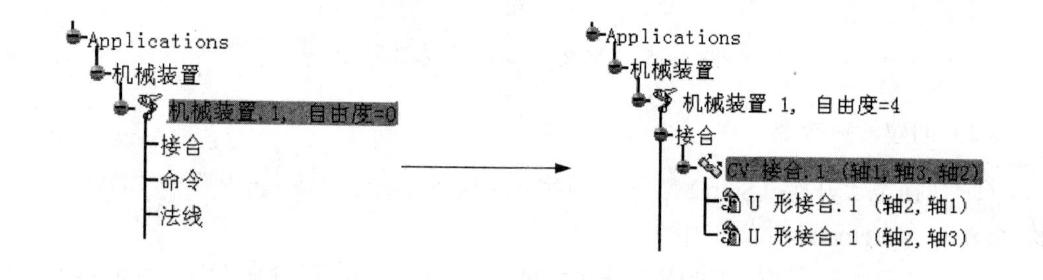

图 4-18　结构树更新

（3）创建辅助运动副

① 创建轴 1 与底座轴孔的旋转运动副

因该 CV 接合组件已完成静态装配，故使用“装配约束转换法”创建相应旋转运动副。

a. 在“DMU 运动机构（DMU Kinematics）”工具栏中单击“装配件约束转换（Assembly Constraints Conversion）”图标，显示“装配件约束转换（Assembly Constraints Conversion）”对话框，单击“更多（More）”，展开对话框，如图 4-19 所示。

b. 在对话框中同时选中“曲面接触. 2（Surface Contact. 2）（底座，轴 1）”与“相合. 1（Coincidence. 1）（底座，轴 1）”，在“结果类型（Resulting Type）”信息栏中显示“旋转（Revolute）”。

单击被激活的“创建接合（Create Joint）”按钮，完成轴 1 与底座旋转运动副的创建，注意观察结构树“自由度（DOF）”的变化，如图 4-20 所示。

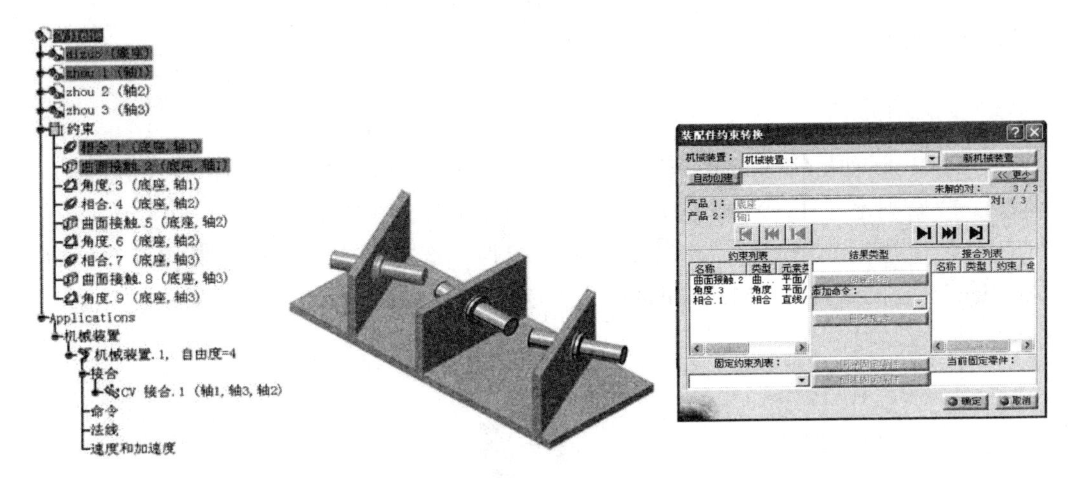

图 4-19　装配件约束转换对话框展开

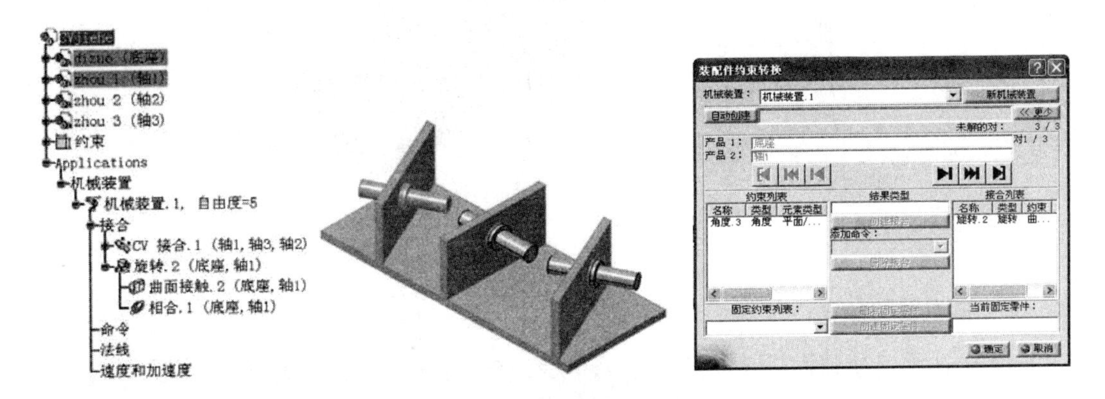

图 4-20　创建轴 1 与底座轴孔的旋转运动副

② 创建轴 2 与底座轴孔的旋转运动副

单击“装配件约束转换”对话框中“前进（Step forward）”按钮，“装配件约束转换”对话框的“约束列表（Constraints List）”更新显示，选择轴 2 与底座轴孔之间的“相合.4（Coincidence.4）(底座，轴 2）”与“曲面接触.5（Surface Contact.5）(底座，轴 2）”约束转换成旋转运动副。

③ 创建轴 3 与底座轴孔的旋转运动副

单击“装配件约束转换”对话框中“前进（Step forward）”按钮，“装配件约束转换”对话框的“约束列表（Constraints List）”更新显示，选择轴 3 与底座轴孔之间的“相合.7（Coincidence.7）(底座，轴 3）”与“曲面接触.8（Surface Contact.8）(底座，轴 3）”约束转换成旋转运动副。

单击“确定（OK）”按钮，完成辅助运动副的创建。

4．2．3 机构驱动

（1）固定件定义

在“DMU 运动机构（DMU Kinematics）”工具栏中单击“固定零件（Fixed Part）”图标，“新固定零件（New Fixed Part）”对话框弹出（参见图 1-40）。

在几何模型区或结构树上选择底座为固定件，选中后底座上出现图标，同时在“Applications\机械装置（Mechanisms）\固定零件（Fix Part）”节点下有对应显示，如图 4-21 所示。

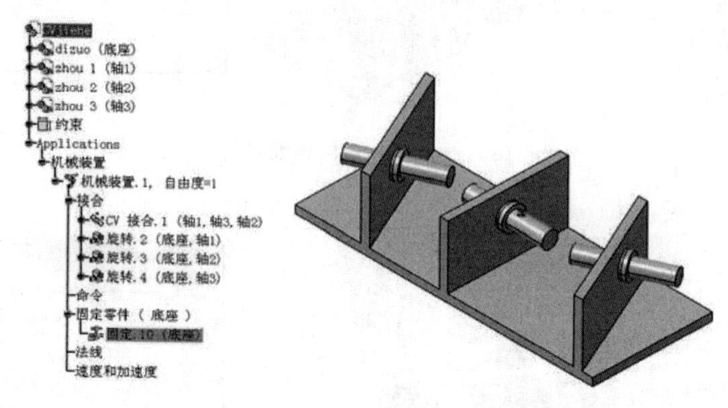

图 4-21 定义固定件

（2）施加驱动命令

因 CV 连接运动副本身没有驱动命令，选择驱动旋转运动副。本例选择驱动底座与轴 1 的旋转运动副。在结构树上双击“旋转. 2（Revolute. 2）（底座，轴 1）”，显示“编辑接合：旋转. 2（旋转）（Joint Edition：Revolute. 2）”对话框，如图 4-22 所示。

对话框的显示也可以在结构树的“旋转. 2（Revolute. 2）（底座，轴 1）”上单击鼠标右键，选择“旋转. 2 对象（Revolute. 2 Object）”→“定义（Definition）”的路径来进行，如图 4-23 所示。

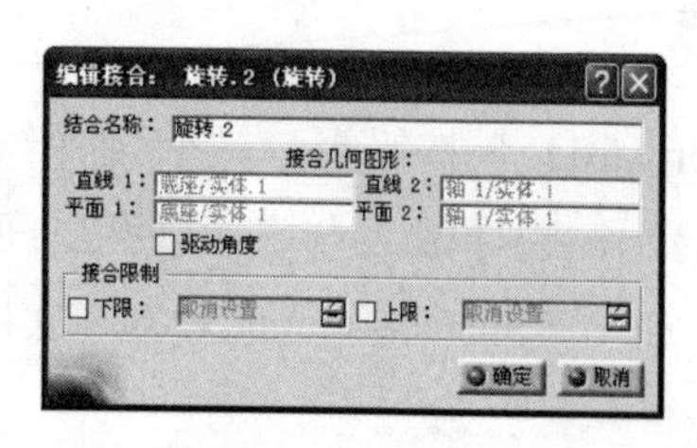

图 4-22 “编辑接合：旋转. 2（旋转）”对话框

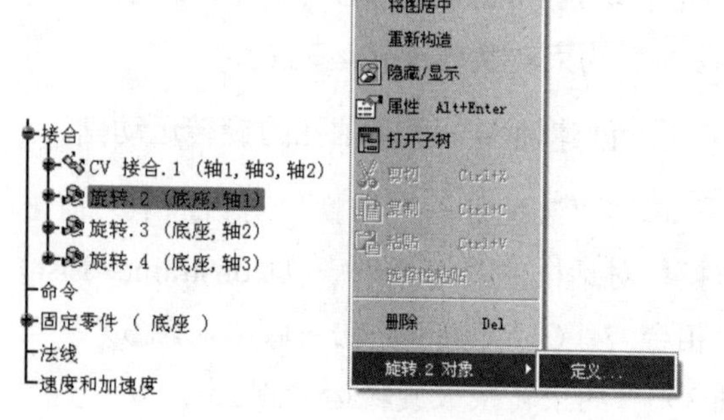

图 4-23 定义驱动

选中对话框中的“驱动角度（Angle Driven）”复选框，可以在接合限制中更改运动范围。此时机构上出现示意轴旋转运动的方向箭头，如图 4-24 所示。图示为逆时针旋转，

读者可根据需要单击箭头更改运动方向。单击“确定（OK）”按钮，完成驱动命令设置，弹出“可以模拟机械装置（The mechanism can be simulated）”信息（参见图 1-45）。结构树上机械装置的“自由度（DOF）”变为“0”，并在“Applications\机械装置（Mechanisms）\命令（Commands）”节点下显示驱动命令的名称与性质，如图 4-25 所示。

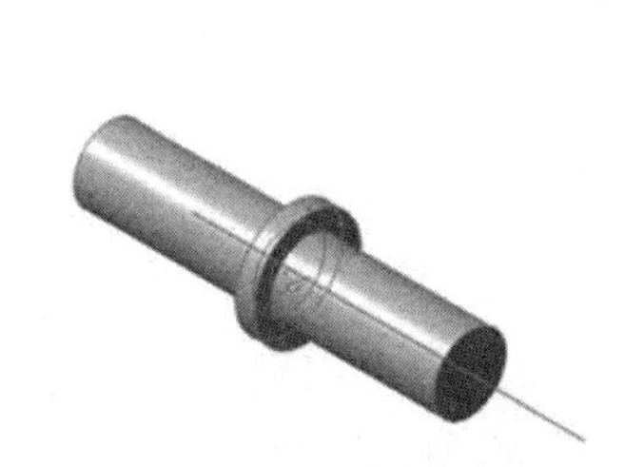

图 4-24　轴的运动形式与方向指示

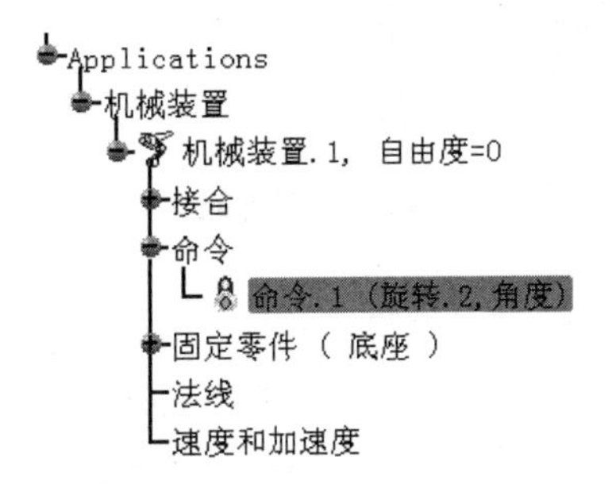

图 4-25　结构树上的驱动命令

（3）运动模拟

在“DMU 运动机构（DMU Kinematics）”→“模拟（Simulation）”工具栏中单击“使用命令模拟（Simulation with Commands）”图标，显示“运动模拟-机械装置.1（Kinematics Simulation-Mechanism.1）”对话框，机构模拟命令被激活（参见图 1-47）。用鼠标拖动滚动条，可以观察到产品中轴 1、轴 2 及轴 3 的关联旋转运动。

4.2.4　应用示例

打开资源包中“Exercise\4\4.2\4.2.4\wanxiangjie.CATProduct”CV 接合应用实例，完成 CV 接合在万向节中的运动机构，如图 4-26 所示。

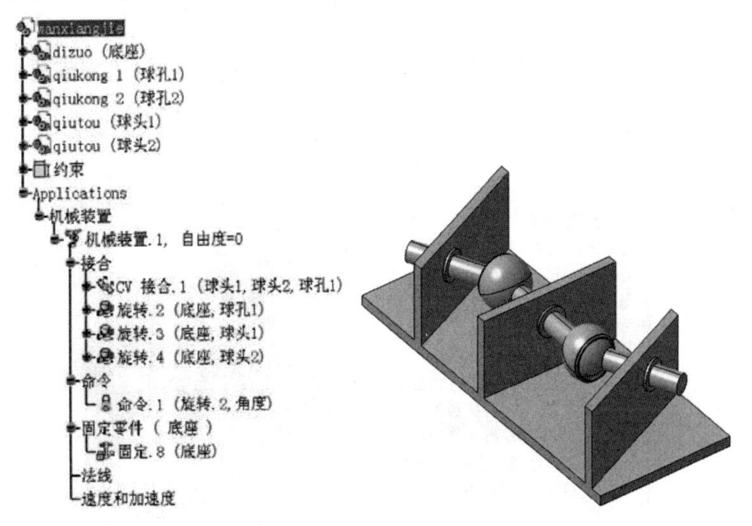

图 4-26　万向节应用示例

4．3 齿轮

4．3．1 概念与创建要素

齿轮传动用于以一定比率关联两个旋转运动副，可以创建平行轴、交叉轴和相交轴的各种齿轮运动机构，以“正”比率关联还可以模拟带传动和链传动。其创建要素是建立在同一个零件上或建立在刚性连接体上的两个旋转运动副。

4．3．2 运动副的创建

（1）模型准备

打开资源包中的“Exercise\4\4. 3\chilunjiehe. CATProduct”，出现齿轮传动组件，如图 4-27 所示，或自行建立与之类似的可用于创建齿轮传动的 3D 模型组件。

该运动副的创建可由顺序创建法和逆向创建法实现，本例分别以顺序创建法和逆向创建法创建齿轮运动副。

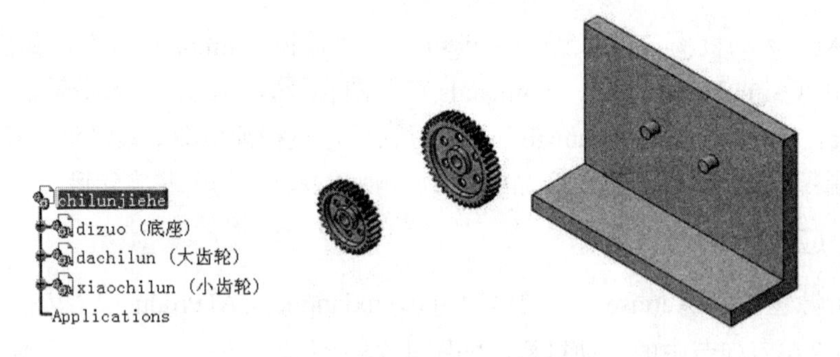

图 4-27　齿轮接合组件

进入“开始（Start）”→“机械设计（Mechanical Design）”→“装配件设计（Assembly Design）”工作台，完成底座与大齿轮、底座与小齿轮的静态装配，如图 4-28 所示。

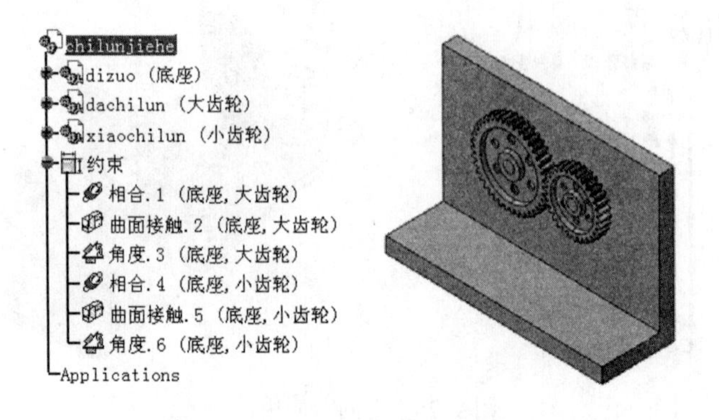

图 4-28　齿轮接合组件的静态装配及约束

※【提示】：在装配中两齿轮是否正确啮合不影响齿轮运动副的创建，但会影响运动仿真的视觉效果。

这里，“角度. 3(Angle. 3)（底座，大齿轮）”约束定义底座的坐标平面“zx 平面”与大齿轮的坐标平面“zx 平面”之间的角度为 4. 5deg；“角度. 6(Angle. 6)（底座，小齿轮）”约束定义底座的坐标平面“zx 平面”与小齿轮的坐标平面“zx 平面”之间的角度为 0deg。

（2）顺序创建

① 创建大齿轮与底座支承轴的旋转运动副

因为该齿轮接合组件已完成静态装配，故用“装配约束转换法”创建相应旋转运动副。

a. 切换至“开始（Start）”→“数字化装配（Digital Mockup）”→“DMU 运动机构（DMU Kinematics）”工作台。在“DMU 运动机构（DMU Kinematics）”工具栏中单击“装配件约束转换（Assembly Constraints Conversion）”图标，显示“装配件约束转换(Assembly Constraints Conversion)”对话框，单击“新机械装置(New Mechanism)”，创建“机械装置. 1（Mechanism. 1）”，单击“更多（More）”，展开对话框，如图 4-29 所示。

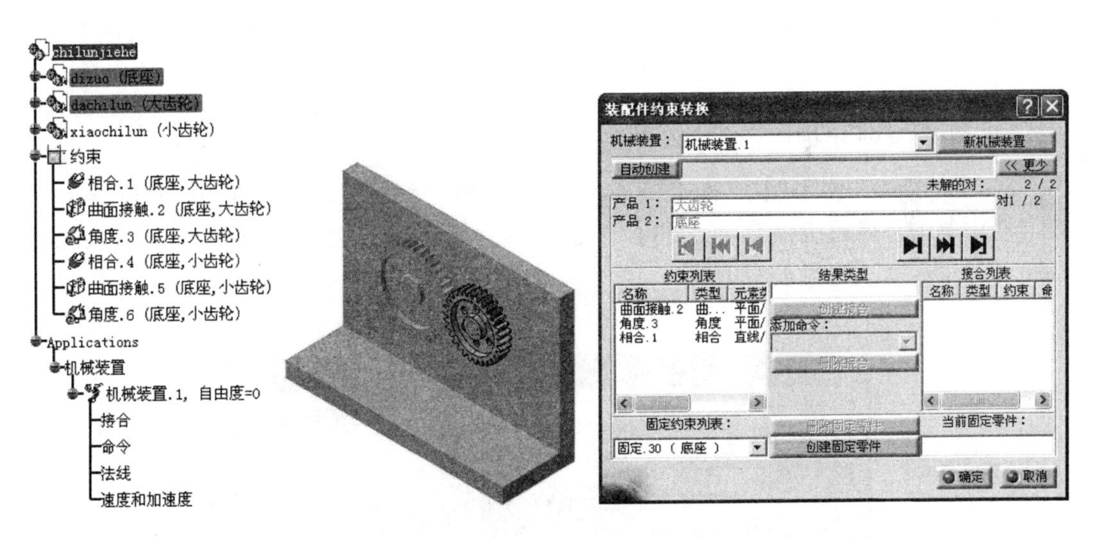

图 4-29　装配件约束转换对话框展开

b. 在对话框中同时选中“曲面接触. 2 (Surface Contact. 2)（底座，大齿轮）”与“相合. 1（Coincidence. 1）（底座，大齿轮）”，在“结果类型（Resulting Type）”信息栏中显示“旋转（Revolute）”，单击被激活的“创建接合（Create Joint）”按钮，完成大齿轮与底座旋转运动副的创建，注意观察结构树“自由度（DOF）”的变化，如图 4-30 所示。

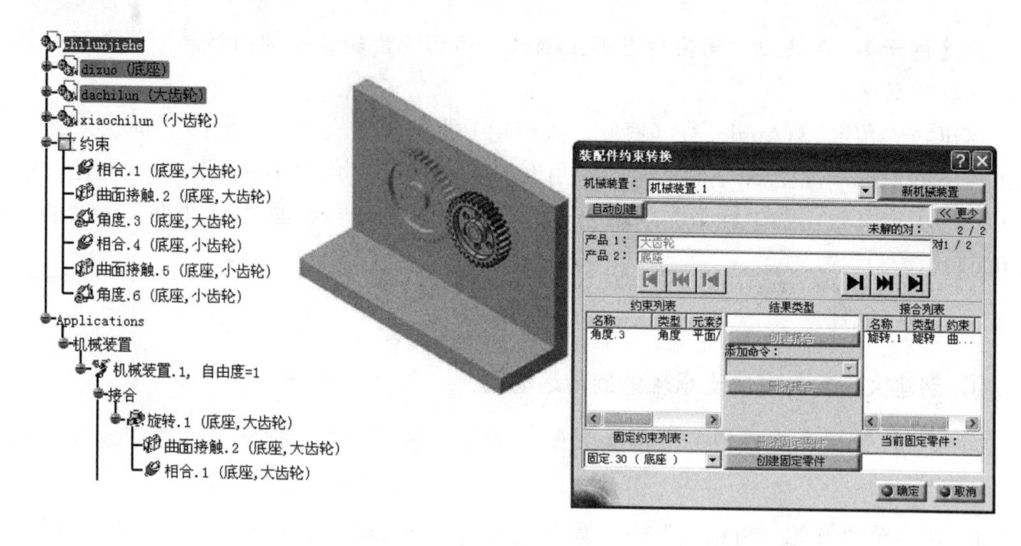

图 4-30　创建大齿轮与底座支承轴的旋转运动副

② 创建小齿轮与底座支承轴的旋转运动副

单击“装配件约束转换”对话框中“前进（Step forward）”按钮，“装配件约束转换”对话框的“约束列表（Constraints List）”更新显示，选择小齿轮与底座支承轴之间的“相合.4（Coincidence.4）（底座，小齿轮）”与“曲面接触.5（Surface Contact.5）（底座，小齿轮）”约束转换成旋转运动副。单击“确定（OK）”按钮，完成两个旋转运动副的创建。

③ 创建齿轮运动副

a. 在“DMU 运动机构（DMU Kinematics）”→“运动接合点（Kinematics Joints）”工具栏中单击“齿轮接合（Gear Joint）”图标，显示“创建接合：齿轮（Joint Creation：Gear）”对话框，如图 4-31 所示。

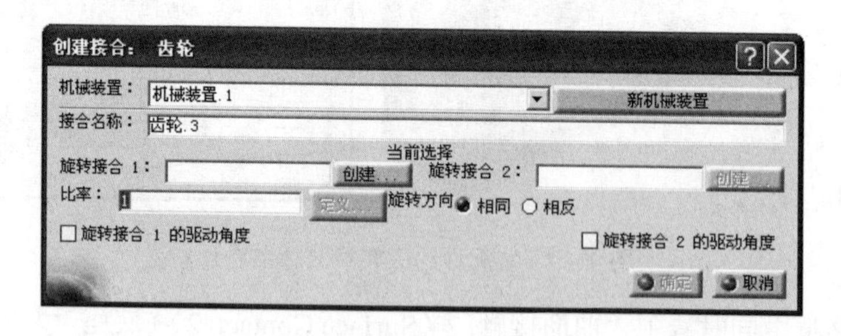

图 4-31　“创建接合：齿轮”对话框

b. 选中结构树中“Applications\机械装置（Mechanisms）\接合（Joints）”节点下的“旋转.1（Revolute.1）（底座，大齿轮）”，“创建接合：齿轮（Joint Creation：Gear）”对话框更新显示，如图 4-32 所示。

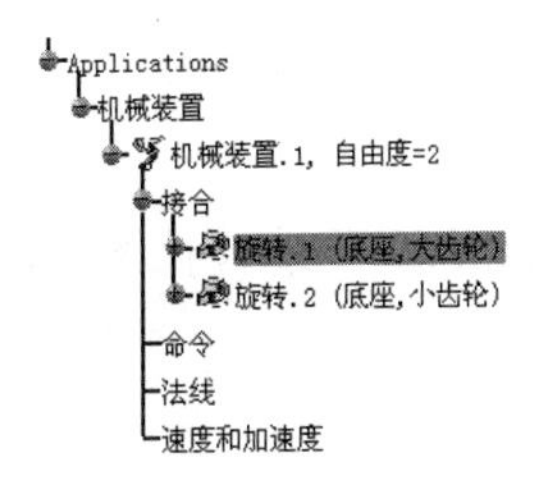

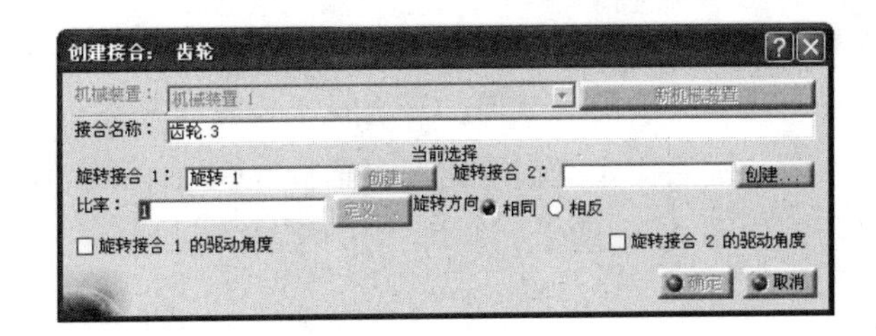

图 4-32　选择旋转接合 1

选中结构树中“Applications\机械装置（Mechanisms）\接合（Joints）”节点下的“旋转.2（Revolute.2）（底座，小齿轮）”，“创建接合：齿轮（Joint Creation：Gear）”对话框更新显示，如图 4-33 所示。

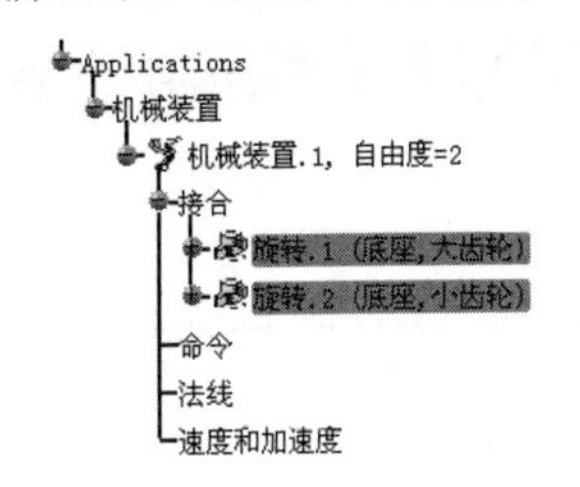

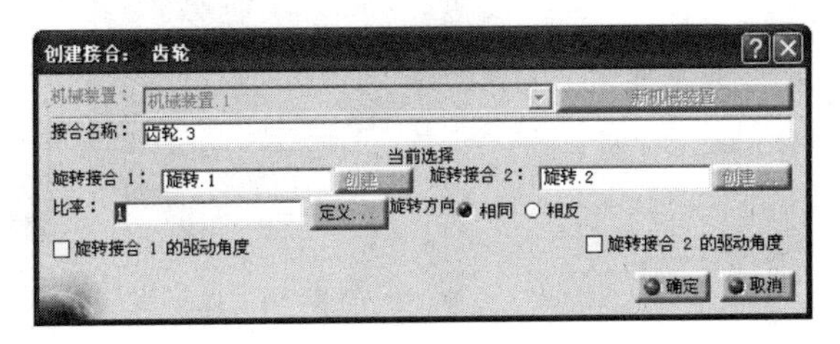

图 4-33　选择旋转接合 2

c. 在“比率（Rate）”参数栏内输入传动比。未知传动比时，单击“创建接合：齿轮（Joint Creation：Gear）”对话框中的“定义...（Definition...）”按钮定义...，显示“定义齿轮比率（Gear Ratio Definition）”对话框，如图 4-34 所示。

图 4-34　“定义齿轮比率”对话框

d. 对话框中“半径 1（Radius 1）”及“半径 2（Radius 2）”选项栏的选择内容为大齿轮与小齿轮的节圆，需显示隐藏的大齿轮与小齿轮“节圆草图轮廓线”，如图 4-35 所示。

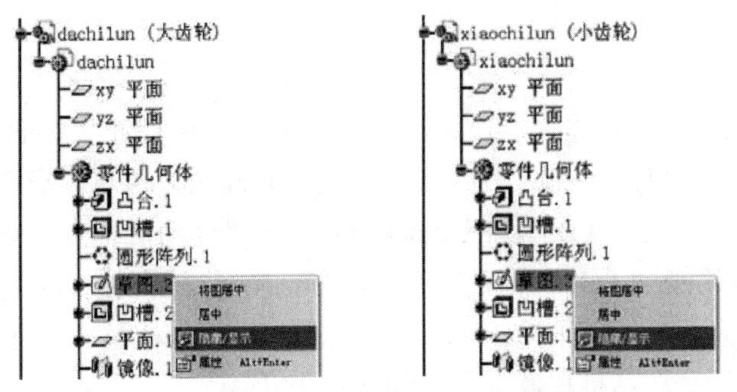

图 4-35　显示隐藏的大齿轮与小齿轮的节圆

⚠【注意】：选择两齿轮节圆的顺序应与图 4-33 中所示选择旋转接合的顺序相同。本例中，应先选择大齿轮的节圆，再选择小齿轮的节圆。

选中两节圆后“定义齿轮比率对话框（Gear Ratio Definition）”中“比率（Rate）”自动显示，如图 4-36 所示。

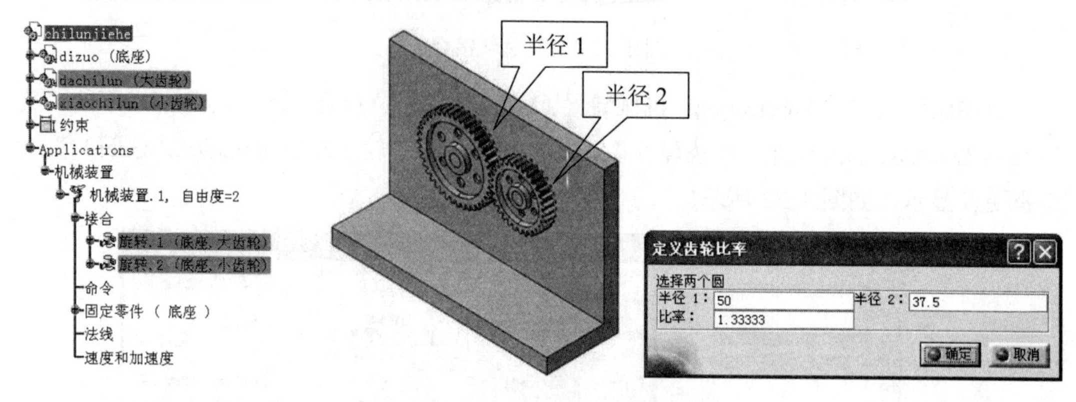

图 4-36　比率自动显示

单击“确定（OK）”，“创建接合：齿轮（Joint Creation：Gear）”对话框更新显示，如图 4-37 所示。

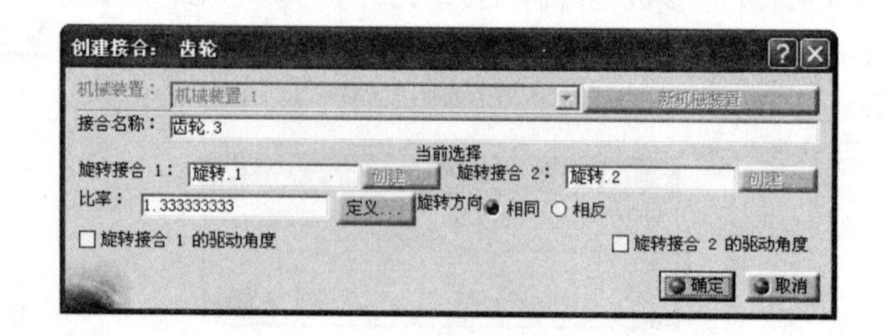

图 4-37　“创建接合：齿轮”对话框更新显示

e. 本例实现齿轮啮合运动，故“旋转方向（Rotation Directions）”选择“相反（Opposite）”，“比率（Rate）”变为负值。单击“确定（OK）”按钮，完成齿轮运动副的创建，结构树如图 4-38 所示。

（3）逆向创建

①重新打开模型文件，进入“开始（Start）”→“机械设计（Mechanical Design）”→“装配件设计（Assembly Design）”工作台，完成底座与大齿轮、小齿轮的静态装配。

②在“DMU 运动机构（DMU Kinematics）”→“运动接合点（Kinematics Joints）”工具栏中单击“齿轮接合（Gear Joint）”图标，显示“创建接合：齿轮（Joint Creation：Gear）”对话框，单击“新机械装置（New Mechanism）”，创建“机械装置.1（Mechanism.1）”，对话框更新显示，如图 4-39 所示。

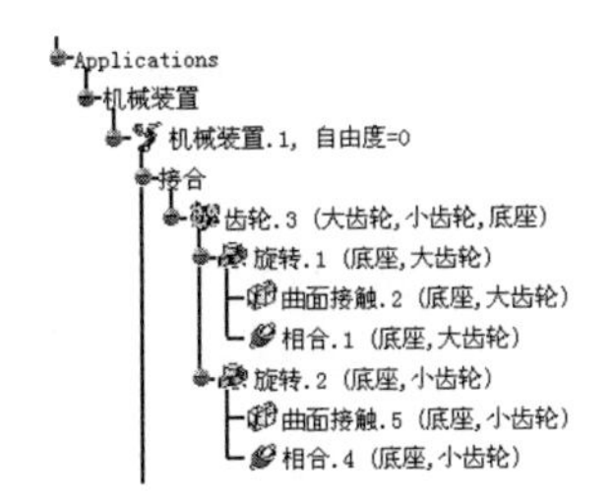

图 4-38　顺序创建法完成的结构树

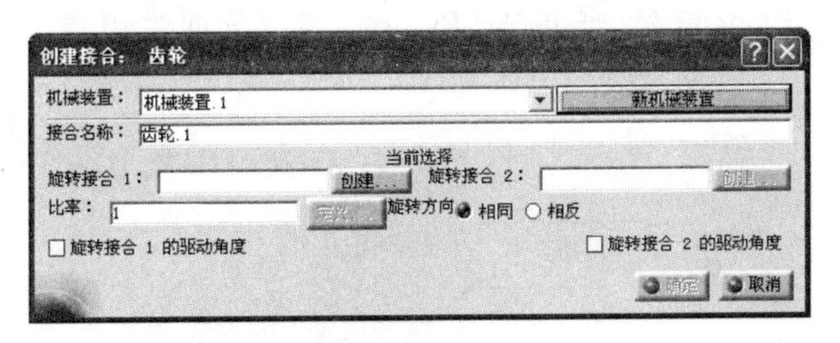

图 4-39　“创建接合：齿轮”对话框

③ 单击“创建接合：齿轮（Joint Creation：Gear）”对话框中的“创建…（Create…）”按钮![创建...]，显示“创建接合：旋转（Joint Creation：Revolute）”对话框（参见图 1-22）。分别选中底座支承轴及大齿轮的轴线，“创建接合：旋转（Joint Creation：Revolute）”对话框中“直线 1（Line 1）、直线 2（Line 2）”选项栏随着选择自动更新，如图 4-40 所示。为了方便要素选择，可以综合运用放大、缩小、移动、旋转、隐藏等方式调整几何模型。

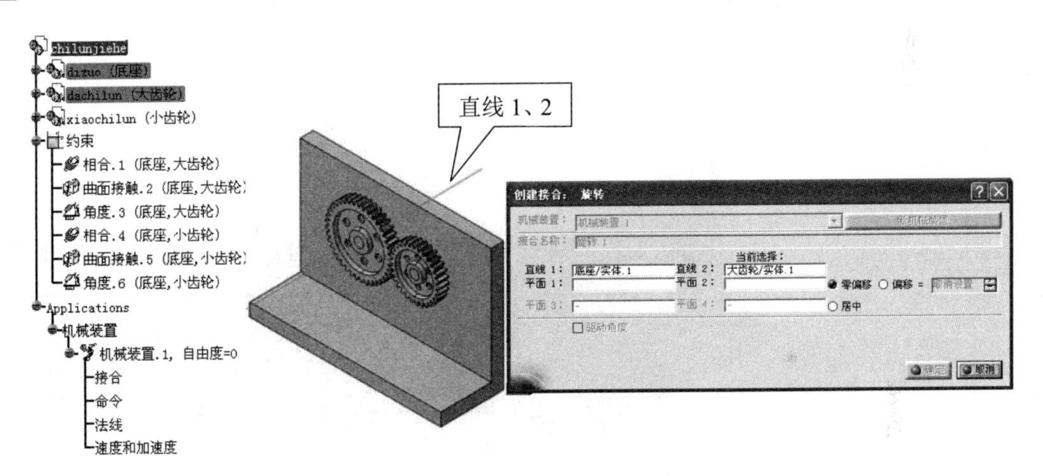

图 4-40　选择轴线

④为方便旋转运动副要素“轴向限制面”的选择，需显示处于隐藏状态的底座及大齿轮的相关坐标平面，如图 4-41 所示。

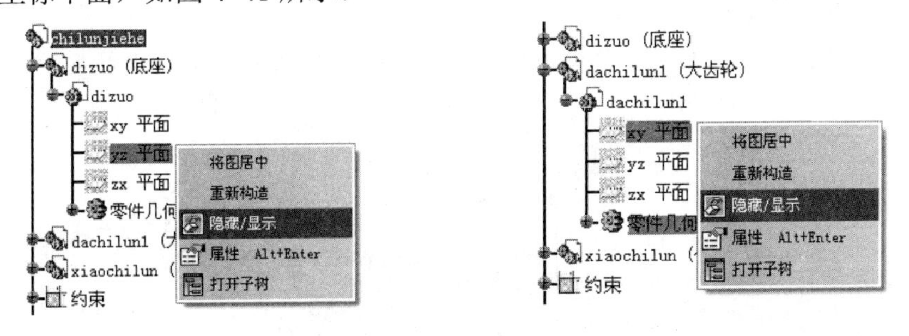

图 4-41　显示底座及大齿轮坐标平面

⑤选择已显示平面，“创建接合：旋转（Joint Creation：Revolute）”对话框中“平

面 1（Plane 1）、平面 2（Plane 2）”选项栏随着选择自动更新，如图 4-42 所示。

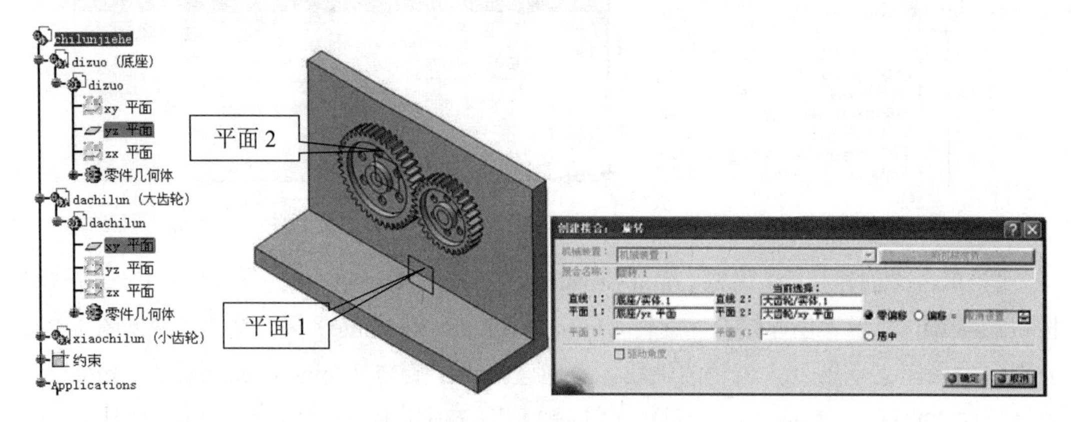

图 4-42　选择平面

⑥ 单击“确定（OK）”按钮，在结构树上可以看到旋转运动副“旋转. 1（Revolute. 1）（底座，大齿轮）”在结构树上“Applications\机械装置（Mechanisms）\接合（Joints）”节点下显示，“创建接合：齿轮（Joint Creation：Gear）”对话框更新显示，如图 4-43 所示。

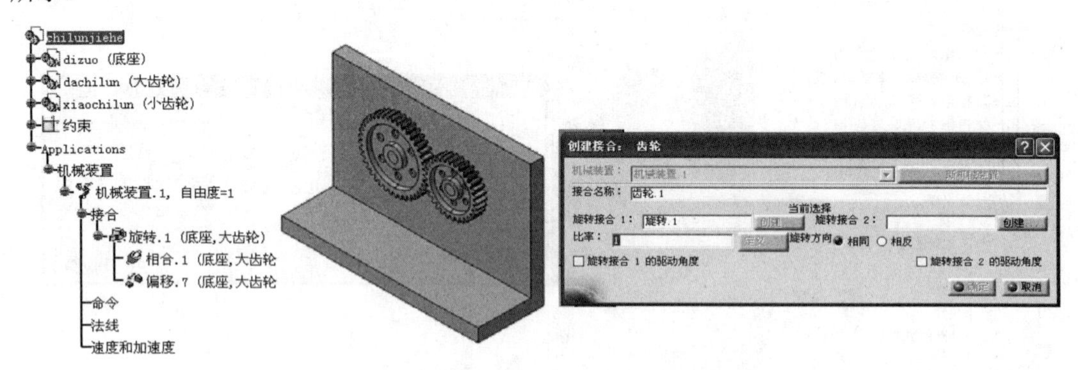

图 4-43　“创建接合：齿轮”对话框更新显示

⑦在“比率（Rate）”参数栏中设置齿轮副的传动比，方法与“顺序创建法”相同，旋转方向“相反（Opposite）”。

按上述步骤创建“旋转. 2（Revolute. 2）”，创建完成后结构树更新显示，如图 4-44 所示。

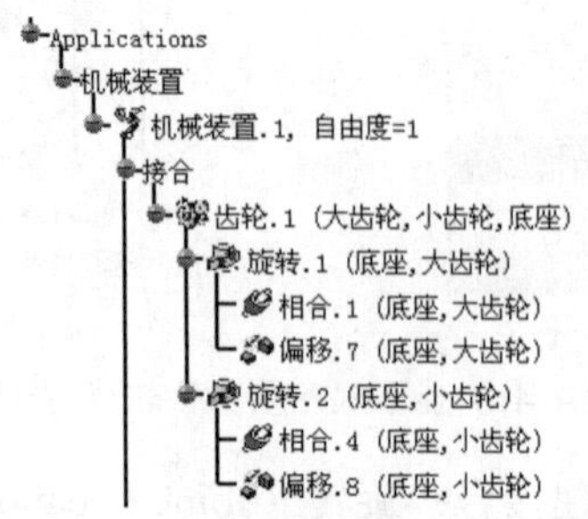

图 4-44　逆向创建法完成的结构树

4. 3. 3　机构驱动

（1）固定件定义

在“DMU 运动机构（DMU Kinematics）”工具栏中单击“固定零件（Fixed Part）”图标，“新固定零件（New Fixed Part）”对话框弹出（参见图 1-40）。

在几何模型区或结构树上选择底座为固定件，选中后底座上出现图标，同时在“Applications\机械装置（Mechanisms）\固定零件（Fix Part）”节点下对应显示，如图 4-45 所示。

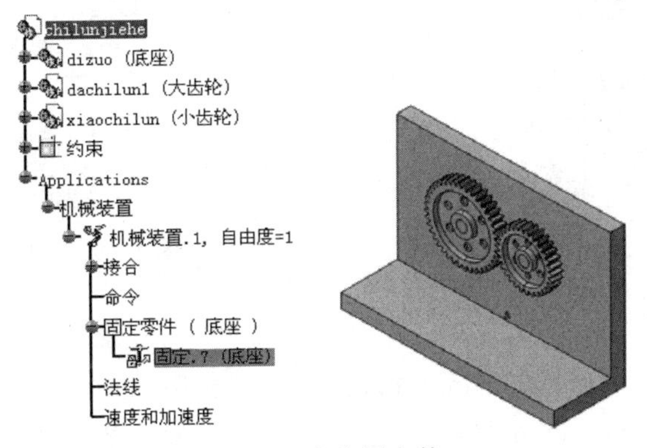

图 4-45　定义固定件

（2）施加驱动命令

在结构树上双击“齿轮. 3（Gear. 3）（大齿轮，小齿轮，底座）”（运用逆向创建法创建的齿轮运动副的名称为“齿轮. 1（Gear. 1）（大齿轮，小齿轮，底座）”），显示“编辑接合：齿轮. 3（Joint Edition：Gear. 3）（齿轮）”对话框，如图 4-46 所示。

对话框的显示也可以在结构树的“齿轮. 3（Gear. 3）（大齿轮，小齿轮，底座）”上单击鼠标右键，按“齿轮. 3 对象（Gear. 3 Object）”→“定义（Definition）”的路径来进行，如图 4-47 所示。

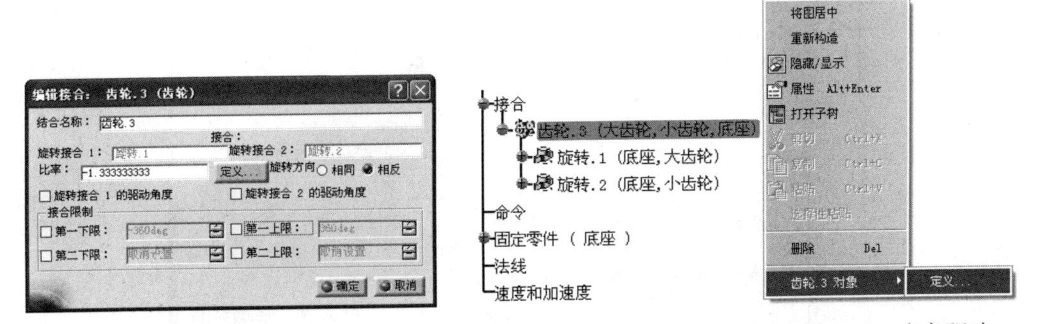

图 4-46　“编辑接合：齿轮. 3（齿轮）”对话框　　　　图 4-47　定义驱动

选中对话框中“旋转接合 1 的驱动角度（Angle Driven for Revolute. 1）”或“旋转接合 2 的驱动角度（Angle Driven for Revolute. 2）”的复选框，本例选择“旋转接合 1

的驱动角度（Angle Driven for Revolute. 1）”，可以在接合限制中更改运动范围。此时看到机构上出现示意轴旋转运动的方向箭头，如图 4-48 所示。

图示逆时针旋转为正方向，读者可根据需要单击箭头进行更改。

单击“确定（OK）”按钮，完成驱动命令设置，弹出“可以模拟机械装置（The mechanism can be simulated）”信息（参见图 1-45）。结构树上机械装置的“自由度（DOF）”变为“0”，并在“Applications\机械装置（Mechanisms）\命令（Commands）”节点下显示驱动命令的名称与性质，如图 4-49 所示。

图 4-48 大齿轮的运动形式与方向标示

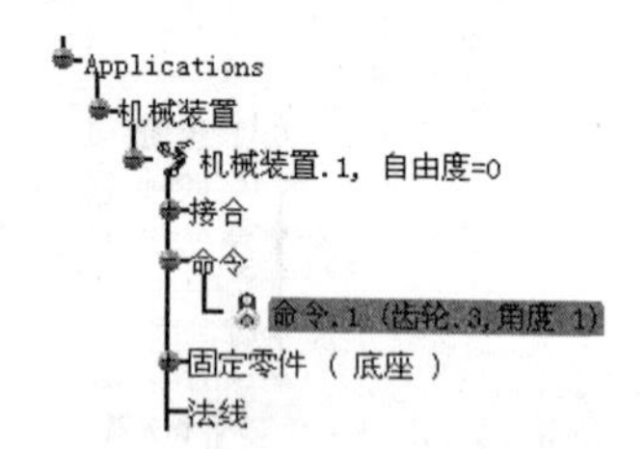

图 4-49 结构树上的驱动命令

（3）运动模拟

在“DMU 运动机构（DMU Kinematics）”→“模拟（Simulation）”工具栏中单击“使用命令模拟（Simulation with Commands）”图标，显示“运动模拟-机械装置. 1（Kinematics Simulation-Mechanism. 1）”对话框，机构模拟命令被激活（参见图 1-47）。

用鼠标拖动滚动条，可以观察到机构中齿轮的啮合运动。

4. 3. 4 应用示例

（1）带传动

打开资源包中的“Exercise\4\4. 3\4. 3. 4. 1\daichuandong. CATProduct”，完成带传动运动机构，如图 4-50 所示。

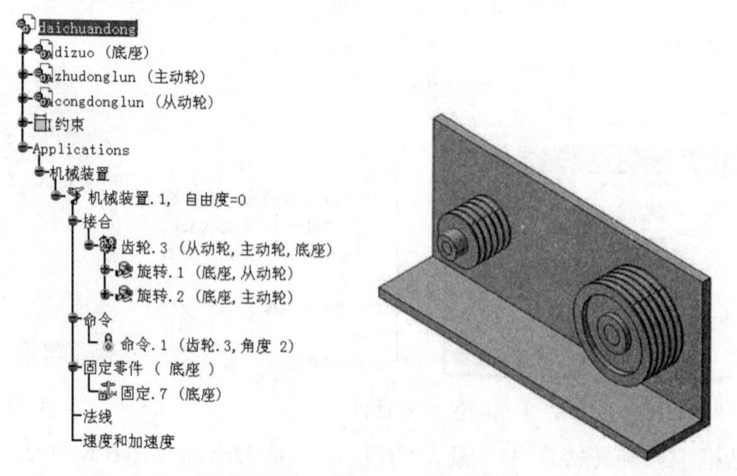

图 4-50 带传动应用示例

（2）链传动

打开资源包中的“Exercise\4\4. 3\4. 3. 4. 2\lianchuandong. CATProduct”，完成链传动运动机构，如图 4-51 所示。

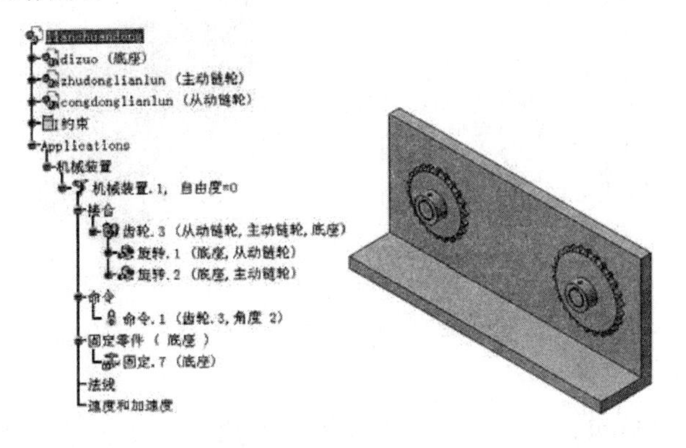

图 4-51　链传动应用示例

4．4　齿轮齿条

4．4．1　概念与创建要素

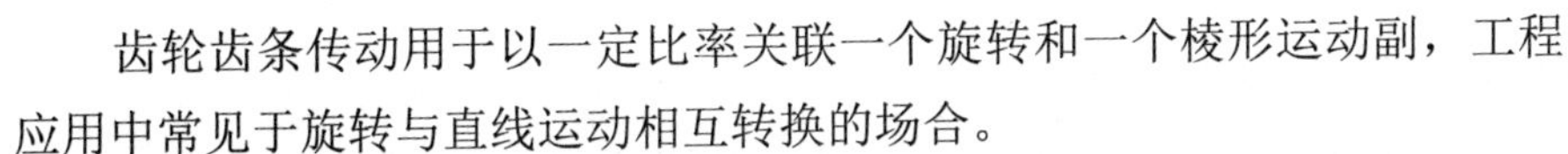

齿轮齿条传动用于以一定比率关联一个旋转和一个棱形运动副，工程应用中常见于旋转与直线运动相互转换的场合。

其创建要素是建立在同一个零部件上的一个旋转和一个棱形运动副，或建立在刚性连接体上的一个旋转和一个棱形运动副。

4．4．2　运动副的创建

（1）模型准备

打开资源包中的“Exercise\4\4. 4\chilunchitiao. CATProduct”，出现齿轮齿条接合组件，如图 4-52 所示，或自行建立与之类似的可用于创建齿轮齿条接合的 3D 模型组件。

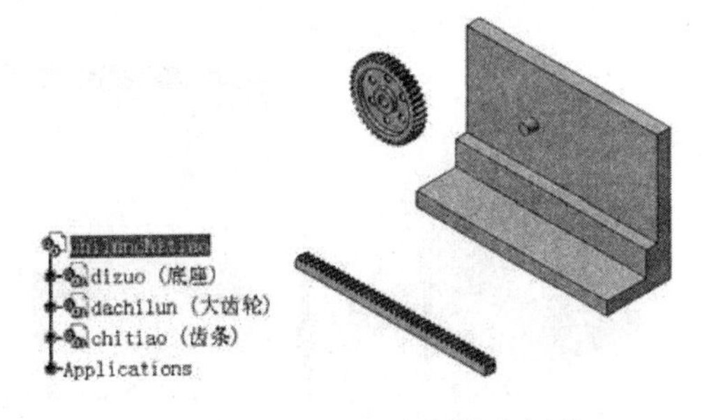

图 4-52　齿轮齿条接合组件

该运动副的创建可由顺序创建法和逆向创建法实现，本例分别以顺序创建法和逆向创建法创建齿轮齿条运动副。

进入“开始（Start）”→“机械设计（Mechanical Design）”→“装配件设计（Assembly Design）”工作台，完成底座与大齿轮、底座与齿条的静态装配，如图 4-53 所示。

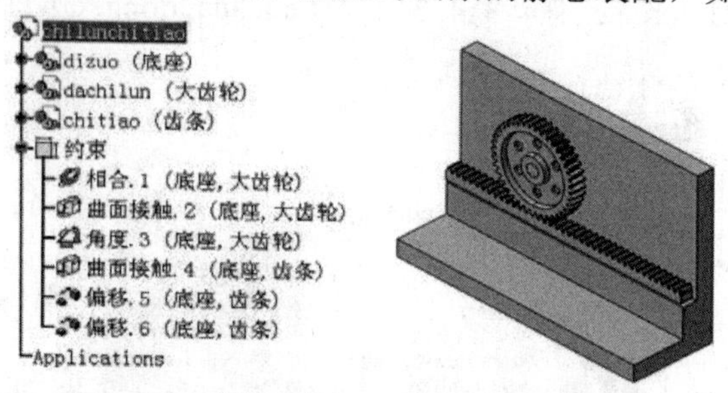

图 4-53　齿轮齿条组件的静态装配及约束

※【提示】：在装配中齿轮齿条间是否完好啮合并不影响齿轮齿条运动副的创建，但会影响运动仿真的视觉效果。

这里，“角度.3（Angle.3）（底座，大齿轮）”约束定义底座的坐标平面“zx 平面”与大齿轮的坐标平面“zx 平面”之间的角度为 0deg；“偏移.6（Offset.6）（底座，齿条）”约束定义底座的坐标平面“zx 平面”与齿条的坐标平面“zx 平面”之间的偏移距离为 3.65mm。

（2）顺序创建

① 创建齿条与底座的棱形运动副

该组件已完成静态装配，本节采用“装配约束转换法”创建相应棱形与旋转运动副。

a. 切换至“开始（Start）”→“数字化装配（Digital Mockup）”→“DMU 运动机构（DMU Kinematics）”工作台，在“DMU 运动机构（DMU Kinematics）”工具栏中单击“装配件约束转换（Assembly Constraints Conversion）”图标，显示“装配件约束转换（Assembly Constraints Conversion）”对话框，单击“新机械装置（New Mechanism）”，创建“机械装置.1（Mechanism.1）”，单击“更多（More）”，展开对话框，如图 4-54 所示。

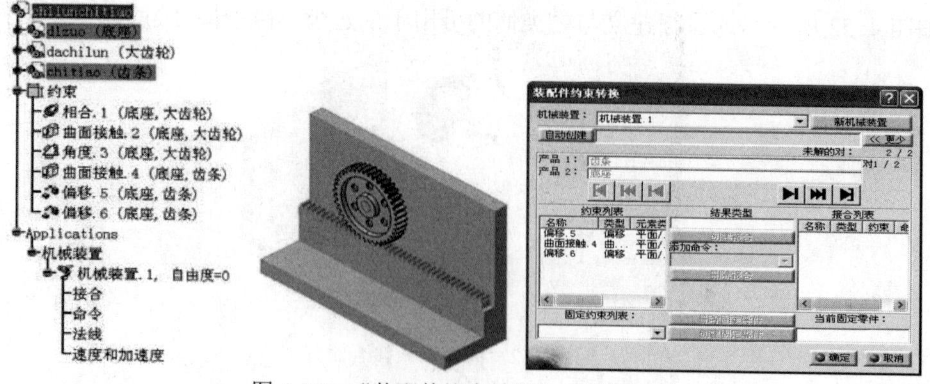

图 4-54　“装配件约束转换”对话框展开

b. 在对话框中同时选中“曲面接触.4（Surface Contact.4）（底座，齿条）”与“偏

移. 5（Offset. 5）（底座，齿条）”，在“结果类型（Resulting Type）”信息栏中显示“棱形（Prismatic）”，单击被激活的“创建接合（Create Joint）”按钮，完成齿条与底座棱形运动副的创建，注意观察结构树“自由度（DOF）”的变化，如图 4-55 所示。

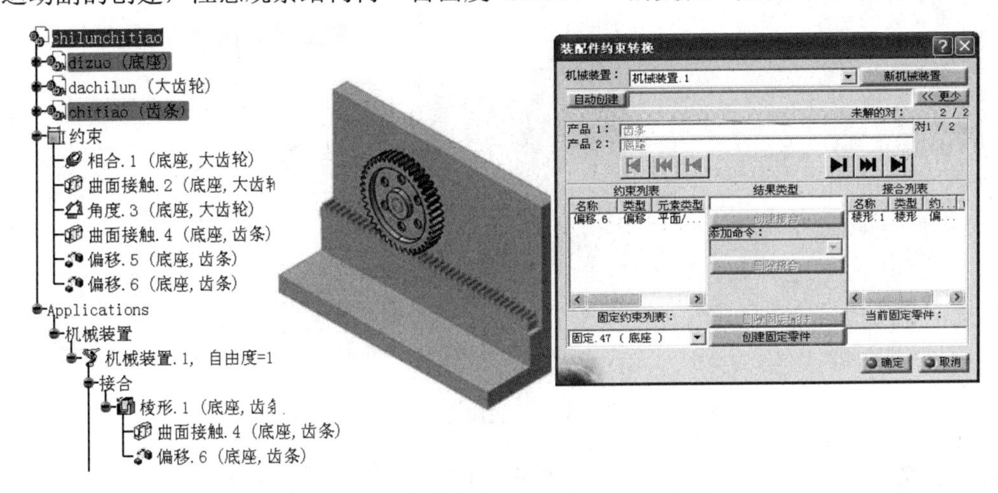

图 4-55　创建齿条与底座的棱形运动副

② 创建大齿轮与底座支承轴的旋转运动副

a. 单击“装配件约束转换”对话框中“前进（Step forward）”按钮▶|，“装配件约束转换”对话框的“约束列表（Constraints List）”更新显示，转换至大齿轮与底座支承轴旋转副的创建，如图 4-56 所示。

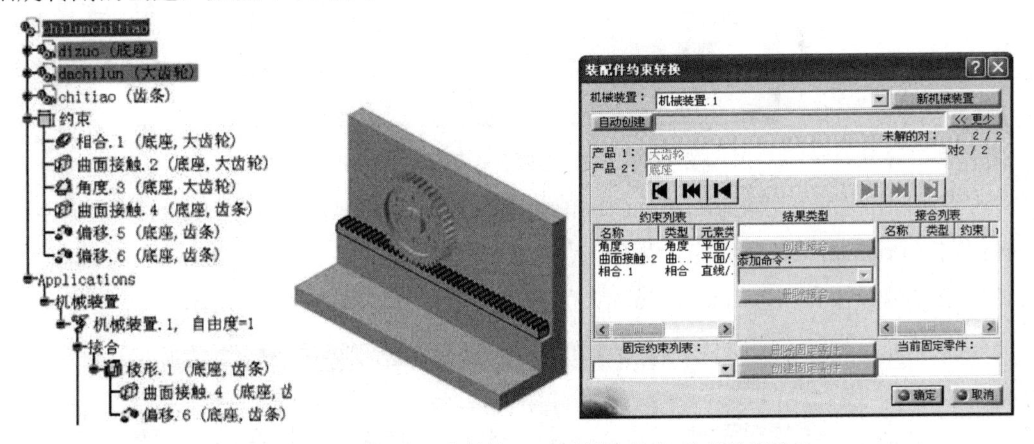

图 4-56　“装配件约束转换”对话框的约束列表更新显示

b. 在对话框中同时选中“曲面接触. 2（Surface Contact. 2）（底座，大齿轮）”与“相合. 1（Coincidence. 1）（底座，大齿轮）”，在“结果类型（Resulting Type）”信息栏中显示“旋转（Revolute）”，单击被激活的“创建接合（Create Joint）”按钮，完成大齿轮与底座旋转运动副的创建，注意观察结构树“自由度（DOF）”的变化，如图 4-57 所示。

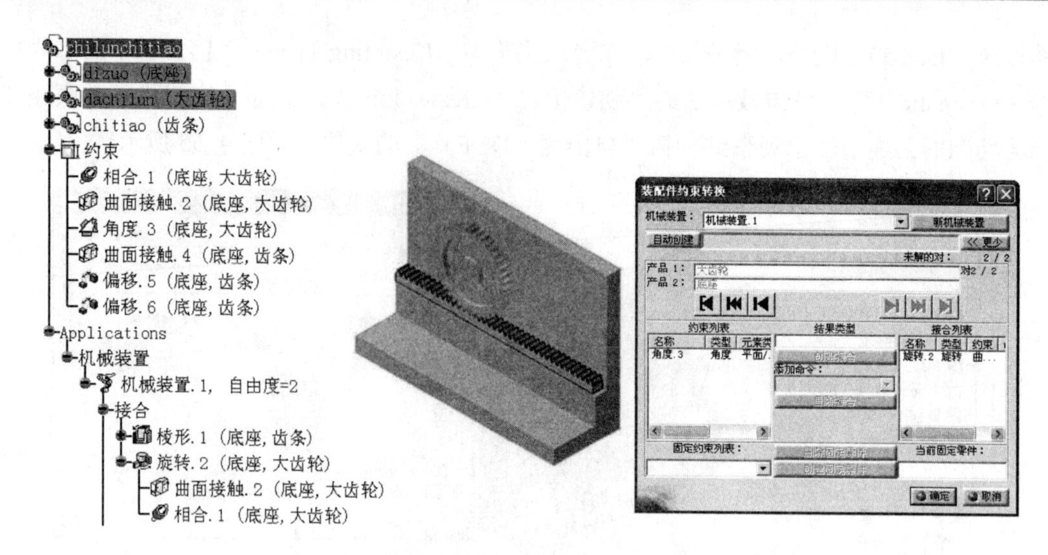

图 4-57　创建大齿轮与底座支承轴的旋转运动副

单击“确定（OK）”按钮，完成棱形运动副与旋转运动副的创建。

③ 创建齿轮齿条运动副

a. 在“运动接合点（Kinematics Joints）”工具栏中单击“架子接合（Rack Joint）”图标，显示“创建接合：架子（Joint Creation：Rack）”对话框，如图 4-58 所示。

图 4-58　“创建接合：架子”对话框

b. 选中结构树中“Applications\机械装置（Mechanisms）\接合（Joints）”节点下的“棱形.1（Prismatic.1）（底座，齿条）”，“创建接合：架子（Joint Creation：Rack）”对话框中“棱形接合（Prismatic Joint）”窗口更新显示，如图 4-59 所示。

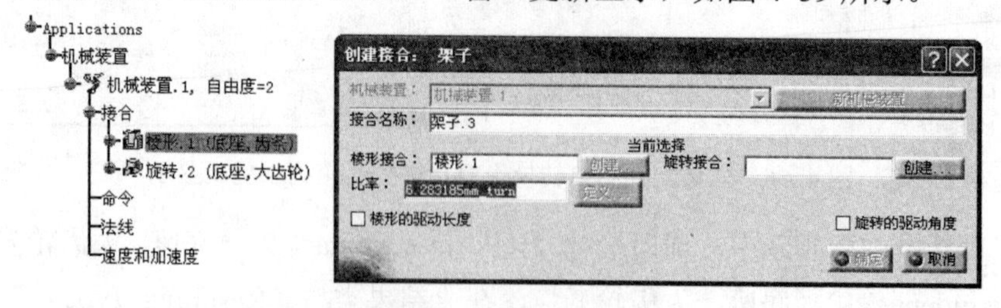

图 4-59　选择棱形接合

选中结构树中“Applications\机械装置（Mechanisms）\接合（Joints）”节点下的“旋转.2（Revolute.2）（底座，大齿轮）”，“创建接合：架子（Joint Creation：Rack）”对

话框中“旋转接合（Revolute Joint）”窗口更新显示，如图 4-60 所示。

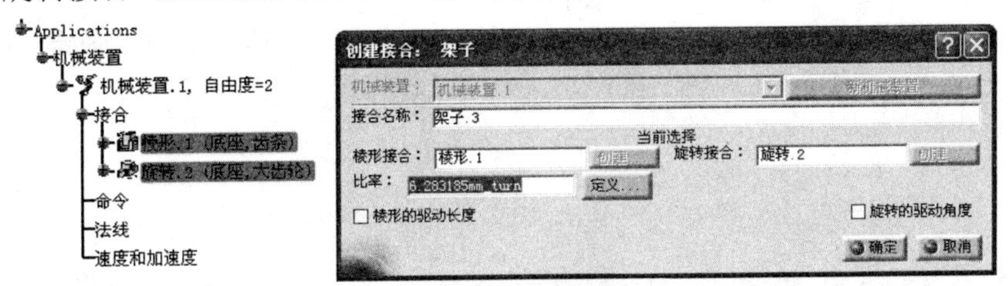

图 4-60　选择旋转接合

c. 在“比率（Rate）”参数栏中输入齿轮齿条传动比，未知传动比时可单击“创建接合：架子（Joint Creation：Rack）”对话框中的“定义...（Definition...）”按钮定义...，显示“定义齿条比率（Rack Ratio Definition）”对话框，如图 4-61 所示。

图 4-61　“定义齿条比率”对话框

d. “半径（Radius）”参数栏的内容为大齿轮的节圆半径，需显示处于隐藏状态的大齿轮的“节圆草图轮廓线”，如图 4-62 所示。选中大齿轮节圆后“定义齿条比率（Rack Ratio Definition）” 对话框中“比率（Ratio）”自动显示，如图 4-63 所示。

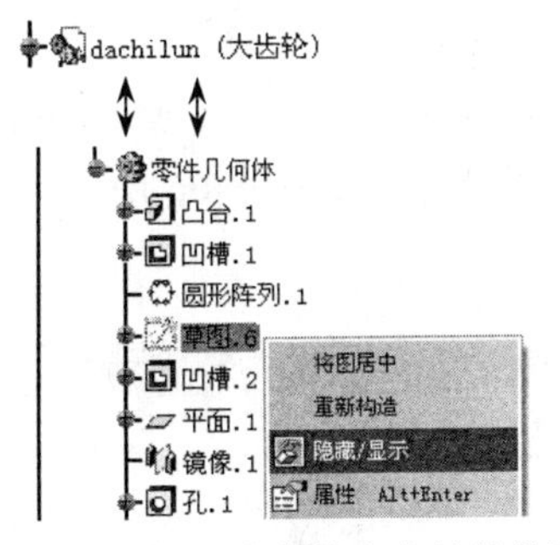

图 4-62　显示隐藏的大齿轮的节圆

图 4-63　比率自动显示

e. 单击“确定（OK）”按钮，“创建接合：架子（Joint Creation：Rack）”对话框

更新显示，如图 4-64 所示。

f. 单击“创建接合：架子（Joint Creation：Rack）”对话框中的“确定（OK）”按钮，完成齿轮齿条运动副的创建，结构树如图 4-65 所示。

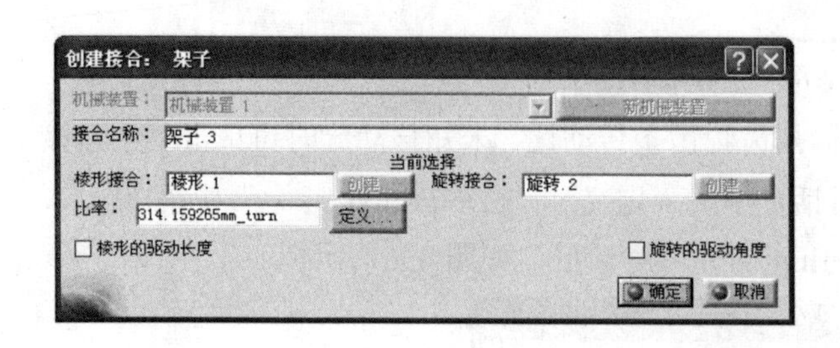

图 4-64 “创建接合：架子”对话框更新显示

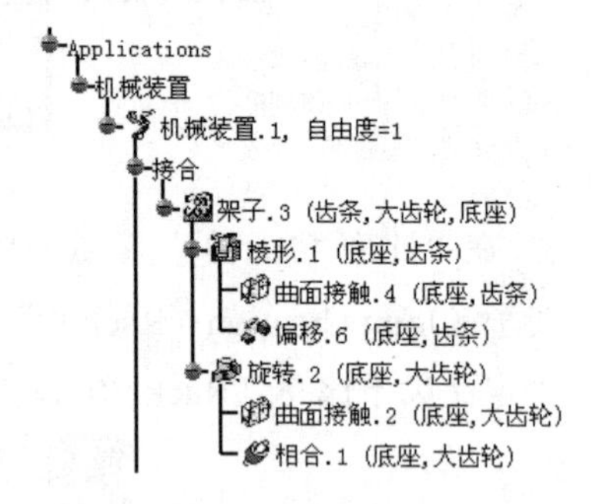

图 4-65 顺序创建法完成的结构树

（3）逆向创建

a. 重新打开模型文件，进入“开始（Start）”→“机械设计（Mechanical Design）”→“装配件设计（Assembly Design）”工作台，完成底座与大齿轮、齿条的静态装配。

b. 在“DMU 运动机构（DMU Kinematics）”→“运动接合点（Kinematics Joints）”工具栏中单击“架子接合（Rack Joint）”图标，显示“创建接合：架子（Joint Creation：Rack）”对话框，单击“新机械装置（New Mechanism）”，创建“机械装置.1（Mechanism. 1）”，对话框更新显示，如图 4-66 所示。

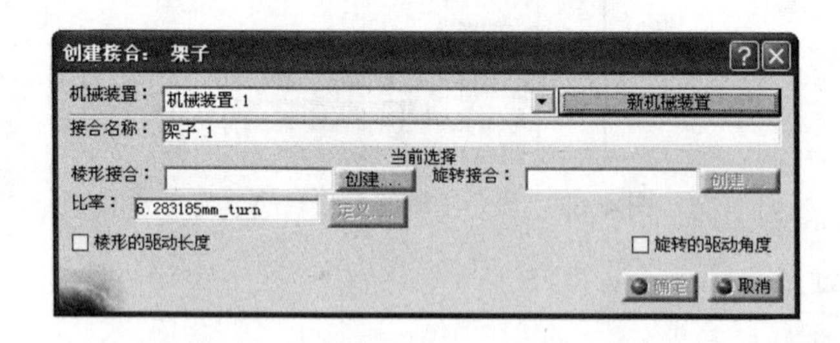

图 4-66 “创建接合：架子”对话框

c. 单击“创建接合：架子（Joint Creation：Rack）”对话框中的“创建…（Create…）”按钮，显示“创建接合：棱形（Joint Creation：Prismatic）”对话框（参见图 2-16）。

d. 分别选中底座及齿条的一条相合直线，“创建接合：棱形（Joint Creation：Prismatic）”对话框中“直线 1（Line 1）、直线 2（Line 2）”选项栏随着选择自动更新，如图 4-67 所示。为方便要素选择，可以综合运用放大、缩小、移动、旋转、隐藏等方式调整几何模型。

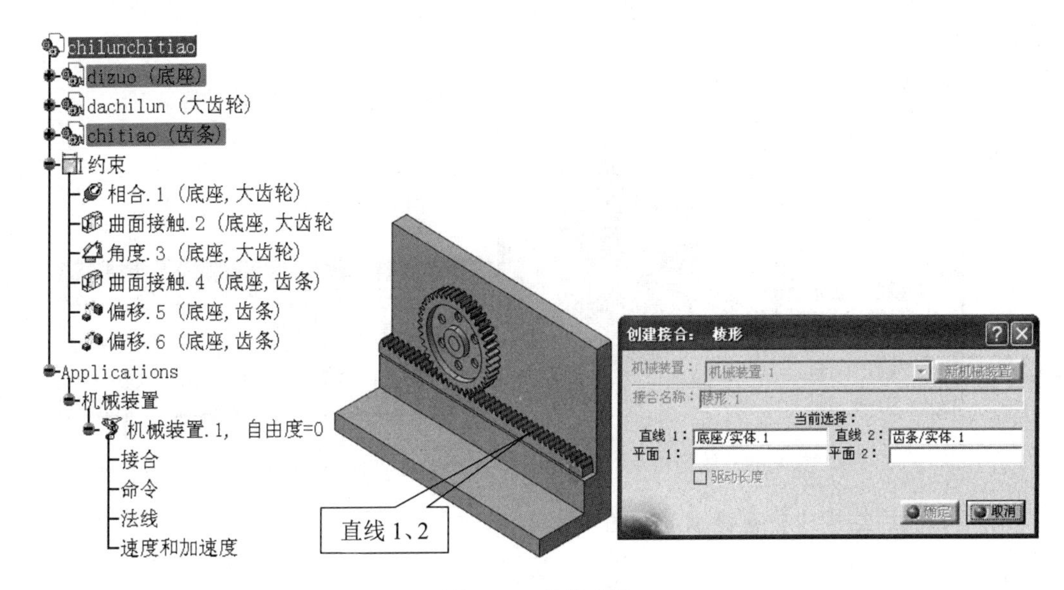

图 4-67　选择直线

e. 分别选中底座及齿条上互相接触的两个面，“创建接合：棱形（Joint Creation：Prismatic）”对话框中“平面 1（Plane 1）、平面 2（Plane 2）”选项栏随着选择自动更新，如图 4-68 所示。

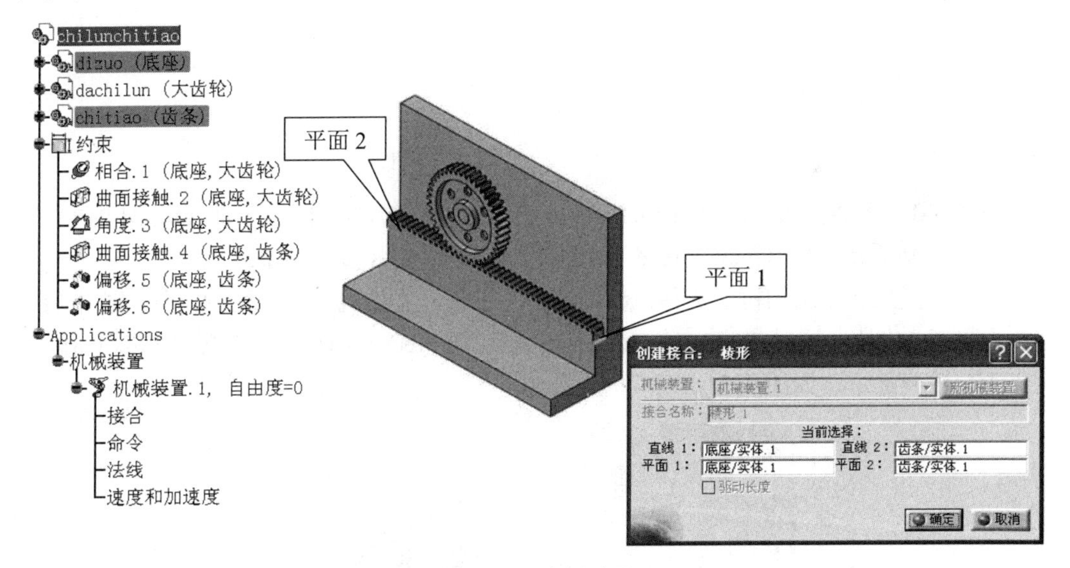

图 4-68　选择平面

f. 单击“确定（OK）”按钮，在结构树上可以看到棱形运动副“棱形.1（Prismatic.1）（底座，齿条）”在“Applications\机械装置（Mechanisms）\接合（Joints）”节点下显示，“创建接合：架子（Joint Creation：Rack）”对话框更新显示，如图 4-69 所示。

g. 按上述步骤创建“旋转（Revolute）”运动副，具体步骤参见“2.1 旋转”。

h. 在“比率（Rate）”参数栏中定义齿轮齿条的传动比，具体步骤参见图 4-63 及其说明。

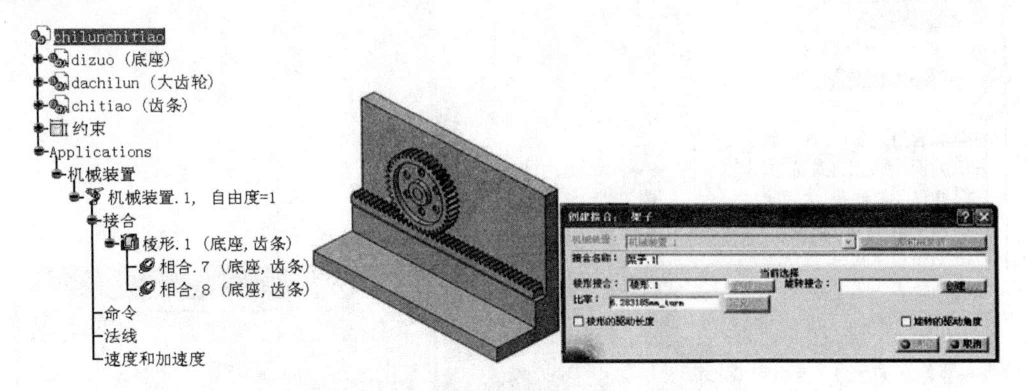

图 4-69 结构树及“创建接合：架子”对话框更新显示

创建完成后结构树更新显示，如图 4-70 所示。

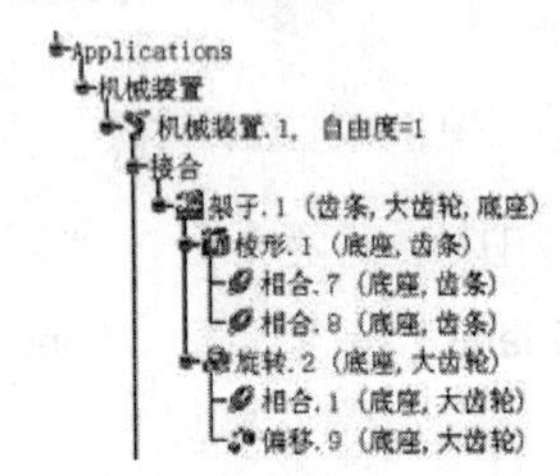

图 4-70 逆向创建法完成的结构树

4．4．3 机构驱动

（1）固定件定义

在“DMU 运动机构（DMU Kinematics）”工具栏中单击“固定零件（Fixed Part）”图标，“新固定零件（New Fixed Part）”对话框弹出（参见图 1-40）。

在几何模型区或结构树上选择想要固定的零部件。本例选择底座为固定件，选中后，底座上出现图标，同时在“Applications\机械装置（Mechanisms）\固定零件（Fix Part）”节点下有对应显示，如图 4-71 所示。

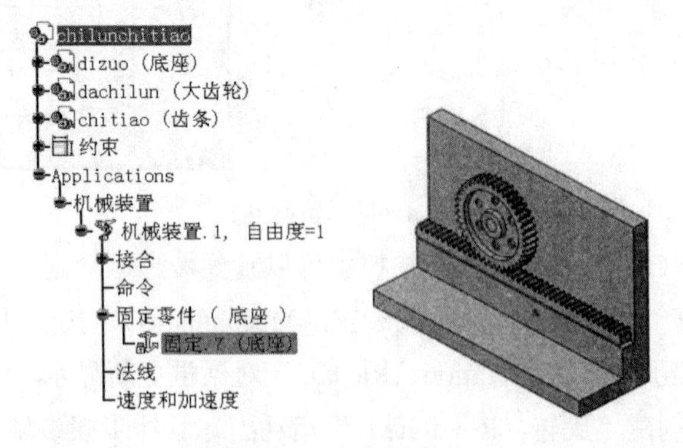

图 4-71 定义固定件

（2）施加驱动命令

在结构树上双击“架子. 3（Rack. 3）（齿条，大齿轮，底座）”，显示“编辑接合：架子. 3（Joint Edition：Rack. 3）（架子）”对话框，如图 4-72 所示。对话框的显示也可以在结构树的“架子. 3（Rack. 3）（齿条，大齿轮，底座）”上单击鼠标右键，选择“架子. 3 对象（Rack. 3 Object）”→“定义（Definition）”的路径来进行，如图 4-73 所示。

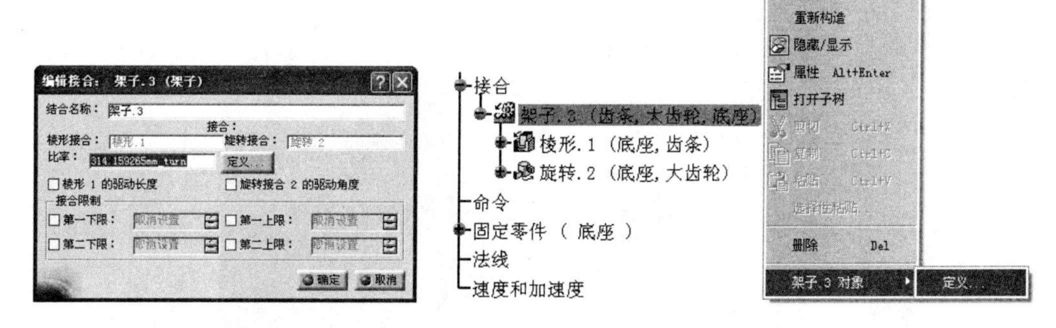

图 4-72　“编辑接合：架子. 3（架子）”对话框　　　　图 4-73　定义驱动

选中对话框中的“棱形 1 的驱动长度（Length Driven for Prismatic. 1）”复选框，可以在接合限制中更改运动范围。此时机构上出现示意齿条运动的方向箭头，如图 4-74 所示。图示为正方向，读者可根据需要单击箭头进行更改。

单击“确定（OK）”，完成驱动命令设置，弹出“可以模拟机械装置（The mechanism can be simulated）”信息（参见图 1-45）。结构树上机械装置的“自由度（DOF）”变为“0”，并在“Applications\机械装置（Mechanisms）\命令（Commands）”节点下显示驱动命令的名称与性质，如图 4-75 所示。

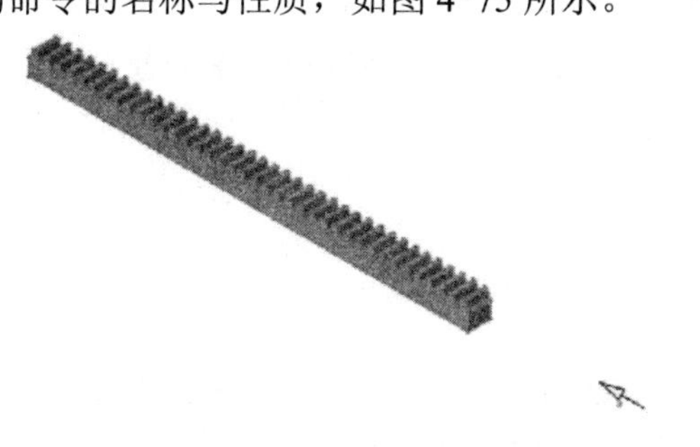

图 4-74　齿条的运动形式与方向标示

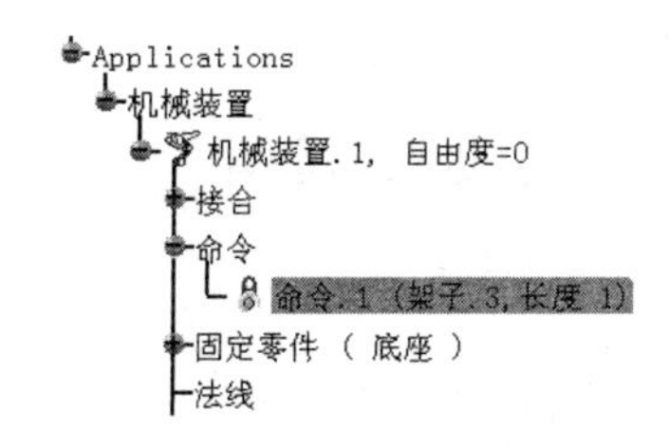

图 4-75　结构树上的驱动命令

（3）运动模拟

在“DMU 运动机构（DMU Kinematics）”→“模拟（Simulation）”工具栏中单击“使用命令模拟（Simulation with Commands）”图标，显示“运动模拟-机械装置. 1（Kinematics Simulation-Mechanism.1）”对话框，机构模拟命令被激活（参见图 2-29）。用鼠标拖动滚动条，可以观察到产品中齿轮齿条的运动。

4．4．4　多级传动

打开资源包中的“Exercise\4\4. 4\4. 4. 4\duojichuandong. CATProduct”，完成多级齿轮齿条传动运动机构，如图 4-76 所示。

【难点】：对于多级传动的中间基础运动副，在前一级和后一级关联接合的过程中，需要进行两次创建，如本例大齿轮与底座支承轴间的旋转运动副“旋转.2（Revolute.2）”。

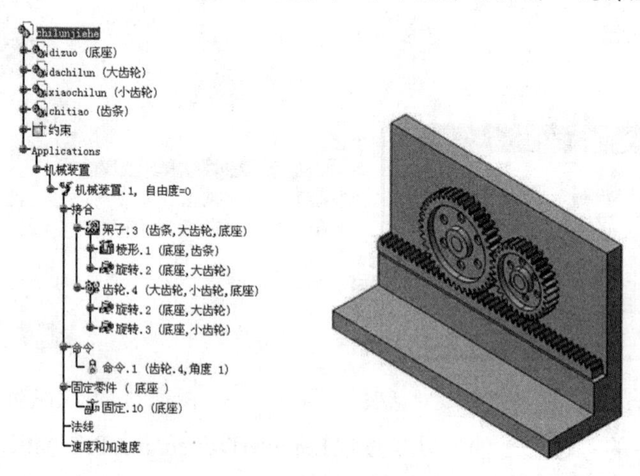

图 4-76　多级齿轮齿条传动应用示例

4．5　电缆接合

4．5．1　概念与创建要素

电缆接合用于以一定比率关联两个棱形运动副，在运动机构中实现具有一定配合关系的两个直线运动。其创建要素是同一运动机构中的任意两个棱形运动副。

4．5．2　运动副的创建

（1）模型准备

打开资源包中的“Exercise\4\4. 5\dianlan. CATProduct”，出现电缆接合组件，如图 4-77 所示，或自行建立与之类似的可用于创建电缆接合的 3D 模型组件。

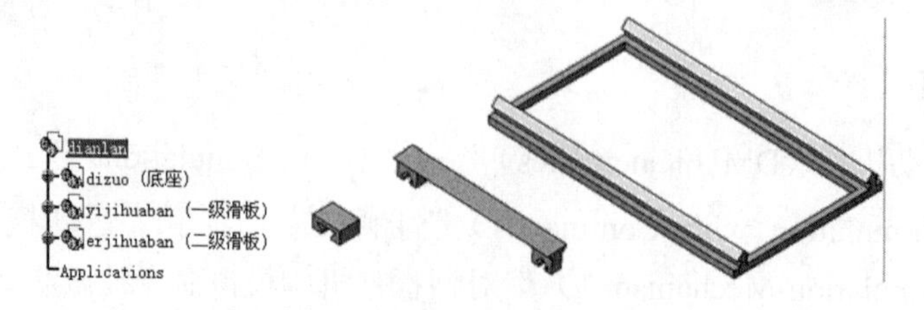

图 4-77　电缆接合组件

该运动副的创建可由顺序创建法和逆向创建法实现，本例分别以顺序创建法和逆向创建法创建电缆接合运动副。

进入“开始（Start）”→“机械设计（Mechanical Design）”→“装配件设计（Assembly Design）”工作台，完成底座与一级滑板、一级滑板与二级滑板的静态装配，如图 4-78 所示。

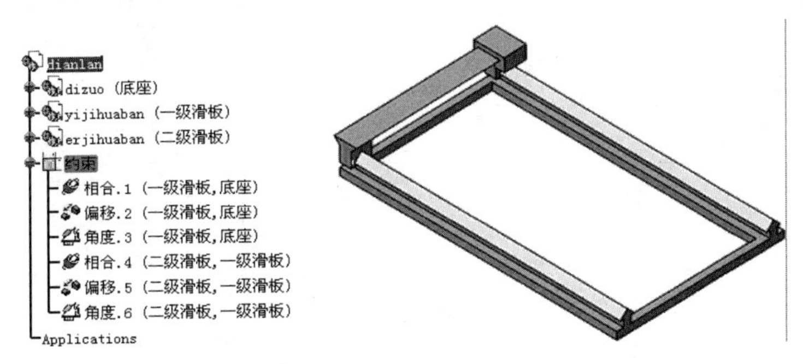

图 4-78　电缆接合组件的静态装配及约束

（2）顺序创建

① 创建一级滑板与底座的棱形运动副

因该电缆组件已完成静态装配，故使用“装配约束转换法”创建相应棱形运动副。

a. 切换至“开始（Start）”→“数字化装配（Digital Mockup）”→“DMU 运动机构（DMU Kinematics）”工作台，在“DMU 运动机构（DMU Kinematics）”工具栏中单击“装配件约束转换（Assembly Constraints Conversion）”图标，显示“装配件约束转换（Assembly Constraints Conversion）”对话框，单击“新机械装置（New Mechanism）”，创建“机械装置. 1（Mechanism. 1）”，单击“更多（More）”展开对话框，如图 4-79 所示。

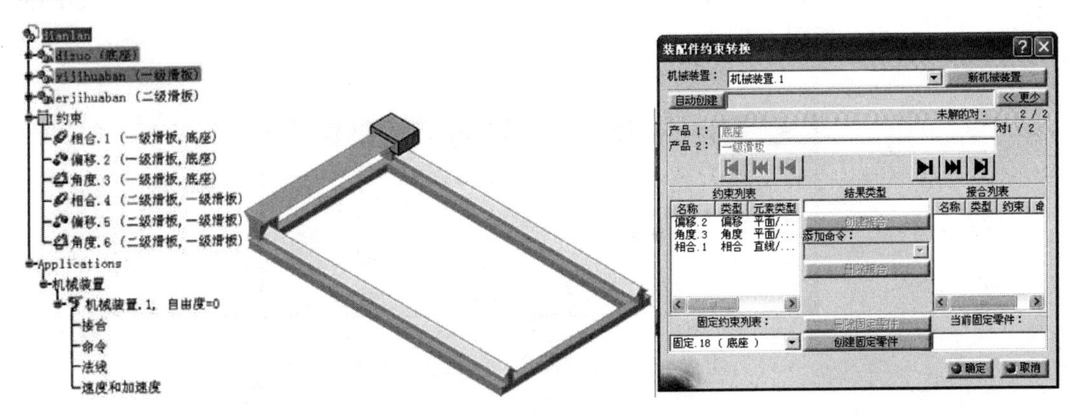

图 4-79　“装配件约束转换”对话框展开

b. 在对话框中同时选中“相合. 1（Coincidence. 1）（一级滑板，底座）”与“角度. 3

（Angle. 3）（一级滑板，底座）”，单击被激活的“创建接合（Create Joint）”，在“结果类型（Resulting Type）”信息栏中显示“棱形（Prismatic）”，完成一级滑板与底座棱形运动副的创建，注意观察结构树“自由度（DOF）”的变化，如图 4-80 所示。

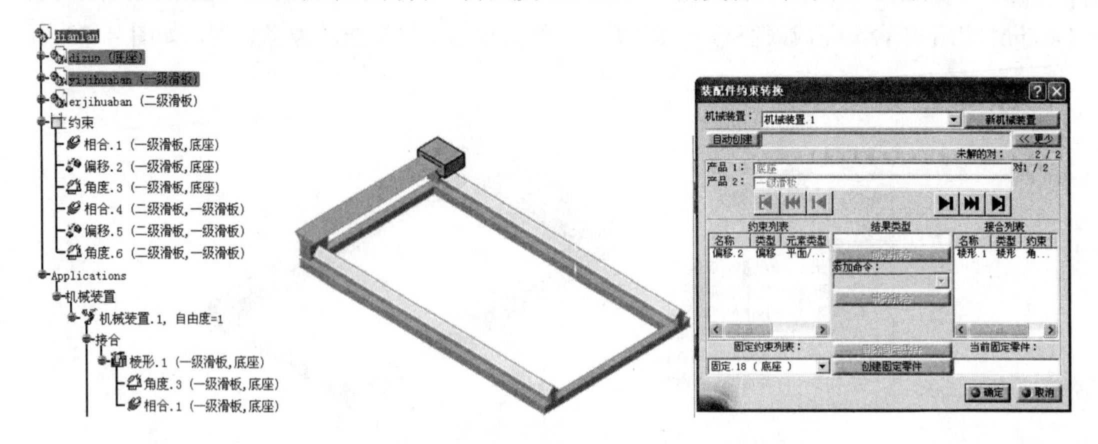

图 4-80　创建一级滑板与底座的棱形运动副

② 创建二级滑板与一级滑板的棱形运动副

a. 单击“装配件约束转换”对话框中“前进”按钮，“装配件约束转换”对话框的“约束列表（Constraints List）”更新显示，选择二级滑板与一级滑板之间的“相合. 4（Coincidence. 4）（二级滑板，一级滑板）”与“角度. 6（Angle. 6）（二级滑板，一级滑板）”约束转换成棱形运动副。

b. 单击“确定（OK）”按钮，完成两个棱形运动副的创建。

③ 创建电缆接合

a. 在“DMU 运动机构（DMU Kinematics）”→“运动接合点（Kinematics Joints）”工具栏中单击“电缆接合（Cable Joint）”图标，显示“创建接合：电缆（Joint Creation: Cable）”对话框，如图 4-81 所示。

图 4-81　“创建接合：电缆”对话框

b. 选中结构树中“Applications\机械装置（Mechanisms）\接合（Joints）”节点下的“棱形. 1（Prismatic. 1）（一级滑板，底座）”，对话框中“棱形接合 1（Prismatic Joint 1）”更新显示，如图 4-82 所示。

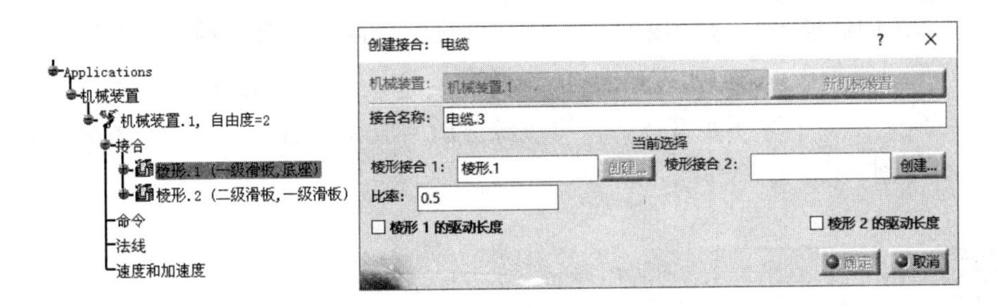

图 4-82　选择棱形接合 1

选中结构树中“Applications\机械装置（Mechanisms）\接合（Joints）”节点下的“棱形.2（Prismatic.2）（二级滑板，一级滑板）”，对话框中“棱形接合 2（Prismatic Joint 2 ）”更新显示，如图 4-83 所示。

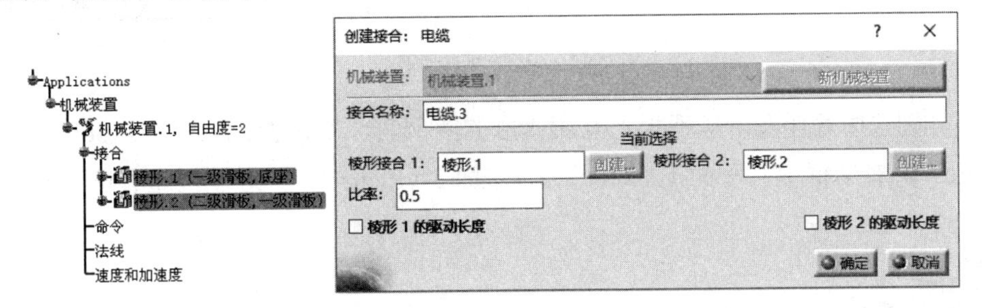

图 4-83　选择棱形接合 2

c. 在“比率（Rate）”参数栏中输入两棱形副的运动速比，本例取值“0.5”。

d. 单击“确定（OK）”完成电缆接合的创建，结构树如图 4-84 所示。

（3）逆向创建

a. 在“DMU 运动机构（DMU Kinematics）”→“运动接合点（Kinematics Joints）”工具栏中单击“电缆接合（Cable Joint）”图标，显示“创建接合：电缆（Joint Creation: Cable）”对话框，单击“新机械装置（New Mechanism）”，创建“机械装置.1（Mechanism.1）”，对话框更新显示，如图 4-85 所示。

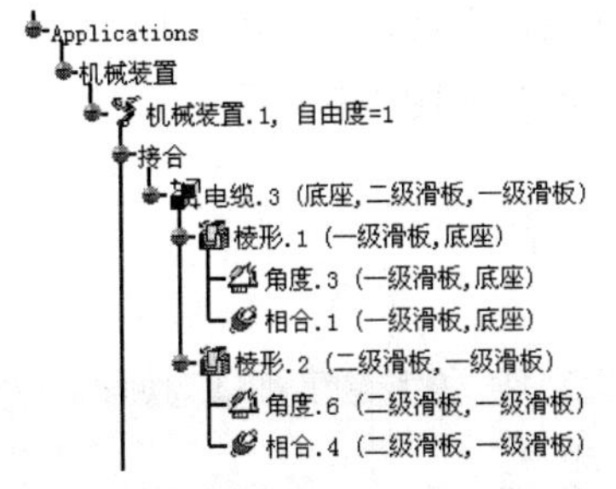

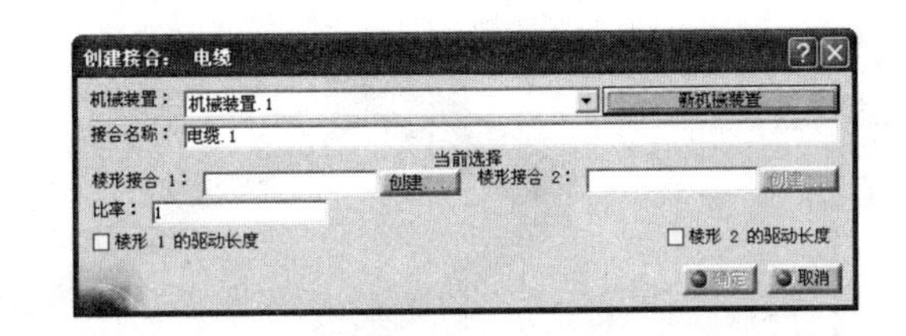

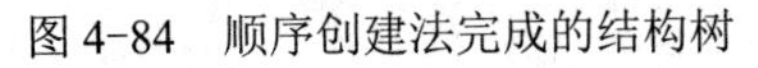
图 4-84　顺序创建法完成的结构树

图 4-85　“创建接合：电缆”对话框

b. 单击“创建接合：电缆（Joint Creation: Cable）”对话框中的“创建…（Create…）”按钮，显示“创建接合：棱形（Joint Creation: Prismatic）”对话框（参见图 2-16）。

c. 分别选中底座及一级滑板的一条相合直线，“创建接合：棱形（Joint Creation：Prismatic）”对话框中“直线 1（Line 1）、直线 2（Line 2）”选项栏随着选择自动更新，如图 4-86 所示。为了方便要素选择，可以综合运用放大、缩小、移动、旋转、隐藏等方式调整几何模型。

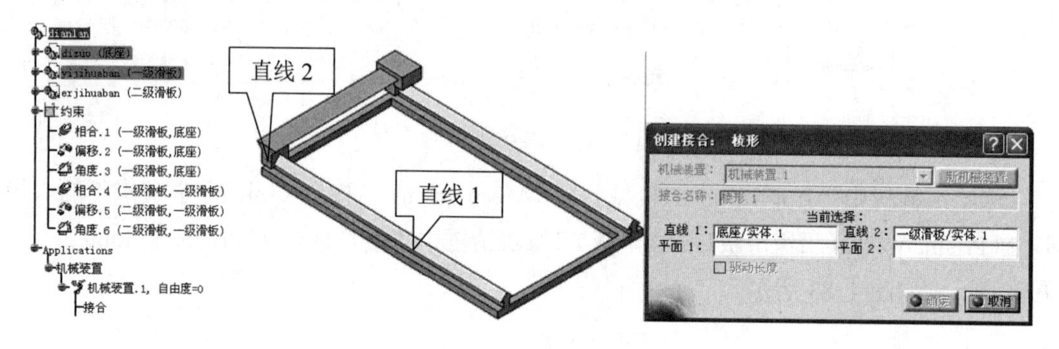

图 4-86　选择直线

d. 分别选中底座及一级滑板上互相接触的两个面，“创建接合：棱形（Joint Creation：Prismatic）”对话框中“平面 1（Plane 1）、平面 2（Plane 2）”选项栏随着选择自动更新，如图 4-87 所示。

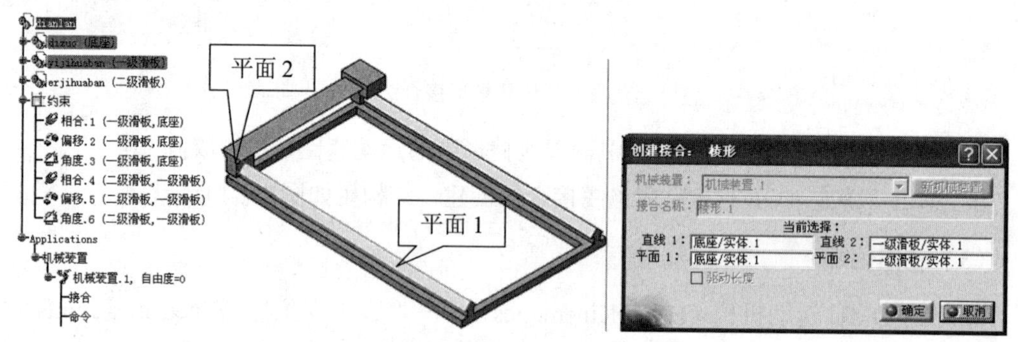

图 4-87　选择平面

e. 单击“确定（OK）”按钮，在结构树上可以看到棱形运动副“棱形.1（Prismatic.1）”在“Applications\机械装置（Mechanisms）\接合（Joints）”节点下显示，“创建接合：电缆（Joint Creation：Cable）”对话框更新显示，如图 4-88 所示。

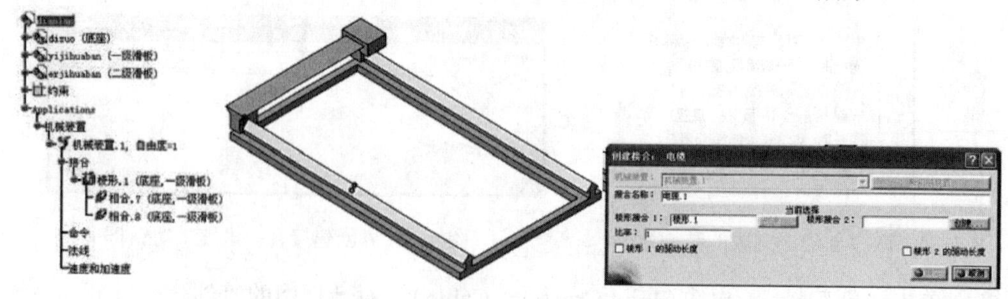

图 4-88　结构树及“创建接合：电缆”对话框更新显示

f. 按上述步骤 b～e，创建“二级滑板与一级滑板的棱形接合”。

g. 在“比率（Rate）”参数栏中输入两棱形副的运动速比，方法与“顺序创建法”相同。创建完成后结构树更新显示，如图 4-89 所示。

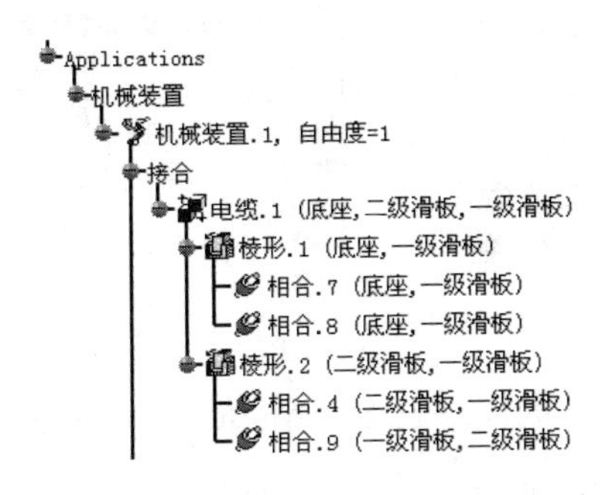

图 4-89　逆向创建法完成的结构树

4．5．3　机构驱动

（1）固定件定义

在“DMU 运动机构（DMU Kinematics）”工具栏中单击“固定零件（Fixed Part）”图标，“新固定零件（New Fixed Part）”对话框弹出（参见图 1-40）。在几何模型区或结构树上选择底座为固定件，选中后底座上出现图标，同时在“Applications\机械装置（Mechanisms）\固定零件（Fix Part）”节点下有对应显示，如图 4-90 所示。

（2）施加驱动命令

在结构树上双击“电缆. 3（Cable. 3）(底座，二级滑板，一级滑板）”（运用逆向创建法创建的电缆运动副的名称为“电缆. 1（Cable. 1）(底座，二级滑板，一级滑板）”），显示“编辑接合：电缆. 3（Joint Edition：Cable. 3）(电缆）”对话框，如图 4-91 所示。

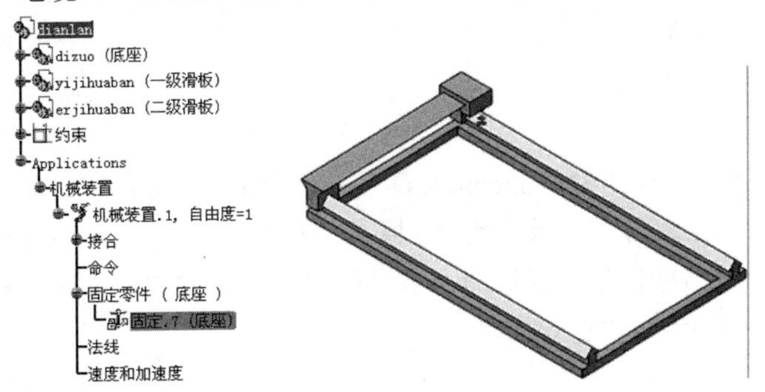

图 4-90　定义固定件

对话框的显示也可以在结构树的“电缆. 3（Cable. 3）(底座，二级滑板，一级滑板）”上单击鼠标右键，按“电缆. 3 对象（Cable. 3 Object）”→“定义（Definition）”的路径来进行，如图 4-92 所示。

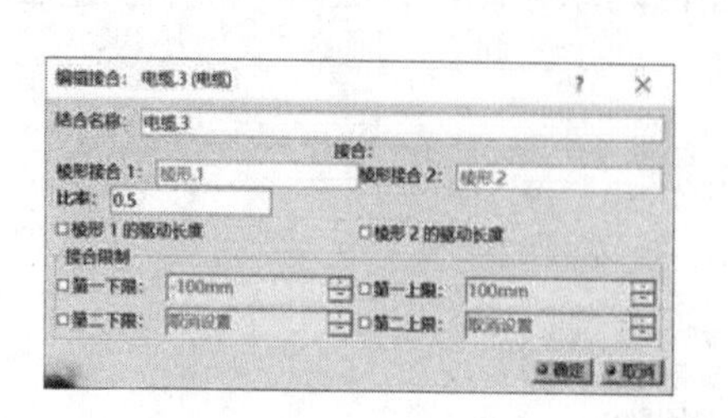

图 4-91　“编辑接合：电缆.3（电缆）”对话框

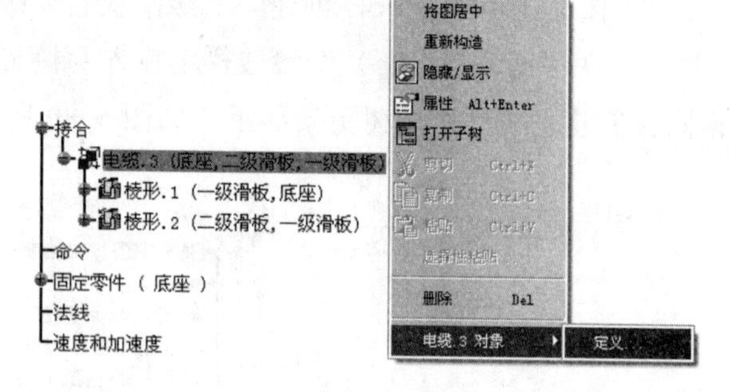

图 4-92　电缆.3 对象定义驱动

选中对话框中的“棱形 1 的驱动长度（Angle Driven for Prismatic. 1）”或“棱形 2 的驱动长度（Angle Driven for Prismatic. 2）”复选框，本例选择“棱形 1 的驱动长度（Angle driven for Prismatic. 1）”，可以在接合限制中更改运动范围。此时机构上出现指示齿条运动的方向箭头，如图 4-93 所示。图示为正方向，读者可根据需要单击箭头更改运动方向。

单击“确定（OK）”按钮，完成驱动命令设置，弹出“可以模拟机械装置（The mechanism can be simulated）”信息（参见图 1-45）。结构树上机械装置的“自由度（DOF）”变为“0”，并在“Applications\机械装置（Mechanisms）\命令（Commands）”节点下显示驱动命令的名称与性质，如图 4-94 所示。

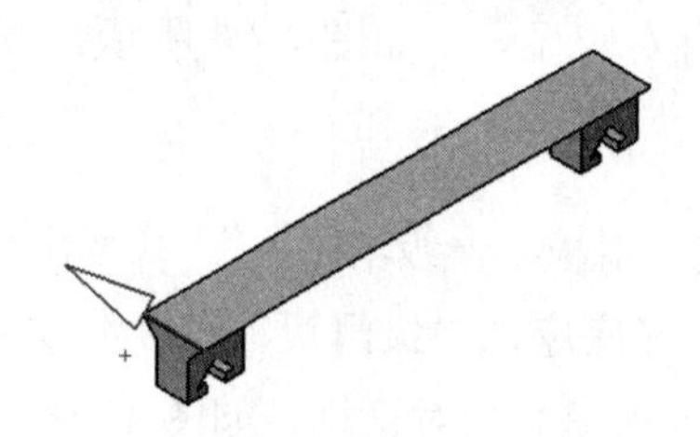

图 4-93　二级滑板的运动形式与方向标示

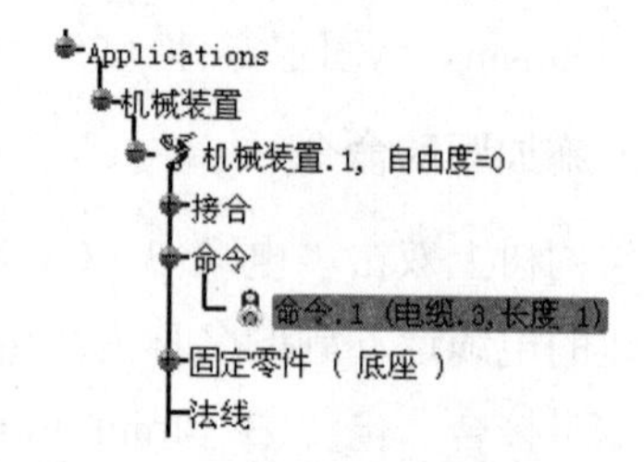

图 4-94　结构树上的驱动命令

（3）运动模拟

在“DMU 运动机构（DMU Kinematics）”→“模拟（Simulation）”工具栏中单击“使用命令模拟”图标，显示“运动模拟-机械装置.1（Kinematics Simulation-Mechanism. 1）”对话框，机构模拟命令被激活（参见图 2-29）。用鼠标拖动滚动条，可以观察到产品中棱形运动副的关联运动。

4.6　刚性接合

4.6.1　概念与创建要素

刚性接合用于将两个零部件在初始位置不变的情况下，实现空间上的一种限制所有自由度的完全约束，使关联体在运动机构建立过程中具有一个零部件的整体属性。

其创建要素是空间中任意位置的两个零部件几何体。

4．6．2　运动副的创建

（1）模型准备

打开资源包中的“Exercise\4\4. 6. 2&2. 1&5. 2. 1\huadongzhoucheng. CATProduct”，出现滑动轴承组件，该组件已完成静态装配，如图 4-95 所示，或自行建立与之类似的可用于说明刚性接合应用的 3D 模型组件。

该运动副的创建可由装配约束转换法和直接创建法实现，本例分别以装配约束转换法和直接创建法创建刚性接合运动副。

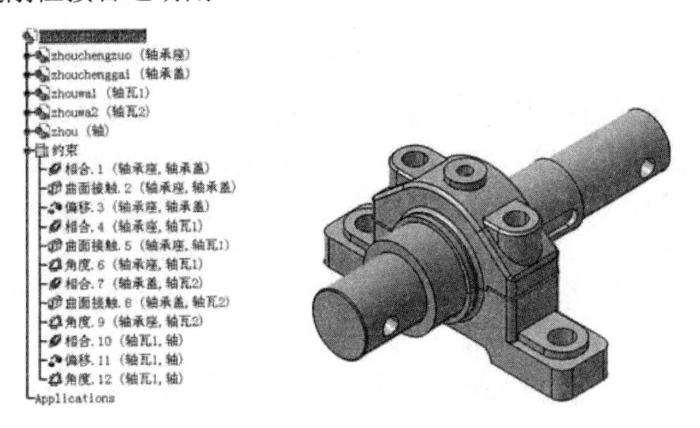

图 4-95　滑动轴承的静态装配约束

（2）创建刚性接合

① 装配约束转换

a. 在“DMU 运动机构（DMU Kinematics）”工具栏中单击“装配件约束转换（Assembly Constraints Conversion）”图标，显示“装配件约束转换（Assembly Constraints Conversion）”对话框，单击“新机械装置（New Mechanism）”，创建“机械装置. 1（Mechanism. 1）”，单击“更多（More）”展开对话框，如图 4-96 所示。

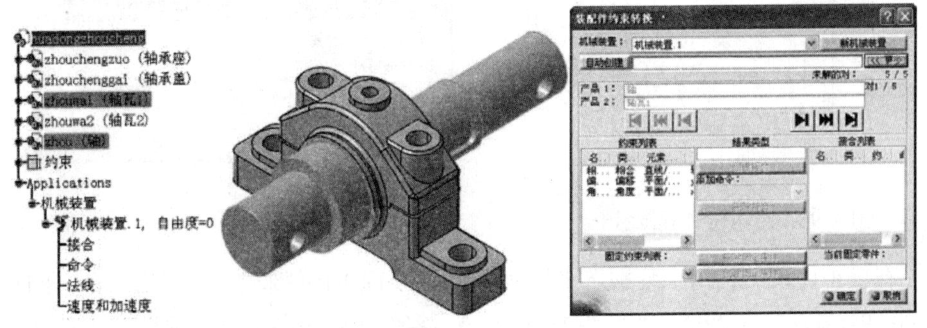

图 4-96　“装配件约束转换”对话框

b. 单击“装配件约束转换”对话框中“前进（Step forward）”按钮，“装配件约束转换（Assembly Constraints Conversion）”对话框的“约束列表（Constraints List）”更新显示，显示轴承座与轴瓦 1 间的约束列表，如图 4-97 所示。

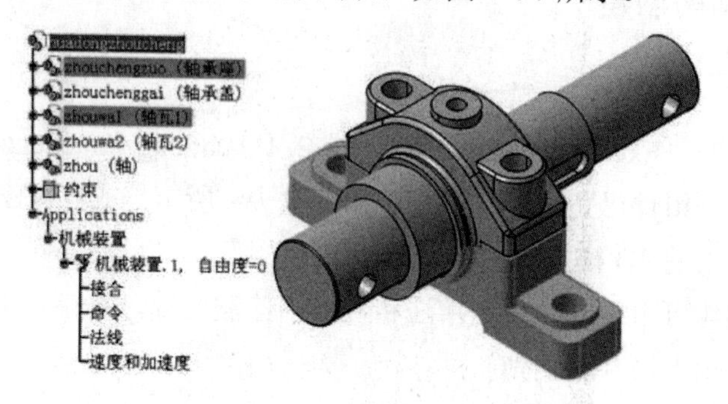

图 4-97 “装配件约束转换”对话框更新显示

c. 在对话框中同时选中“曲面接触. 5（Contact. 5）（轴承座，轴瓦 1）”“角度. 6（Angle. 6）（轴承座，轴瓦 1）”与“相合. 4（Coincidence. 4）（轴承座，轴瓦 1）”，单击被激活的“创建接合（Create Joint）”按钮，在“结果类型（Resulting Type）”信息栏中显示“刚性（Rigid）”，完成轴承座与轴瓦 1 的刚性创建，单击“确定（OK）”，可以看到“刚性. 1（Rigid. 1）（轴承座，轴瓦 1）”在“Application\机械装置（Mechanisms）\接合（Joints）”节点下生成，如图 4-98 所示。

※【**提示**】：利用“装配约束转换”法创建刚性接合时，两零部件之间的固联约束或构成完整静态装配的全部约束（一般至少为 3 个约束）等组合均可转换为刚性接合。

② 直接创建

a. 在“DMU 运动机构（DMU Kinematics）”→“运动接合点（Kinematics Joints）”工具栏中单击“刚性接合（Rigid Joint）”图标，显示“创建接合：刚性（Joint Creation: Solid）”对话框，单击“新机械装置（New Mechanism）”，创建“机械装置. 1（Mechanism. 1）”，对话框更新显示，如图 4-99 所示。

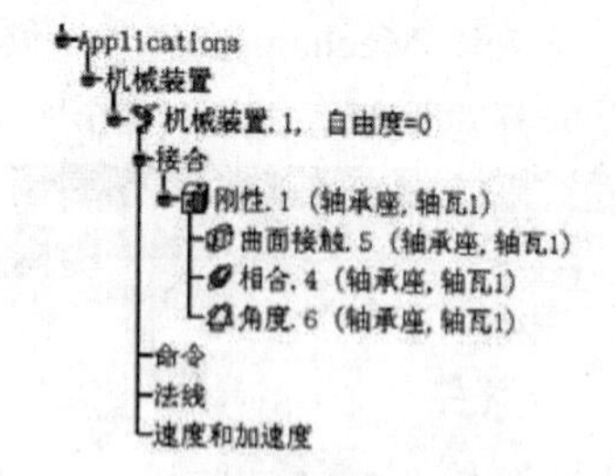

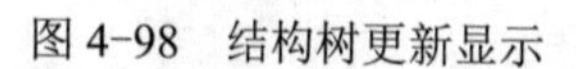
图 4-98 结构树更新显示

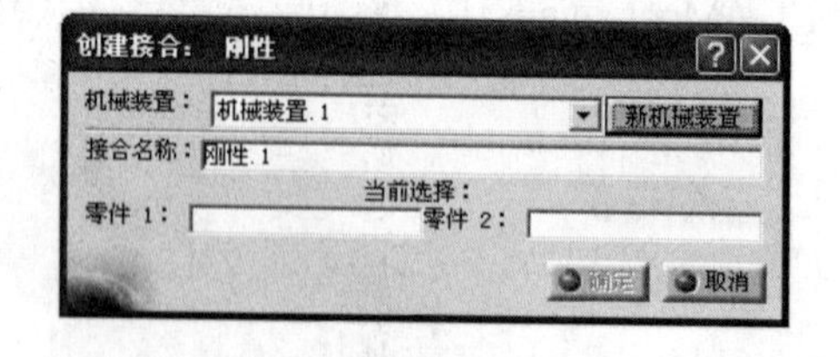

图 4-99 “创建接合：刚性”对话框

b. 在模型区或结构树上分别选中轴承座及轴瓦 1 两个零部件，“创建接合：刚性（Joint Creation: Rigid）”对话框中“零件 1（Part 1）、零件 2（Part 2）”选项栏随选择自动更新，如图 4-100 所示。

c. 单击“确定（OK）”按钮，在“Applications\机械装置（Mechanisms）\接合（Joints）”节点下生成“刚性. 1（Rigid. 1）（轴承座，轴瓦 1）”，如图 4-101 所示。

图 4-100　“创建接合：刚性”对话框更新显示

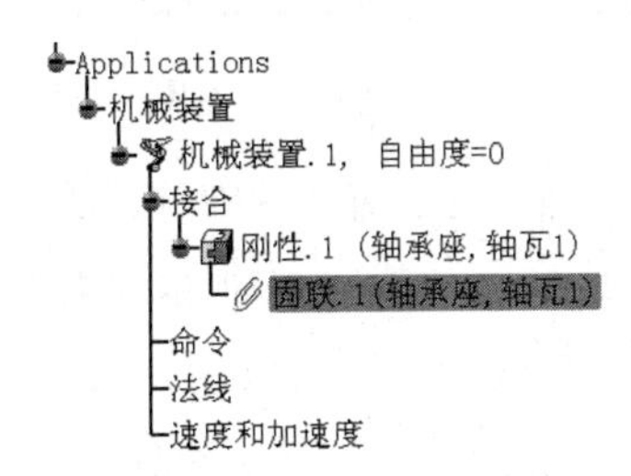

图 4-101　结构树更新显示

4. 6. 3　应用示例

（1）模型准备

打开资源包中的“Exercise\4\4. 6. 2&2. 1&5. 2. 1\4. 6. 3\shizizhouwanxiangjie. CATProduct”，出现十字轴万向节构件。该构件已完成静态装配，并完成除“刚性”外的全部相关运动副的创建，如图 4-102 所示。或自行建立与之类似的可用于说明刚性应用的 3D 模型组件。

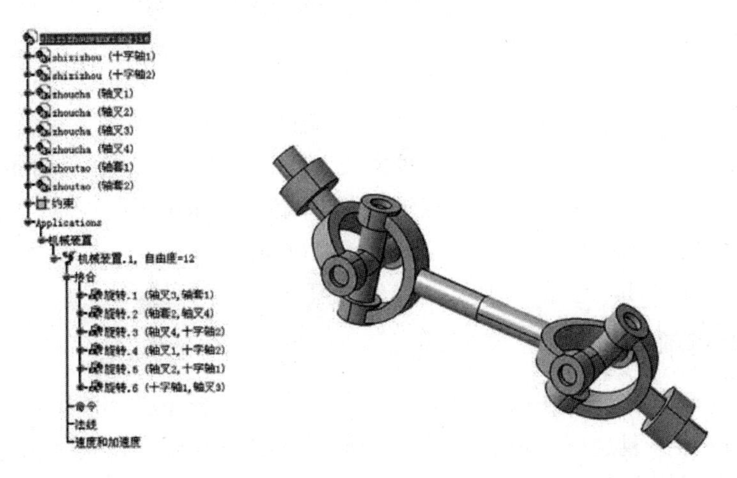

图 4-102　十字轴万向节的静态装配约束及部分运动副创建

运动仿真中的“固定零件（Fixed Part）”命令仅适用于一个零部件，但有时为简化仿真效果的实现，需固定两个以上的零部件。本例“十字轴万向节”需固定“轴套 1”和“轴套 2”，固联“轴叉 1”与“轴叉 2”。

（2）创建刚性接合

① 在“运动接合点（Kinematics Joints）”工具栏中单击“刚性接合（Rigid Joint）”图标，显示“创建接合：刚性（Joint Creation：Rigid）”对话框，如图 4-103 所示。

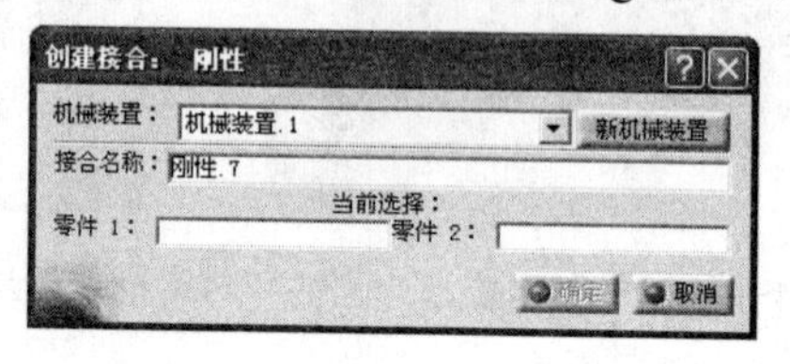

图 4-103 “创建接合：刚性”对话框

② 分别选中“轴套 1”及“轴套 2”两个零部件，“创建接合：刚性（Joint Creation：Rigid）”对话框中“零件 1（Part 1）、零件 2（Part 2）”选项栏随选择自动更新，如图 4-104 所示。单击“确定（OK）”按钮，在“Applications\机械装置（Mechanisms）\接合（Joints）”节点下生成“刚性. 7 （Rigid. 7）（轴套 1，轴套 2）”，结构树中“自由度（DOF）”发生变化，如图 4-105 所示。

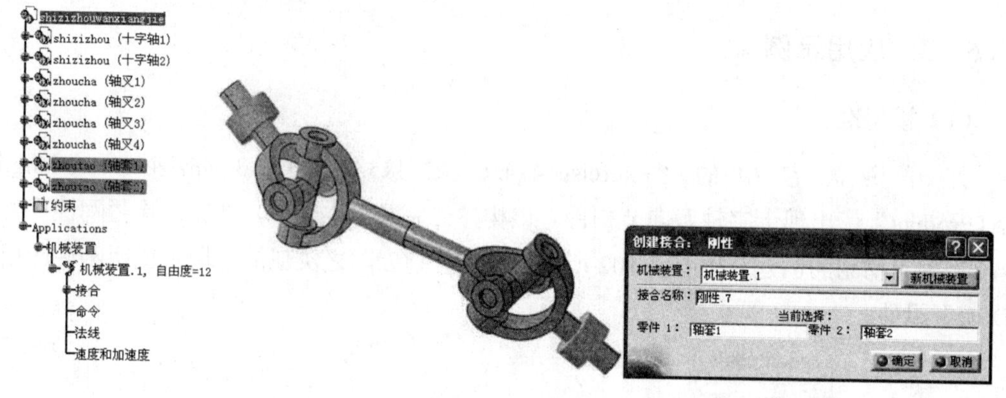

图 4-104 “创建接合：刚性”对话框更新显示

③ 按上述步骤创建“轴叉 1”与“轴叉 2”间的刚性接合。在“Applications\机械装置（Mechanisms）\接合（Joints）”节点下生成“刚性. 8（Rigid.8）（轴套 1，轴套 2）”，结构树中“自由度（DOF）”发生变化，如图 4-106 所示。

在选择固定部件时，选择“轴套 1”或“轴套 2”其一即可。

（3）施加驱动命令

在结构树上双击“旋转. 1（Revolute. 1）（轴叉 3，轴套 1）”，选中对话框中“驱动角度（Angle Driven）”复选框，确认驱动该运动副，“接合限制（Joints Limits）”设定区被激活。同时，在机构上对应该运动副的运动部件上出现运动指示箭头，如图 4-107 所示。

图 4-105　结构树更新显示

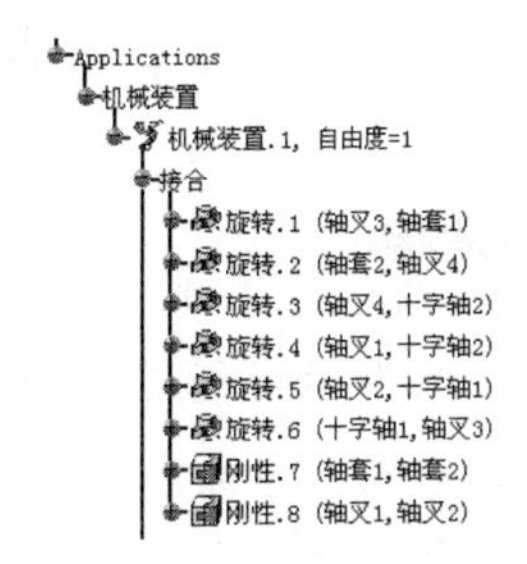

图 4-106　结构树更新显示

单击“确定(OK)”按钮，完成驱动命令的设置，弹出“可以模拟机械装置(The mechanism can be simulated)”信息，（参见图 1-45）。结构树上机械装置的“自由度（DOF）”变为“0”，并在“Applications\机械装置（Mechanisms）\命令（Commands）”节点下显示驱动命令的名称与性质，如图 4-108 所示。

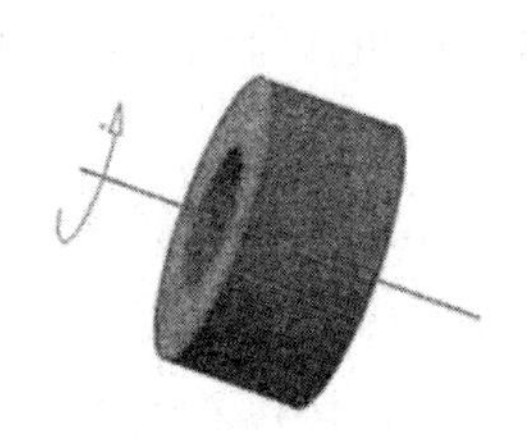

图 4-107　轴套运动形式与方向表示

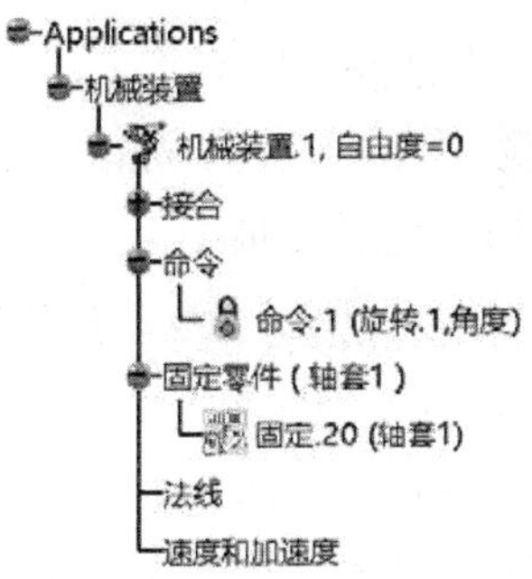

图 4-108　结构树上的驱动命令

（4）运动模拟

在“DMU 运动机构(DMU Kinematics)”→“模拟(Simulation)”工具栏中单击“使用命令模拟”图标，显示“运动模拟-机械装置.1（Kinematics Simulation-Mechanism. 1）”对话框，机构模拟命令被激活（参见图 2-29）。用鼠标拖动滚动条，可以观察到产品中旋转运动副的关联运动。

4. 7　复习与思考

（1）论述关联运动副的种类及可模拟的实际机构。

（2）论述关联运动副的顺序创建法和逆向创建法。

（3）论述 U 形接合与 CV 接合的特点与应用场合。

（4）论述模拟齿、带、链三种传动的运动机构建立方法及注意事项。

（5）论述刚性接合的创建方式及其在运动机构建立过程中的实际应用。

第 5 章　基于轴系的运动副

➢ 本章提要

- 轴系的概念与创建
- 利用“基于轴的接合”创建旋转运动副
- 利用“基于轴的接合”创建棱形运动副
- 利用“基于轴的接合”创建圆柱面/圆柱运动副
- 利用“基于轴的接合”创建 U 形接合
- 利用“基于轴的接合”创建球面运动副

5. 1　基本概念

本章所称的“轴”全称为“轴系”，是指建立在零部件上某一点的三维坐标系。“基于轴的接合（Axis-based Joint）”即指利用该轴系来约束和规定零部件的运动关系，从而构成特定的运动副。同时，在零部件上建立轴系，也是数字样机在运动参数分析过程中的必要环节，用以提供机构运动参数检测和输出的基准。

图 5-1a 为“创建基于轴的接合（Creation Axis-based Joint）”对话框。在创建“新机械装置（New Mechanism）”后，对话框内的“接合类型（Joint Type）”选项栏被激活，如图 5-1b 所示。展开“接合类型（Joint Type）”选项栏，可以看到“基于轴的接合（Axis-based Joint）”可创建“旋转（Revolute）”“棱形（Prismatic）”“圆柱面/圆柱（Cylindrical）”“U 形接合（U Joint）”“球面（Spherical）”5 种运动副。

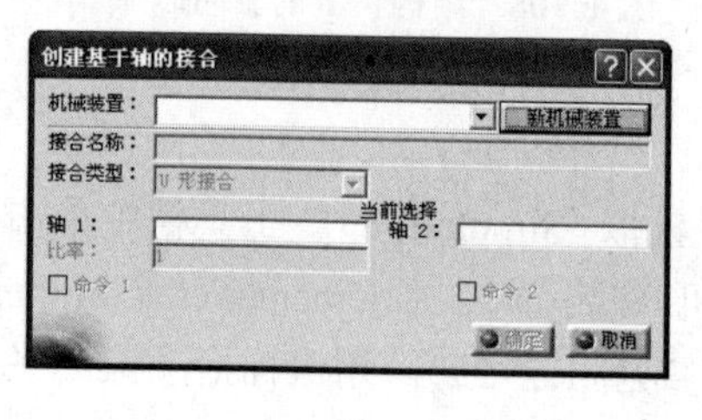

a）

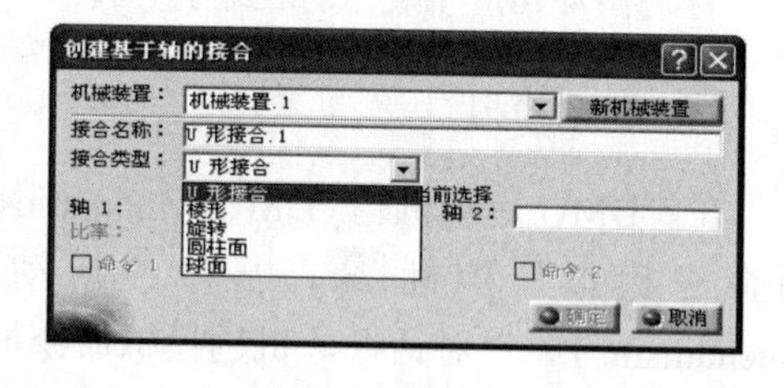

b）

图 5-1　创建基于轴的接合对话框

以上 5 种运动副在使用“基于轴的接合（Axis-based Joint）”的方法创建时，运动副的创建要素均为分属于两零部件上的两个轴系。系统根据用户操作过程中在“接合类型（Joint Type）”选项栏中所选择的目标运动副的特点，以轴系的不同相合方式约束相关零部件的位置，并通过释放以轴系为基准的一个或若干个自由度，从而在两零部件之间建立起对应目标选项的运动关系。

使用“基于轴的接合（Axis-based Joint）”的方法创建运动副时，轴系的相合方式及

以轴系为基准的自由度释放情况如下：

“U 形/通用接合（U Joint）”：相关零部件轴系的原点相合，并释放零部件各自轴线的旋转自由度；

“棱形（Prismatic）”运动副：相关零部件轴系的 z 轴相合，x 轴、y 轴分别平行，释放 z 轴的轴向移动自由度；

“旋转（Revolute）”运动副：相关零部件轴系的原点与 z 轴相合，x 轴、y 轴任意方向，释放 z 轴的旋转自由度；

“圆柱面/圆柱（Cylindrical）”运动副：相关零部件轴系的 z 轴相合，x 轴、y 轴任意方向，且同时释放 z 轴的旋转与轴向移动自由度；

“球面（Spherical）”接合：相关零部件轴系的原点相合，并且释放全部坐标轴的旋转自由度。

5. 2　轴系的创建

5. 2. 1　模型准备

打开资源包中的“Exercise\5\5. 2. 1&2. 1&4. 6. 2\huadongzhoucheng. CATProduct”滑动轴承组件（参见图 2-1）。

进入“开始（Start）”→“机械设计（Mechanical Design）”→“装配件设计（Assembly Design）”工作台，完成滑动轴承的静态装配，如图 5-2 所示。

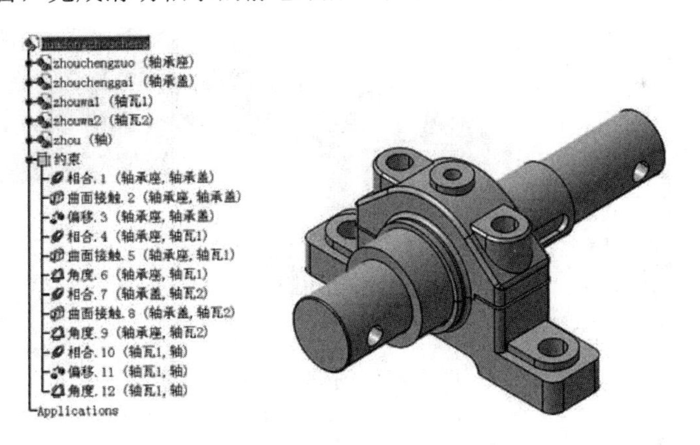

图 5-2　静态装配及约束

5. 2. 2　创建原点

构成运动副的两个构件在完成静态装配后，若其三维坐标面完全重合，且能够保证完成建立的运动机构能够按预期的设定方式运动，则所插入的轴系以默认的“坐标面原点”为“轴系原点”，而不需要另外构建点；已完成静态装配但两坐标系中心不重合的实体零件，或存在实际模拟状况的需要，则应根据实际情况构建轴系原点，适当选择“轴系原点”

坐标值。“轴系原点”的构建可参见 3.1.2 中“（2）构建点线要素”。

本旋转实例中，相关零件虽在完成静态装配后两零件的三维坐标面完全重合，但对于“基于轴的接合（旋转）”的两个轴系，在运动过程中默认 z 轴为旋转轴且当轴系位置不确定时进行调整会改变轴系的初位置，就不能保证完成建立的运动机构能够按预期的设定方式运动。解决的办法是构建点，即确定轴系的位置后再进行适当调整。若直接插入轴系而没有调整 z 轴为旋转轴会出现如图 5-3 所示的非预期运动现象，故应分别在“轴”及“轴瓦 1”两个零件上构建点，如图 5-4 所示。

⚠【注意】：*原点的创建位置决定了零部件之间的相对运动位置或运动起始位置。*

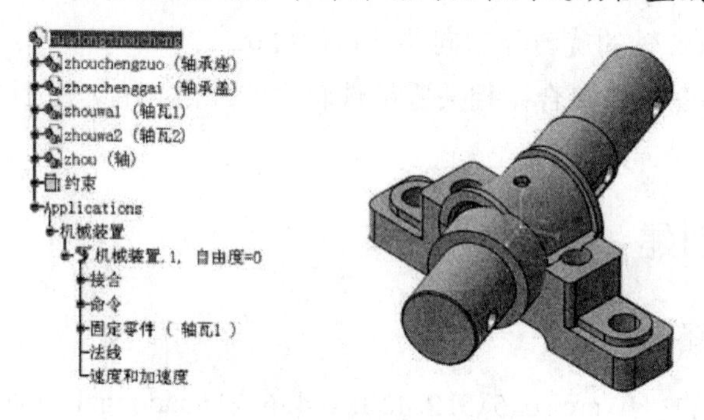

图 5-3　非预期位置

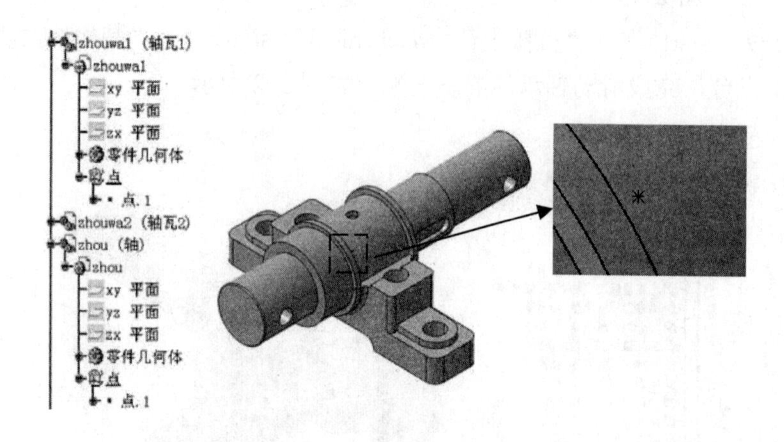

图 5-4　显示的构建点

5.2.3　插入轴系

在工作窗口的 3D 组件中双击“轴瓦 1”，切换至针对“轴瓦 1”的“零件设计（Part Design）”工作台。选择菜单栏中“插入（Insert）”下拉菜单中的“轴系...（Axis System...）”，显示“轴系定义（Axis System Definition）”对话框，如图 5-5 所示。可在“轴系类型（Axis System Type）”栏中选择轴系类型，本例为“标准”。对应“原点（Origin）”选项栏选择已构建的“点 1”，这时“轴瓦 1”上显示“轴系原点”在“点 1”上的坐标轴，如图 5-6 所示。可以看出 z

轴并不在机构旋转运动的轴线方向上，需进行调整。

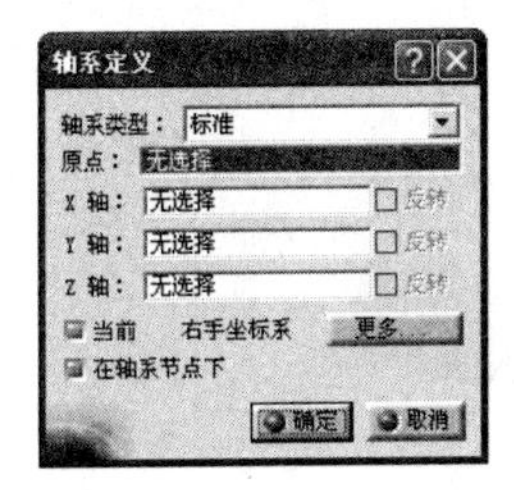

图 5-5　轴系定义对话框

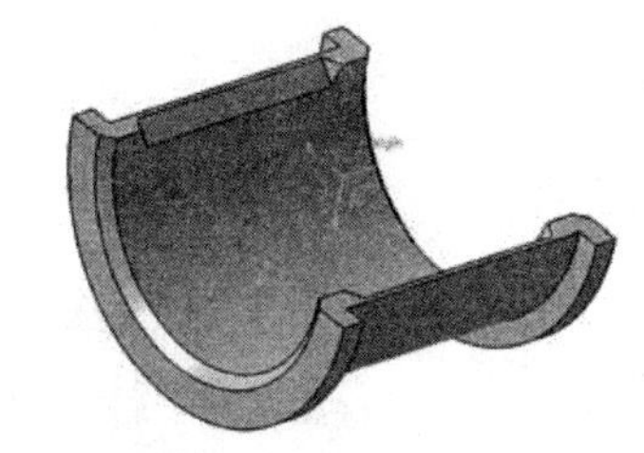

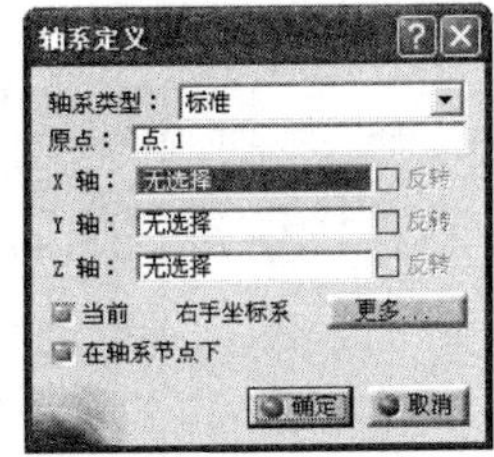

图 5-6　轴瓦 1 组件显示轴系

在如图 5-6 所示的“轴系定义（Axis System Definition）”对话框中激活“z 轴：”后的选项栏，在模型上选择与旋转运动的轴线方向相同的直线，如图 5-7 所示。调整完成后“轴系定义（Axis System Definition）”对话框及轴系更新显示，如图 5-8 所示。

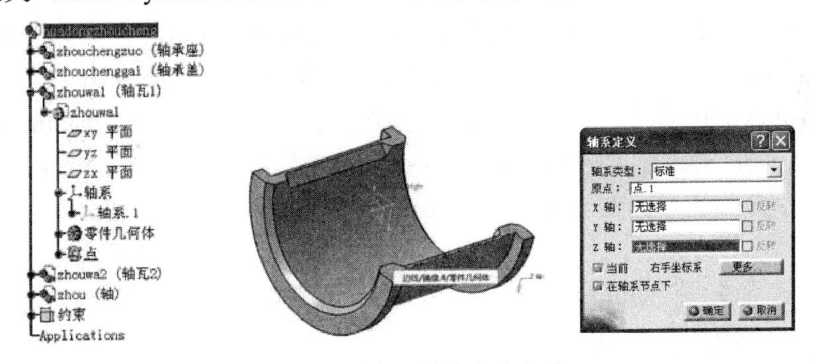

图 5-7　选择同轴线方向直线

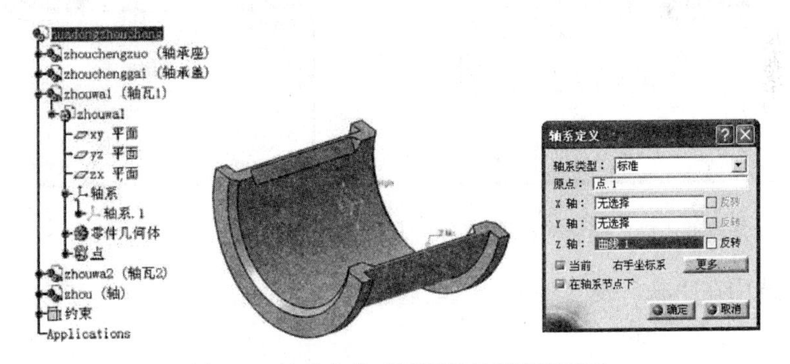

图 5-8　轴系定义对话框及轴系更新显示

按上述步骤创建“轴”的轴系，结构树及轴系如图 5-9 所示。

MOOC

5. 3　基于轴接合的运动机构

5. 3. 1　旋转

（1）创建旋转运动副

采用上节已建立轴系的滑动轴承组件。

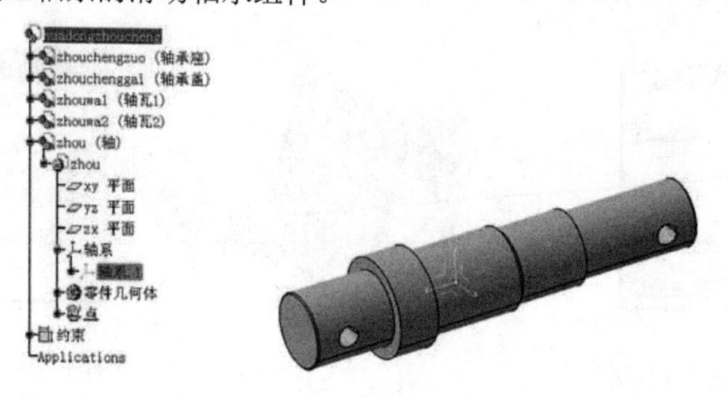

图 5-9 轴上的轴系

🔍【重点】：针对“基于轴的接合（旋转）”的运动副，其轴系的正确创建应满足两原点相合位于旋转机构的轴线上，且两个轴系的 z 轴与旋转方向垂直。

① 切换至“开始（Start）”→“数字化装配（Digital Mockup）”→“DMU 运动机构（DMU Kinematics）”工作台。在“DMU 运动机构（DMU Kinematics）”→“运动接合点（Kinematics Joints）”工具栏中单击“基于轴的接合（Axis-based Joint）”图标，显示“创建基于轴的接合（Creation Axis-based Joint）”对话框，单击“新机械装置（New Mechanism）”，创建“机械装置. 1（Mechanism. 1）”，对话框更新显示，如图 5-10 所示。

② 在“接合类型（Joint Type）”选项栏中选择目标运动副类型，本例为“旋转（Revolute）”，如图 5-11 所示。

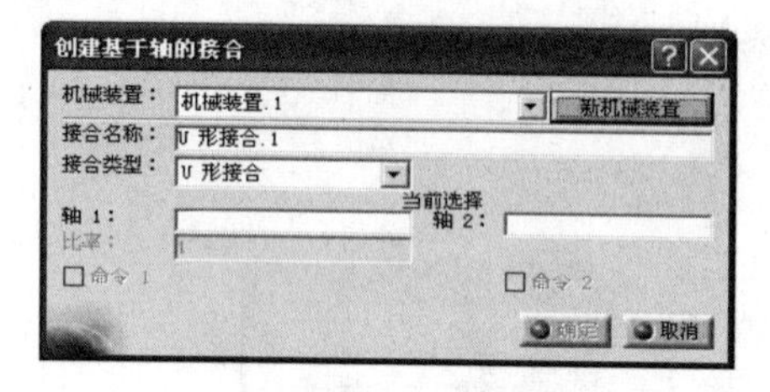

图 5-10 创建基于轴的接合对话框

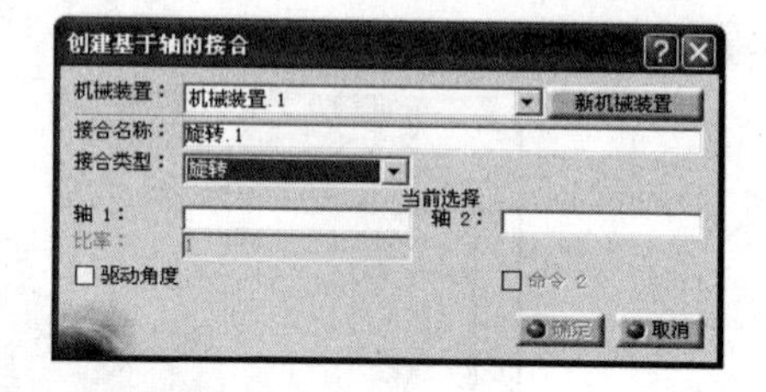

图 5-11 选择接合类型

③ 分别选中在“轴”及“轴瓦 1”上创建的两个轴系，对话框更新显示，如图 5-12 所示。

④ 单击“确定（OK）”按钮，完成“基于轴的接合（旋转）”运动副的创建，在结构树上可以看到“Applications\机械装置（Mechanisms）\接合（Joints）”节点下生成“旋转. 1（Revolute. 1）（轴瓦 1，轴）”，如图 5-13 所示。

（2）机构驱动

参见“2. 1. 3 机构驱动”，运动机构建立完成后如图 5-14 所示。

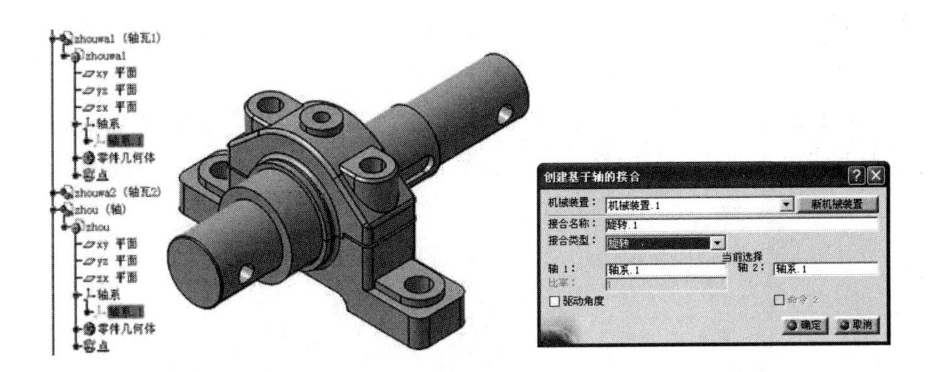

图 5-12　选择轴系

Applications
机械装置
机械装置.1，自由度=1
接合
旋转.1（轴瓦1，轴）
相合.13（轴瓦1，轴）
偏移.14（轴瓦1，轴）
命令
法线
速度和加速度

图 5-13　结构树上生成旋转运动副

图 5-14　完成运动机构创建

5. 3. 2　棱形

MOOC

（1）创建轴系

打开资源包中的滑轨刀架组件（Exercise\5\5. 3. 2&2. 2\huaguidaojia. CATProduct），参见图 2-14，或自行建立与之类似的可用于创建棱形运动副的 3D 模型组件。

进入“开始（Start）”→“机械设计（Mechanical Design）”→“装配件设计（Assembly Design）”工作台，完成滑轨刀架的静态装配。

【重点】：针对“基于轴的接合（棱形）”的运动副，其轴系的正确创建应满足两原点相合，且两个轴系的 z 轴与运动方向平行或重合。

参见“5.2.2 创建原点”及“5.2.3 插入轴系”，在“滑轨”上构建点（0，80，0），并以此点为坐标中心创建一个轴系，同时调整 z 轴为运动方向所在轴，如图 5-15 所示。

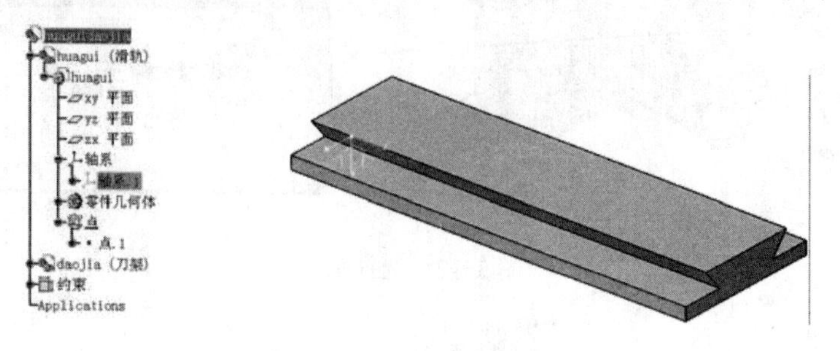

图 5-15　滑轨上的轴系

本节所选实例中两零件的三维坐标平面虽重合但名称并不完全对应，同样需对“刀架”进行构建点并对创建轴系进行调整，调整方式参见“5.2.3 插入轴系”。点坐标为（-30，0，0），即保证两轴系完全重合。这样“刀架”以“滑轨”端面为运动起始点，完成后结构树及机构中的轴系如图 5-16 所示。

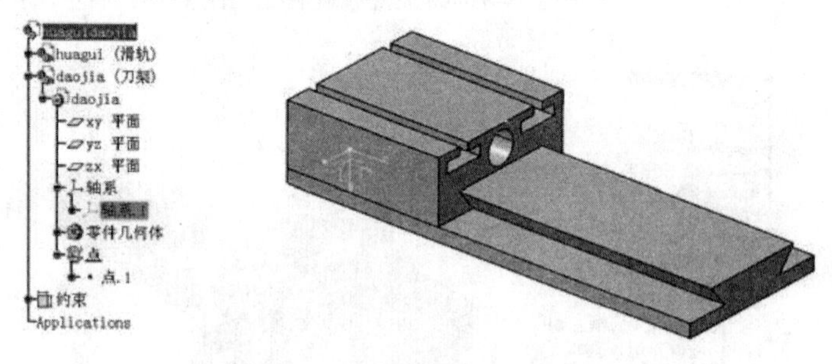

图 5-16　工作界面显示轴系

如不调整所创建两轴系各轴方向相同且以 z 轴为运动方向，则运动副创建完成后会出现“因过分约束而无法创建接合（The creation of the Joint is impossible because the mechanism is over-constraint）”的提示或在删除部分约束后机构并不能按预想效果运动，如图 5-17 所示。

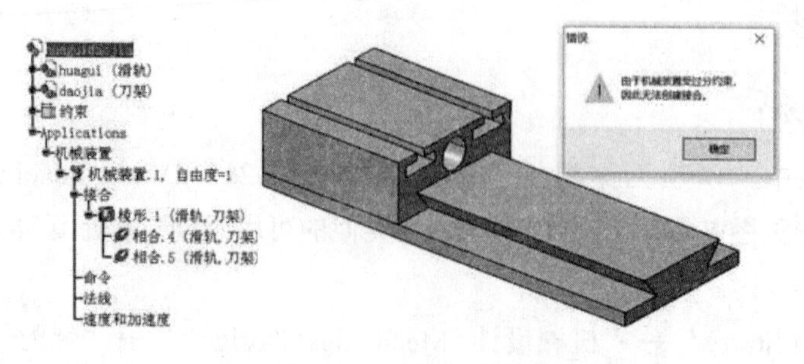

图 5-17　非预期位置

⚠【注意】：对于未完成静态装配的“基于轴的接合（棱形）”的 3D 模型组件，机构完成创建机械装置后将自动归位，使 z 轴重合的状态为运动初始位置。

（2）创建棱形运动副

① 切换至“开始（Start）”→“数字化装配（Digital Mockup）”→“DMU 运动机构（DMU Kinematics）”工作台。在“DMU 运动机构（DMU Kinematics）”→“运动接合点（Kinematics Joints）”工具栏中单击“基于轴的接合（Axis-based Joint）”图标，显示“创建基于轴的接合（Creation Axis-based Joint）”对话框，单击“新机械装置（New Mechanism）”，创建“机械装置. 1（Mechanism. 1）”，对话框更新显示（参见图 5-10）。

② 在“接合类型（Joint Type）”选项栏中选择目标运动副，本例为“棱形（Prismatic）”，如图 5-18 所示。

③ 选中在“滑轨”及“刀架”上创建的两个轴系，对话框更新显示，如图 5-19 所示。

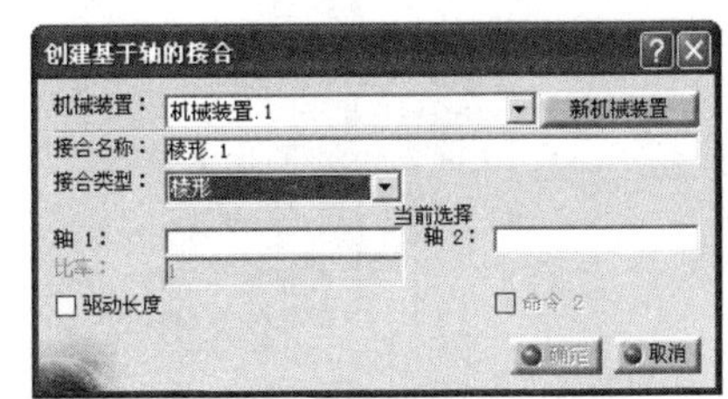

图 5-18　选择接合类型

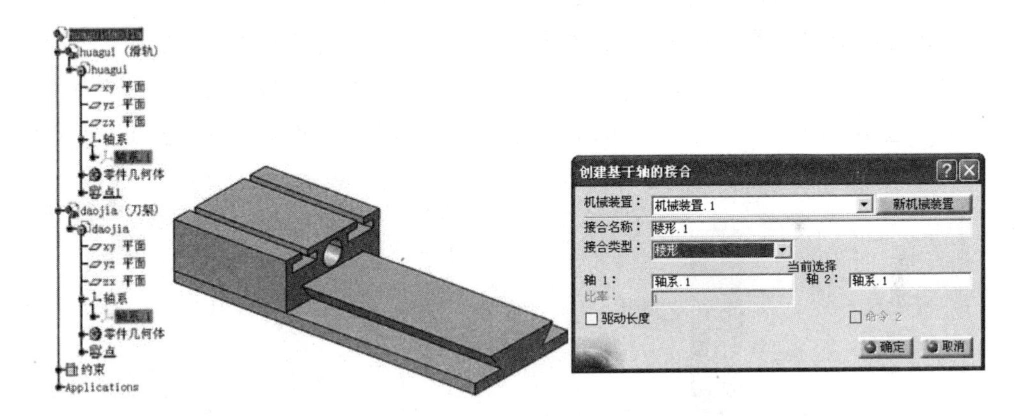

图 5-19　选择轴系

④ 单击“确定（OK）”按钮，完成“基于轴的接合（棱形）”的运动副的创建，在结构树上可以看到棱形运动副“棱形. 1（Prismatic. 1）（滑轨，刀架）”在“Applications\机械装置（Mechanisms）\接合（Joints）”节点下显示，如图 5-20 所示。

（3）机构驱动

参见“2. 2. 3 机构驱动”，运动机构建立完成后结构树如图 5-21 所示。

5. 3. 3　圆柱

（1）创建轴系

打开资源包中的钻床摇臂组件（Exercise\5\5. 3. 3&2. 3\zuanchuangyaobi. CATProduct），参见图 2-30，或自行建立与之类似的可用于创建圆柱运动副的 3D 模型组件。

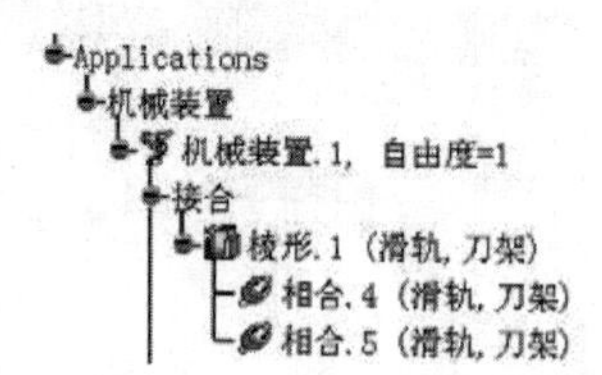

图 5-20　结构树生成棱形运动副

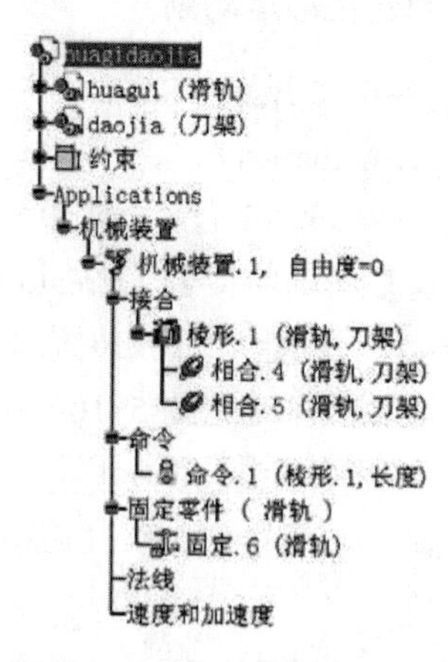

图 5-21　基于轴的棱形运动副

进入“开始（Start）”→“机械设计（Mechanical Design）”→“装配件设计（Assembly Design）”工作台，完成钻床摇臂的静态装配。

【重点】：针对“基于轴的接合（圆柱）”的运动副，其轴系的正确创建应使两坐标原点共同位于机构圆柱副的中心轴线上，且轴系的 z 轴与圆柱副的运动中心轴重合。

本节所选实例中两零件圆柱运动副的中心轴与三维坐标平面存在一定距离，如图 5-22 所示，故需要调整底座及摇臂两零件的轴系原点坐标值。

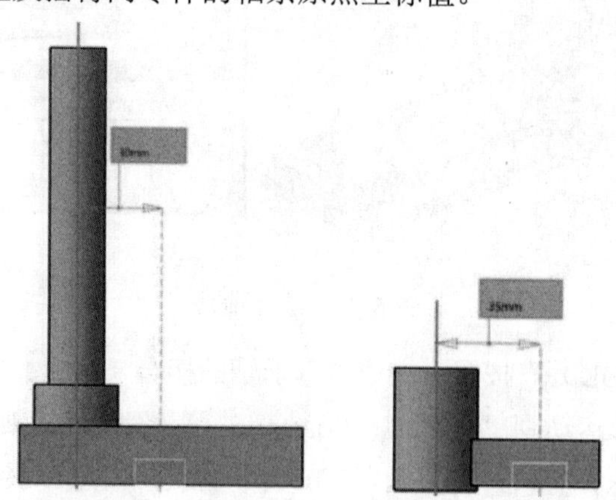

图 5-22　距离值显示

参见“5. 2. 2 创建原点”及“5. 2. 3 插入轴系”，在底座上构建坐标值为（30，0，0）的点，并以此点为原点创建一个轴系，同时调整 z 轴为运动方向所在轴。

同样，对摇臂构建点并对创建轴系进行调整，点坐标为（0，-35，0）。完成后结构树及机构中的轴系如图 5-23 所示。

本例若不构建点，则运动副创建完成后会出现“因过分约束而无法创建接合（The

creation of the Joint is impossible because the mechanism is over-constraint）”的提示或在删除部分约束后机构并不能按预期效果运动，如图 5-24a 所示。若不使 z 轴与圆柱副的中心轴重合，则会出现非预想效果运动，如图 5-24b、c 所示。

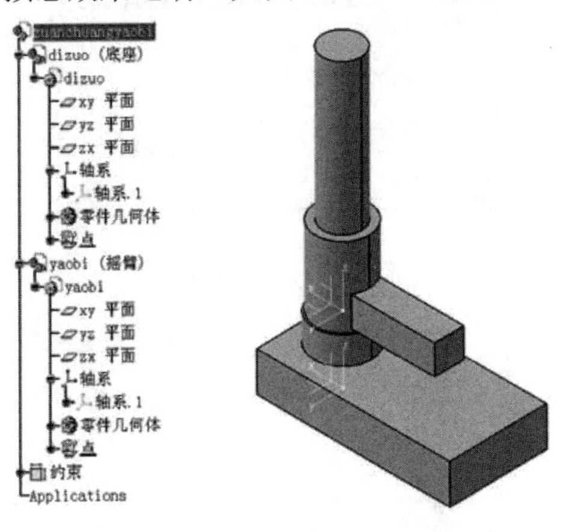

图 5-23　机构生成轴系

⚠【注意】：对于未完成静态装配的“基于轴的接合（圆柱）”的 3D 模型组件，机构完成创建机械装置后将自动归位，使 z 轴重合的状态为运动初始位置。

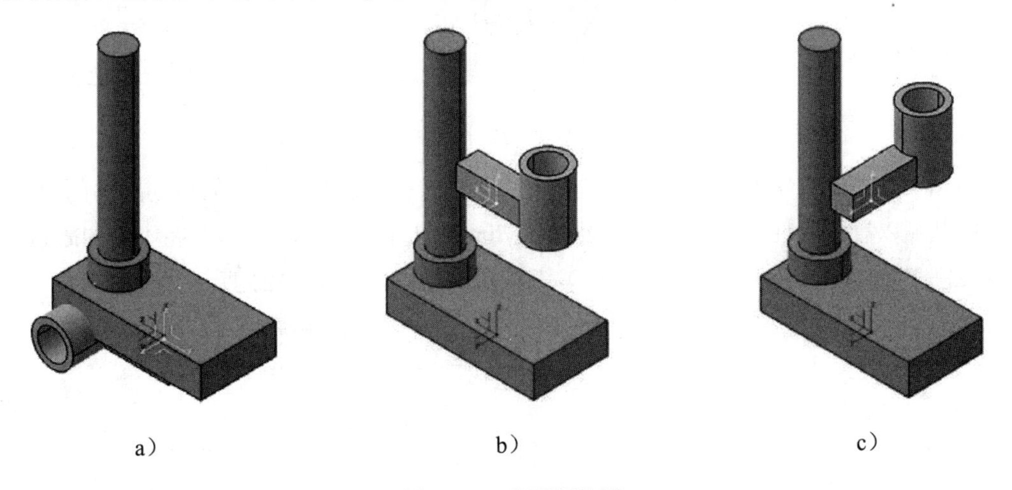

a）　　b）　　c）

图 5-24　非预期位置

（2）创建圆柱运动副

① 切换至“开始（Start）”→“数字化装配（Digital Mockup）”→“DMU 运动机构（DMU Kinematics）”工作台。在“运动机构（DMU Kinematic）”→“运动接合点（Kinematics Joints）”工具栏中单击“基于轴的接合（Axis-based Joint）”图标，显示“创建基于轴的接合（Creation Axis-based Joint）”对话框，单击“新机械装置（New Mechanism）”，创建“机械装置. 1（Mechanism. 1）”，对话框更新显示（参见图 5-10）。

② 在“接合类型（Joint Type）”选项栏中选择目标运动副，本例为“圆柱（Cylindrical）”，如图 5-25 所示。

③ 分别选中在“底座”及“摇臂”上创建的两个轴系，对话框更新显示，如图 5-26 所示。

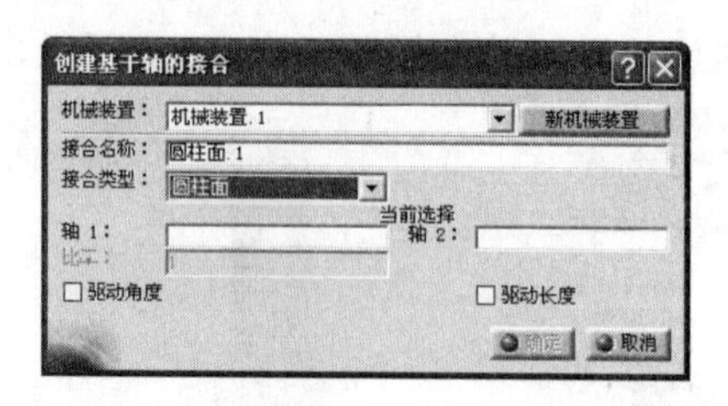

图 5-25　选择接合类型

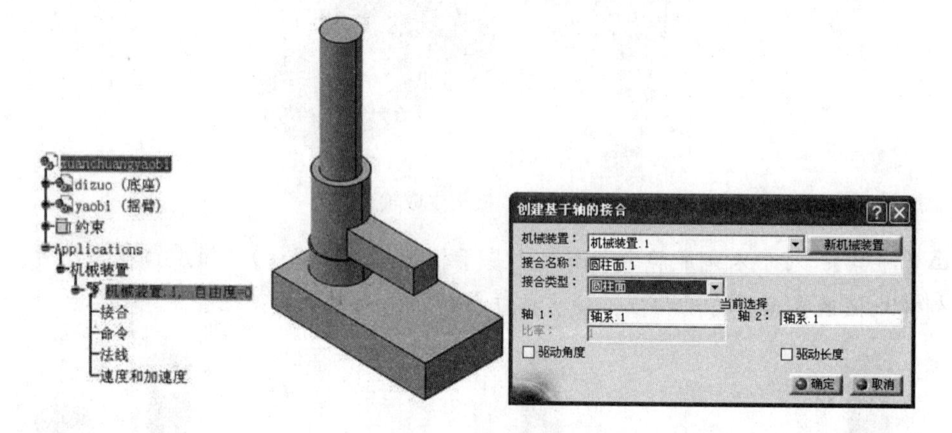

图 5-26　选择轴系

④ 单击“确定（OK）”按钮，完成“基于轴的接合（圆柱）”的运动副的创建，在结构树上可以看到圆柱运动副“圆柱面. 1（Cylindrical. 1）（底座，摇臂）”在“Applications\机械装置（Mechanisms）\接合（Joints）”节点下显示，如图 5-27 所示。

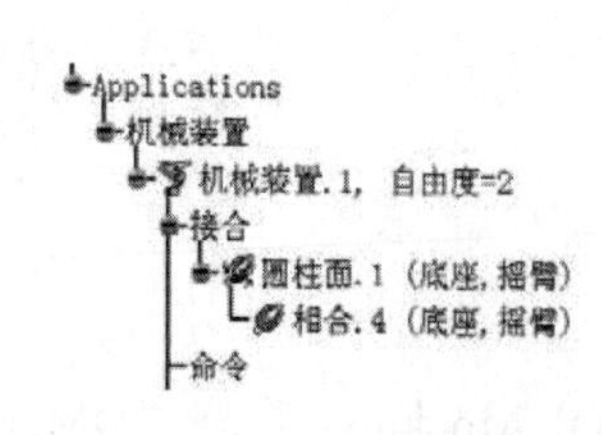

图 5-27　结构树生成圆柱运动副

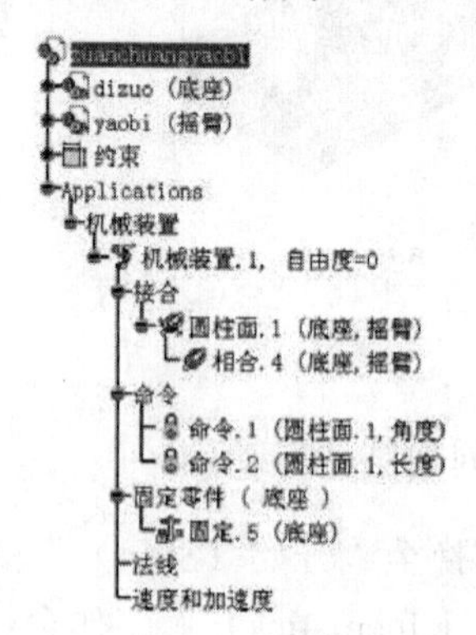

图 5-28　基于轴的圆柱运动副

（3）机构驱动

参见“2.3.3 机构驱动”，运动机构建立完成后如图 5-28 所示。

5．3．4　U 形接合

（1）创建轴系

打开资源包中的 U 形接合组件（Exercise\5\5. 3. 4&4. 1\Uxingjiehe. CATProduct），参见图 4-1；或自行建立与之类似的可用于创建 U 形接合的 3D 模型组件。

进入“开始（Start）”→“机械设计（Mechanical Design）”→“装配件设计（Assembly Design）”工作台，完成 U 形接合组件的静态装配。

【重点】：针对“基于轴的接合（U 形接合）”，其轴系的正确创建只需使两坐标原点重合。这就需要找到机构中“轴 1”与“轴 2”两轴线的交点。

转至“轴 1”的“零件设计（Part Design）”工作台，在结构树上选中“xy 平面”，进入“草图设计（Sketch）”工作台，分别用两条直线绘制出“轴 1”及“轴 2”的轴线，如图 5-29 所示。

【技巧】：若所绘制轴线的位置不容易确定，可通过尺寸约束、位置约束等方式进行定位。

在“轮廓（Profile）”→“点（Point）”工具栏中单击“相交点（Cross Point）”图标，分别选中已绘制的两直线，此时在两直线相交处生成交点，如图 5-30 所示。

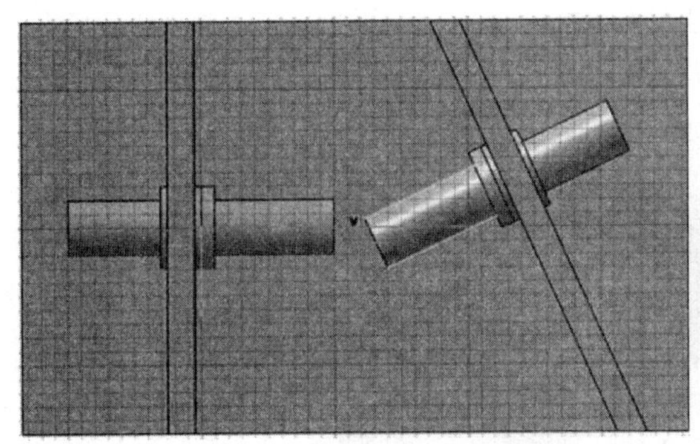

图 5-29　绘制直线

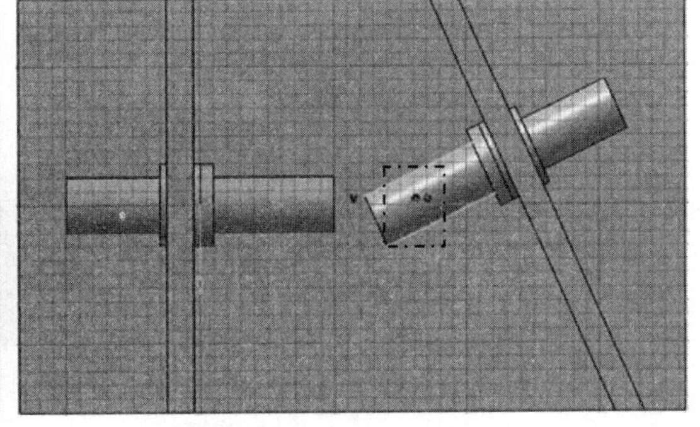

图 5-30　生成交点

利用“快速修建（Quick Trim）”修整草图，只保留所生成的点，完成后退出草图工作台，如图 5-31 所示，结构树相应生成“草图. 3（Sketcher. 3）”，即为将创建的两轴系的公共原点。采用相同的方法在“轴 2”上构建一个同位置的点，如图 5-32 所示。

参见“5. 2. 3　插入轴系”，分别以已构建的两个点为“轴系原点”创建“轴系 1”及“轴系 2”的轴系，完成后如图 5-33 所示。

※**【提示】**：“基于轴的接合（U 形接合）”释放零部件各自轴线的旋转自由度，因此无需定义轴系方向，默认即可。

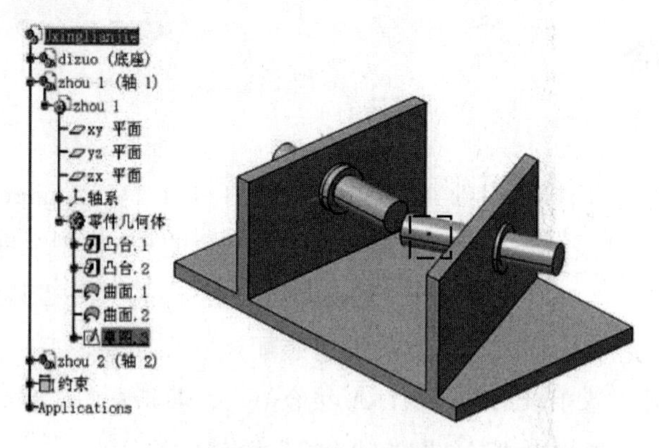

图 5-31　轴 1 的构建点

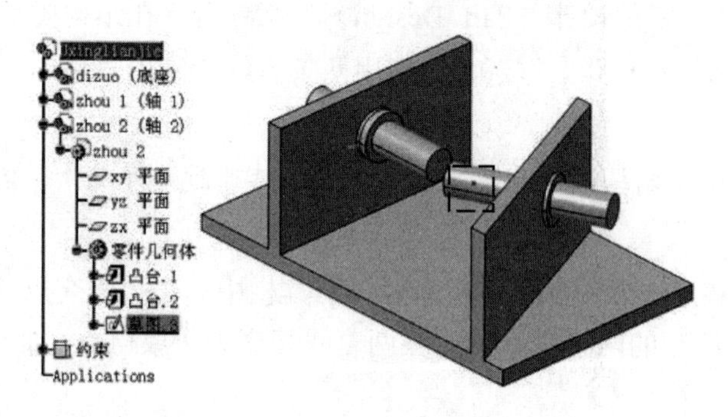

图 5-32　轴 2 的构建点

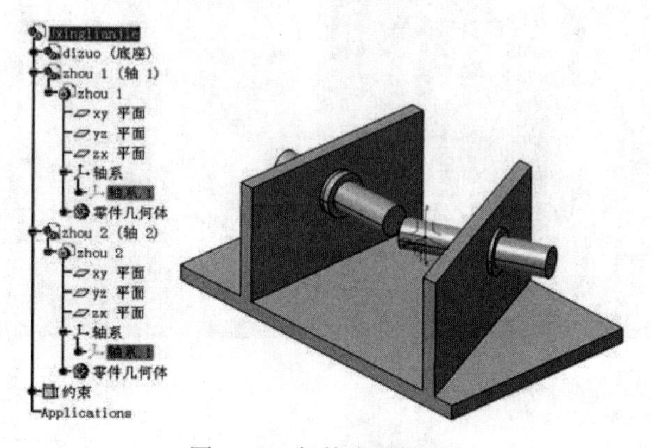

图 5-33　机构生成轴系

（2）创建 U 形接合

① 切换至“开始（Start）”→“数字化装配（Digital Mockup）”→“DMU 运动机构（DMU Kinematics）”工作台。在“DMU 运动机构（DMU Kinematics）”→“运动接合点（Kinematics Joints）”工具栏中单击“基于轴的接合（Axis-based Joint）”图标，显示“创建基于轴的接合（Creation Axis-based Joint）”对话框，单击“新机械装置（New Mechanism）”，创建“机械装置（Mechanism）”，对话框更新显示（参见图 5-10）。

② 在“接合类型（Joint Type）”选项栏中选择接合类型，本例为对话框默认的“U

形接合（U Joint）”。

③ 选中在“轴 1”及“轴 2”上创建的两个轴系，对话框更新显示，如图 5-34 所示。

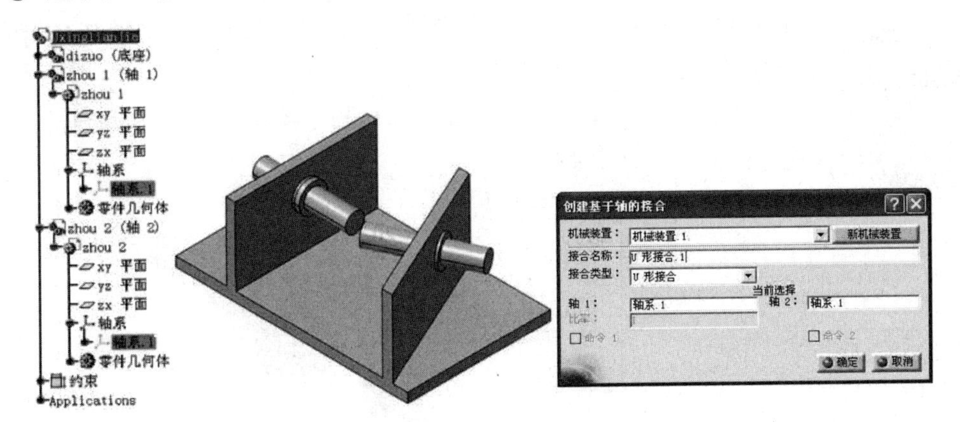

图 5-34　选择轴系

④ 单击“确定（OK）”按钮，完成“基于轴的接合（U 形接合）”的创建，在结构树上可以看到 U 形接合“U 形接合.1（U Joint.1）”在“Applications\机械装置（Mechanisms）\接合（Joints）”节点下显示，如图 5-35 所示。

参见“4.1.2 运动副的创建”，分别完成“轴 1”“轴 2”与“底座”轴孔间旋转运动副的创建。

（3）机构驱动

参考“4.1.3 机构驱动”，运动机构建立完成后如图 5-36 所示。

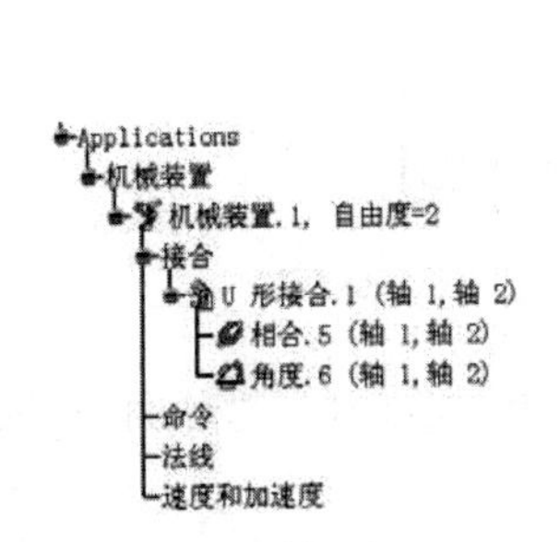

图 5-35　结构树生成 U 形接合

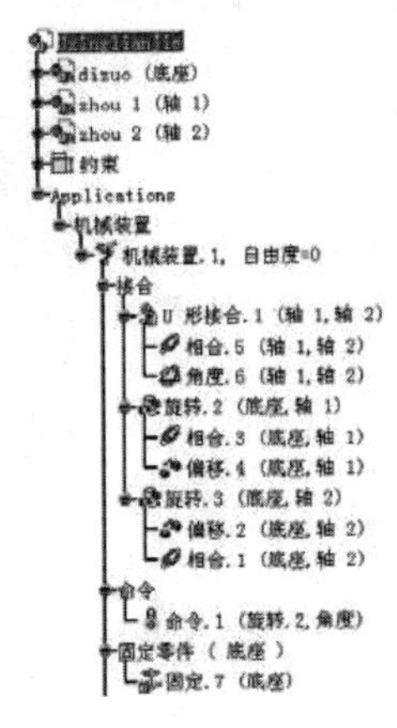

图 5-36　基于轴的 U 形接合

5.3.5　球面

（1）创建轴系

打开资源包中的球万向节组件（Exercise\5\5.3.5&2.5\qiuwanxiangjie.CATProduct），

参见图 2-61；或自行建立与之类似的可用于创建球万向节的 3D 模型组件。

本实例中球头、球孔两零部件的坐标平面原点与球心重合，故可采用直接创建轴系而不用构建点。参见“5. 2. 3 插入轴系”，创建球头及球孔的轴系，完成后如图 5-37 所示。

※【提示】：“基于轴的接合（球面）”释放全部方向的旋转，因此无需规定轴系的方向，默认即可。

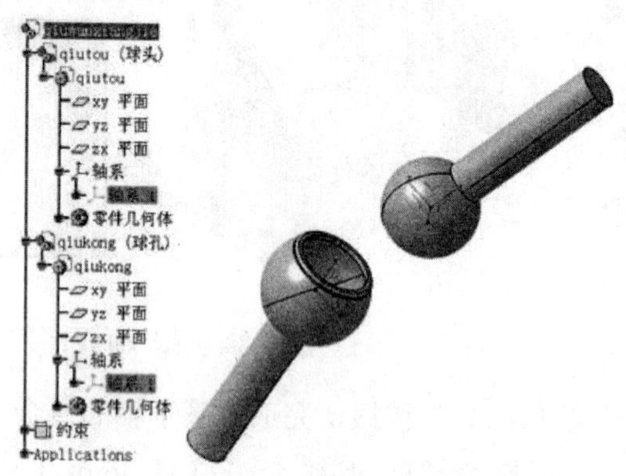

图 5-37　机构生成轴系

（2）创建球面运动副

① 切换至“开始（Start）”→“数字化装配（Digital Mockup）”→“DMU 运动机构（DMU Kinematics）”工作台。在“DMU 运动机构（DMU Kinematics）”→“运动接合点（Kinematics Joints）”工具栏中单击“基于轴的接合（Axis-based Joint）”图标，显示“创建基于轴的接合（Creation Axis-based Joint）”对话框，单击“新机械装置（New Mechanism）”，创建“机械装置. 1（Mechanism. 1）”，对话框更新显示（参见图 5-10）。

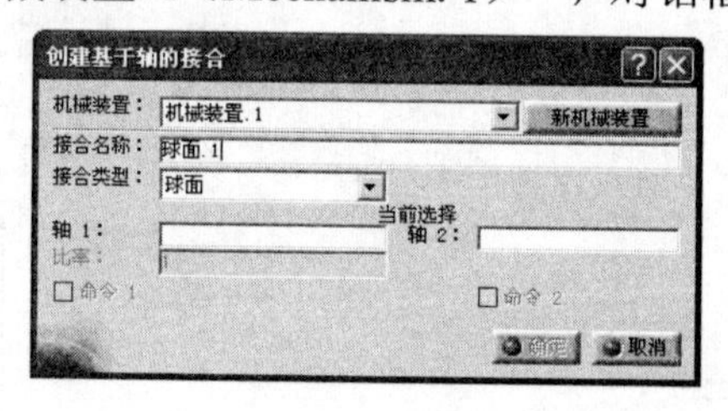

图 5-38　选择接合类型

② 在“接合类型（Joint Type）”选项栏中选择接合类型，本例为“球面（Spherical）”，如图 5-38 所示。

③ 分别选中在“球头”及“球孔”上所创建的两个轴系，对话框更新显示，如图 5-39 所示。

④ 单击“确定（OK）”，完成“基于轴的接合（球面）”的运动副的创建，两零件被约束在一起，在结构树上可以看到球面副“球面. 1（Spherical. 1）（球头，球孔）”在“Applications\机械装置（Mechanisms）\接合（Joints）”节点下显示，如图 5-40 所示。

球面运动副创建完成，如图 5-41 所示。

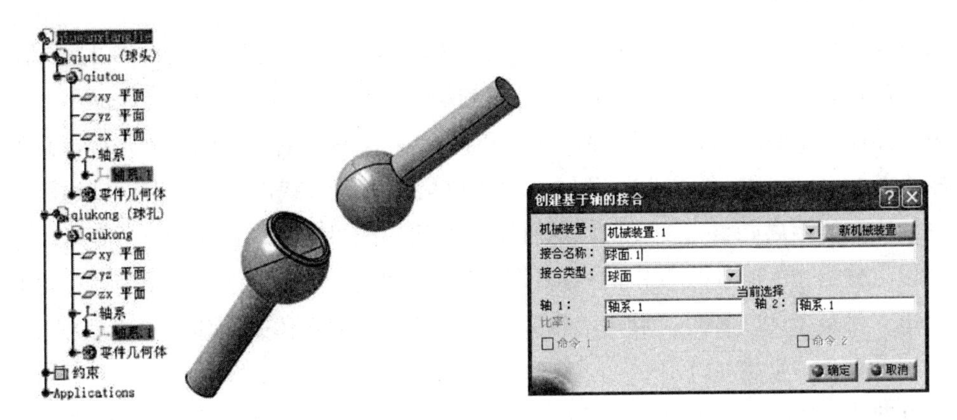

图 5-39　选择轴系

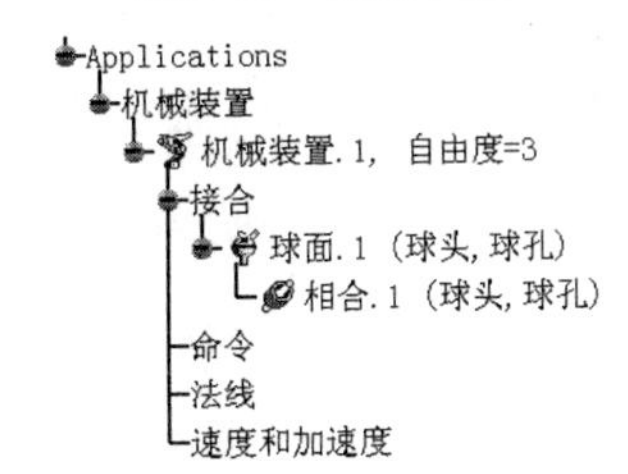

图 5-40　结构树上生成球面运动副

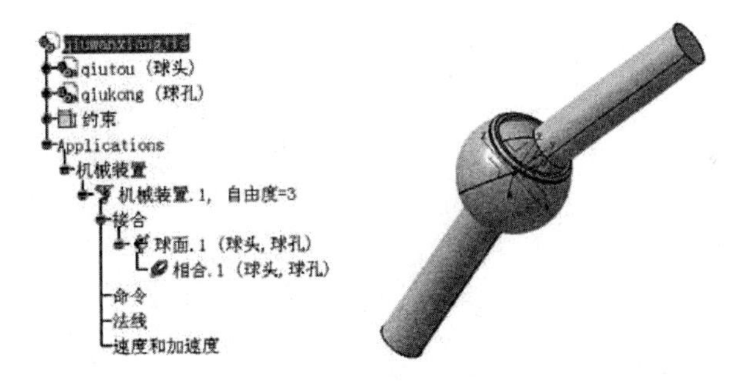

图 5-41　基于轴接合的球面运动副

5.4　应用示例

打开资源包中的“Exercise\5\5.4\Roller.CATProduct”，出现锥螺旋轨道滚动体组件，如图 5-42 所示。

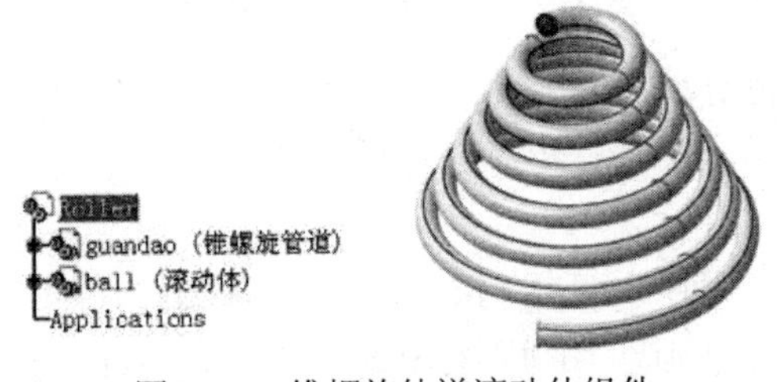

图 5-42　锥螺旋轨道滚动体组件

5. 4. 1 模型运动分析

该锥螺旋轨道滚动体运动机构模拟实现“滚动体”在“锥螺旋管道”中的运动，其中与之相关的运动副分析如下：滚动体沿轨道的运动构成“点曲线（Point Curve）”运动副；滚动体在规定轨道内既有从上到下的轴向运动，又有沿着轨道的螺旋运动，这两种运动构成“圆柱（Cylindrical）”运动副；因轨道呈锥螺旋形状，滚动体在运动过程中与轨道的中轴线间的距离始终是变化的，这种距离变化构成“棱形（Prismatic）”运动副。

经以上分析可知，实现规定的运动需要三个运动副，但模型组件中只有两个零件，这就需要建立“参考体”零件，利用“轴系”不依赖于零件实体来创建相关运动副。

各运动副创建要素如下：

“点曲线（Point Curve）”运动副：“滚动体”上一点/形成“锥螺旋管道”的螺旋线；“圆柱（Cylindrical）”运动副：“参考体”轴系/“锥螺旋管道”中心轴；“棱形（Prismatic）”运动副：“滚动体”轴系/“参考体”轴系。创建要素及运动副如图 5-43。

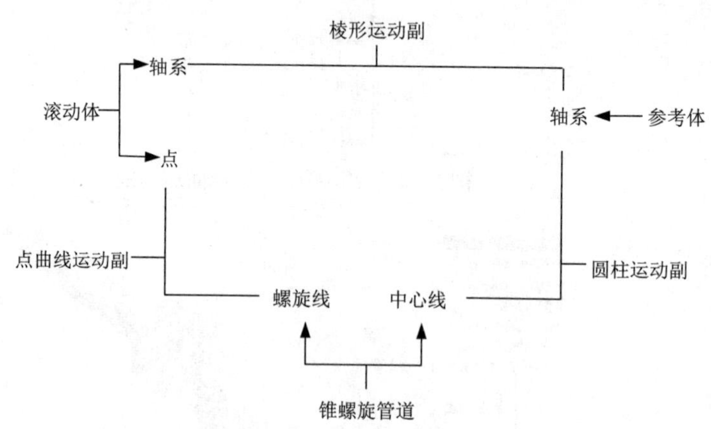

图 5-43 创建要素及运动副关系详图

5. 4. 2 运动副的创建

（1）构建参考体

切换至“开始（Start）”→“机械设计（Mechanical Design）”→“装配件设计（Assembly Design）”工作台。选择菜单栏“插入（Insert）”下拉菜单中的“新建零件（New Part）”，为锥螺旋轨道模型组件加入一个坐标平面与滚动体坐标平面相同的新零件，通过“属性（Property）”更名为“参考体”，如图 5-44 所示。

（2）创建点曲线运动副

① 构建点

在工作窗口的 3D 模型组件中双击“滚动体”，切换至“零件设计（Part Design）”工作台。点的构建方法参见 3. 1. 2 中 2 构建点线要素”，该点坐标值为 (0, 0, 0)，如图 5-45 所示。

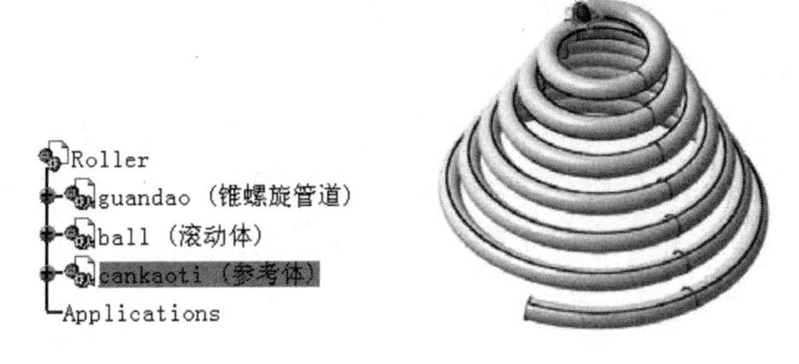

图 5-44　构建参考体

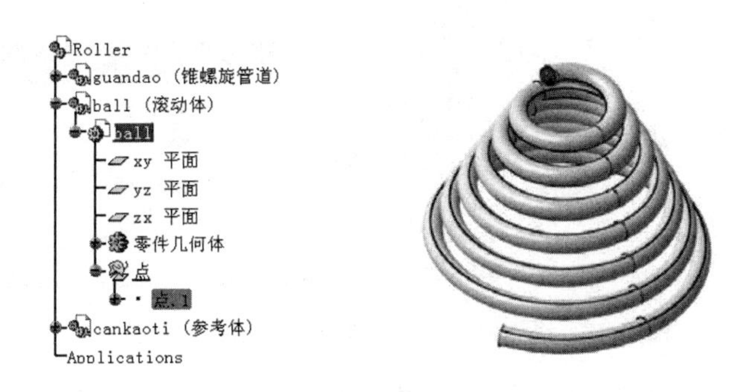

图 5-45　生成点要素

② 构建线

本例中，锥螺旋管道为圆沿螺旋线扫描而成，螺旋线起始点与滚动体中心点位置相同，因此可以利用生成锥螺旋管道几何实体的螺旋线作为“线”要素。

双击“锥螺旋管道”，转至针对“锥螺旋管道”的“零件设计（Part Design）”工作台，在结构树中显示处于隐藏状态的“螺旋线”，如图 5-46 所示。

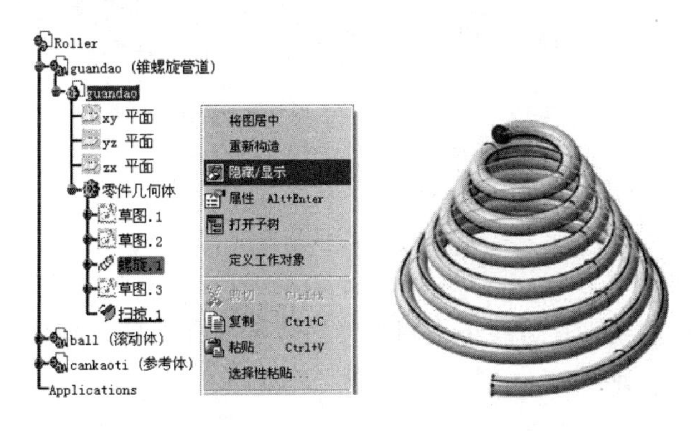

图 5-46　显示螺旋线

③ 运动副创建

a. 切换至“开始（Start）”→“数字化装配（Digital Mockup）”→“DMU 运动机构（DMU Kinematics）”工作台。在“DMU 运动机构（DMU Kinematics）”→“运动接

合点（Kinematics Joints）”工具栏中单击“点曲线（Point Curve）”图标，显示“创建接合：点曲线（Joint Creation：Point Curve）”对话框，单击“新机械装置（New Mechanism）”，创建“机械装置. 1（Mechanism. 1）”，对话框更新显示（参见图 3-10）。

b. 选中已显示的螺旋线及在“滚动体”中心构建的点。“创建接合：点曲线（Joint Creation：Point Curve）”对话框更新显示，如图 5-47 所示。

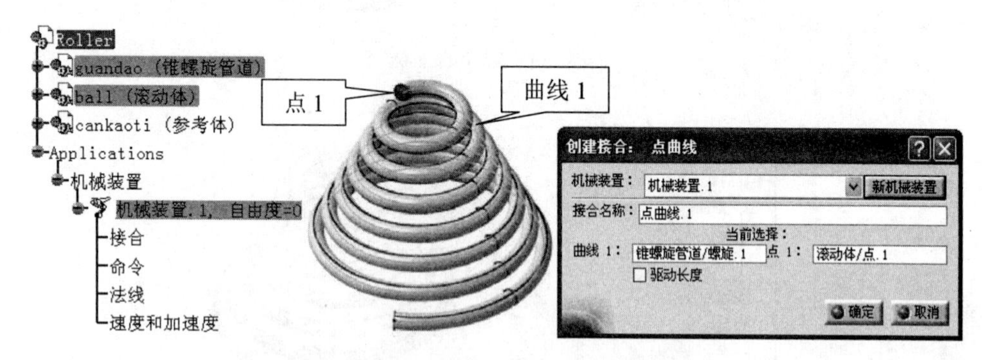

图 5-47 “创建接合：点曲线”对话框更新显示

c. 单击“确定（OK）”按钮，结构树中“Applications\机械装置（Mechanisms）\接合（Joints）”节点生成“点曲线. 1（Point Curve. 1）（滚动体，锥螺旋管道）”，如图 5-48 所示。

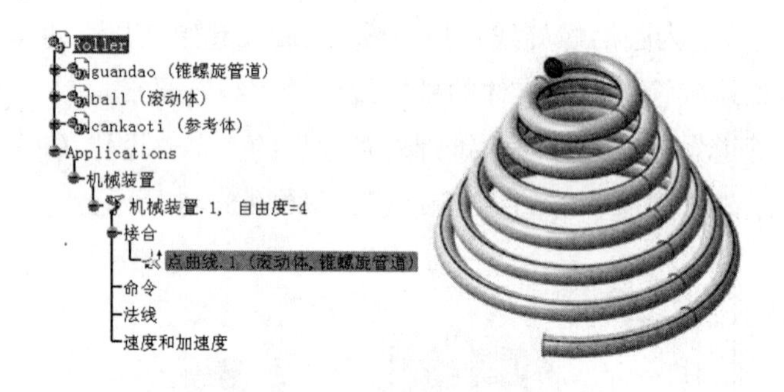

图 5-48 结构树更新显示

（3）创建圆柱运动副

圆柱运动副的创建要素是分属于不同零件的两条相合直线，选择以参考体轴系与锥螺旋管道的中心轴为创建要素。

① 构建参考体轴系

a. 在工作窗口的 3D 组件中双击“参考体”，切换至“参考体”的“零件设计（Part Design）”工作台。该轴系的创建方法参见“5. 2. 3 插入轴系”。

为满足圆柱运动副的创建要素，在参考体零件上构建的轴系的坐标原点应与锥螺旋管道中心轴重合，故本例“构建点”即参考体轴系原点坐标值（0，40，0），如图 5-49 所示。

b. 以该点为坐标原点创建轴系，如图 5-50 所示。

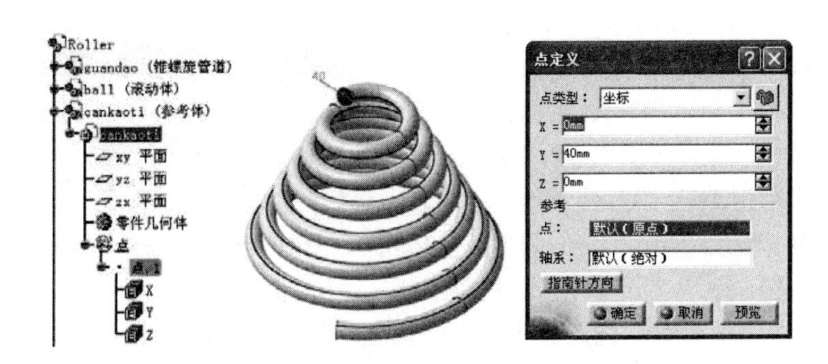

图 5-49　构建轴系坐标原点

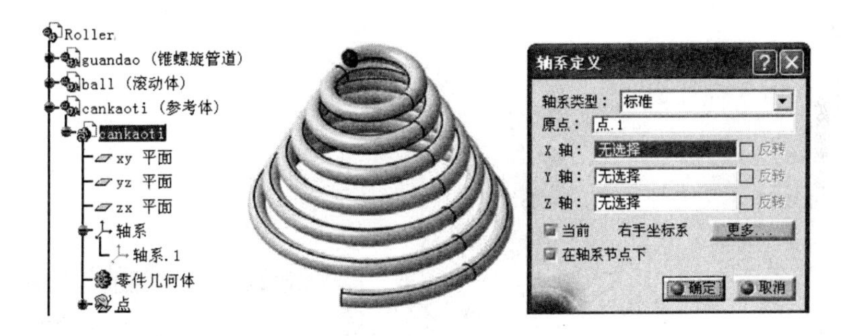

图 5-50　构建参考体轴系

② 构建锥螺旋管道中心轴

在工作窗口的 3D 组件中双击“锥螺旋管道”，转至针对“锥螺旋管道”的“零件设计（Part Design）”工作台。

选择“yz 平面”，进入“草图设计（Sketch）”工作台。因本例中锥螺旋管道坐标系中心不与锥螺旋管道中心轴重合，两者间的距离经测量为 40mm，故绘制一条距离 v 轴 40mm 的直线，如图 5-51 所示。

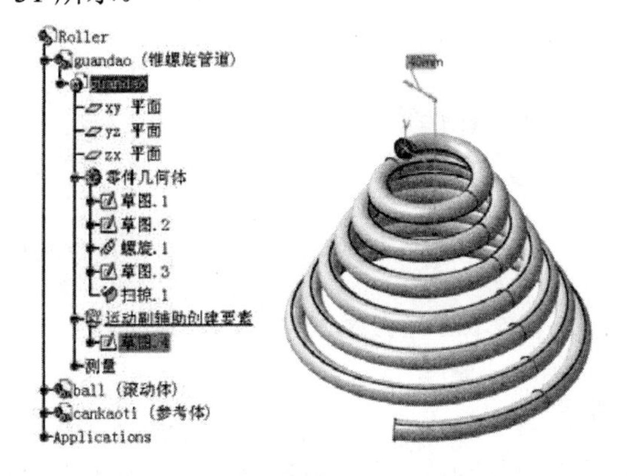

图 5-51　构建锥螺旋管道中心轴

③ 运动副创建

a. 切换至“开始（Start）”→“数字化装配（Digital Mockup）”→“DMU 运动机构（DMU Kinematics）”工作台。在“DMU 运动机构（DMU Kinematics）”→“运动接合点（Kinematics Joints）”工具栏中单击“圆柱接合（Cylinder Joint）”图标，显示“创建接合：圆柱面（Joint Creation：Cylindrical）”对话框，如图 5-52 所示。

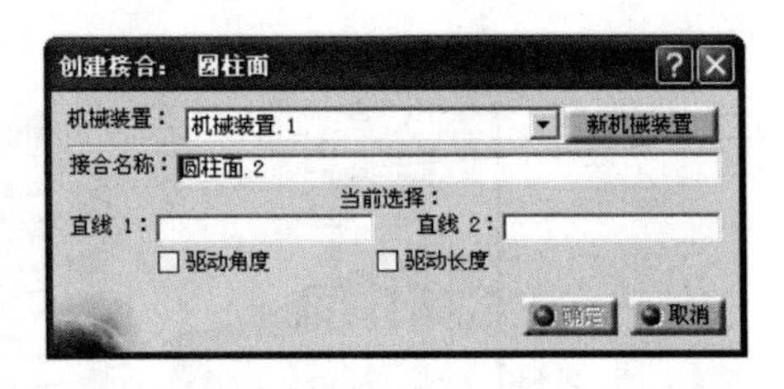

图 5-52 “创建接合：圆柱面”对话框

b. 选中参考体轴系中与锥螺旋管道中心轴相平行的一根轴，本例为 z 轴；再选中构建的锥螺旋管道中心轴。“创建接合：圆柱面（Joint Creation：Cylindrical）”对话框更新显示，如图 5-53 所示。

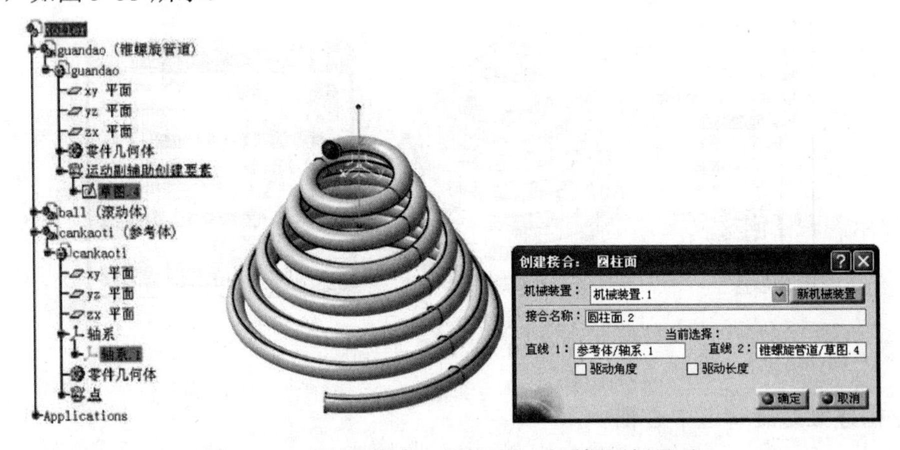

图 5-53 “创建接合：圆柱面”对话框更新显示

c. 单击“确定（OK）”，结构树中“Applications\机械装置（Mechanisms）\接合（Joints）”节点生成“圆柱面.2（Cylindrical.2）（参考体，锥螺旋管道）”，如图 5-54 所示。

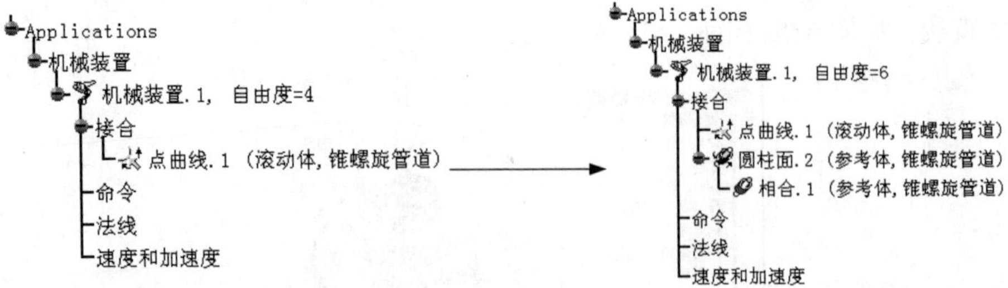

图 5-54 结构树上生成圆柱面运动副

（4）创建棱形运动副

在滚动体与参考体两零部件之间创建棱形运动副。本例用轴系的坐标轴及各零件坐标

平面作为要素创建该棱形运动副。

① 构建滚动体轴系

在工作窗口的 3D 组件中双击“滚动体”，切换对滚动体进行操作的“零件设计（Part Design）”工作台。该轴系的构建方法参见“5. 2. 3 插入轴系”。本例“构建点”即滚动体轴系原点坐标值为（0，0，0），即 5. 4. 2“2. 创建点曲线运动副”中的构建点，如图 5-55 所示。

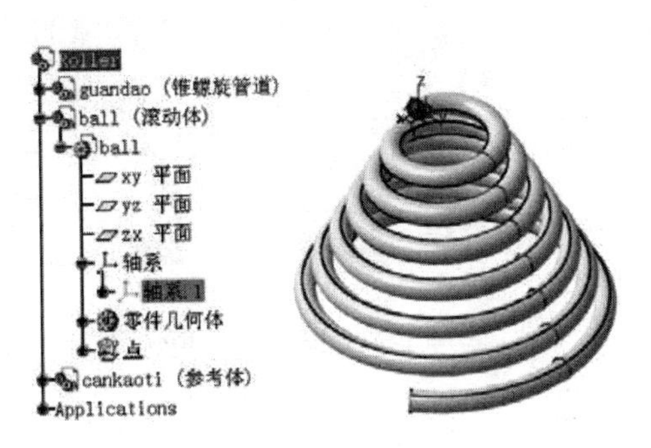

图 5-55　构建滚动体轴系

② 显示隐藏的坐标平面

因本例中的“参考体”非零件实体，可以选择显示隐藏的坐标平面来作为“两相合平面”这一要素。选择显示隐藏的滚动体与参考体的“xy 平面”，如图 5-56 所示。

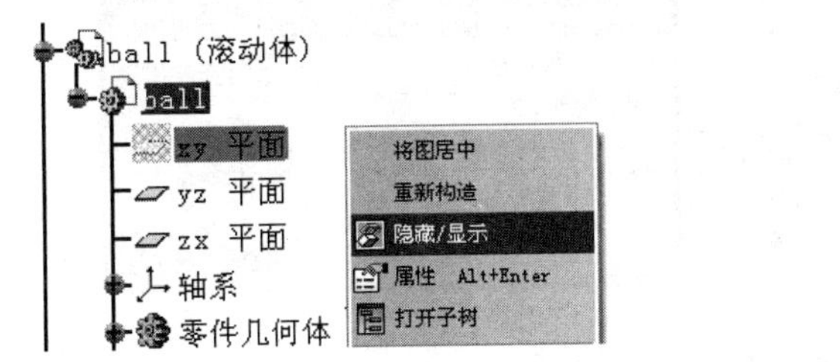

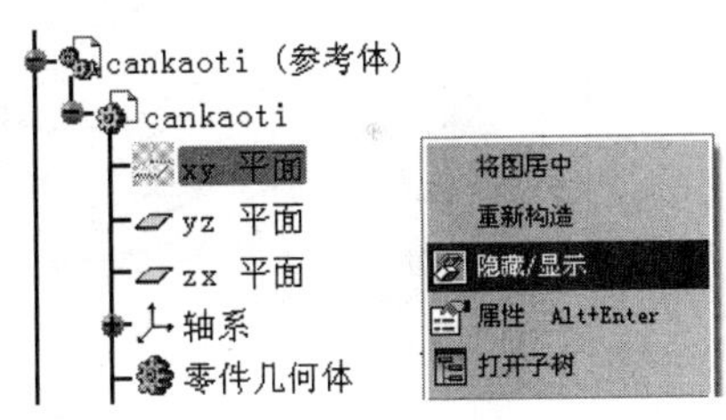

图 5-56　显示隐藏的平面

③ 运动副创建

a. 切换至“开始（Start）”→“数字化装配（Digital Mockup）”→“DMU 运动机构（DMU Kinematics）”工作台。在“DMU 运动机构（DMU Kinematics）”→“运动接合点（Kinematics Joints）”工具栏中单击“棱形接合（Prismatic Joint）”图标，显示“创建接合：棱形（Creation Joint：Prismatic）”对话框，如图 5-57 所示。

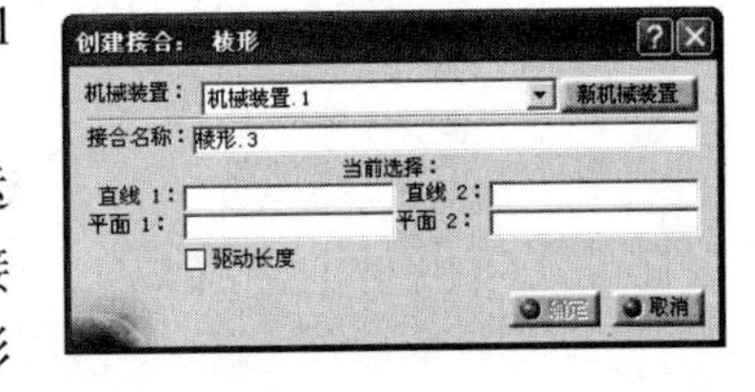

图 5-57　“创建接合：棱形”对话框

b. 分别选中在滚动体及参考体中所构建轴系的 y 轴，“创建接合：棱形（Creation Joint：Prismatic）”对话框更新显示，如图 5-58 所示。

c. 分别选中已显示的滚动体及参考体的“xy 平面”，对话框更新显示，如图 5-59 所示。

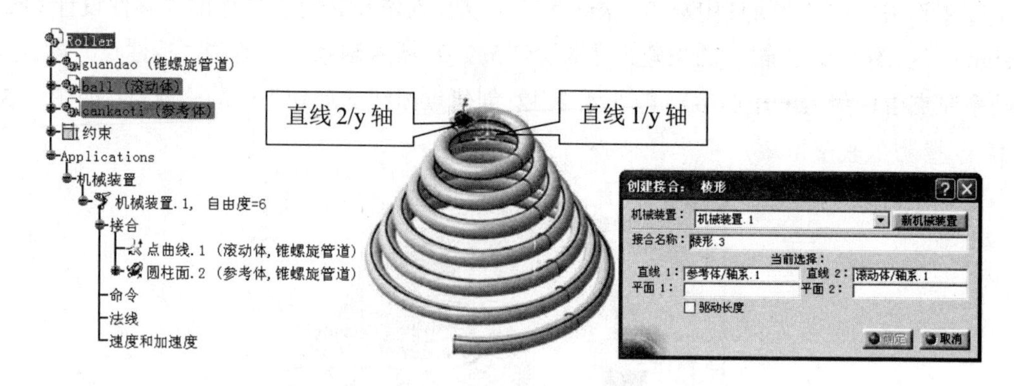

图 5-58 “创建接合：棱形”对话框更新显示

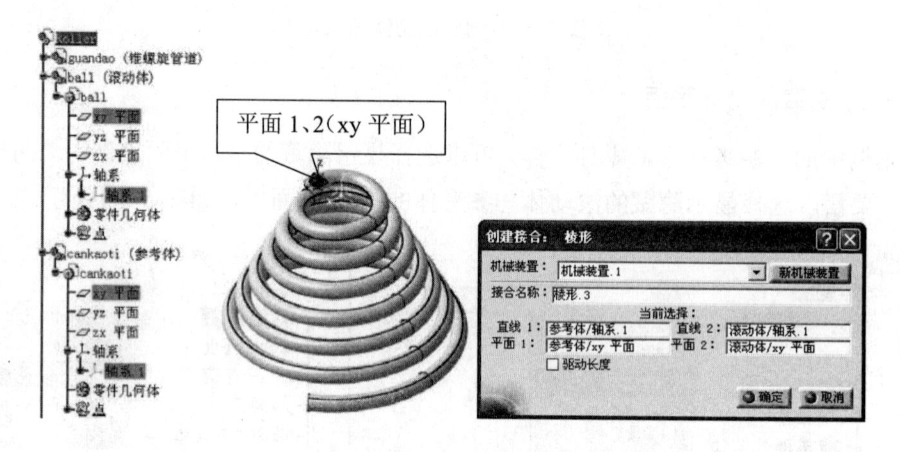

图 5-59 选择已建立轴系

d. 单击“确定（OK）”按钮，完成棱形运动副的创建，在结构树上可以看到“Applications\机械装置(Mechanisms)\接合(Joints)”节点下生成“棱形. 3(Prismatic. 3)(参考体，滚动体)”，如图 5-60 所示。

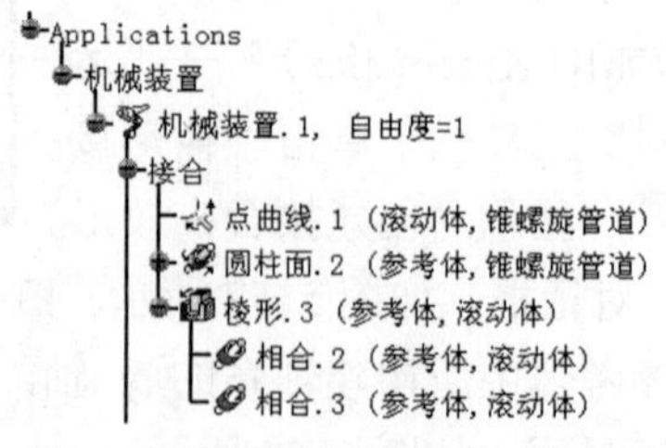

图 5-60 结构树生成棱形运动副

5.4.3　机构驱动

本例选择锥螺旋管道为固定件，选择“点曲线.1（Point Curve.1）（滚动体，锥螺旋管道）”中的“驱动长度（Length Driven）”为定义驱动命令。

在“DMU运动机构（DMU Kinematics）”→“模拟（Simulation）”工具栏中单击“使用命令模拟（Simulation with Commands）”图标，显示“运动模拟-机械装置.1（Kinematics Simulation-Mechanism.1）”对话框，机构模拟命令被激活，如图5-61所示。用鼠标拖动滚动条，可以观察到管道中滚动体的移动。

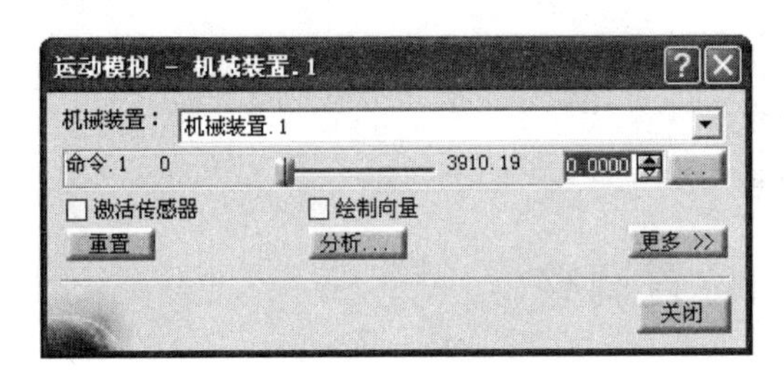

图5-61 “运动模拟-机械装置.1”对话框

※【提示】：为便于观察运动结果，可对锥螺旋管道进行透明化处理，如图5-62所示。

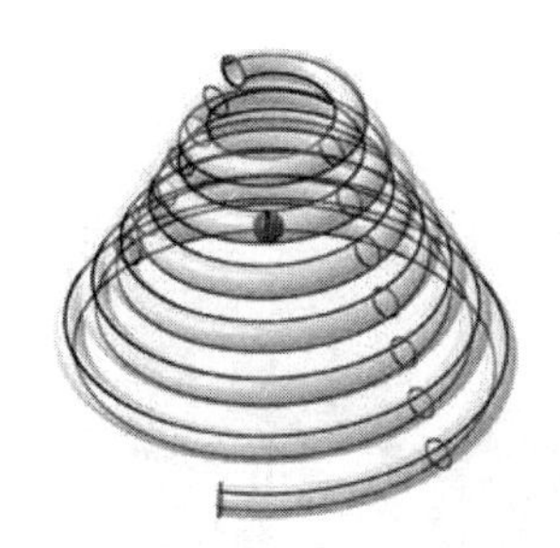
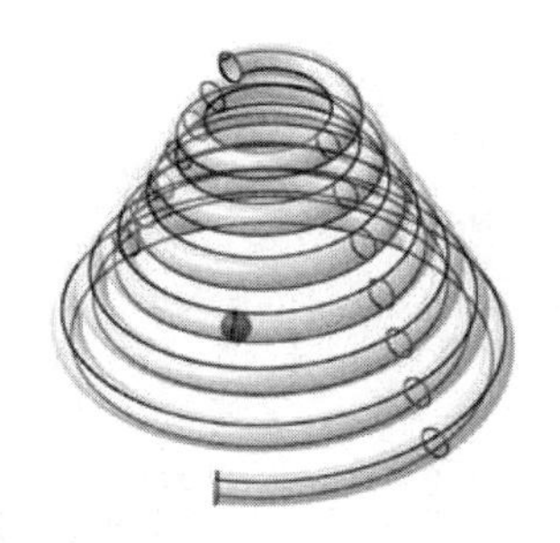
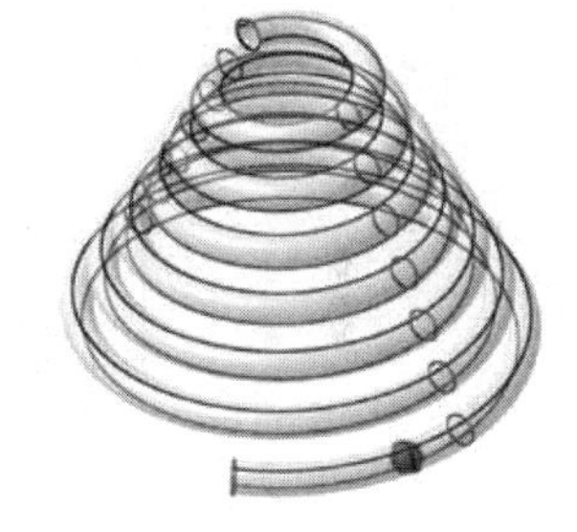

图5-62 机构运动情况

5.5　复习与思考

（1）论述基于轴系创建运动副的原理及可创建的运动副种类。

（2）论述用户轴系的创建流程及注意事项。

（3）论述基于轴系创建各种运动副时，轴系的相合方式及自由度释放情况。

（4）论述基于轴系创建运动副相较于其它方法的优势及适用场合。

（5）参考本章示例创建一需要“参考体”或“连接体”的复杂运动机构。

第 6 章　仿真机构的运行与重放

➢ 本章提要

- ◆ 使用命令模拟
- ◆ 使用法则曲线模拟
- ◆ 综合模拟
- ◆ 三种模拟方法的使用、特点及区别
- ◆ 运动函数的编制
- ◆ 程序的编制
- ◆ 模拟编辑与重放
- ◆ 序列编辑与播放

6．1　基本运行与位置调整

6．1．1　使用命令模拟

打开资源包中的“Exercise\6\6. 1-2 & 8. 6. 1\ wanxiangjiechuandong. CATProduct”，出现十字轴万向节传动机构，如图 6-1 所示。该例运动机构已建立完成。

图 6-1　十字轴万向节传动机构

在“DMU 运动机构（DMU Kinematics）”→“模拟（Simulation）”工具栏中单击“使用命令模拟（Simulation with Commands）”图标，显示“运动模拟-机械装置.1（Kinematic Simulation-Mechanism. 1）”对话框，如图 6-2 所示。对于具有多个“机械装置.＊（Mechanism.＊）”的数字样机，可以在对话框“机械装置（Mechanism）”选项栏的右侧按黑色小三角形，下拉展开所有可模拟的“机械装置.＊（Mechanism.＊）”并根据需要进行选择。单击对话框右侧的按钮，弹出滚动条拉动范围调整“滑块：命令.1

（Slider：Command. 1）”对话框，如图 6-3 所示，用户可根据需要修改数据。

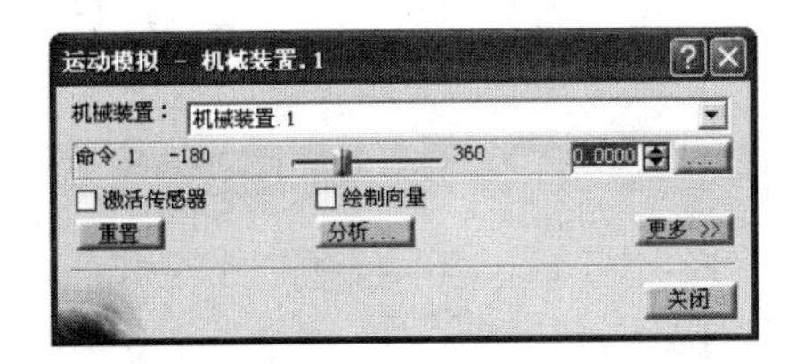

图 6-2　“运动模拟-机械装置”对话框

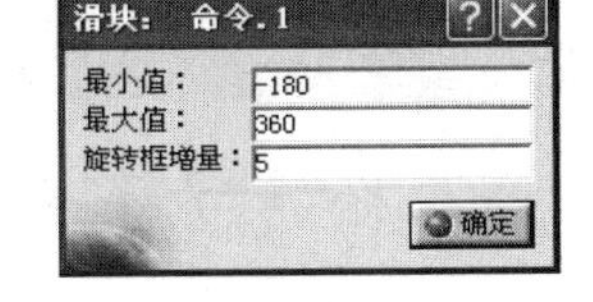

图 6-3　运动范围调整

拖动“运动模拟-机械装置. 1（Kinematic Simulation-Mechanism. 1）”对话框中的滚动条，可以观察到万向节传动机构的运动情况，如图 6-4 所示。机构也可以通过命令参数显示窗口右侧的上、下箭头实现步进运动，或直接在窗口内输入角度数值，按 Enter 键执行。采用直接输入数值的方式能够精确控制机构的运动位置。

⚠【注意】：“使用命令模拟（Simulation with Commands）”一般用于运动机构建立完成后对运动情况的基本测试，不适于作进一步的运动分析。

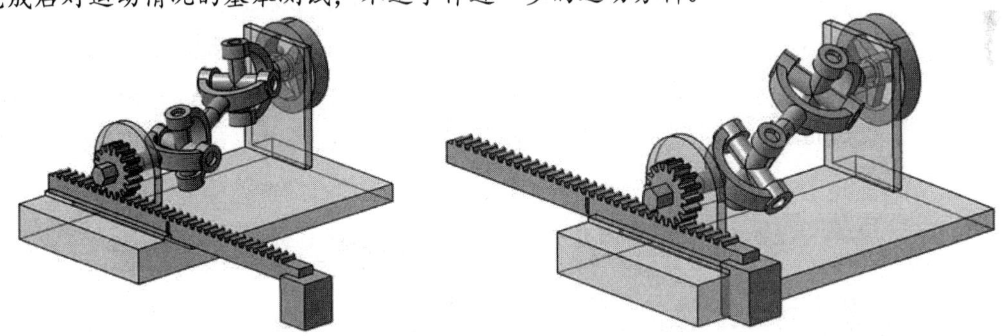

图 6-4　机构的运动情况

单击对话框内的“重置（Reset）”按钮，机构回到本次模拟之前的位置。停止模拟并关闭对话框后，机构保持在滚动条控制的对应位置。

单击“运动模拟-机械装置. 1（Kinematic Simulation-Mechanism. 1）”对话框的“更多（More）”按钮，对话框扩展更新如图 6-5 所示，“模拟（Simulation）”区域默认选择为“立刻（Immediate）”，此时拖动滚动条、单击右侧上下箭头和输入数值后 Enter 的方法均可实现万向节传动机构的运动。当选中“按需要(On request)”时，滚动条当前位置为初始位置，拉动滚动条或直接输入数值 Enter 后到达停止位置，可在对话框“步骤数（Number of steps）”设置栏内输入数值，或通过下拉菜单选项选择适当的步骤数。

※【提示】：步骤数的值越小，则在使用播放器播放机构模拟运行时的速度越快。

点击播放器控制按钮，可实现初始位置到终止位置之间的正反向播放、暂停、起点或终点置位、正反向步进等操作。

6. 1. 2　位置调整

单击“运动机构更新（Kinematics Update）”工具栏中的“重置位置

（Reset Positions）”图标，弹出“重置机械装置（Reset Mechanism）”对话框，如图6-6a 所示。根据需要点选对话框中的选项，然后单击“确定（OK）”按钮，重置机械装置的位置。

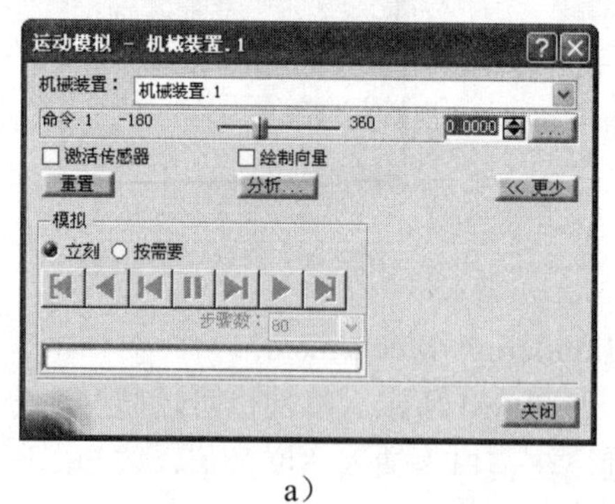

a）

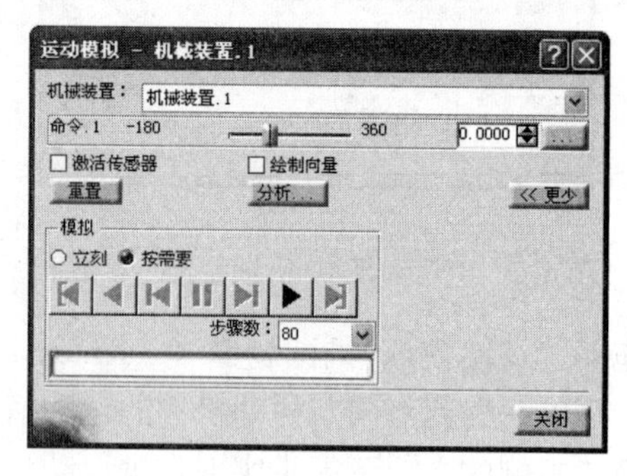

b）

图 6-5　扩展后的对话框

如需将运动机构当前位置设置为初始位置，可在结构树上双击“命令. 1（Command. 1）”，弹出带有命令值的“编辑命令（Command Edition）”对话框，如图6-6b 所示，当前机构处于“108 deg”位置。单击“重置为零（Reset to Zero）”按钮，则“命令值（Command Value）”由“108 deg”变为“0”，当前位置被设置成初始位置。

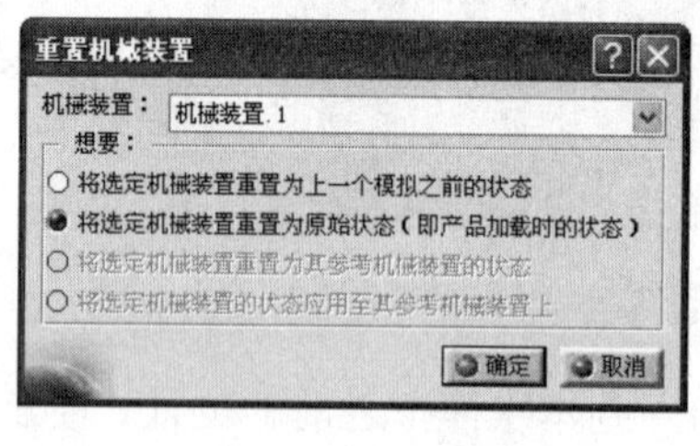

a）

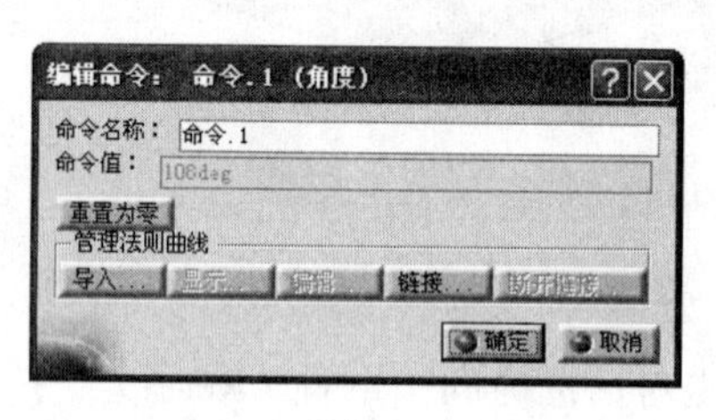

b）

图 6-6　运动机构位置调整

6．2　基于运动函数的模拟

6．2．1　运动函数的编制

以十字轴万向节传动（Exercise\6\6. 1-2&8.　6. 1\wanxiangjiechuandong. CATProduct）为例，选中已定义的 “命令. 1（Command. 1）（旋转. 11，角度）”，如图6-7 所示，被选中的命令在结构树上突出显示。

在工作窗口底部的“知识工程（Knowledgeware）”工具栏中单击“公式（Formula）”图标，显示“公式：命令. 1（Formulas: Command. 1）”对话框，如图 6-8 所示。

单击对话框中的“添加公式（Add Formula）”按钮，或双击对话栏中“机械装置. 1\

命令\命令. 1\角度……0deg”，对话框变为“公式编辑器（Formula Editor）”对话框，如图 6-9 所示。

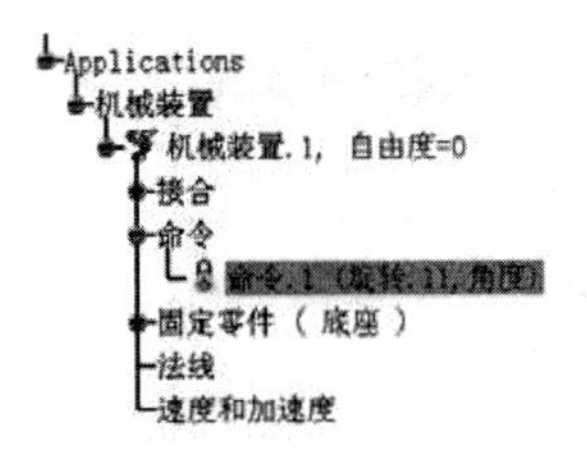

图 6-7　选中驱动命令

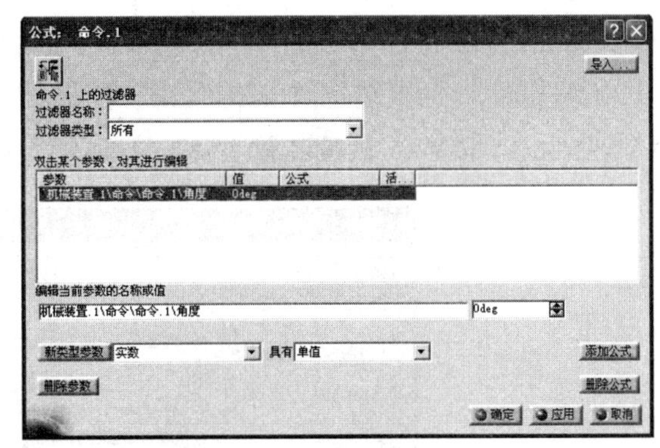

图 6-8　“公式：命令. 1”对话框

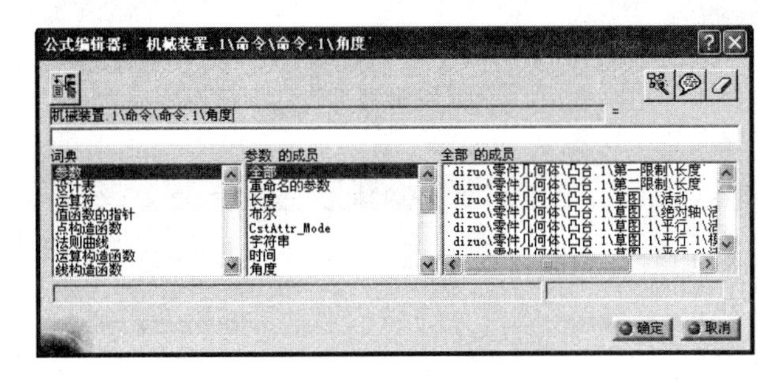

图 6-9　“公式编辑器”对话框

“公式编辑器（Formula Editor）”对话框的展开也可以按以下操作方法进行：

双击结构树上的“命令. 1（Command. 1）”，或按图 6-10 选中“命令. 1（Command. 1）”后按“右键”→“命令. 1 对象（Command. 1 Object）”→“定义（Definition）”的路径，弹出“编辑命令（Command Edition）”对话框。

在对话框的“命令值（Command Value）”显示栏中单击鼠标右键显示选择菜单，如图 6-11 所示。在选择菜单中单击“编辑公式（Formula Edit）”，弹出如图 6-9 所示的“公式编辑器（Formula Editor）”对话框。

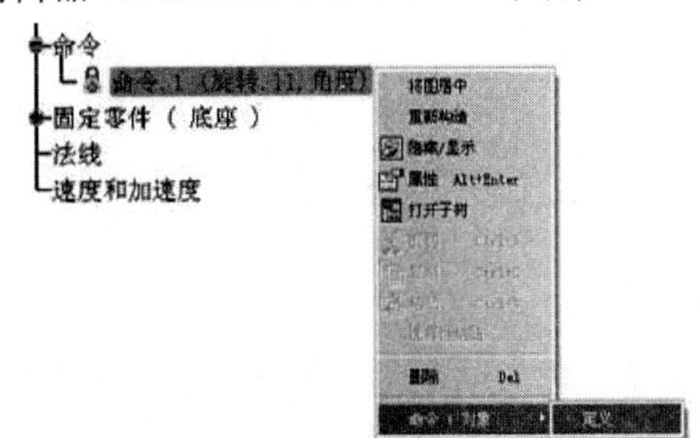

图 6-10　展开编辑命令对话框路径

6-11　展开公式编辑器对话框方式

在“公式编辑器（Formula Editor）”对话框的“参数的成员（Members of Parameters）”

列表中选择“时间（Time）”，对话框更新显示，如图 6-12 所示。

双击已更新对话框“时间的成员（Members of Time）”列表中的“机械装置.1（Mechanism.1）\KINTime”，将其装载入对话框中的运动函数编辑栏，如图 6-13 所示。

在编辑栏“机械装置.1\KINTime”的后面键入“/1s*10deg”，形成“机械装置.1\命令\命令.1\角度=`机械装置.1\KINTime` /1s*10deg”的函数式，如图 6-14 所示。

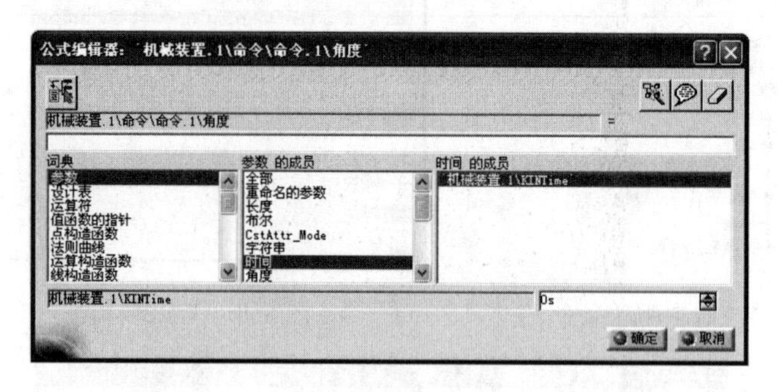

图 6-12 “公式编辑器”对话框更新显示

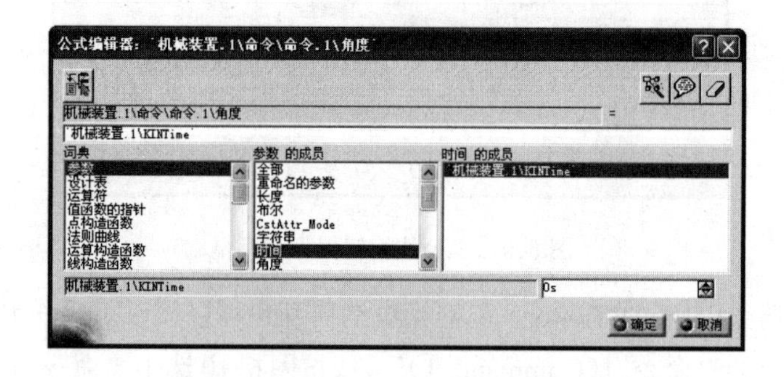

图 6-13 装载参数

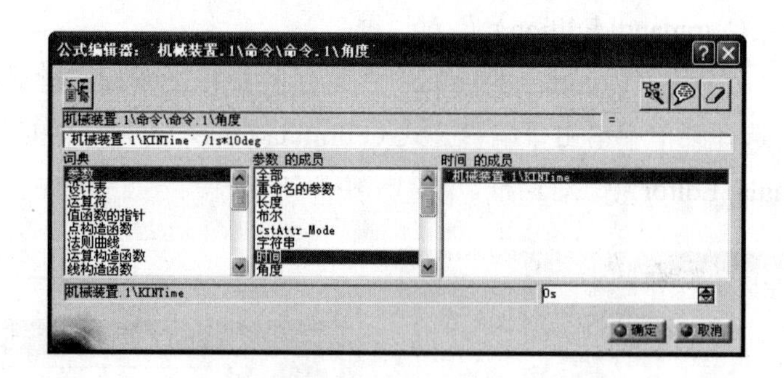

图 6-14 输入数据

函数式规定了“命令.1（Command.1）”驱动的零部件每秒钟旋转 10°。运动方向的调整通过计量单位的正、负来实现。

⚠【注意】：角度单位也可以使用“rad”，但需注意与“deg”单位的大小不同。

※【提示】：如在编辑栏“机械装置.1\KINTime”后键入“/1s*-10deg”，则表示运动

部件的速度为每秒钟向相反的方向旋转 10°。

单击“确定（OK）”按钮，退出“公式编辑器（Formula Editor）”对话框，回到“编辑命令（Command Edition）命令.1（角度）”对话框，如图 6-15 所示。

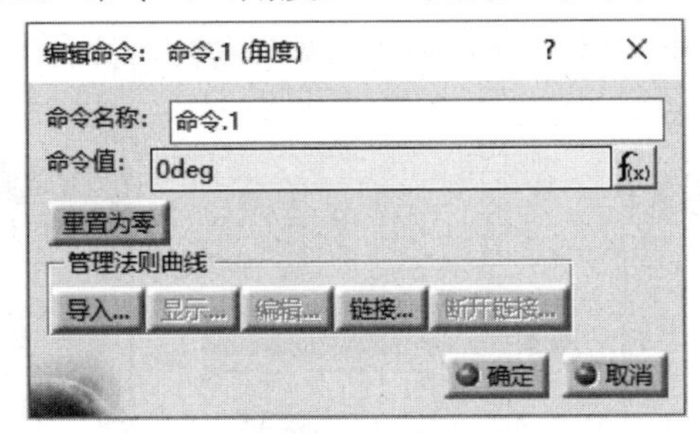

图 6-15　编辑命令对话框更新显示

单击“确定（OK）”按钮，关闭“编辑命令（Command Edition）命令.1（角度）”对话框，结构树上“法线（Laws）”节点下显示“公式.1：`机械装置.1\命令\命令.1\角度`=`机械装置.1\KINTime` /1s*10deg”的运动函数，如图 6-16 所示。

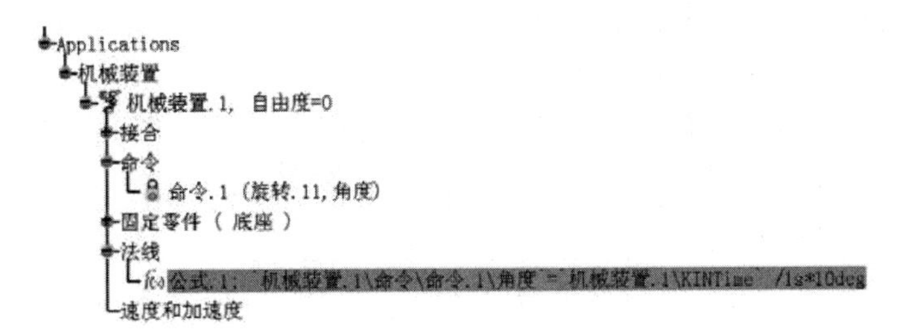

图 6-16　结构树上的运动函数

6.2.2　运动模拟

在“DMU 运动机构（DMU Kinematics）”→“模拟（Simulation）”工具栏中单击“使用法则曲线模拟（Simulation with Laws）”图标，显示“运动模拟-机械装置.1（Kinematic Simulation -Mechanism.1）”对话框，如图 6-17 所示。

※【提示】：对话框展开的同时，运动机构自动更新至驱动副的“零位置”，如要保持机构在打开对话框前的位置，则需在模拟前对机构进行设置，以低副为驱动副的机构通过将当前位置“重置为零（Reset to Zero）”进行设置，以高副为驱动副的则通过将当前位置作为修正数值写入运动函数的方式进行，以使函数在时间为“0”时的计算值为当前位置。

单击对话框中滚动条右侧按钮，弹出“模拟持续时间（Simulation Duration）”对话框，读者可根据需要修改时限，本例修改为“36s”，如图 6-18 所示。

单击“确定（OK）”按钮，“运动模拟-机械装置.1（Kinematic Simulation-Mechanism.1）”对话框更新显示，如图 6-19 所示。

可在对话框的“步骤数（Number of Steps）”设置栏内输入数值，或通过下拉菜单选项选择设置适当的步骤数。

⚠【注意】：步骤数的值越小，则在使用播放器播放机构模拟运行时的速度越快。这种快慢与已定义的运动函数或运动程序所规定的速度无关，只是一种视觉上的变化，并不影响后续的基于运动仿真的分析结果。

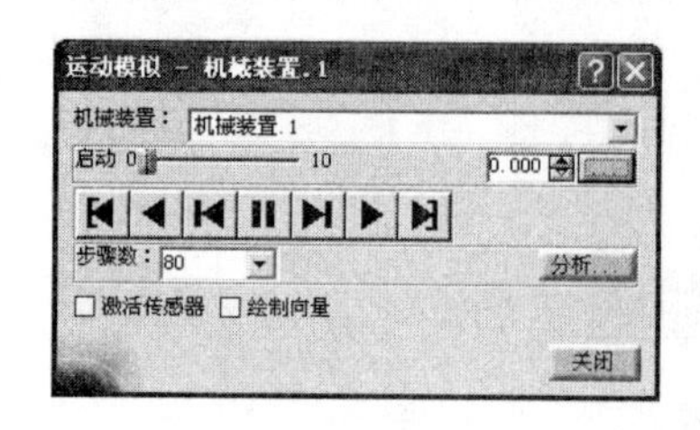

图 6-17 “运动模拟”对话框

图 6-18 模拟持续时间修改

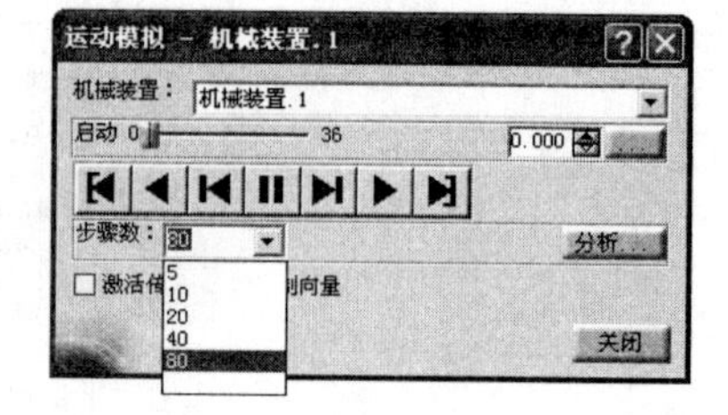

图 6-19 “运动模拟”对话框更新显示

在“运动模拟（Kinematic Simulation）”对话框显示的情况下，机构的运动模拟可以通过三种方式实现：

1）用鼠标直接拉动对话框内的滚动条。

2）在滚动条右侧的时间显示窗口用上下箭头调整，或直接输入时间数值后按 Enter 键，该种方式可精确控制机构在某一时间点的运动位置。

3）利用对话框中的播放器控制按钮，进行正反向播放、暂停、起点或终点置位、正反向步进等操作。

※【提示】：在使用播放器播放机构运动的过程中，可以通过鼠标操作数字样机移动、旋转和缩放，从而可从不同角度观察机构的运动情况，如图 6-20 所示。

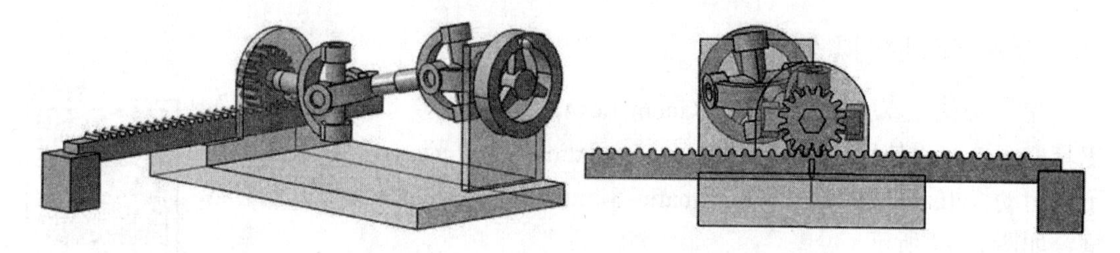

图 6-20 不同视角的机构运动情况

停止模拟并关闭对话框后，机构保持在停止模拟时的位置，即对话框中滚动条停留处所控制的运动机构对应位置。

若需调整机构运动零部件初始位置，可以使用“运动机构更新（Kinematics Update）”工具栏中的“重置位置（Reset Positions）”图标，操作过程参见图 6-6 及相关说明。

※【提示】：使用法则曲线模拟中运动函数的编制并不仅限于以上方法，其中的各项参数均可用于编制运动函数，其更多应用可参见“7.9 无级变速”。

6. 3　综合模拟

6. 3. 1　基本操作

打开资源包中的“Exercise\6\6. 3. 1-2\Roller 2. CATProduct”，出现平面滚动球，如图 6-21 所示。该例建立了双球在平面上的滚动机构，并设置了球体的滚动函数。

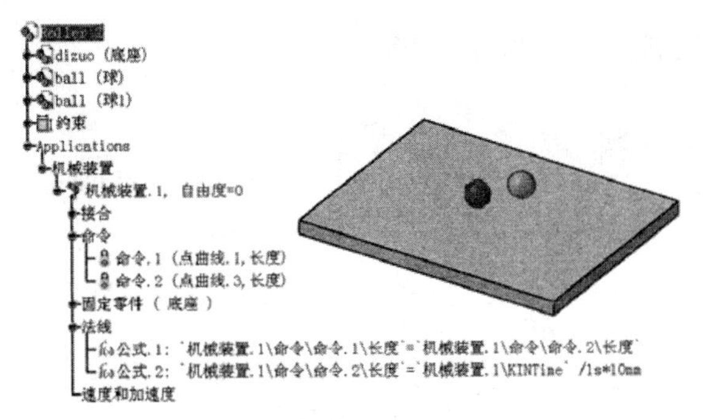

图 6-21　平面滚动球

在“DMU 一般动画（DMU Generic Animation）”→“综合模拟（Generic Simulation）”工具栏中单击“模拟（Simulation）”图标，显示“选择（Select）”对话框，如图 6-22 所示。

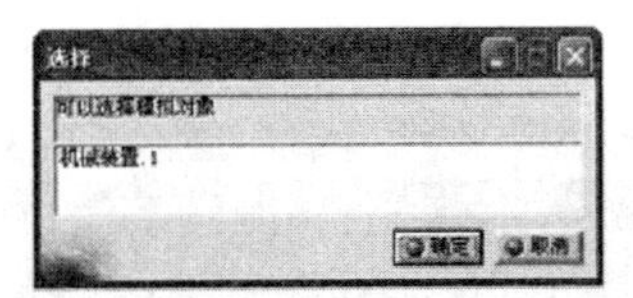

图 6-22　“选择”对话框

对话框中显示本例只有一个已建立运动机构的“机械装置. 1（Mechanism. 1）”，双击对话框中对话栏内的“机械装置. 1（Mechanism. 1）”，或选择“机械装置. 1（Mechanism. 1）”后单击“确定（OK）”按钮，则同时弹出“运动模拟（Kinematics Simulation）”和“编辑模拟（Edit Simulation）”两个对话框，如图 6-23 所示。

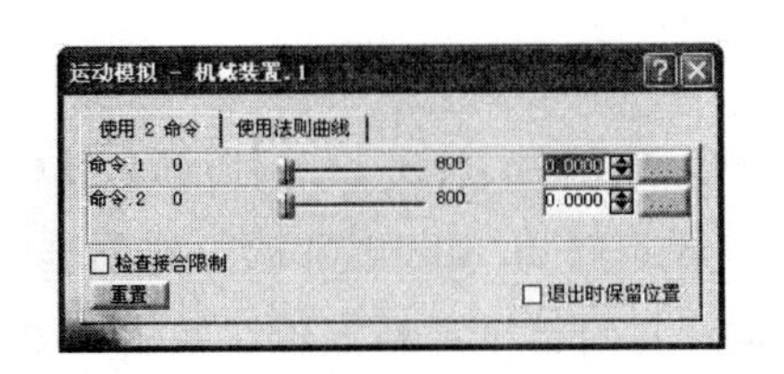

图 6-23　“运动模拟”和“编辑模拟”对话框 1

“运动模拟（Kinematics Simulation）”对话框上有“使用命令（Use Command）”“使用法则曲线（Use Laws）”两个界面选项按钮。图 6-23 为“使用命令（Use Laws）”对话界面。当单击“使用法则曲线（Use Laws）”选项后，“运动模拟（Kinematics Simulation）”和“编辑模拟（Edit Simulation）”对话框界面如图 6-24 所示。

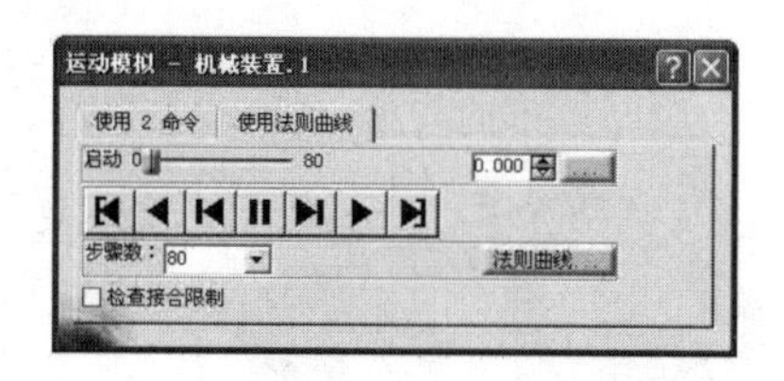

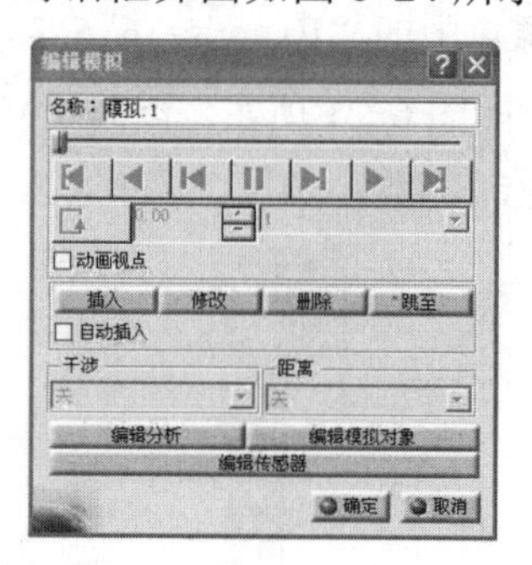

图 6-24　“运动模拟”和“编辑模拟”对话框 2

若单独使用“运动模拟（Kinematics Simulation）”对话框操作机构的模拟运动，其“使用命令（Use Command）”与“使用法则曲线（Use Laws）”两种界面分别与“使用命令模拟（Simulation with Commands）”及“使用法则曲线模拟（Simulation with Laws）”相似。主要的不同之处有两点：一是“使用命令（Use Command）”界面上设置有“退出时保留位置（Keep Position on Exit）”复选框，可以选择在关闭对话框时将机构保持在模拟运动停止时的位置；二是在“使用法则曲线（Use Laws）”界面上有“法则曲线（Laws）”按钮，单击该按钮可显示驱动命令法则曲线，如图 6-25 所示。

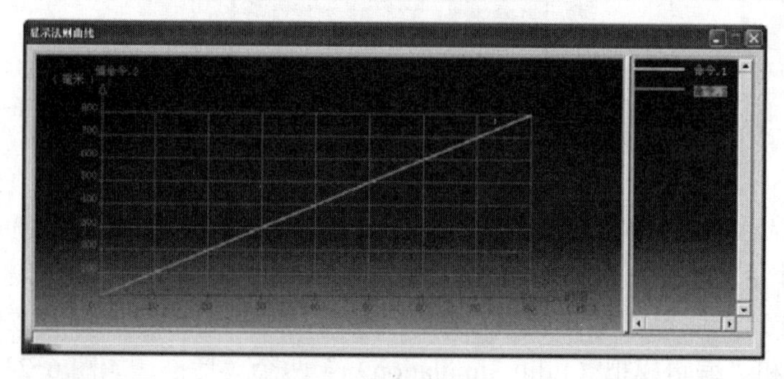

图 6-25　驱动命令法则曲线

6.3.2　模拟过程记录

（1）手动记录

对于平面滚动球示例（Exercise\6\6. 3. 1-2\ Roller 2. CATProduct），在模拟开始时出现的“编辑模拟（Edit Simulation）”对话框（参见图 6-23）内单击“插入（Insert）”按钮，对话框更新显示，如图 6-26 所示。播放器控制按钮被激活，其下部左侧状态栏内显示已有一幅图片插入。

依次拉动“运动模拟（Kinematics Simulation）”对话框中的滚动条，并选择若干个位置单击“编辑模拟（Edit Simulation）”对话框中的“插入（Insert）”按钮，用以记录机构运动模拟的过程，如图 6-27 所示，当前共有 9 幅图片被插入。

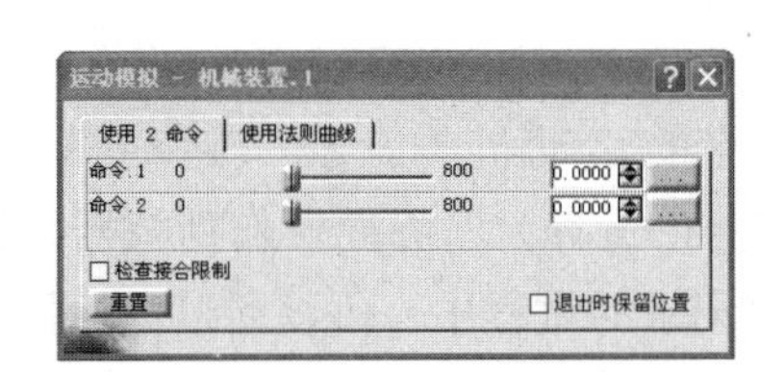

图 6-26　插入运动图片 1

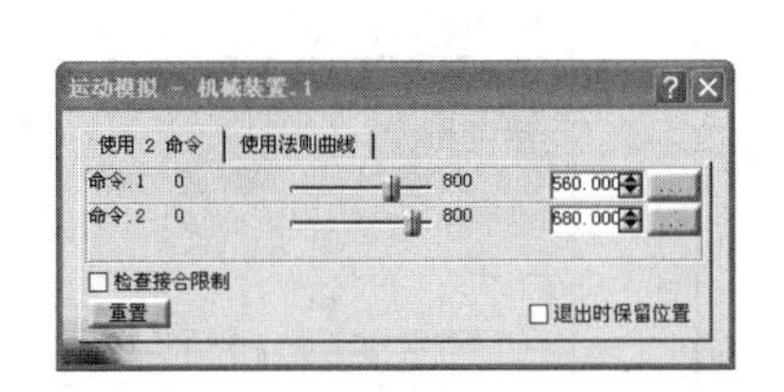

图 6-27　插入运动图片 2

当全部所需图片插入完毕后，单击“编辑模拟（Edit Simulation）”对话框的“确定（OK）”按钮，关闭对话框，结构树上生成“模拟（Simulation）”及其下属节点，如图 6-28 所示。

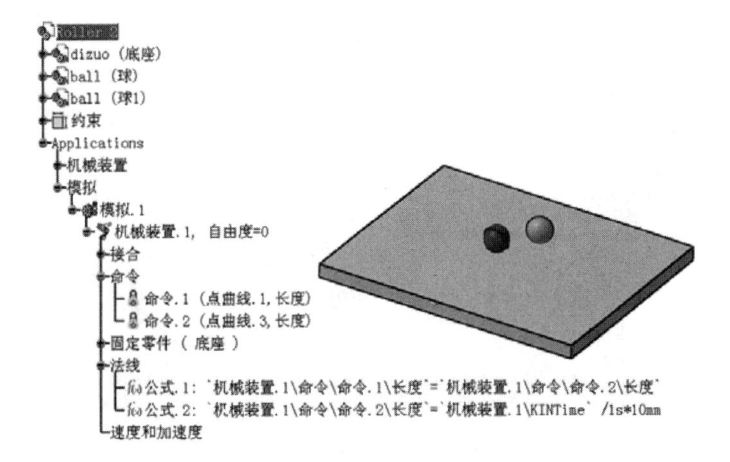

图 6-28　结构树上生成“模拟节点”

（2）自动记录

对于平面滚动球示例（Exercise\6\6. 3. 1-2\ Roller 2. CATProduct），在模拟开始时出现的“编辑模拟（Edit Simulation）”对话框（参见图 6-23）内选中“自动插入（Automatic Insert）”复选框。依次拖动“运动模拟（Kinematics Simulation）”对话框中滚动条，机构的运动过程可被自动记录下来。自动记录式操作简单，且记录的运动图片数量更多，运动模拟更为细腻。

对于已设定运动函数或具有运动程序的运动机构，在“运动模拟（Kinematics Simulation）”对话框的“使用法则曲线（Use Laws）”界面操作播放器按钮，则机构的运动过程同样可被自动被记录下来。在播放记录的过程中，可以通过鼠标操作数字样机移动、旋转、缩放，以记录从不同角度观察到的机构运动情况。

播放并记录完成后，“运动模拟（Kinematics Simulation）”和“编辑模拟（Edit Simulation）”对话框更新显示，如图 6-29 所示。

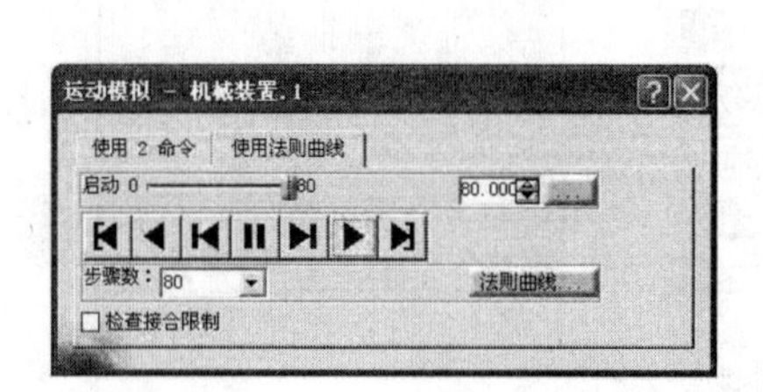

图 6-29　自动插入播放记录

单击“编辑模拟（Edit Simulation）”对话框的“确定（OK）”按钮，关闭对话框，结构树上生成“模拟. 2（Simulation. 2）”，如图 6-30 所示。

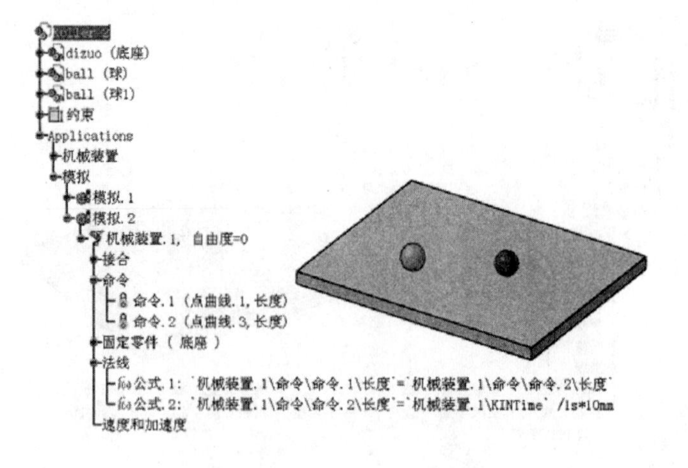

图 6-30　模拟节点下生成“模拟. 2”

6．3．3　分步运动

打开资源包中的“Exercise\6\6. 3. 3&6. 3. 5&6. 4. 1&8. 5. 2\Robot. CATProduct”，出现直角坐标机械手，如图 6-31 所示。该例运动机构已建立完成。

MOOC

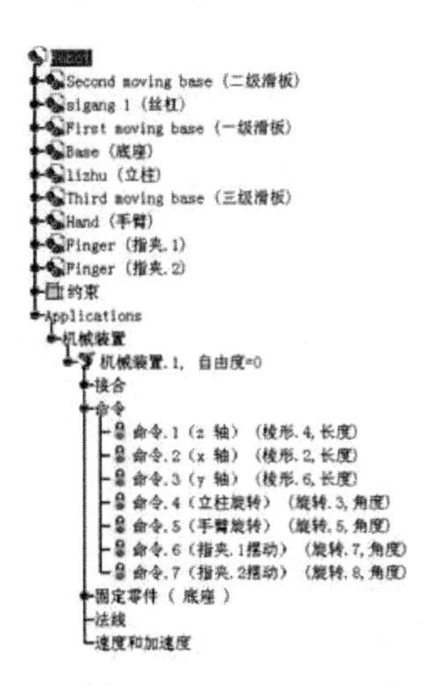

图 6-31　直角坐标机械手

单击“DMU 一般动画（DMU Generic Animation）”→“综合模拟（Generic Simulation）”工具栏中“模拟（Simulation）”图标，在出现的“选择（Select）”对话框中选择“机械装置. 1（Mechanism. 1）”（参见图 6-22 及相关说明）后展开“运动模拟（Kinematics Simulation）”和“编辑模拟（Edit Simulation）”两个对话框，如图 6-32 所示。“运动模拟（Kinematics Simulation）”对话框中列有该机构所有的驱动命令，显示各命令的驱动范围，并设置对应各驱动命令控制的滚动条、驱动范围调整按钮以及指令数值显示与输入窗口。通过该对话框操作机构的运动过程可参见图 6-2 及相关说明。

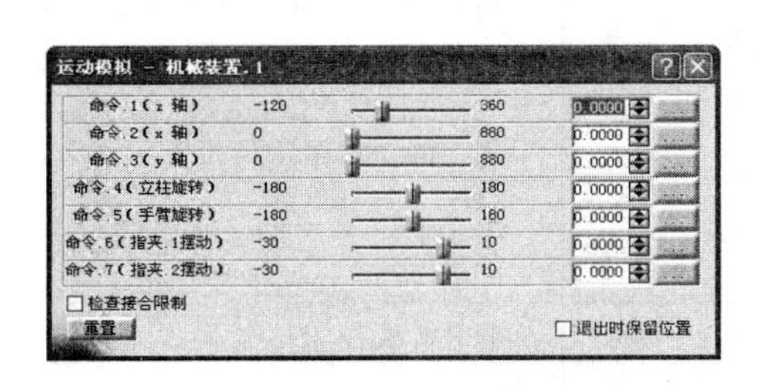

图 6-32　“运动模拟”和“编辑模拟”对话框

该运动机构的特点是可以根据用户需要编排各运动部件的动作及顺序，从而在不改变机械结构的情况下实现不同的功能，是典型的机电一体化设备的机械本体结构形式。

表 6-1 为该直角坐标机械手某套设定动作的指令表，动作过程描述如下：

手臂提升 300 mm，为移动做好准备，随即立柱分步运动至（600 mm，800 mm）水平坐标点；立柱逆时针旋转 60deg 使手臂到达夹持点正上方，手臂旋转 90deg 至工作平面并张开指夹准备夹持；手臂随三级滑板下降至作业位置，指夹动作夹持工件并提升 400 mm，立柱顺时针旋转 60deg 恢复初始相位角；立柱复合移动至（800 mm，600 mm）水平坐标点，同时手臂动作将工件翻转 180deg；手臂下降 380mm 至放置工件位置，指夹松开被夹持工件；手臂回升至 300 mm 高度，到达位置后指夹回位；立柱复合运动退回至（0，0）水平坐标点，手臂下降 300mm 至初始高度并旋转至初始角度。

指令的输入通过配合操作“运动模拟（Kinematics Simulation）”和“编辑模拟（Edit Simulation）”对话框的方式进行。以第 1、7 步为例，操作过程分别如图 6-33、图 6-34 所示。

表 6-1　直角坐标机械手控制指令

指令	运动模拟		编辑模拟	动作说明
	命令	数值		
1	—	—	插入	插入初始点
2	命令.1（z 轴）	300 mm	插入	手臂上提 300mm
3	命令.2（x 轴）	600 mm	插入	立柱移动至（600 mm，0mm）水平坐标点
4	命令.3（y 轴）	800 mm	插入	立柱移动至（600 mm，800 mm）水平坐标点
5	命令.4（立柱旋转）	60 deg	插入	立柱逆时针转动 60 deg
6	命令.5（手臂旋转）	90 deg	插入	将指夹转至水平预备夹持状态
7	命令.6（指夹.1 摆动）	-25 deg	插入	指夹张开
	命令.7（指夹.2 摆动）	-25 deg		
8	命令.1（z 轴）	-100 mm	插入	手臂下降至夹持部位
9	命令.6（指夹.1 摆动）	-5 deg	插入	夹持
	命令.7（指夹.2 摆动）	-5 deg		
10	命令.1（z 轴）	300 mm	插入	携夹持物上升 400 mm
11	命令.4（立柱旋转）	0 deg	插入	立柱恢复初始相位角 0 deg
12	命令.2（x 轴）	800 mm	插入	三级滑板携手臂复合移动至（800 mm，600 mm，300 mm）点，同时将工件翻转 180deg
	命令.3（y 轴）	600 mm		
	命令.5（手臂旋转）	-90 deg		
13	命令.1（z 轴）	-80 mm	插入	手臂下降至放置工件位置
14	命令.6（指夹.1 摆动）	-25 deg	插入	指夹张开放置工件
	命令.7（指夹.2 摆动）	-25 deg		
15	命令.1（z 轴）	300 mm	插入	手臂升起脱离工件
16	命令.6（指夹.1 摆动）	0 deg	插入	指夹复位
	命令.7（指夹.2 摆动）	0 deg		
17	命令.2（x 轴）	0 mm	插入	立柱复合运动回至（0mm，0mm）水平坐标点
	命令.3（y 轴）	0 mm		
18	命令.1（z 轴）	0 mm	插入	三级滑板下降复位；手臂旋转复位
	命令.5（手臂旋转）	0 deg		

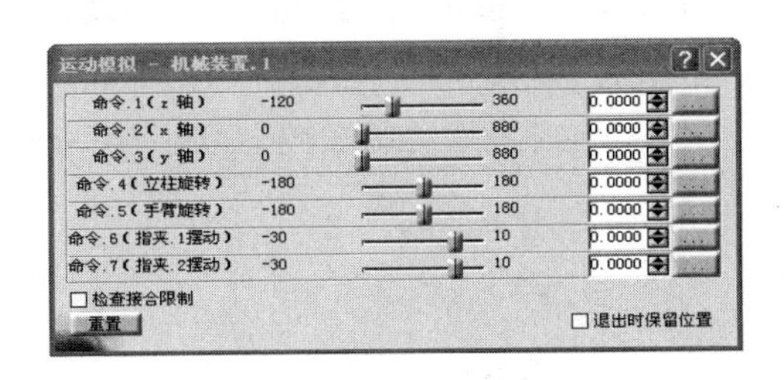

图 6-33　第 1 步操作对话框

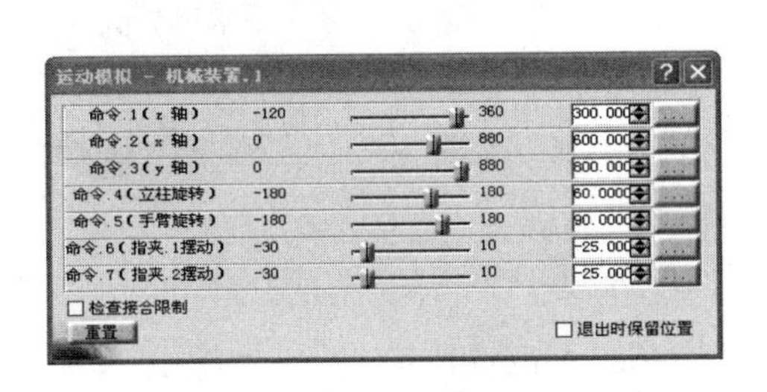

图 6-34　第 7 步操作对话框

按表 6-1 顺序操作完毕后，单击“编辑模拟（Edit Simulation）”对话框的“确定（OK）”按钮，关闭对话框，结构树上生成“模拟（Simulation）”及其下属节点，如图 6-35 所示。

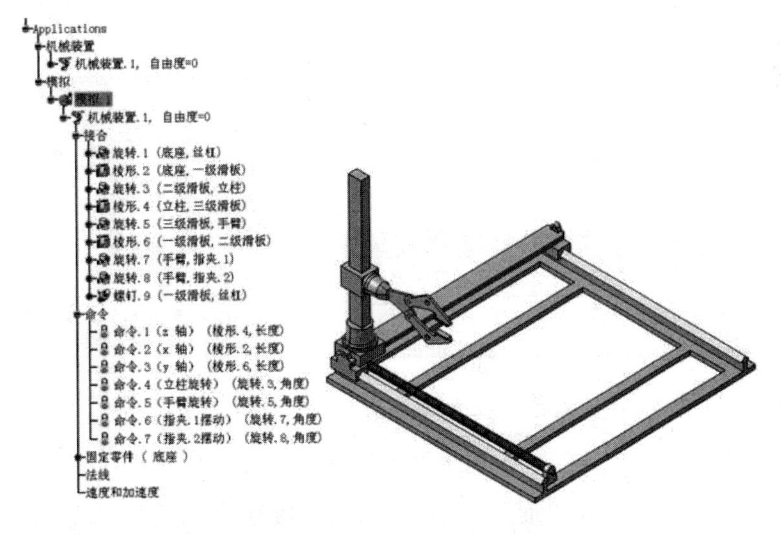

图 6-35　结构树上生成“模拟”节点

6．3．4　碰撞运动

使用模拟过程记录也可以实现碰撞运动的仿真。通过一套设定动作的指令，在视觉上形成碰撞的运动效果，如行程开关等类似机构。

打开资源包中的“Exercise\6\6. 3. 4\pengzhuangjigou. CATProduct”，出现模拟碰撞机构的模型，如图 6-36 所示。该例运动机构已建立完成。

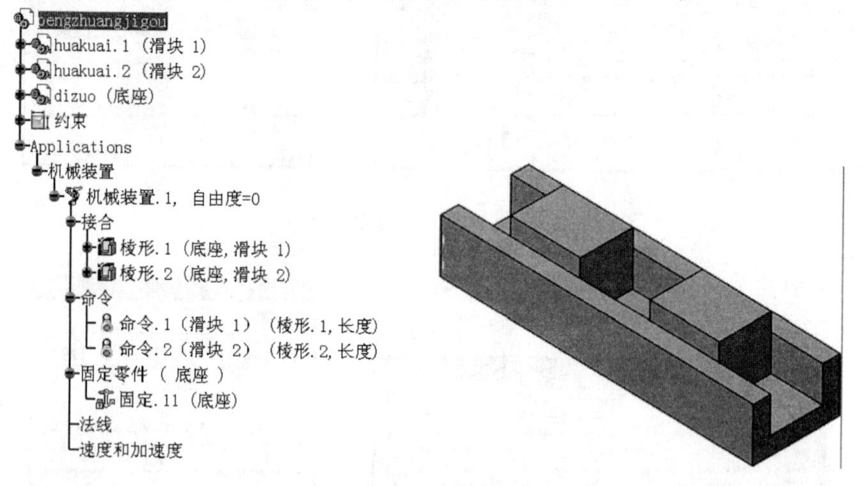

图 6-36　碰撞机构模型

单击“DMU 一般动画（DMU Generic Animation）”→“综合模拟（Generic Simulation）”工具栏中“模拟（Simulation）”图标，在出现的“选择（Select）”对话框中选择“机械装置. 1（Mechanism. 1）”（参见图 6-22 及相关说明）后展开“运动模拟（Kinematics Simulation）”和“编辑模拟（Edit Simulation）”两个对话框，如图 6-37 所示。

“运动模拟（Kinematics Simulation）”对话框中列有该机构所有的驱动命令，显示各命令的驱动范围。

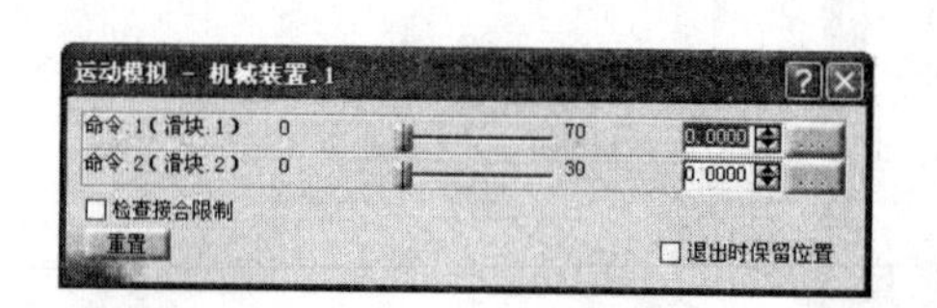

图 6-37　“运动模拟”和“编辑模拟”对话框

表 6-2 为该行程开关的设定动作的指令表，动作过程描述如下：

滑块 1 向前运动 40 mm 的距离，到达与滑块 2 接触的状态；两滑块以接触状态同时向前运动 30 mm 的距离，运动停止点为底座端部；两滑块继续保持接触状态反方向运动 30 mm 的距离，滑块 2 运动停止在其初始位置；滑块 1 继续反向运动 40 mm 的距离，回到初始位置。

指令的输入通过配合操作“运动模拟（Kinematics Simulation）”和“编辑模拟（Edit Simulation）”对话框的方式进行。详细的指令输入过程参见“6.3.3 分步运动”的相关内容。

表 6-2　碰撞机构控制指令

指令	运动模拟		编辑模拟	动作说明
	命令	数值		
1	—	—	插入	插入初始点
2	命令.1（滑块 1）	40 mm	插入	滑块.1 向前移动 40 mm
3	命令.1（滑块 1）	70 mm	插入	滑块.1、滑块.2 同时向前移动 30 mm
	命令.2（滑块 2）	30 mm		
4	命令.1（滑块 1）	40 mm	插入	滑块.1、滑块.2 同时反向移动 30 mm
	命令.2（滑块 2）	0 mm		
5	命令.1（滑块 1）	0 mm	插入	滑块.1 反向移动 40 mm

按表 6-2 顺序操作完毕后，单击“编辑模拟（Edit Simulation）”对话框的“确定（OK）”按钮，关闭对话框，结构树上生成“模拟（Simulation）”及其下属节点，如图 6-38 所示。

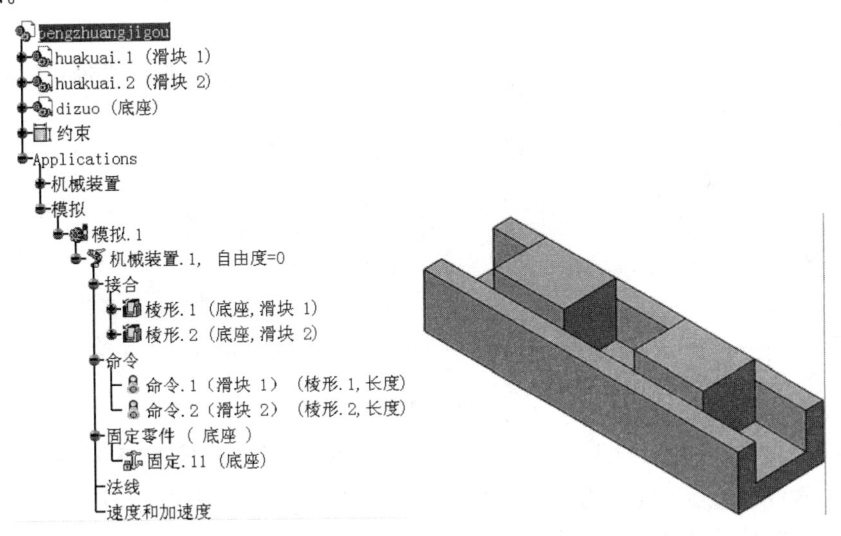

图 6-38　结构树上生成“模拟”节点

6.3.5 模拟记录查看

对于已生成“模拟（Simulation）”的直角坐标机械手运动机构（参见图 6-35），展开其结构树并双击“模拟.1（Simulation.1）”节点，弹出“运动模拟（Kinematics Simulation）”和“编辑模拟（Edit Simulation）”对话框，如图 6-39 所示。

与通过“DMU 一般动画（DMU Generic Animation）”工具栏中的“综合模拟（Generic

Simulation）”功能图标所展开的对话框组相比，此处的“运动模拟（Kinematics Simulation）”对话框相同，唯一的区别在于“编辑模拟（Edit Simulation）”对话框中播放器控制按钮在对话框打开时即为激活状态。

模拟的播放通过“编辑模拟（Edit Simulation）”对话框进行，在播放之前可根据用户需要进行播放的设置。首先，在“编辑模拟（Edit Simulation）”设置“内插步长（Interpolation Step）”为适当值，本例设为“0.04”，如图 6-40 所示；其次，设定播放的循环模式。连续单击“更改循环模式（Change Loop Mode）”按钮，可依次设定为单次播放、正反向循环播放、正向循环播放等播放模式。

⚠【注意】：步长值越小，机构模拟运动的速度越慢。

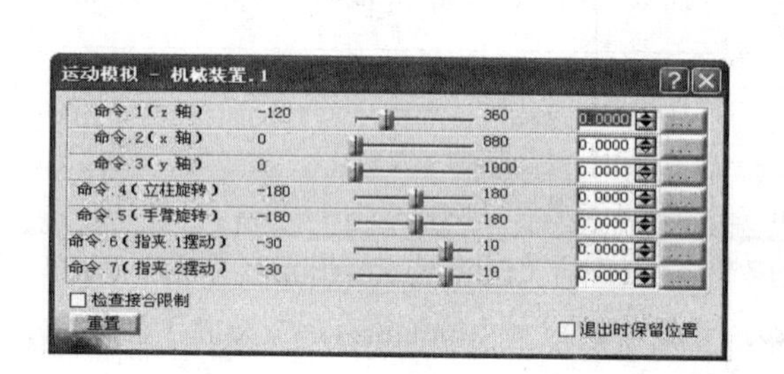

图 6-39　运动模拟和编辑模拟对话框

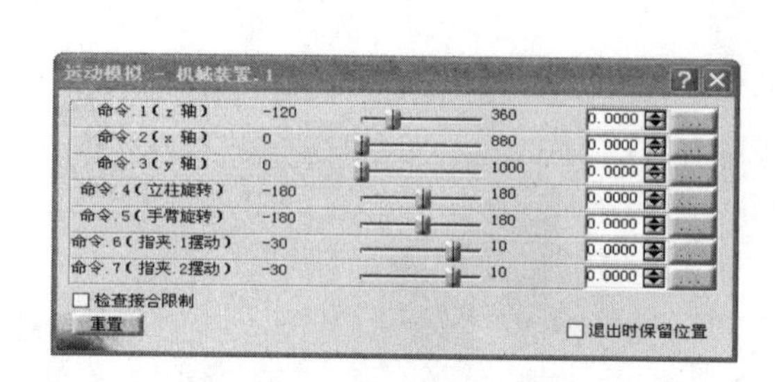

图 6-40　调整步长值

播放参数设定完成后，即可利用对话框中播放器控制按钮进行正反向播放、暂停、起点或终点置位、正反向步进等操作，以查看模拟运动情况。播放也可通过鼠标直接拉动播放器按钮上方滚动条的方式进行。

正向播放时，机械手机构对应表 6-1 各指令节点的运动情况，如图 6-41 所示。

在运动模拟播放过程中，可以通过鼠标操作数字样机移动、旋转、缩放，从而能够在不同角度观察机构的运动情况。当选中“编辑模拟（Edit Simulation）”对话框上的“动画视点（Animate Viewpoint）”复选框后，除播放机构的运动过程外，还附带有模拟记录过程时对机构的视点操作，此时鼠标对机构的控制无效。

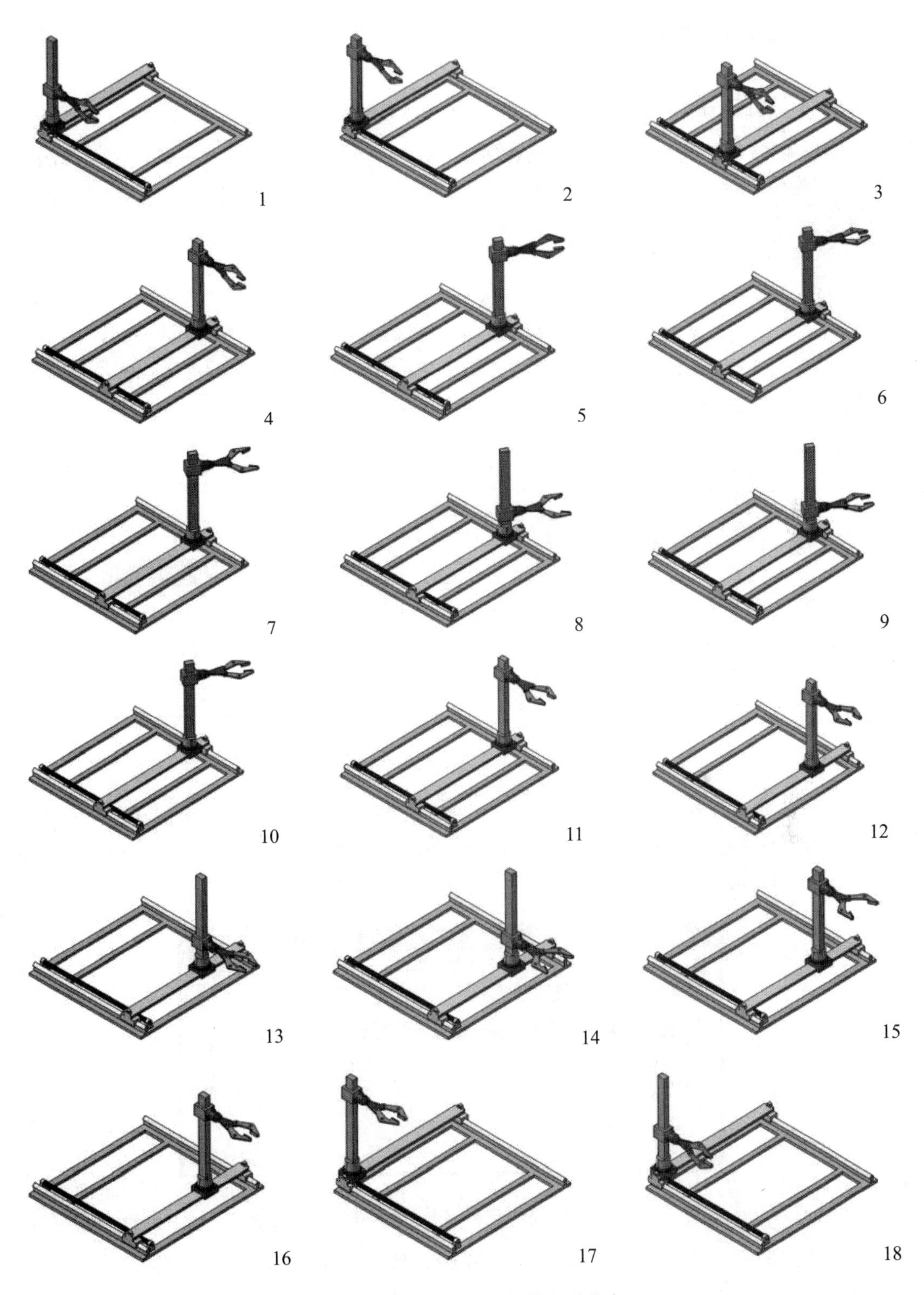

图 6-41　各指令对应下的机构运动状态

6.4 多驱动程序控制

6.4.1 机械手

导入机械手运动机构（Exercise\6\6. 3. 3&6. 3. 5&6. 4. 1&8. 5. 2\Robot. CATProduct），参见图 6-31。本节讲解用程序控制的方式，使该机构实现表 6-1 所描述的模拟运动。

（1）关联同步运动

展开直角坐标机械手运动机构结构树上的“命令（Commands）”节点，双击“命令. 7（Commands. 7）（指夹. 2 摆动）”，弹出“编辑命令（Command Edition）”对话框，如图 6-42 所示。

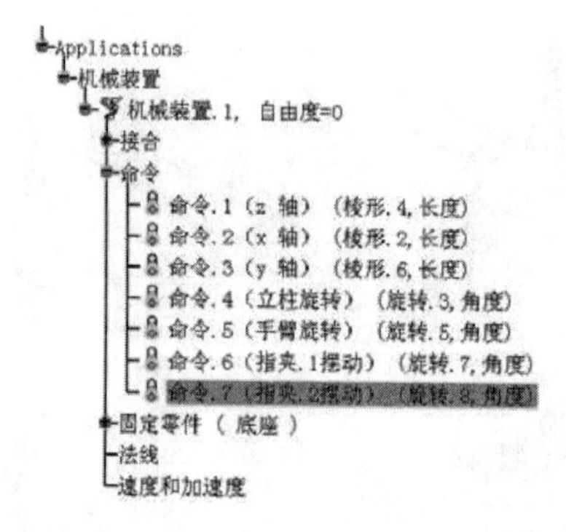

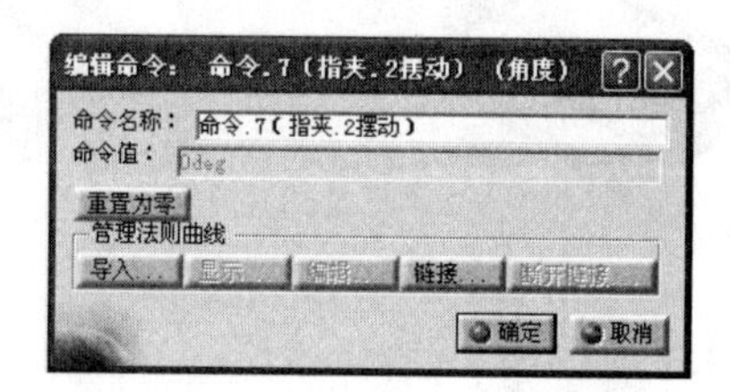

图 6-42 “编辑命令”对话框

在对话框“命令值（Command Value）”显示栏中单击右键（参见图 6-10），在出现的选择条中选择“编辑公式（Formula Edit）”（参见图 6-11），弹出“公式编辑器（Formula Editor）”对话框，如图 6-43 所示。

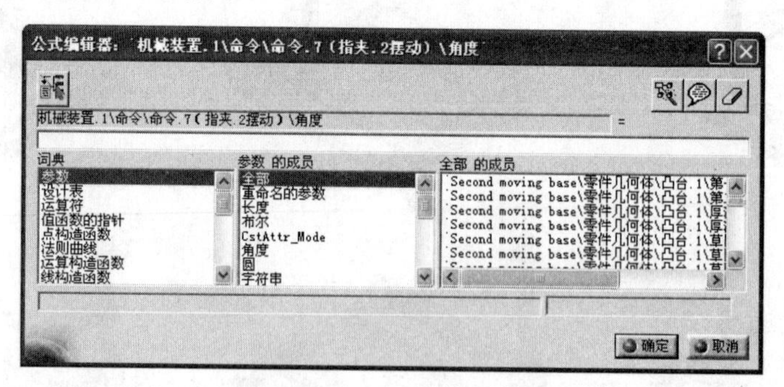

图 6-43 “公式编辑器”对话框

单击结构树上的“命令. 6（Commands. 6）（指夹. 1 摆动）”，对话框“全部的成员（Members of All）”列表更新显示，双击列表中的“`机械装置. 1\命令\命令. 6（指夹. 1 摆动）\角度`”，将其装载进编辑栏，如图 6-44 所示。

单击“确定（OK）”按钮，回到“编辑命令（Command Edition）”对话框，继续单击“确定（OK）”按钮完成公式编辑。结构树上“法线（Laws）”节点下生成“公式. 1：`机械装置. 1\命令\命令. 7（指夹. 2 摆动）\角度` =`机械装置. 1\命令\命令. 6（指夹. 1 摆动）\角度`”的同步运动关联函数，如图 6-45 所示。

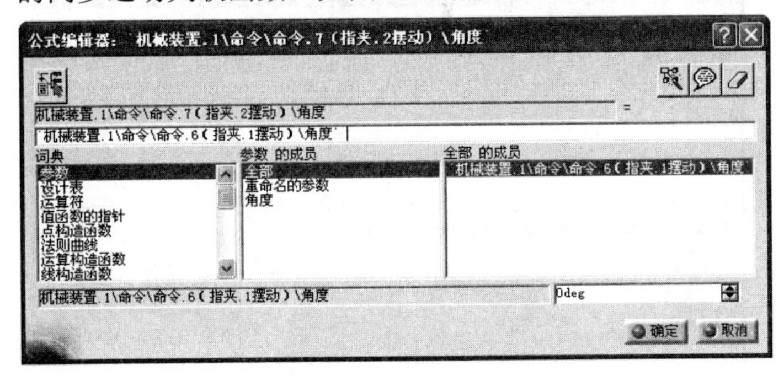

图 6-44　装载参数

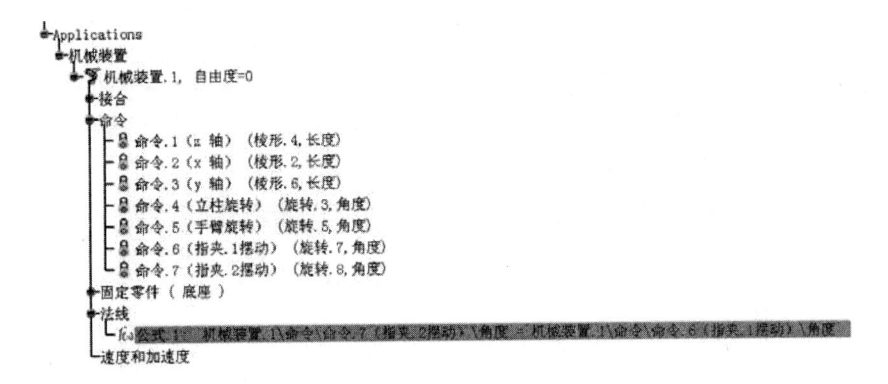

图 6-45　结构树上的同步关联函数

（2）程序编制

切换至“开始（Start）”→“知识工程模块（Knowledgeware）”→“知识顾问（Knowledge Advisor）”工作台。在“活跃参数（Reactive Features）”工具栏中单击“规则（Rule）”图标，显示“规则编辑器（Rule Editor）”对话框，如图 6-46 所示。读者可根据需要对即将编制的运动程序进行标识，本例标识设置如图 6-47 所示。

图 6-46　“规则 编辑器”对话框

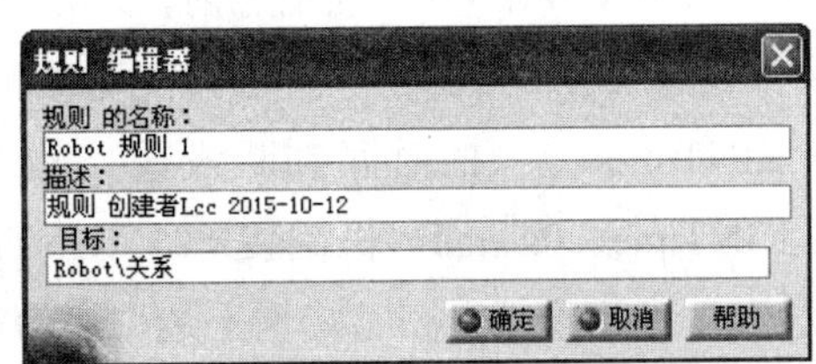

图 6-47　设置程序标识

单击“规则编辑器（Rule Editor）”对话框中的“确定（OK）”按钮，对话框更新显示，如图 6-48 所示。

将光标移至对话框上部编辑栏中“/*规则 创建者 Lcc 2015-10-12*/”程序标识段的末尾，按 Enter 键换行。

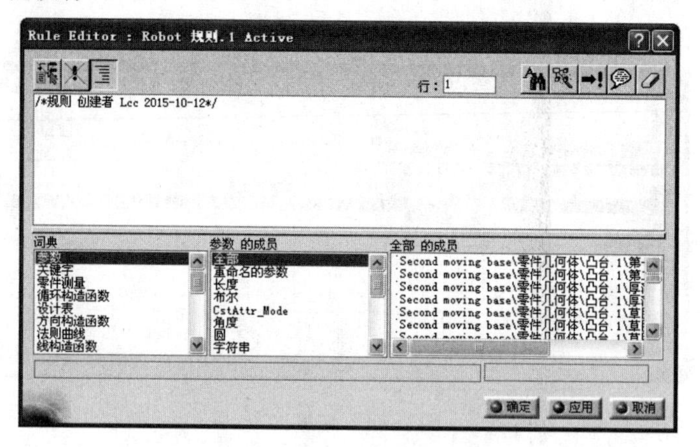

图 6-48 对话框更新显示

在新行内输入“if ( )”，并将“参数的成员（Members of Parameters）”列表中选定“时间（Time）”项，则“全部的成员（Members of All）”列表更新为“时间的成员（Members of Time）”，如图 6-49 所示。

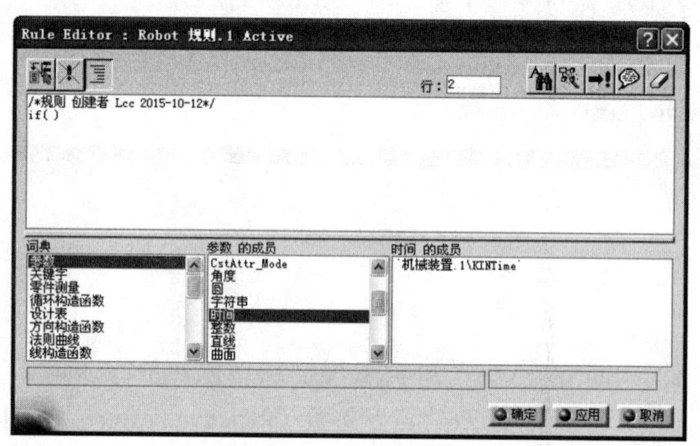

图 6-49 显示时间项列表

将光标移至“if ( )”的括号内，双击“时间的成员（Members of Time）”列表中的“`机械装置. 1\KINTime`”，将其作为时间变量装置进程序语句中，形成“if (`机械装置. 1\KINTime`)”的时间判断格式，并编辑一个 5s 的时间判断语句“if (`机械装置. 1\KINTime`>0s and `机械装置. 1\KINTime` <=5s)”，如图 6-50 所示。

按 Enter 键换行，在结构树上选中“命令. 1（Commands. 1）（z 轴）”，“规则编辑器（Rule Editor）”对话框更新显示。“命令. 1（Commands. 1）（z 轴）”进入“全部的成员（Members of All）”列表。

双击列表中的“`机械装置. 1\命令\命令. 1（z 轴）\长度`”，将其作为函数装载入

程序编辑栏，如图 6-51 所示。

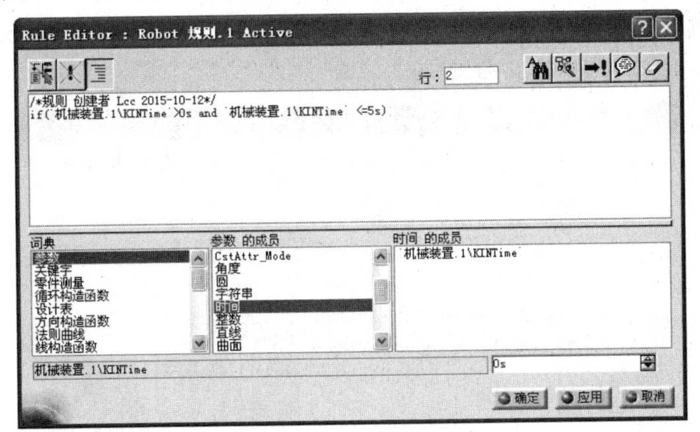

图 6-50　编辑时间语句

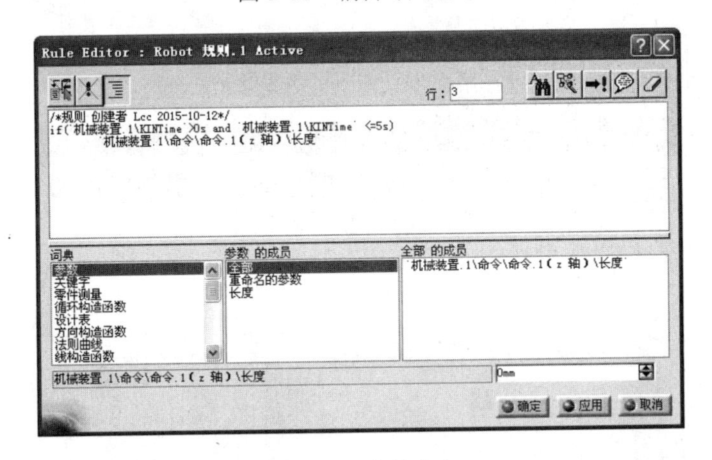

图 6-51　装载命令

在编辑栏的“`机械装置. 1\命令\命令. 1（z 轴）\长度`”后输入“=300mm/5s*”，如图 6-52 所示。其中，“300mm/5s”表示指令规定“命令. 1（Commands. 1）（z 轴）”在 5s 内运动“300mm”，或称运动速度为“60mm/s”。运动速度乘以时间即可构成一个以时间为变量的运动函数语句。

单击结构树上的“机械装置. 1（Mechanism. 1）”，“规则编辑器（Rule Editor）”对话框更新显示，如图 6-53 所示。

在对话框“全部的成员（Members of All）”列表中双击“`机械装置. 1\KINTime`”，将“`机械装置. 1\KINTime`”作为时间变量装载入“命令. 1（Commands. 1）（z 轴）”的程序编辑行，从而完成“`机械装置. 1\命令\命令. 1（z 轴）\长度`=300mm/5s*`机械装置. 1\KINTime`”的运动程序语句，如图 6-53 所示。

按 Enter 键换行，进行下一段的编辑。为提高程序的编辑速度，可将上一段由“if”引导的时间判断语句复制到新的编辑行，根据控制要求修改时间值。本例设定下一个控制指令时间区间为“10s”，则将由“if”引导的时间判断语句修改“if（`机械装置. 1\KINTime`>5s and `机械装置. 1\KINTime` <=15s)”。同时，编辑该时间区间的执行语句为“`机械装置. 1\命令\命令. 2（x 轴）\长度` =600mm/10s*(`机械装置. 1\KINTime`-5s)”，如图 6-54 所示。

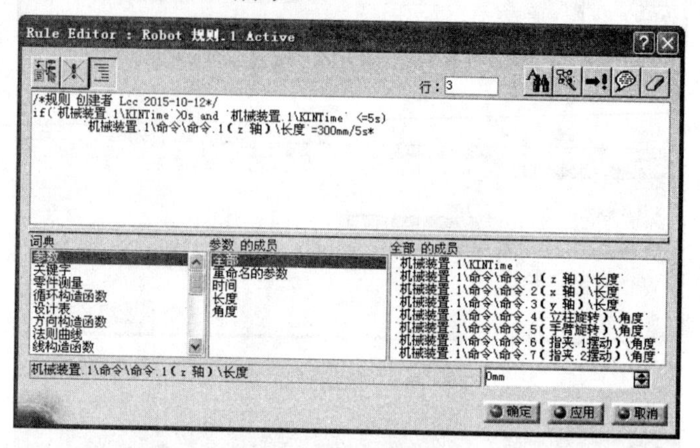

图 6-52 输入运动速度

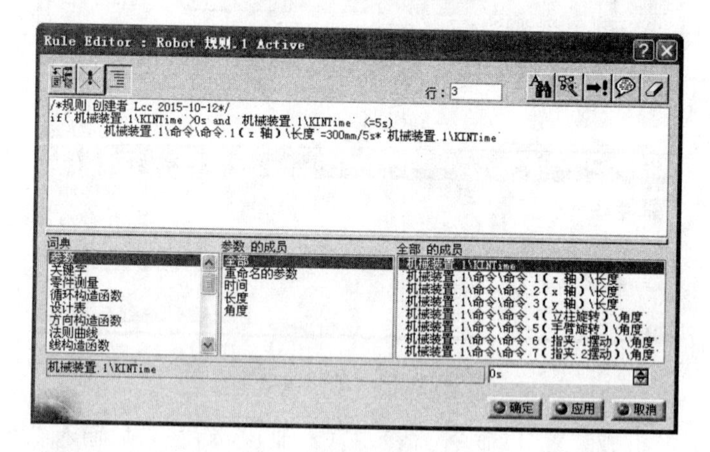

图 6-53 完成运动函数语句

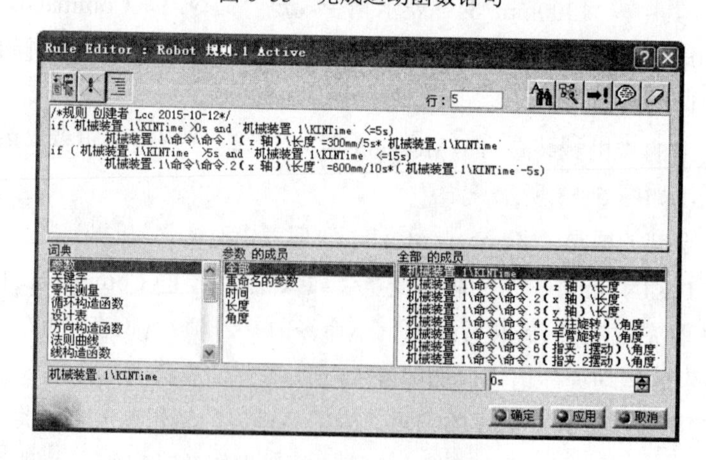

图 6-54 完成第二个功能语句段

运动机构各动作的执行速度由程序的执行语句中设定的时间区间所决定，读者可根据需要自行调整。

按上述步骤，并根据表 6-1 的指令顺序完成全部动作程序的编辑，部分程序如下：

```
/*规则 创建者 Lcc 2015-10-12*/
if (`机械装置.1\KINTime` >0s and `机械装置.1\KINTime` <=5s)
    `机械装置.1\命令\命令.1 (z 轴) \长度` =300mm/5s*`机械装置.1\KINTime`
if (`机械装置.1\KINTime` >5s and `机械装置.1\KINTime` <=15s)
    `机械装置.1\命令\命令.2 (x 轴) \长度` =600mm/10s*(`机械装置.1\KINTime`-5s)
if (`机械装置.1\KINTime` >15s and `机械装置.1\KINTime` <=25s)
    `机械装置.1\命令\命令.3 (y 轴) \长度` =800mm/10s*(`机械装置.1\KINTime`-15s)
if (`机械装置.1\KINTime` >25s and `机械装置.1\KINTime` <=30s)
    `机械装置.1\命令\命令.4 (立柱旋转) \角度` =60deg/5s*(`机械装置.1\KINTime`-25s)
if (`机械装置.1\KINTime` >30s and `机械装置.1\KINTime` <=35s)
    `机械装置.1\命令\命令.5 (手臂旋转) \角度` =90deg/5s*(`机械装置.1\KINTime`-30s)
......
if (`机械装置.1\KINTime` >110s and `机械装置.1\KINTime` <=115s)
    `机械装置.1\命令\命令.1(z 轴)\长度` =300mm-300mm/5s*(`机械装置.1\KINTime`-110s)
if (`机械装置.1\KINTime` >110s and `机械装置.1\KINTime` <=115s)
  `机械装置.1\命令\命令.5(手臂旋转)\角度` =-90deg+90deg/5s*(`机械装置.1\KINTime`-110s)
```

查看完整程序见“Example\6\6. 4. 1&6. 3. 3&6. 3. 5&8. 5. 2\Robot. CATProduct”中已建立的规则，动作程序在“规则编辑器（Rule Editor）”对话框的编辑栏编辑完成后，单击“确定（OK）”按钮关闭对话框，结构树的“法线（Laws）”节点下生成“规则. 1（Rule. 1）”，如图 6-55 所示。程序对运动机构的控制与运动函数一样，通过“使用法则曲线模拟（Simulation with Laws）”的方式进行。

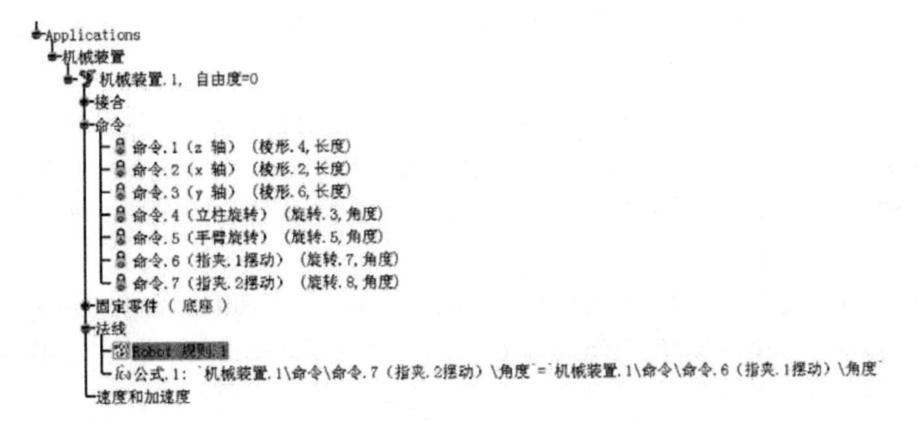

图 6-55　结构树上生成规则

6．4．2　棘轮机构

打开资源包中的“Exercise\6\6. 4. 2\jilunjigou. CATProduct”，出现棘轮机构模型，该例运动机构已创建完成，如图 6-56 所示。

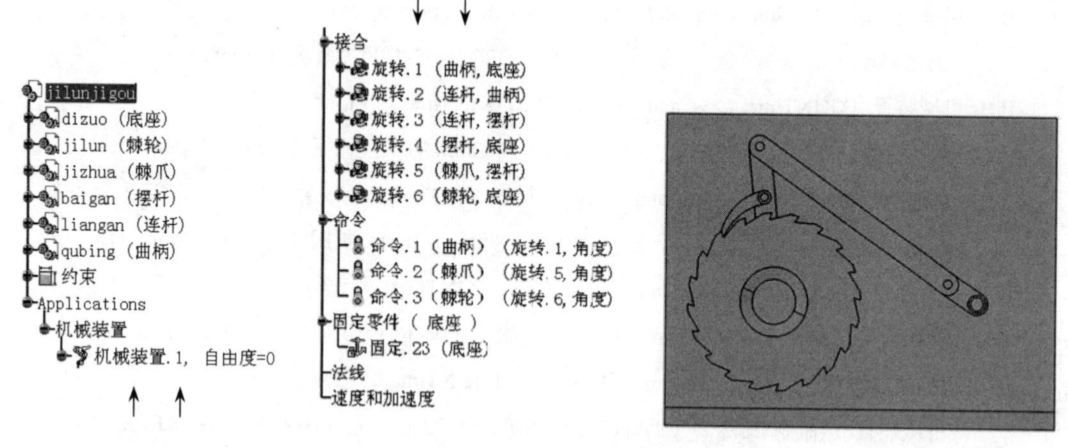

图 6-56　棘轮机构模型

（1）仿真形式分析

棘轮机构用于将曲柄的匀速转动通过连杆、摆杆、棘爪的传递转换成棘轮的间歇单向转动。

该机构的工作原理是棘轮的齿形轮廓约束和规定了棘爪对棘轮的作用效果，从而实现棘轮的间歇单向转动。由于复杂的运动过程，无法通过某一形式关联该机构的所有运动副，达到只有曲柄转动一个自由度的理想状态。因此，只能通过单独控制的方式，分别操纵相关联部件的运动，通过时间与速度的拟合实现棘轮机构的运动仿真。

（2）控制参数计算

机构运动时曲柄做匀速转动，本例设定曲柄运动速度为 10deg/s，则曲柄转动一周所用时间为 36s。

采用 CATIA 草图约束动画的方法计算控制参数，如图 6-57 所示，图中虚线圆弧分别为棘爪端点、摆杆和曲柄铰接点的运动轨迹。其中，棘爪端点的运动为棘爪绕其与摆杆铰接点的转动及随该铰接点在摆杆上摆动的合成运动。虚直线表示机构运动过程中的某一位置。

选取特征点记录曲柄和棘爪的角度变化值，特征点的选取如图 6-58 所示。棘爪端点 P 沿棘轮齿廓从 A 开始运动经过 B 滑动至 C，掉落至 E 再滑动至 F，棘爪自 F 反向运动至 D 推动棘轮走一个齿的位置，即此时 D 运动到 A 的位置，完成一次间歇运动。

使 P 按运动轨迹分别与 A、B、C、D、E、F 相合，记录该运动过程中曲柄旋转角度的变化和棘爪相对于摆杆的角度变化值，即可获得特征点的控制参数，见表 6-3。

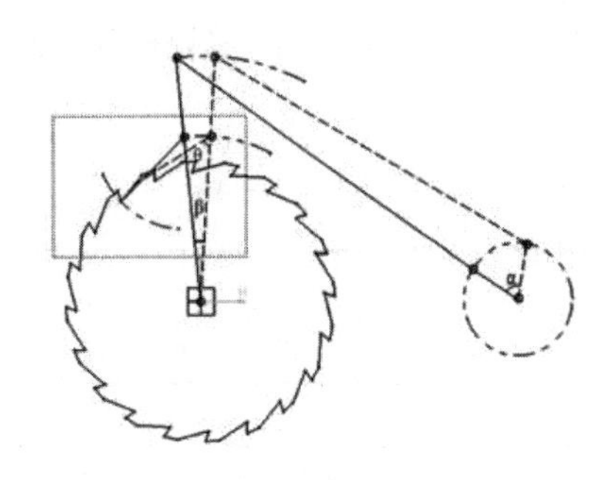

图 6-57　CATIA 草图约束动画

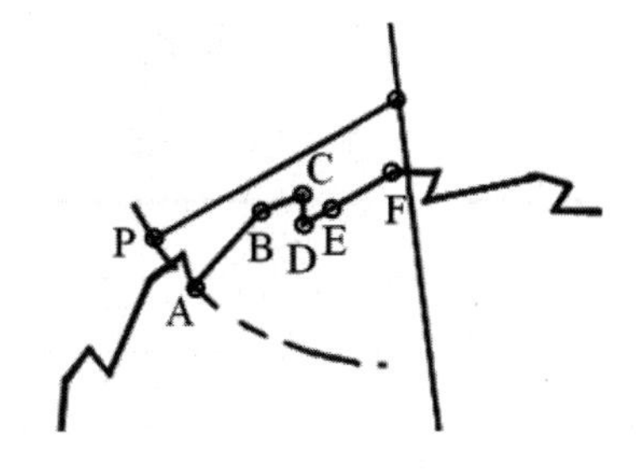

图 6-58　特征点

表 6-3　棘轮机构特征点控制参数

指令	运动模拟		编辑模拟	动作说明
	命令	数值		
1	—	—	插入	插入初始点
2	命令.1（曲柄）	84.777 deg	插入	棘爪沿第一个齿廓的第一轨迹线滑动
	命令.3（棘爪）	6.516 deg		
3	命令.1（曲柄）	108.611 deg	插入	棘爪沿第一个齿廓的第二轨迹线滑动
4	命令.1（曲柄）	191.438 deg	插入	棘爪滑落在第二个棘轮齿廓上
	命令.3（棘爪）	5.473 deg		
5	命令.1（曲柄）	274.641 deg	插入	棘爪沿第二个棘轮齿廓反向运动
	命令.3（棘爪）	0 deg		
6	命令.1（曲柄）	360 deg	插入	棘爪推动棘轮反向运动
	命令.2（棘轮）	-18 deg		

利用表 6-3 的命令和数值可采用“6.4.1 机械手”中多驱动手动控制的方法实现棘轮机构的运动。由于曲柄做匀速转动，而棘轮则是间歇和变速的转动，因此以上述有限数量的特征点控制机构运动，会在某一瞬时因运动速度不匹配而出现明显的实体侵入现象，如图 6-59a 所示，干涉部分放大图如 6-59b 所示。

a）

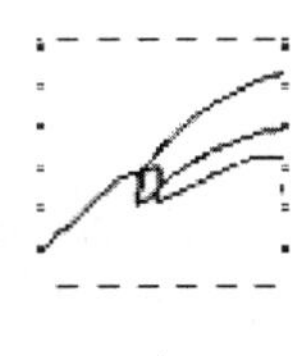

b）

图 6-59　棘轮机构干涉现象

为提高运动的仿真度，在上述特征点区域内增加采样点，各采样点的时间间隔根据设定的曲柄转速计算，细化后的控制指令见表 6-4。采用细化后的指令制定棘轮的运动规则，可提高运动的仿真度，避免干涉现象。

表 6-4　棘轮机构控制指令

<table>
<tr><th rowspan="2">指令</th><th colspan="2">运动模拟</th><th rowspan="2" colspan="3">采样点参数</th></tr>
<tr><th>命令</th><th>数值</th></tr>
<tr><td>1</td><td>—</td><td>—</td><td colspan="3"></td></tr>
<tr><td rowspan="21">2</td><td rowspan="11">命令.1（曲柄）</td><td rowspan="11">84.777 deg</td><td>编号</td><td>时间</td><td>数值</td></tr>
<tr><td>2.1</td><td>0.84777s</td><td>8.4777deg</td></tr>
<tr><td>2.2</td><td>1.69544s</td><td>16.9554deg</td></tr>
<tr><td>2.3</td><td>2.54311s</td><td>25.4331deg</td></tr>
<tr><td>2.4</td><td>3.39108s</td><td>33.9108deg</td></tr>
<tr><td>2.5</td><td>4.23885s</td><td>42.3885deg</td></tr>
<tr><td>2.6</td><td>5.08662s</td><td>50.8662deg</td></tr>
<tr><td>2.7</td><td>5.93439s</td><td>59.3439deg</td></tr>
<tr><td>2.8</td><td>6.78216s</td><td>67.8216deg</td></tr>
<tr><td>2.9</td><td>7.62993s</td><td>76.2993deg</td></tr>
<tr><td>2.10</td><td>8.4777s</td><td>84.777deg</td></tr>
<tr><td rowspan="10">命令.3（棘爪）</td><td rowspan="10">6.5159 deg</td><td>2.1</td><td>0.84777s</td><td>0.0366deg</td></tr>
<tr><td>2.2</td><td>1.69544s</td><td>0.1842deg</td></tr>
<tr><td>2.3</td><td>2.54311s</td><td>0.4481deg</td></tr>
<tr><td>2.4</td><td>3.39108s</td><td>0.8386deg</td></tr>
<tr><td>2.5</td><td>4.23885s</td><td>1.3687deg</td></tr>
<tr><td>2.6</td><td>5.08662s</td><td>2.0517deg</td></tr>
<tr><td>2.7</td><td>5.93439s</td><td>2.8998deg</td></tr>
<tr><td>2.8</td><td>6.78216s</td><td>3.9225deg</td></tr>
<tr><td>2.9</td><td>7.62993s</td><td>5.1267deg</td></tr>
<tr><td>2.10</td><td>8.4777s</td><td>6.5159deg</td></tr>
<tr><td>3</td><td>命令.1（曲柄）</td><td>108.611 deg</td><td>3.0</td><td>10.8611s</td><td>108.611deg</td></tr>
<tr><td rowspan="7">4</td><td rowspan="6">命令.1（曲柄）</td><td rowspan="6">191.438 deg</td><td>4.1</td><td>11.8611s</td><td>118.611deg</td></tr>
<tr><td>4.2</td><td>13.31764s</td><td>133.1764deg</td></tr>
<tr><td>4.3</td><td>14.77418s</td><td>147.7418deg</td></tr>
<tr><td>4.4</td><td>16.23072s</td><td>162.072deg</td></tr>
<tr><td>4.5</td><td>17.68726s</td><td>176.8726deg</td></tr>
<tr><td>4.6</td><td>19.1438s</td><td>191.438deg</td></tr>
<tr><td>命令.3（棘爪）</td><td>5.473 deg</td><td>4.1</td><td>11.8611s</td><td>1.2575deg</td></tr>
</table>

			4. 2	13. 31764s	2. 4295deg
			4. 3	14. 77418s	3. 5829deg
			4. 4	16. 23072s	4. 5662deh
			4. 5	17. 68726s	5. 2341deg
			4. 6	19. 1438s	5. 473deg
5	命令. 1（曲柄）	274. 641 deg	5. 1	20. 80786s	208. 0786deg
			5. 2	22. 47192s	224. 7192deg
			5. 3	24. 13598s	241. 3598deg
			5. 4	25. 80004s	258. 0004deg
			5. 5	27. 4641s	274. 641deg
	命令. 3（棘爪）	0 deg	5. 1	20. 80786s	5. 1532deg
			5. 2	22. 47192s	4. 2412deg
			5. 3	24. 13598s	2. 8994deg
			5. 4	25. 80004s	1. 3848deg
			5. 5	27. 4641s	0deg
6	命令. 1（曲柄）	360 deg	6. 1	28. 31769s	283. 1769deg
			6. 2	29. 17128s	291. 7128deg
			6. 3	30. 02487s	300. 2487deg
			6. 4	30. 87846s	308. 7846deg
			6. 5	31. 73205s	317. 3205deg
			6. 6	32. 8564s	325. 8564deg
			6. 7	33. 43923s	334. 3923deg
			6. 8	34. 29282s	342. 9282deg
			6. 9	35. 14641s	351. 4641deg
			6. 10	36s	360deg
	命令. 2（棘轮）	−18 deg	6. 1	28. 31769s	−2. 4587deg
			6. 2	29. 17128s	−4. 9872deg
			6. 3	30. 02487s	−7. 5082deg
			6. 4	30. 87846s	−9. 934deg
			6. 5	31. 73205s	−12. 1724deg
			6. 6	32. 8564s	−14. 1348deg
			6. 7	33. 43923s	−15. 7444deg
			6. 8	34. 29282s	−16. 9437deg
			6. 9	35. 14641s	−17. 6988deg
			6. 10	36s	−18deg

（3）程序编制

切换至“开始（Start）”→“知识工程（Knowledgeware）”→“知识顾问（Knowledge Advisor）”工作台。在“活跃参数（Reactive Features）”工具栏中单击“规则（Rule）”图标，显示“规则编辑器（Rule Editor）”对话框，如图 6-60 所示。

读者可根据需要对即将编制的运动程序进行标识，本例标识设置如图 6-61 所示。

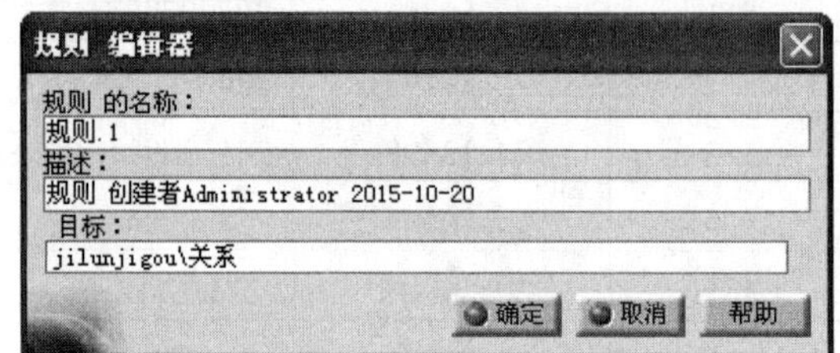

图 6-60 “规则 编辑器”对话框

图 6-61 设置程序标识

单击“规则编辑器（Rule Editor）”对话框中的“确定（OK）”按钮，对话框更新显示，如图 6-62 所示。

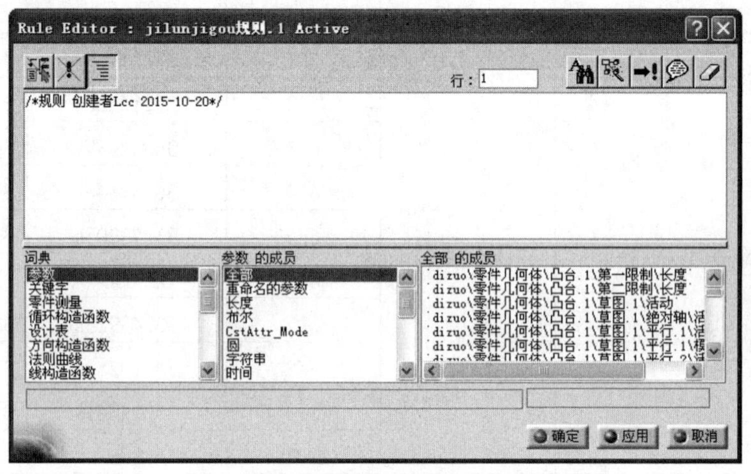

图 6-62 对话框更新显示

将光标移至对话框上部编辑栏中“/*规则 创建者 Lcc 2015-10-20*/”程序标识段的末尾，按 Enter 键换行。

在新行内输入“if ( )”，并在“参数的成员（Members of Parameters）”列表中选定“时间（Time）”项，则“全部的成员（Members of All）”列表更新为“时间的成员（Members of Time）”，如图 6-63 所示。

将光标移至“if ( )”的括号内，双击“时间的成员（Members of Time）”列表中的“`机械装置.1\KINTime`”，将其作为时间变量装置编进程序语句中，形成“if (`机械装置.1\KINTime`)”的时间判断格式，并编辑一个 0.84777 秒钟的时间判断语句“if (`机械装置.1\KINTime`>0s and `机械装置.1\KINTime` <=0.84777s)”，如图 6-64 所示。

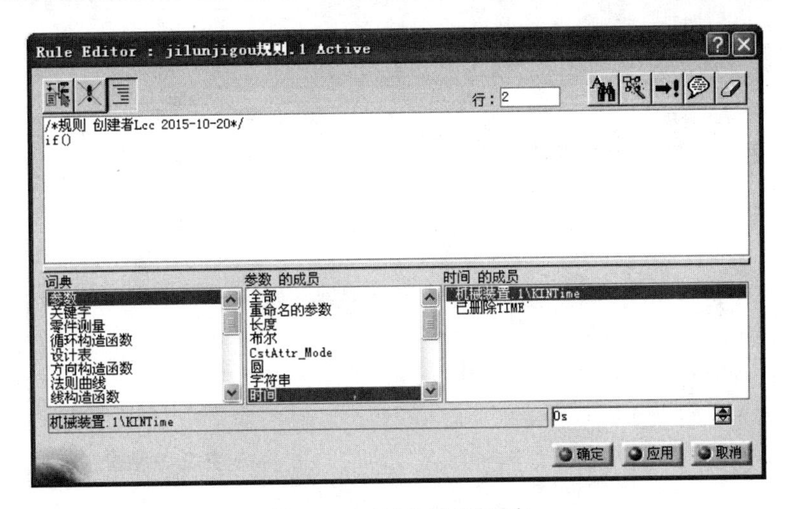

图 6-63　显示时间项列表

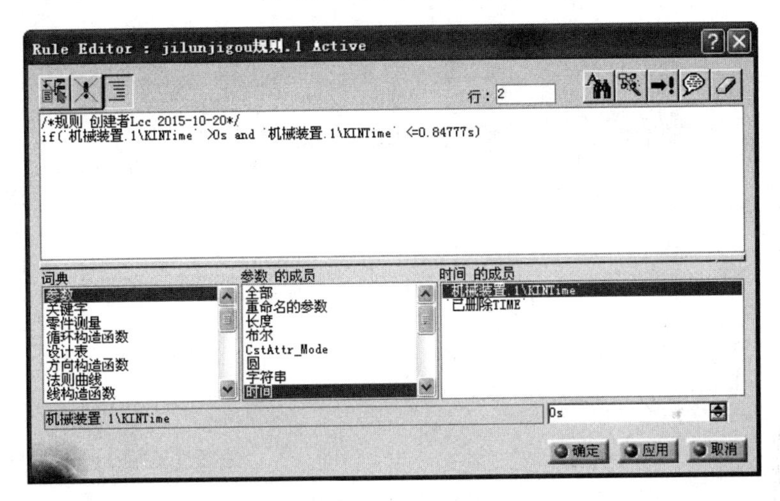

图 6-64　编辑时间语句

按 Enter 键换行，在结构树上选中“命令.1（Commands.1）（曲柄）”，“规则编辑器（Rule Editor）”对话框更新显示。“命令.1（Commands.1）（曲柄）”进入“全部的成员（Members of All）”列表。双击列表中的“`机械装置.1\命令\命令.1（曲柄）\角度`”，将其作为函数装载入程序编辑栏，如图 6-65 所示。

在编辑栏的“`机械装置.1\命令\命令.1（曲柄）\角度`”后输入“=8.4777deg/0.84777s*”，如图 6-66 所示。

其中，“8.4777deg/0.84777s”表示指令规定“命令.1（Commands.1）（曲柄）”在 0.84777s 内运动“8.4777deg”，或称运动速度为“10deg/s”。运动速度乘以时间即可构成一个以时间为变量的运动函数语句。

单击结构树上的“机械装置.1（Mechanism.1）”，“规则编辑器（Rule Editor）”对话框更新显示，如图 6-67 所示。

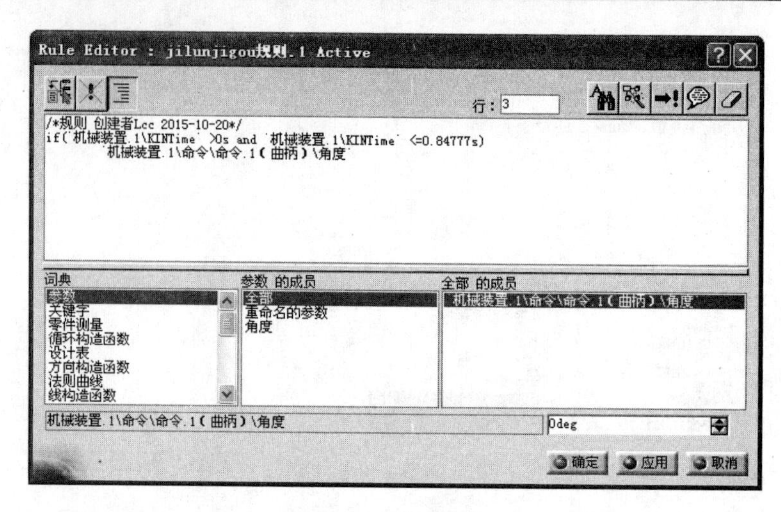

图 6-65　装载命令

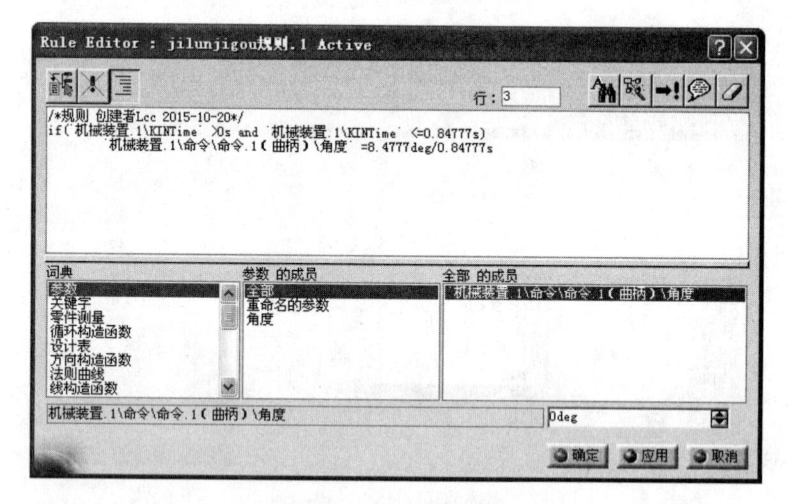

图 6-66　输入运动速度

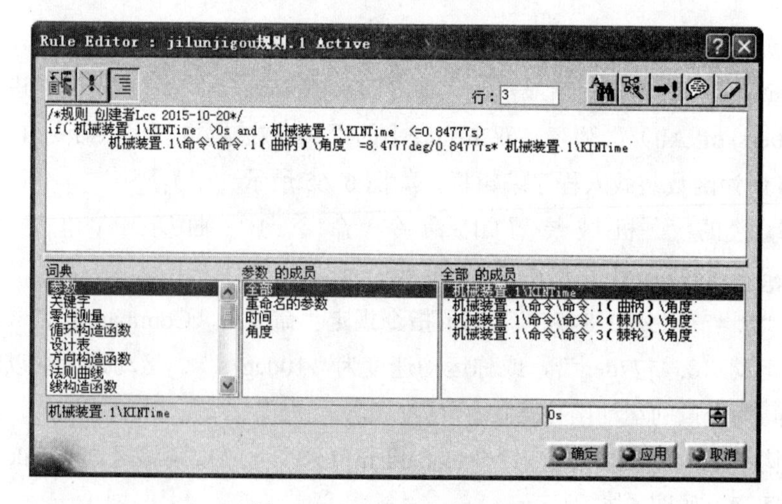

图 6-67　完成运动函数语句

在对话框“全部的成员（Members of All）”列表中双击“`机械装置. 1\KINTime`”，将“`机械装置. 1\KINTime`”作为时间变量装载入“命令. 1（Commands. 1）（曲柄）”的程序编辑行，从而完成“`机械装置.1\命令\命令.1（曲柄）\角度`=8. 4777deg/0. 84777s*`机械装置. 1\KINTime`”的运动程序语句，如图 6-67 所示。

按 Enter 键换行，进行下一段的编辑。为提高程序的编辑速度，可将上一段由“if”引导的时间判断语句复制到新的编辑行，根据控制要求修改时间值。

运动机构各动作的执行速度由程序的执行语句中设定的时间区间所决定，读者可根据需要自行调整。

按上述步骤，并根据表 6-4 的指令顺序完成一个间歇运动的动作程序的编辑，部分程序编辑如下：

```
/*规则 创建者 Lcc 2015/10/20*/
if(`机械装置. 1\KINTime` >0s and `机械装置. 1\KINTime` <=0. 84777s)
  `机械装置. 1\命令\命令. 1（曲柄）\角度` =8. 4777deg/0. 84777s*`机械装置. 1\KINTime`
if(`机械装置. 1\KINTime` >0s and `机械装置. 1\KINTime` <=0. 84777s)
  `机械装置. 1\命令\命令. 2（棘爪）\角度` =0. 0366deg/0. 84777s*`机械装置. 1\KINTime`
if(`机械装置. 1\KINTime` >0. 84777s and `机械装置. 1\KINTime` <=1. 69544s)
  `机械装置.1\命令\命令.1（曲柄）\角度`=8. 4777deg+8. 4777deg/0. 84777s*(`机械装置. 1\KINTime`-0. 84777s)
if(`机械装置. 1\KINTime` >0. 84777s and `机械装置. 1\KINTime` <=1. 69544s)
  `机械装置.1\命令\命令.2（棘爪）\角度`=0. 0366deg+0. 1476deg/0. 84777s*(`机械装置. 1\KINTime`-0. 84777s)
……
if(`机械装置. 1\KINTime` >28. 00261s and `机械装置. 1\KINTime` <=28. 8562s)
  `机械装置.1\命令\命令.1（曲柄）\角度`=351. 4641deg+8. 5359deg/0. 85359s*(`机械装置. 1\KINTime`-28. 00261s)
if(`机械装置. 1\KINTime` >28. 00261s and `机械装置. 1\KINTime` <=28. 8562s)
  `机械装置.1\命令\命令.3（棘轮）\角度`=-17. 6988deg-0. 3012deg/0. 85359s*(`机械装置. 1\KINTime`-28. 00261s)
```

以上模拟只实现了棘轮机构的一个间歇运动过程，可以重复多次编辑上面给出的运动指令来实现多次的间歇运动过程，要注意修改相应的时间段，其完整程序参见“Example\6\6. 4. 2\jilunjigou. CATProduct”中已建立的规则。

动作程序在“规则编辑器（Rule Editor）”对话框的编辑栏编辑完成后，单击“确定（OK）”按钮，关闭对话框，结构树的“法线（Laws）”节点下生成“规则. 1（Rule. 1）”，如图 6-68 所示。

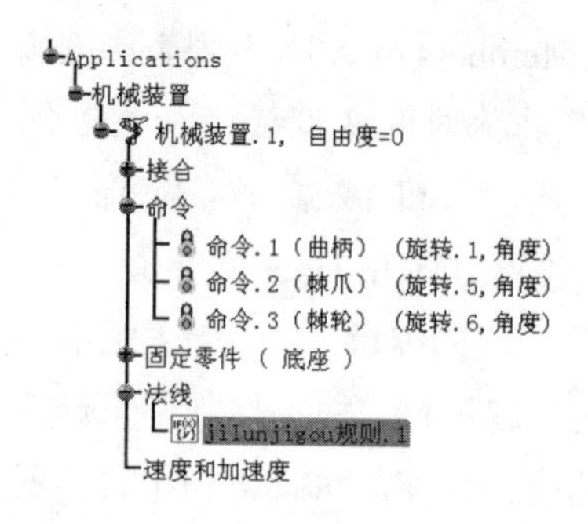

图 6-68　结构树上生成规则

程序对运动机构的控制与运动函数一样，通过“使用法则曲线模拟（Simulation with Laws）”的方式进行。

该棘轮机构的间歇运动也可通过“多驱动手动控制”实现，读者可根据“6.3.3 分步运动”的内容自行尝试。

6. 5　模拟编辑与重放

6. 5. 1　生成重放

“重放（Replay）”是将已有的“模拟（Simulation）”在 CATIA 环境下转换为视频段的形式，并记录在结构树上，与“模拟（Simulation）”的区别在于可简化查看程序，在运动分析过程中可作为“分析目标（Object / Selection）”。

【重点】：某些运动分析过程中，以“重放.*（Replay.*）”为“分析目标（Object / Selection）”，较使用“机械装置.*（Mechanism.*）”可显著提高运算速度。

打开资源包中的“Exercise\6\6. 5-6&7. 2\ zhusaibeng. CATProduct”，出现斜盘式柱塞泵，如图 6-69 所示。该例运动机构已建立完成，并在结构树上生成 5 个“模拟.*（Simulation.*）”。

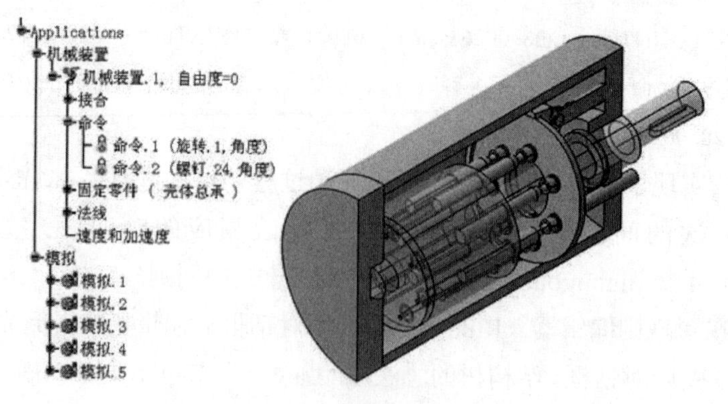

图 6-69　斜盘式柱塞泵

在“DMU 一般动画(DMU Generic Animation)”→“综合模拟(Generic Simulation)”工具栏中单击“编辑模拟（Compile Simulation）”图标，弹出“编辑模拟（Compile Simulation）”对话框，如图 6-70 所示。对话框中“生成重放（Generate a Replay）”复选框默认为选择状态。

图 6-70　编辑模拟对话框

在对话框中的“模拟名称（Simulation name）”选项栏中选择要编辑的“模拟.*（Simulation.*）”，在“时间步长（Time step）”设置栏中调整步长为适当值。本例选择“模拟.3（Simulation.3）”，时间步长设为“0.1”，如图 6-71 所示。对话框中“动画视点（Animate Viewpoint）”的作用参见“6.3.5 模拟记录查看”。

⚠【注意】：步长值越小，机构模拟运动的速度越慢。

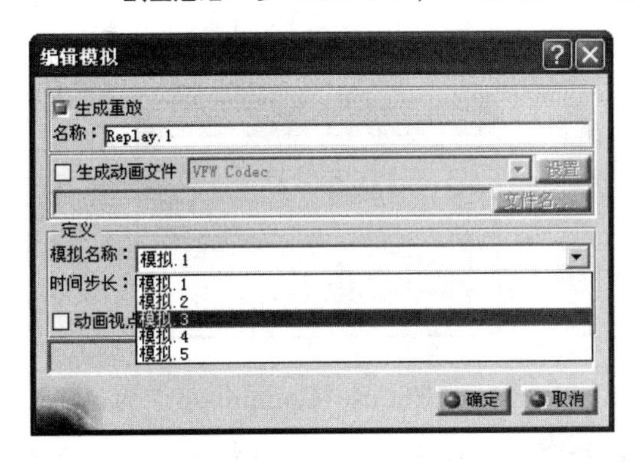

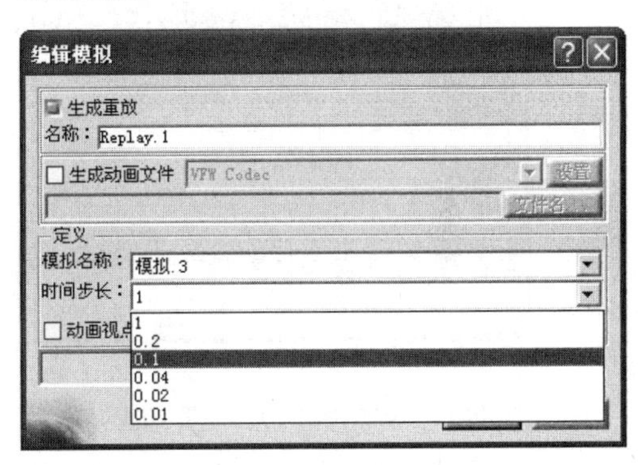

图 6-71　选择模拟与调整时间步长

单击“确定（OK）”开始生成“重放（Replay）”，对话框下部可显示生成进度条。生成重放完成后，对话框自动关闭，结构树上生成“重放（Replay）”及其下属节点，如图 6-72 所示。

6.5.2　动画文件制作

在“编辑模拟（Compile Simulation）”对话框中选中“生成动画文件（Generate an Animation file）”复选框，对话框更新，显示如图 6-73 所示。单击对话框中“设置（Set）”按钮，弹出“设置压缩（Choose Compressor）”对话框，如图 6-74 所示。

设置适当的压缩参数，各项指标不宜过高，否则生成动画文件过大，不便于保存与使用。设置完毕后，单击“确定（OK）”退出“设置压缩（Choose Compressor）”对话框。返回“编辑模拟（Compile Simulation）”对话框操作，单击“文件名（File Name）”按钮，选择存储位置并输入文件名。单击“确定（OK）”开始制作动画文件。制作过程通过对话框下部的进度条显示，动画文件制作完成后，对话框自动关闭。

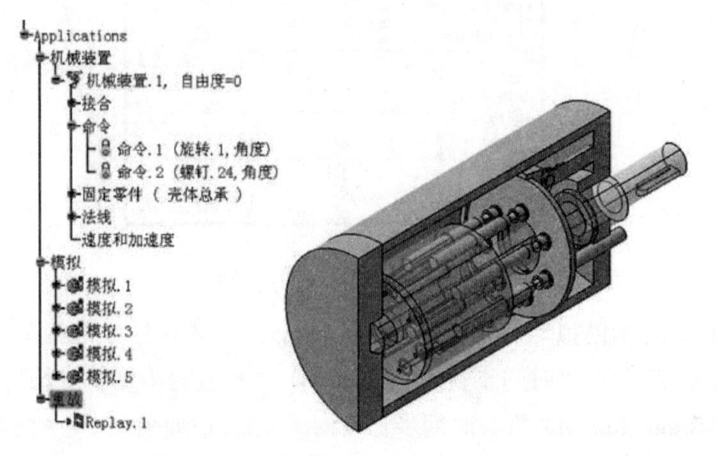

图 6-72　结构树上生成“重放”节点

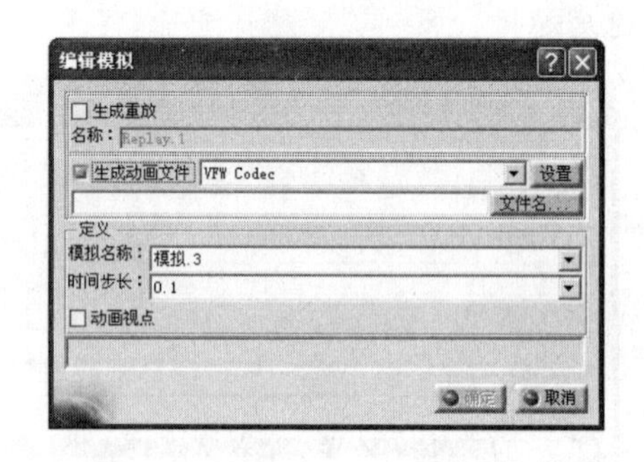

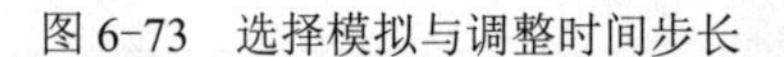

图 6-73　选择模拟与调整时间步长　　　图 6-74　“Choose Compressor”对话框

生成的动画文件可以使用一般的播放软件进行播放，用于在非 CATIA 环境下查看或展示机构的模拟运动情况。

6. 5. 3　观看重放

在“DMU 一般动画（DMU Generic Animation）”→“综合模拟（Generic Simulation）”工具栏中单击“重放（Replay）”图标，弹出“重放（Replay）”对话框，如图 6-75 所示。

在“名称（Name）”栏内选择需要观察的“重放.*（Replay.*）”，本例为“Replay.1”。“跳转速度（Skip Ratio）”参数栏内的选择设置可以控制播放的速度，该值倍数越大，机构模拟运动的速度越快。

6. 6　序列编辑与播放

6. 6. 1　序列编辑

对于结构树上具有多个“模拟（Simulation）”的运动机构，使用序列设置可以编排模拟的播放顺序，用于多种运动状态的连续观察与功能展示。

导入斜盘式柱塞泵（Exercise\6\6. 5-6&7. 2\ zhusaibeng. CATProduct），在“DMU 一般动画（DMU Generic Animation）”→“播放器（DMU Player）”工具栏中单击“编辑序列（EditSequence）”图标，弹出“编辑序列（Edit Sequence）”对话框，如图 6-76 所示。

图 6-75　重放对话框

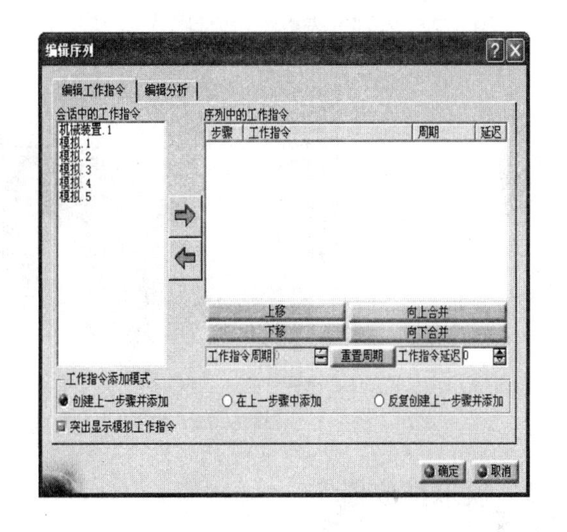

图 6-76　编辑序列对话框

对话框左侧为运动机构已有模拟列表，右侧为序列编排栏。在左侧列表内选择一个或多个模拟，单击两栏之间的右箭头，则所选模拟被加入序列中，如图 6-77 所示。

根据需要依次向序列表中添加项目，同一个“模拟. *（Simulation. *）”可以多次在序列中出现，已进入序列表中的指令可以通过序列表下部的“上移（Move Up）”“下移（Move Down）”“向上合并（Merge Up）”“向下合并（Merge Down）”操作按钮进行顺序调整与合并，不需要的项目可以通过单击左箭头删除。本例设置序列如图 6-78 所示。

单击对话框中的“确定（OK）”按钮，结束序列编排并关闭对话框，结构树上生成“序列（Sequences）”及其下属节点，如图 6-79 所示。

※【**提示**】：前一次编排的“序列（Sequences）”在下一次序列设置中可作为与“模拟. *（Simulation.*）”一样的指令元素进入“编辑序列（Edit Sequence）”对话框左侧项目列表内供编排使用，如图 6-80 所示。

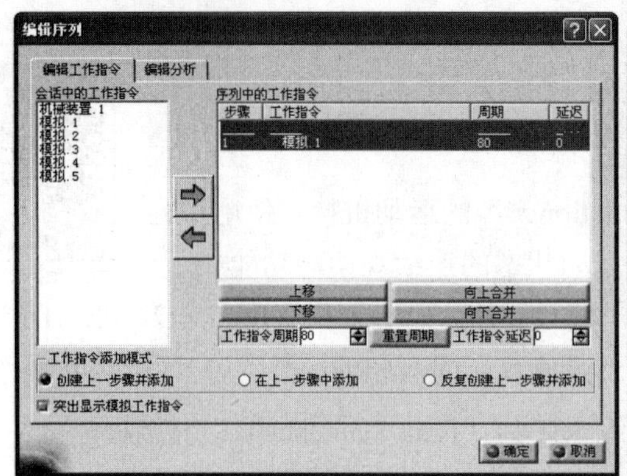

图 6-77　在序列表中添加项目

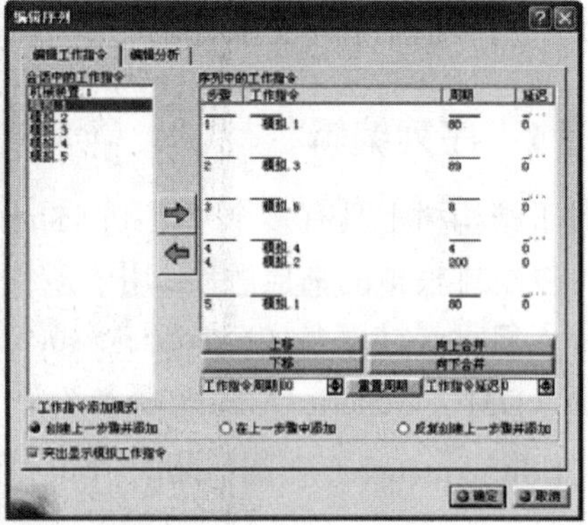

图 6-78　序列编排完成

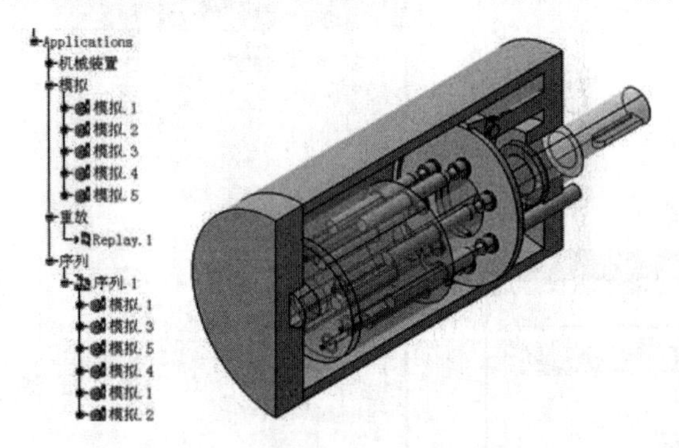

图 6-79　结构树上生成序列节点

6．6．2　模拟播放器

在“DMU 一般动画（DMU Generic Animation）”→“播放器（DMU Player）”工具栏中单击“模拟播放器（Simulation Player）”图标，弹出“播放器（Player）”面板，如图 6-81a 所示。

打开的“播放器（Player）”面板上各功能按钮为灰色，不可操作；当在结构树上选中播放对象后，播放器面板上各功能按钮被激活，如图 6-81b 所示。

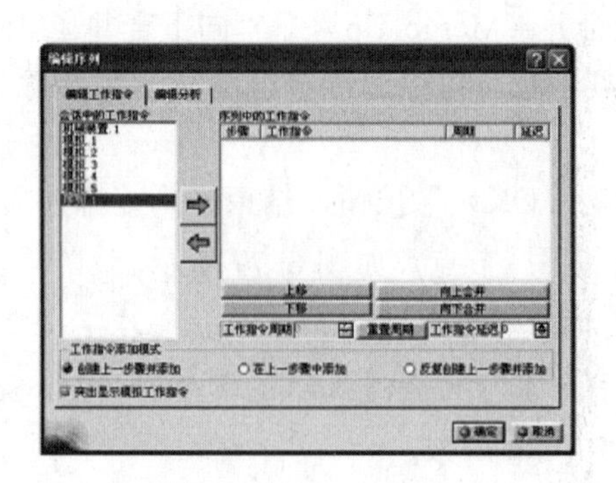

图 6-80　序列进入待选列表

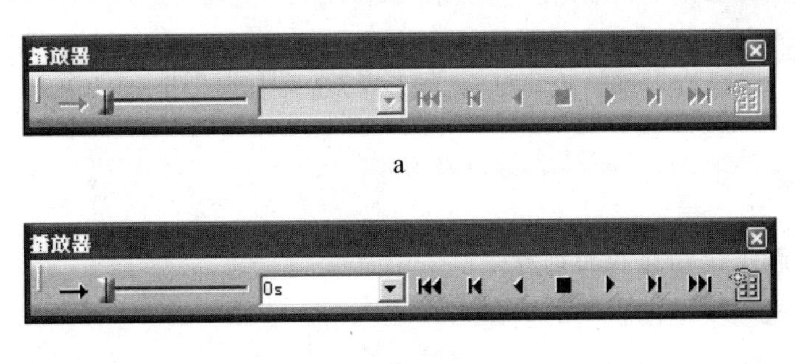

图 6-81　模拟播放器

使用“播放器（Player）”可以播放“模拟（Simulation）”“重放（Replay）”和“序列（Sequences）”。

选中播放对象后，单击播放器右侧“参数（Parameters）”图标，弹出“播放器参数（Player Parameters）”设置对话框，如图 6-82 所示。

播放器参数中“采样步长（Sampling）”与“延迟（Temporization）”均可采用下拉菜单选择或采用输入的方式设置，如图 6-83 所示。

图 6-82　播放器参数对话框

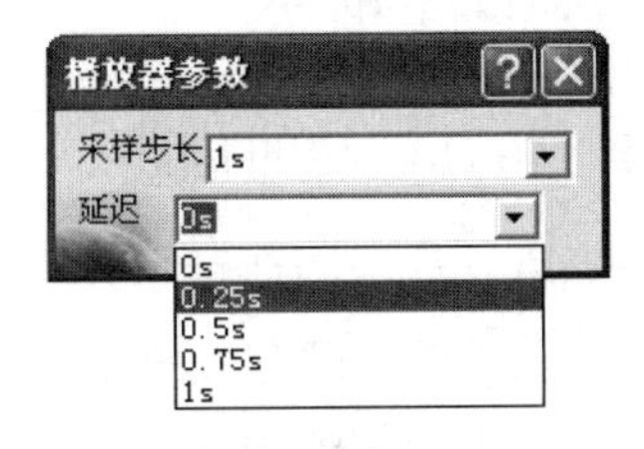

图 6-83　播放参数设置

⚠**【注意】**：其中“采样步长（Sampling）”值越小，机构的运动模拟越细腻，速度也越慢。

“延迟（Temporization）”参数设置为非“0”值时，机构可以实现步进运动，便于观察运动状态变化过程。

6.7　复习与思考

（1）论述运动机构运行与模拟操作的方法及各自适用场合。

（2）论述运动函数的作用与编制过程。

（3）论述运动机构结构树上“模拟”“重放”“序列”的内容及作用。

（4）论述运动机构采用多驱动程序控制时程序的编制流程。

（5）总结归纳综合利用“运行与重放”相关功能可以模拟哪些特殊的运动效果。

第 7 章　复杂运动实例

➢ 本章提要

- ◆ 深沟球轴承运动机构的创建
- ◆ 斜盘式柱塞泵运动机构的创建
- ◆ 配气机构运动机构的创建
- ◆ 排种器运动机构的创建
- ◆ 双轴单铰接驱动轮运动机构的创建
- ◆ 轻型自走底盘运动机构的创建
- ◆ 链传动运动机构的创建
- ◆ 滚珠丝杠运动机构的创建
- ◆ 无级变速模型运动机构的创建
- ◆ 组装运动

7．1　深沟球轴承

7．1．1　仿真运动的描述

图 7-1 所示为深沟球轴承模型。

深沟球轴承的运动包括外圈相对于内圈的旋转，钢球在内圈、外圈之间的滚动，以及保持架在钢球推动下的旋转。

由深沟球轴承的运动特点可知，深沟球轴承运动仿真机构的运动副应包括内圈与外圈、内圈与保持架的“旋转(Revolute)”运动副，保持架与钢球之间的“球面(Spherical)”运动副和钢球与轴承内圈、外圈之间的“滚动曲线（Roll Curve）”运动副。

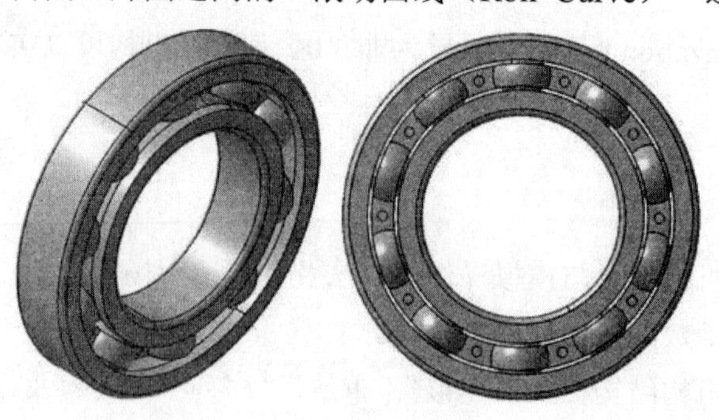

图 7-1　深沟球轴承

7．1．2　样机装配

打开资源包中的“Exercise\7\7. 1\shengouqiuzhoucheng. CATProduct”，导入深沟球

轴承基础组件，如图 7-2 所示。

切换至“开始（Start）”→“机械设计（Mechanical Design）”→“装配件设计（Assembly Design）”工作台，在该工作台内完成轴承基础组件的静态装配，装配元素的选择及其设置见表 7-1，完成装配的深沟球轴承如图 7-3 所示。

图 7-2　深沟球轴承基础组件

【重点】：为保证高副“滚动曲线（Roll Curve）”的创建，必须保证其静态装配位置创建要素相切。即轴承内圈与钢球外轮廓圆相切，轴承外圈与钢球外轮廓圆相切。

表 7-1 装配元素选择及设置

约束	元素 1	元素 2	方向	数值
相合. 1	内圈中心线	外圈中心线		
偏移. 2	内圈 zx 平面	外圈 zx 平面	相同	0mm
相合. 3	内圈中心线	外圈中心线		
偏移. 4	内圈 zx 平面	保持架 zx 平面	相同	0mm
相合. 5	单体架 1 的球兜中心点	钢球中心点		

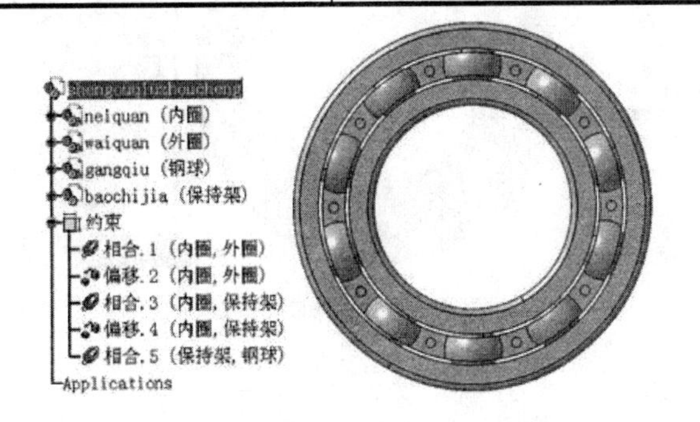

图 7-3　深沟球轴承基础组件静态装配及约束

单击“约束（Constraints）”工具栏中的“重复使用阵列（Reuse Pattern）”图标，出现“在阵列上实例化（Instantia tion on a Pattern）”对话框，如图 7-4 所示。

选择阵列元素，在“在阵列上实例化（Instantiation on a Pattern）”对话框中，激活“阵列（Pattern）”后面的选项栏，在结构树中将“保持架”装配中“单体架 1”的结构树展开，随后在结构树上选择“单体架 1”的“圆形阵列. 1（Circpattern. 1）”，完成阵列选项的选择。激活“要实例化的部件（Component to Instantiate）”选项栏并选择“钢球”为要实例化的部件，对话框设置完成，如图 7-5 所示。单击“确定（OK）”按钮，完成钢球的圆形阵列装配，如图 7-6 所示。

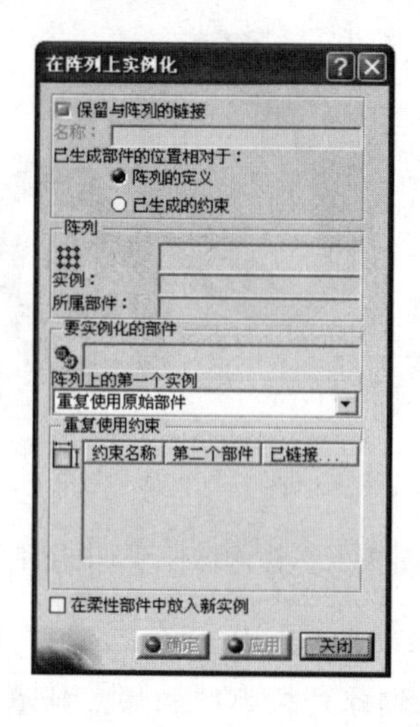

图 7-4 “在阵列上实例化”对话框

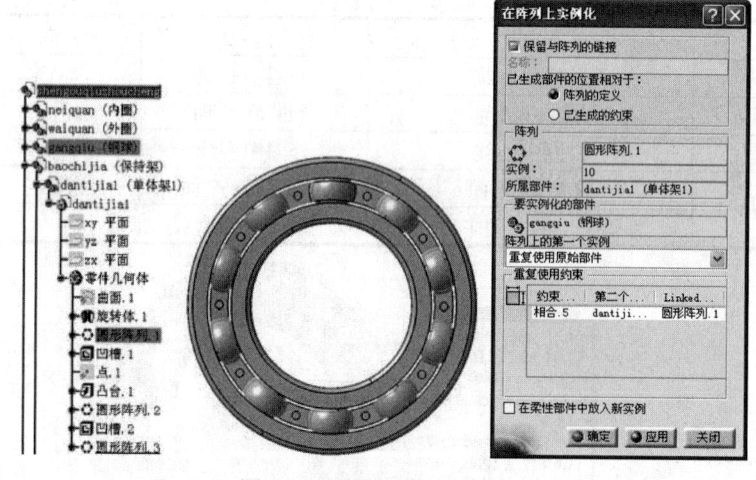

图 7-5 选择阵列元素

7.1.3 运动副创建

1）采用“装配约束转换”方法，将图 7-3 所示的静态约束转换为运动副，转换过程参见“1.4.2 运动副的创建”。转换完成后结构树更新如图 7-7 所示。

【难点】：由于保持架的旋转运动是由“球面.1（Spherical .1）（保持架，钢球）”来带动的，只需要对其中一个钢球创建与保持架的“球面（Spherical）”运动副即可实现预期的运动，对其他钢球创建“球面（Spherical）”运动副也能创建成功，但会产生约束

冗余，无法实现滚动轴承的正确运动。

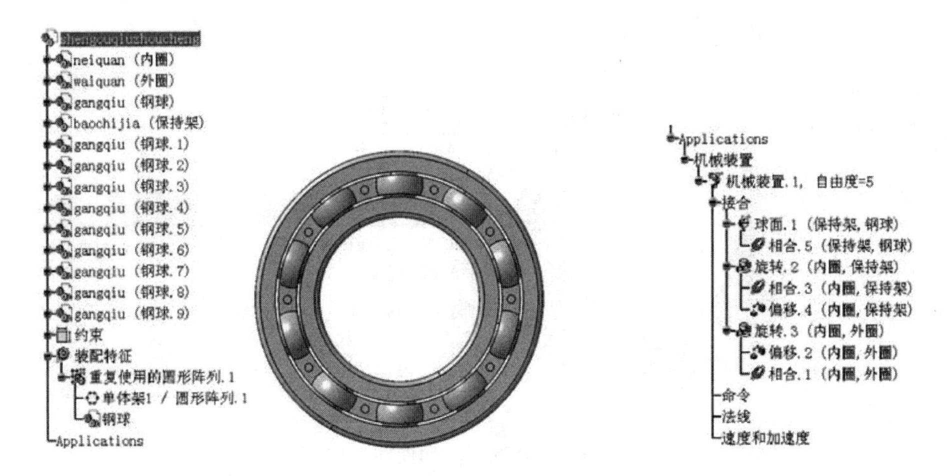

图 7-6　完成钢球的圆形阵列装配　　　　图 7-7　结构树的更新显示

2）创建钢球与内、外圈的“滚动曲线（Roll Curve）”运动副。以静态装配设置的约束关系为基础，分别创建钢球与轴承内圈、外圈的“滚动曲线（Roll Curve）”运动副。

“滚动曲线（Roll Curve）”运动副的创建要素分别是钢球的外轮廓圆、轴承内圈和外圈在径向中心面上与钢球外轮廓圆相切的圆。创建轴承内圈与钢球的“滚动曲线”，具体的创建方法参见“3.3 滚动曲线”，这里分别选择如图 7-8 所示的草图作为运动副辅助创建要素，单击“确定（OK）”按钮，完成“滚动曲线（Roll Curve.1）（内圈，钢球）”。创建轴承外圈与钢球的“滚动曲线”，运动副辅助创建要素的选择如图 7-9 所示。同理，完成其他全部钢球与轴承内圈和外圈的“滚动曲线”，运动副创建完成后结构树如图 7-10 所示。结构树上显示的“自由度（DOF）”为“-1”。

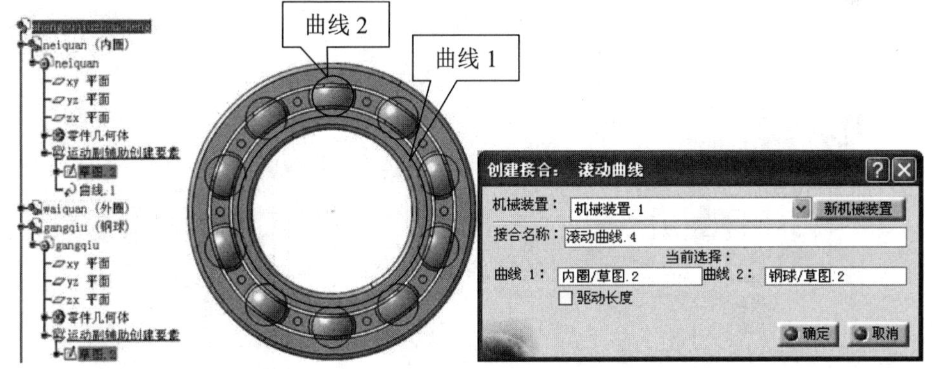

图 7-8　创建内圈与钢球的“滚动曲线”要素选择

7.1.4　机构驱动

选择轴承内圈为固定件，结构树上“自由度（DOF）”变为“1”，如图 7-11 所示。对“旋转.3（Revolute.3）（内圈，外圈）”进行驱动，轴承

驱动后，结构树上机械装置的“自由度（DOF）”变为“0”，并在结构树下显示驱动命令的名称与性质，结构树的变化如图 7-12 所示。

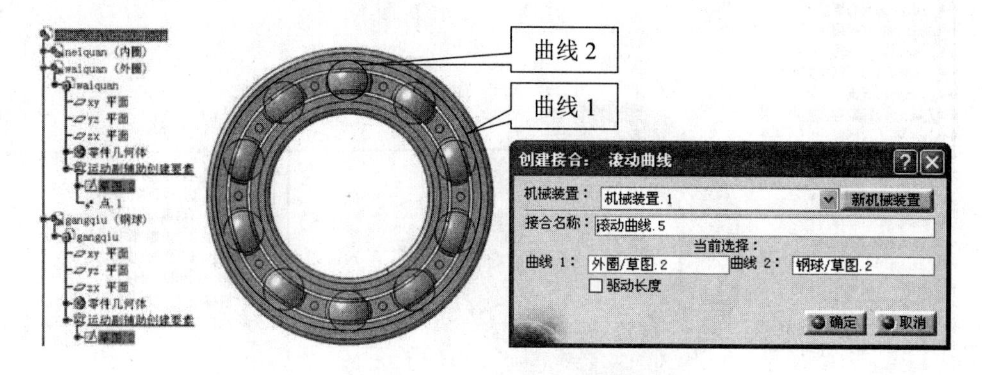

图 7-9　创建外圈与钢球的“滚动曲线”要素选择

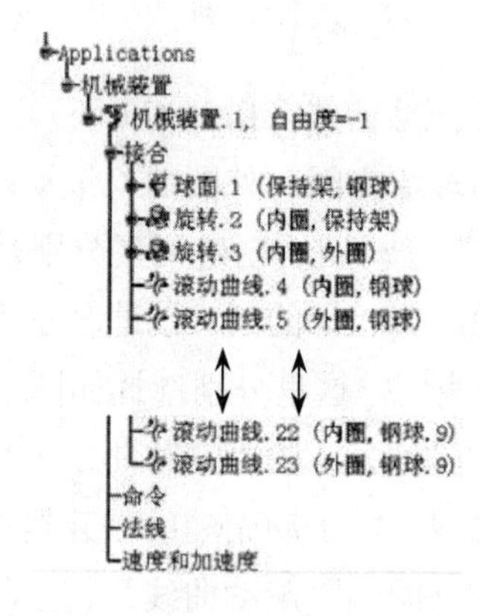

图 7-10　滚动轴承结构树

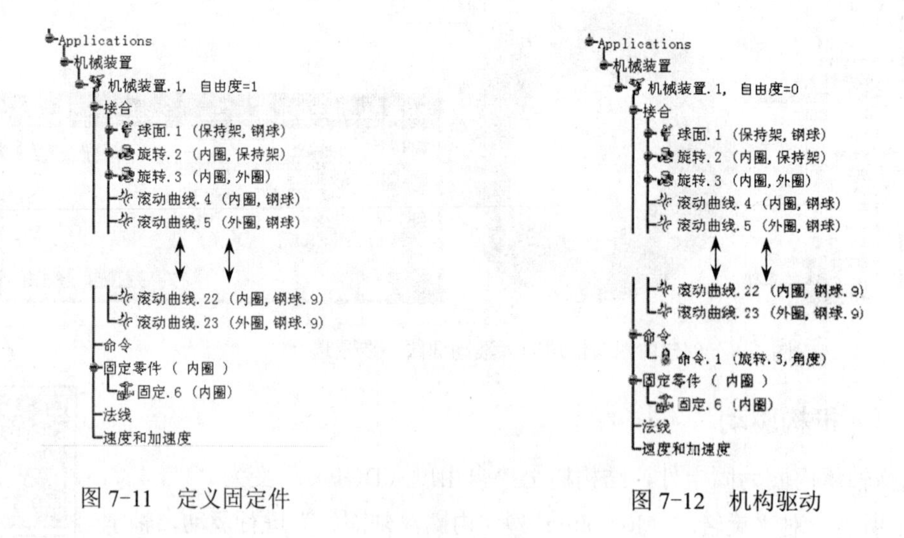

图 7-11　定义固定件　　　　图 7-12　机构驱动

7．2　斜盘式柱塞泵

7．2．1　仿真运动的描述

图 7-13 所示为斜盘式柱塞泵模型。

斜盘式柱塞泵的运动包括主运动和调节运动两部分。主运动包括缸体总成相对于壳体总成的转动、由缸体总成的转动带动的柱塞在缸体柱塞孔内的移动、柱塞与滑靴的铰接，以及滑靴在斜盘表面上的平面运动。调节运动有调节拉杆相对壳体总成的螺旋运动、调节拉杆相对斜盘总成的滑动和斜盘总成相对壳体总成的转动。

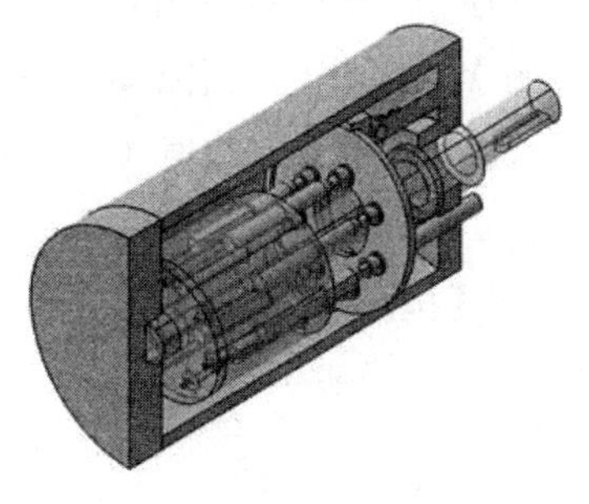

图 7-13　斜盘式柱塞泵

由斜盘式柱塞泵的运动分析可知，斜盘式柱塞泵的运动仿真机构应具有调节拉杆与壳体总成的“螺钉（Screw）”运动副，拉杆与斜盘总成的“点曲线（Point Curve）”运动副，柱塞与滑靴的“球面（Spherical）”运动副，斜盘总成与壳体总成、缸体总成与壳体总成的“旋转（Revolute）”运动副，柱塞与缸体总成的“棱形（Prismatic）”运动副，柱塞与滑靴的“U 形接合（U Joint）” 运动副，以及滑靴与斜盘总成的“平面（Planar）”运动副。

7．2．2　样机装配

为便于运动副的创建，首先建立斜盘式柱塞泵的三个大的组装总成。图 7-14～图 7-16 所示分别为壳体组装、斜盘组装和缸体组装。

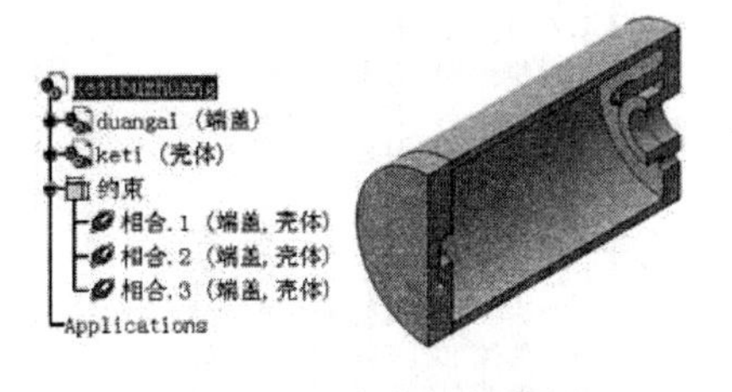

图 7-14　壳体组装图

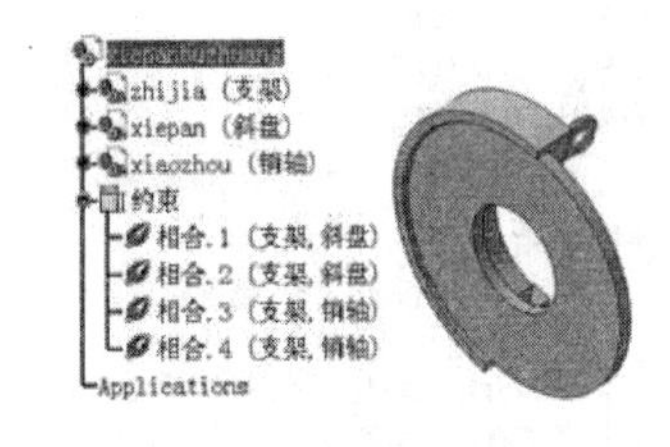

7-15　斜盘组装

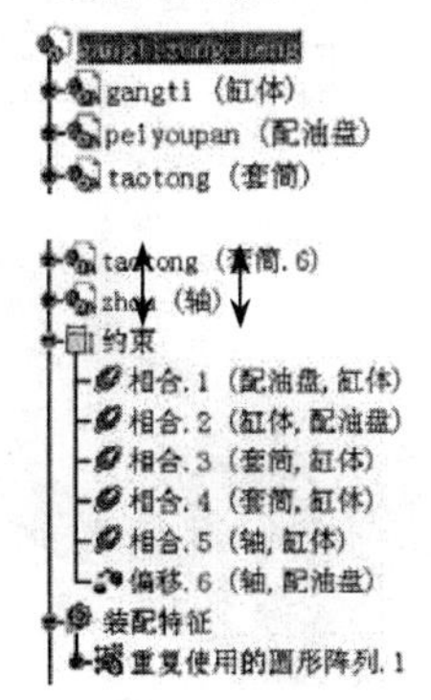

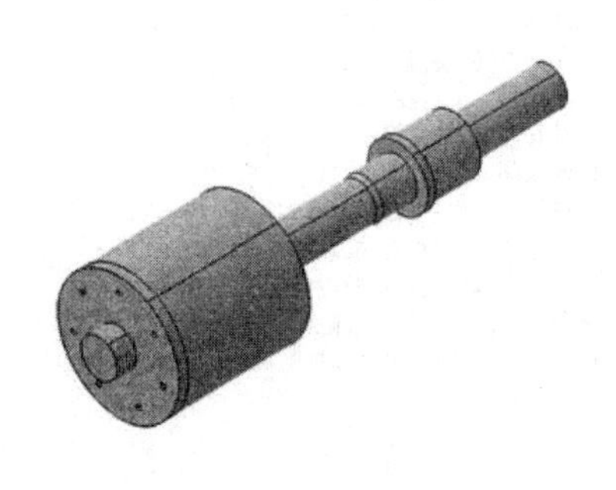

图 7-16　缸体组装

打开资源包中的“Exercise\7\7. 2&6. 5-6\zhusaibeng. CATProduct”，导入斜盘式柱塞泵基础组件，如图 7-17 所示。

切换至“开始（Start）”→“机械设计（Mechanical Design）”→“装配设计（Assembly Design）”工作台，根据表 7-2 中的装配设置，在该工作台内完成斜盘式柱塞泵的静态装配，表 7-2 中全部数值（长度）单位均为 mm。斜盘式柱塞泵静态装配及约束如图 7-18 所示。

※【**提示**】：柱塞和滑靴的创建不可利用“重复使用阵列（Reuse Pattern）”命令，可利用“定义多实例化（Define Multi Instantiation）”命令实例化多个零部件，再分别进行装配。

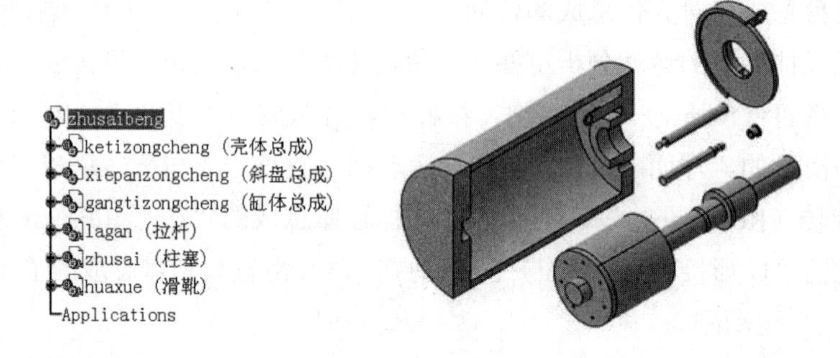

图 7-17　斜盘式柱塞泵基础组件

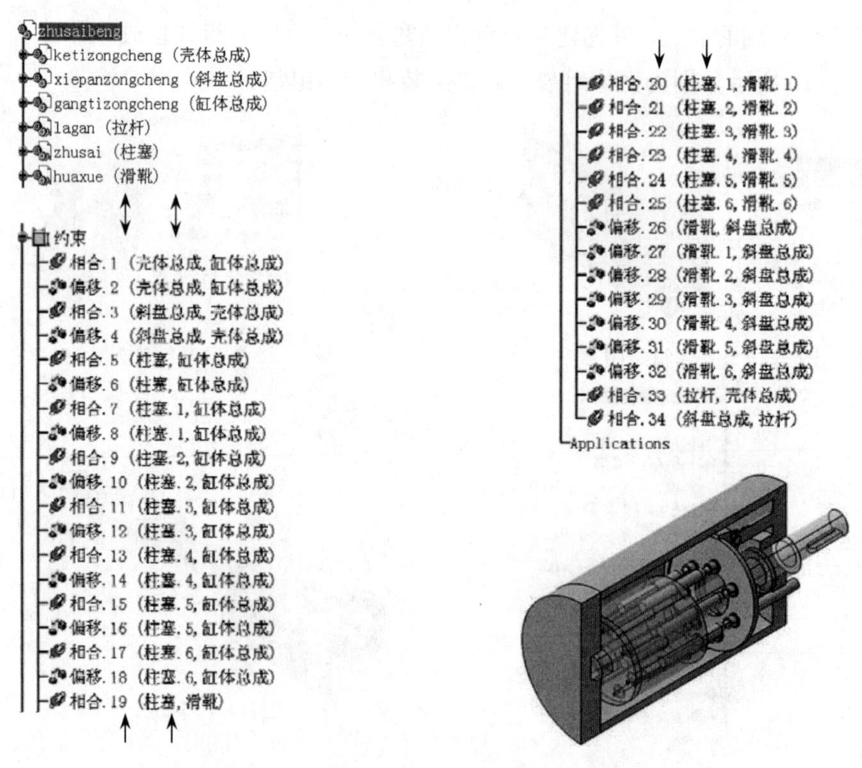

图 7-18　斜盘式柱塞泵静态装配及约束

表 7-2 装配元素选择及设置

有装配关系的零部件	约束	方向	数值	元素选择
1. 缸体总成（轴） 2. 壳体总成（壳体）	相合. 1			相合.1（轴线） 偏移.2（平面2） 偏移.2（平面1）
	偏移. 2	相同	0	
1. 斜盘总成（销轴） 2. 壳体总成（壳体）	相合. 3			偏移.4（平面2） 偏移.4（平面1） 相合.3（轴线）
	偏移. 4	相同	-1. 37	
1. 柱塞 2. 缸体总成（套筒）	相合. 5			相合.5（轴线） 偏移.6 （套筒/yz平面） 偏移.6 （柱塞/xy平面）
	偏移. 6	相同	0	
1. 柱塞 2. 滑靴	相合. 19			相合.19（球心）
1. 滑靴 2. 斜盘总成（斜盘）	偏移. 26	相反	0	偏移.26（平面1） 偏移.26（平面2）
1. 拉杆 2. 壳体总成（壳体）	相合. 33			相合.33（轴线）
1. 斜盘总成（支架） 2. 拉杆	相合. 34			相合.34（点） 相合.34（线）

7．2．3　运动副创建

1）调整静态装配约束，将约束“相合. 33（Coincidence. 33）（拉杆，壳体总成）”和“相合. 34（Coincidence. 34）（斜盘总成，拉杆）”删除。采用“装配约束转换”方法，将调整后的静态装配约束转换为运动副，转换过程参见 “1.4.2 运动副的创建”中的自动创建，转换完成后的结构树如图 7-19 所示。

🔍【重点】：静态装配时需要固定各零部件间的相互位置关系，即装配完成后每个零部件的自由度为 0。采用装配约束传递法创建运动副时，根据运动副的特点将某些需要创建运动副的约束删除，释放其自由度。

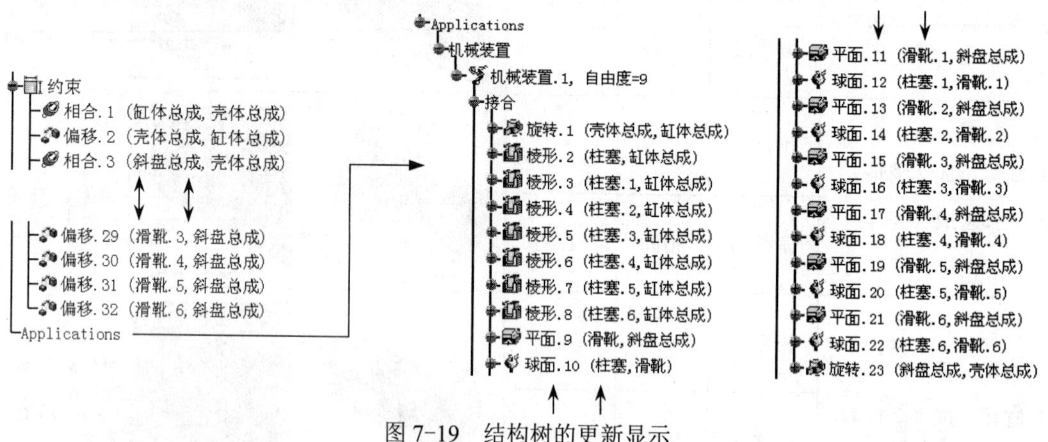

图 7-19　结构树的更新显示

2）创建调节拉杆与壳体的“螺钉（Screw）”运动副，具体创建方法参见“2.4 螺钉”。其创建要素的选择如图 7-20 所示，运动副创建完成后的结构树如图 7-21 所示。

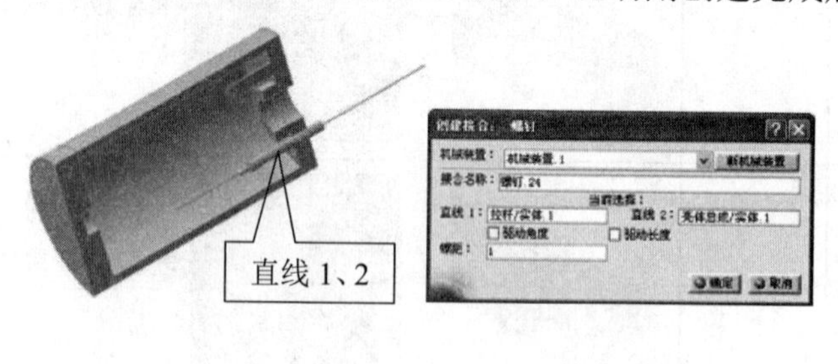

图 7-20　选择“螺钉”运动副创建要素

Applications
机械装置
机械装置.1, 自由度=10
接合
旋转.1 (壳体总成, 缸体总成)
棱形.2 (柱塞, 缸体总成)
球面.22 (柱塞.6, 滑靴.6)
旋转.23 (斜盘总成, 壳体总成)
螺钉.24 (拉杆, 壳体总成)

图 7-21　结构树显示“螺钉”运动副

3）创建调节拉杆与斜盘支架的“点曲线（Point Curve）” 运动副，具体创建方法参见“3.1 点曲线”。其创建要素的选择如图 7-22 所示，创建完成后的结构树如图 7-23 所示。

⚠【注意】：为保证高副“点曲线（Point Curve）”的创建，必须保证其静态装配位置创建要素相合。即拉杆上的点与斜盘总成上的线相合。

4）创建滑靴和柱塞的“U 形接合（U Joint）”，具体创建方法参见“4.1 U 形接合”。其创建要素的选择如图 7-24 所示，单击“确定”按钮后会出现信息提示框，如图 7-25 所示，提示“已经定义两零件之间的接合”，单击“确定”即可。创建完成所有“U 形接合（U Joint）”后的结构树如图 7-26 所示。

【难点】：建立滑靴和柱塞之间的“U 形接合（U Joint）”，约束了两零件之间的旋转自由度。

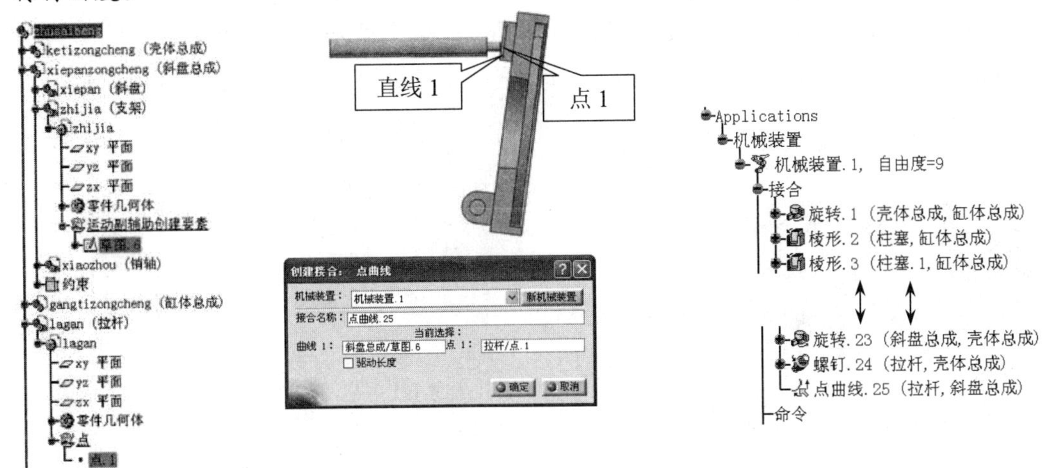

图 7-22　选择“点曲线”运动副创建要素　　　　图 7-23　结构树显示“点曲线”运动副

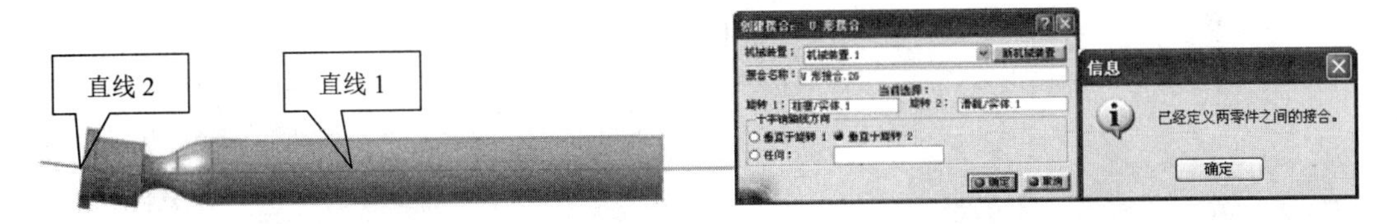

图 7-24　选择“U 形接合”创建要素　　　　图 7-25　提示信息框

7．2．4　机构驱动

选择斜盘式柱塞泵壳体总成为固定件。该机构有两个驱动，分别是“旋转. 1（Revolute. 1）（壳体总成，缸体总成）”和“螺钉. 24（Screw . 24）（拉杆，壳体总成）”的驱动角度，对两个运动副进行驱动，驱动完成后，结构树上机械装置的“自由度（DOF）”变为“0”，并在结构树下显示驱动命令的名称与性质，结构树的变化如图 7-27 所示。

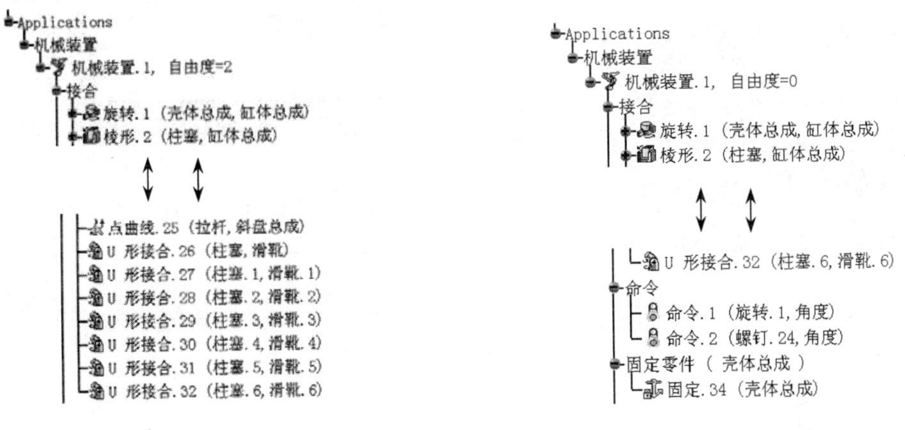

图 7-26　柱塞泵结构树　　　　图 7-27　机构驱动

在“DMU 运动机构（DMU Kinematics）”→“模拟（Simulation）”工具栏中单击“使用命令模拟（Simulation with Commands）”图标，显示“运动模拟-机械装置.1（Kinematic Simulation-Mechanism. 1）”对话框并模拟机构运动，如图 7-28 所示。

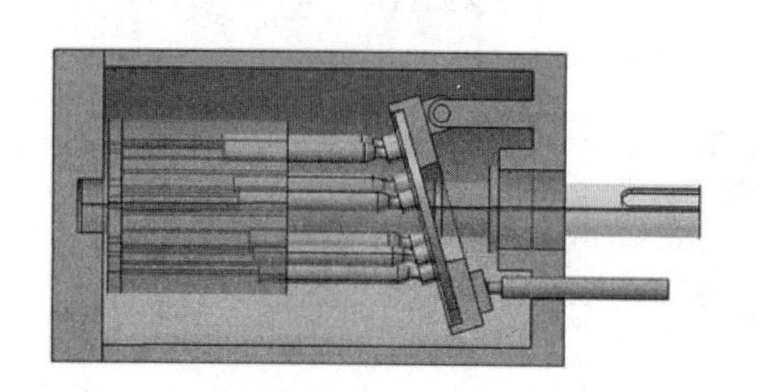
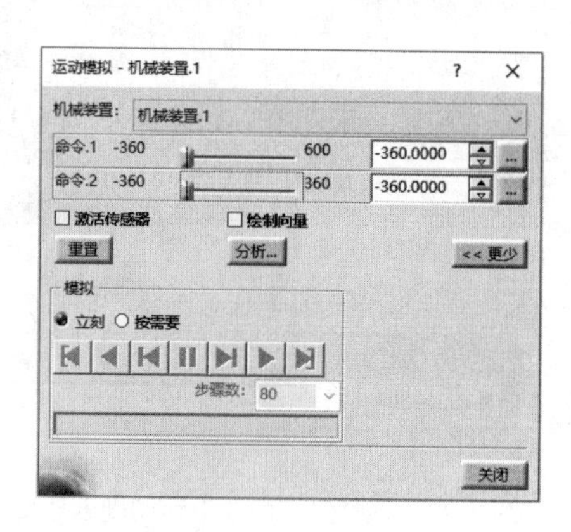

a）正向最大排量

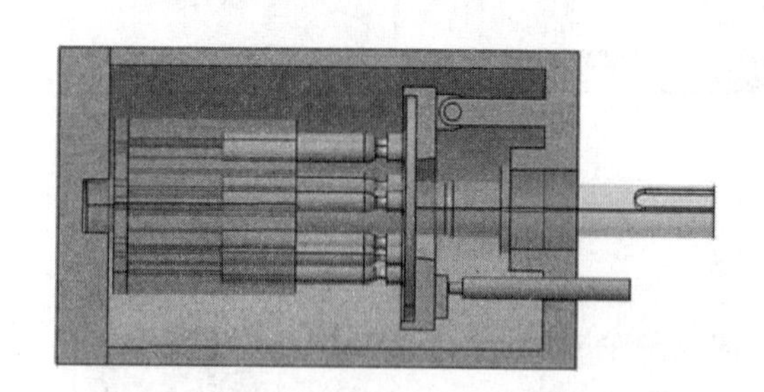
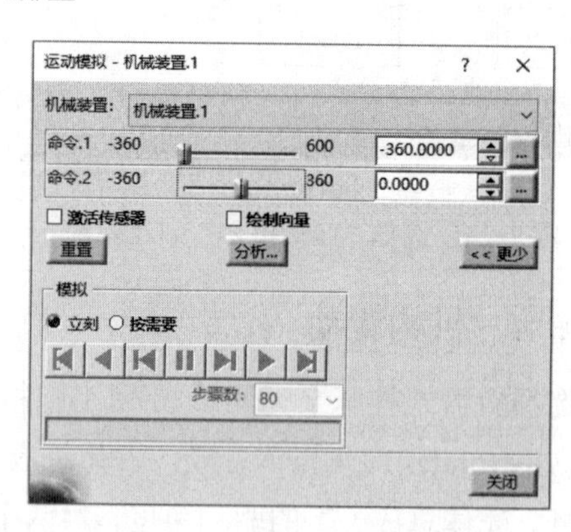

b）零排量

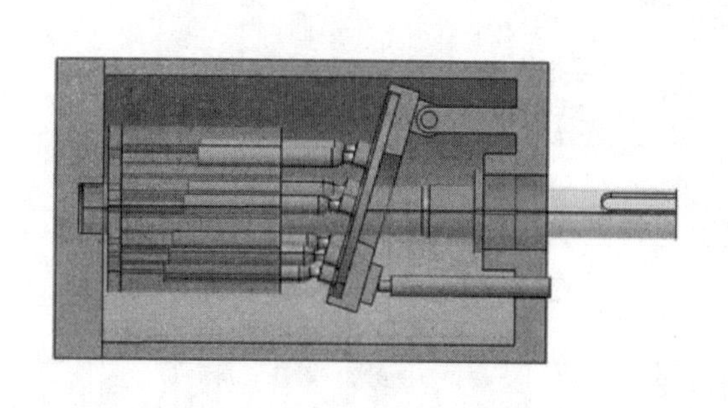
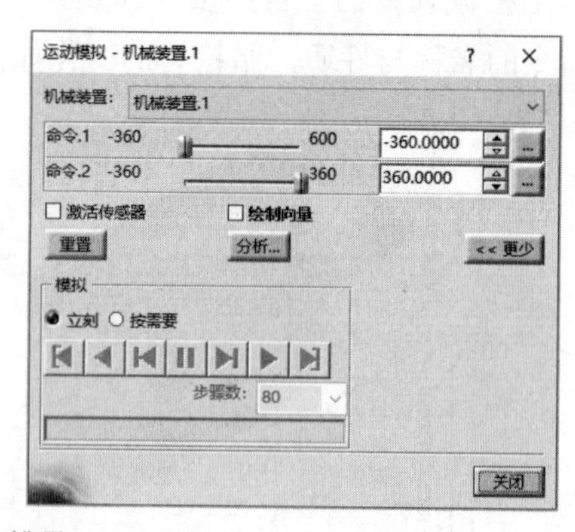

c）反向最大排量

图 7-28　柱塞泵排量状态

7．3　配气机构

7．3．1　仿真运动的描述

图 7-29 所示为发动机配气机构模型，以下简称配气机构。

工作过程中，凸轮的旋转运动通过推杆转换成摇臂的摆动，当摇臂绕其轴顺时针摆动时，在消除气门间隙后，驱动气门打开，逆时针摆动时关闭气门。周而复始，实现气门的周期性开闭。配气机构实现的是一种典型的间歇运动。

该运动仿真机构包括了机体与挺柱之间的“棱形（Prismatic）”运动副，机体与凸轮之间的“旋转（Revolute）”运动副，机体与摇臂之间的“旋转（Revolute）”运动副，气门导杆与气门之间的“棱形（Prismatic）”运动副，推杆与调整螺钉之间的“球面（Spherical）”运动副，推杆与挺柱之间的“球面（Spherical）”运动副，机体与气门导杆之间的“刚性（Rigid）”连接，摇臂与调整螺钉之间的“螺钉（Screw）”运动副，凸轮与挺柱之间的“滑动曲线（Sliding Curve）”运动副，推杆与调整螺钉之间“U 形结合（U Joint）”，摇臂与气门之间的“点曲线（Point Curve）”运动副。

7．3．2　样机装配

打开资源包中的“Exercise\7\7. 3\peiqijigou. CATProduct”，导入发动机配气机构模型组件，如图 7-30 所示。

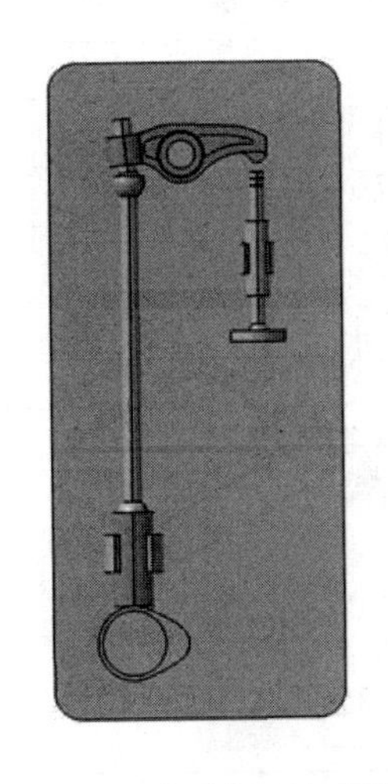

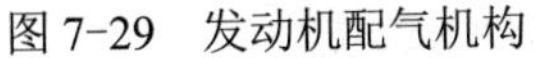

图 7-29　发动机配气机构

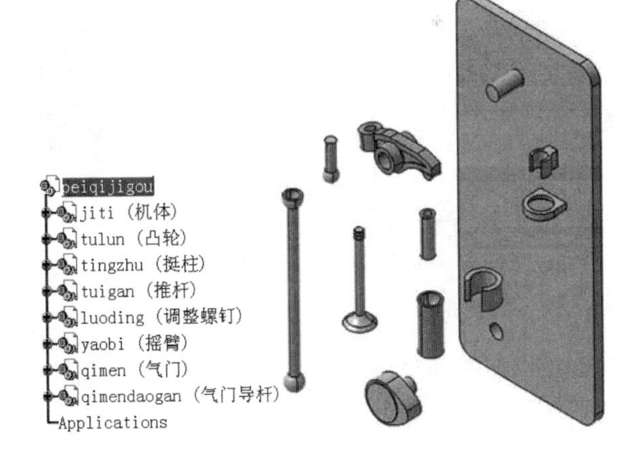

图 7-30　配气机构模型组件

切换至“开始（Start）”→“机械设计（Mechanical Design）”→“装配设计（Assembly Design）”工作台，根据表 7-3 中的装配设置，在该工作台内完成配气机构的静态装配。其中，所有的“角度（Angle）”约束均为相应的零部件的 zx 平面之间的角度为 0deg。配气机构静态装配及约束如图 7-31 所示。

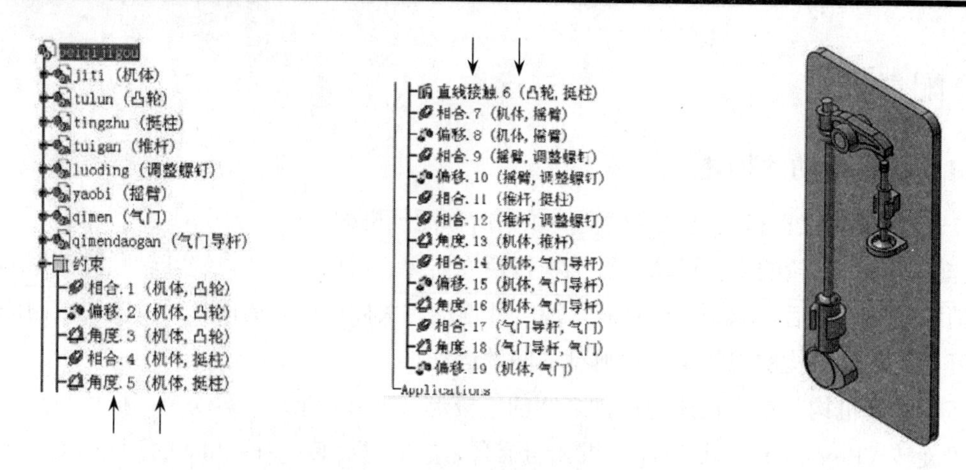

图 7-31　配气机构静态装配及约束

表 7-3 装配元素选择及设置

有装配关系的零部件	约束	方向	数值	元素选择
1. 机体 2. 凸轮	相合. 1			偏移.2（平面1） 偏移.2（平面2） 相合.1（轴线）
	偏移. 2	相同	0mm	
1. 机体 2. 挺柱	相合. 4			相合.4（轴线）
1. 凸轮 2. 挺柱	直线接触. 6	外部		直线接触.6（平面2） 直线接触.6（曲面1）
1. 机体 2. 摇臂	相合. 7	相同	0mm	偏移.8（平面1） 相合.7（轴线） 偏移.8（平面2）
	偏移. 8	相反	0mm	

1. 摇臂 2. 调整螺钉	相合. 9			偏移.10（平面2） 偏移.10（平面1） 相合.9（轴线）
	偏移. 10	相同	9. 073mm	
1. 推杆 2. 挺柱	相合. 11			相合.11（球心）
1. 推杆 2. 调整螺钉	相合. 12			相合.12（球心）
1. 机体 2. 气门导杆	相合. 14			偏移.15（平面2） 偏移.15（平面1） 相合.14（轴线）
	偏移. 15	相同	12mm	
1. 气门导杆 2. 气门	相合. 17			相合.17（轴线）
1. 机体 2. 气门导杆	偏移. 19	相同	0mm	偏移.19（平面1） 偏移.19（平面2）

7. 3. 3　运动副创建

1）采用“装配约束转换”方法，逐一创建运动副，具体转换约束的选择及完成后的结构树如图 7-32 所示。

2）创建机体与气门导杆的“刚性（Solid）”接合，具体创建方法参考 4. 6 节，创建完成后的结构树如图 7-33 所示。

3）创建凸轮与挺柱的“滑动曲线（Sliding Curve）”运动副，具体创建方法参见“3. 2 滑动曲线”，其创建要素的选择如图 7-34 所示。

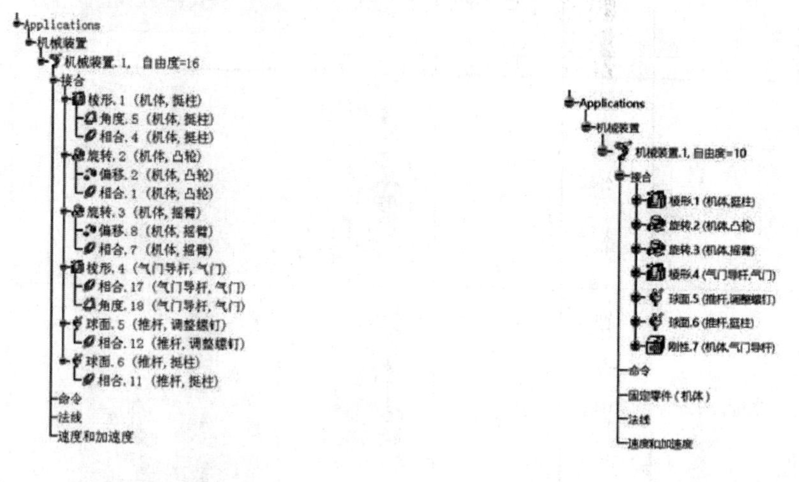

图 7-32　结构树更新显示　　　　图 7-33　结构树显示刚性接合

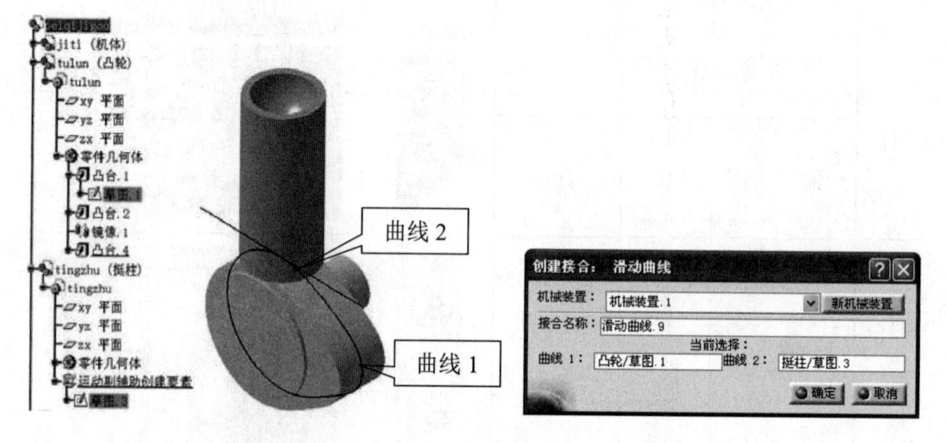

图 7-34　选择“滑动曲线”运动副创建要素

【难点】：凸轮与挺柱之间的运动关联应采用“滑动曲线（Sliding Curve）”运动副，因为二者的接触特点为面与面的接触，若采用点曲线运动副会在一定位置出现凸轮与挺柱的干涉现象。

4）创建推杆与调整螺钉的“U 形接合（U Joint）”，具体创建方法参见“4. 1 U 形接合”，其创建要素的选择如图 7-35 所示，单击“确定”按钮后会出现信息提示框，如图 7-36 所示，提示“已经定义两零件之间的接合”，单击“确定”按钮即可。

【难点】：建立推杆和调整螺钉之间的“U 形接合（U Joint）”，约束了两零件之间的旋转自由度。

5）创建摇臂与气门的“点曲线（Point Curve）” 运动副，该机构实现间歇运动的关

键是摇臂与气门之间的“点曲线（Point Curve）”运动副。在摇臂上创建点，如图 7-37a 所示，在气门上创建点的运动轨迹曲线，如图 7-37b 所示，创建方法参见“3. 1 点曲线”。其中，气门上的曲线由一段圆弧和一段直线组成，弧线为摇臂上的点绕摇臂销的摆动轨迹，直线为摇臂端部接触到气门尾部时通过点并与弧线段相交的一条水平线。其创建要素的选择如图 7-38 所示。

【难点】：气门上所绘运动轨迹线的弧线段必须处于以弧线与水平直线交点为中心的坐标系的第一象限，如图 7-37c 所示，以保证点在轨迹线的弧线段上运动时，点到摇臂摆动中心的距离始终大于其在直线上运动时距摇臂摆动中心的距离，从而保证机构运动的唯一性。若弧线段处于第二象限，则失去了机构运动状态的唯一性，表现为运动不规律与不确定。其中主要的一种表现是当摇臂逆时针摆动时不能在正确的位置出现气门间隙，摇臂与气门粘连在一起，无法实现间歇运动。

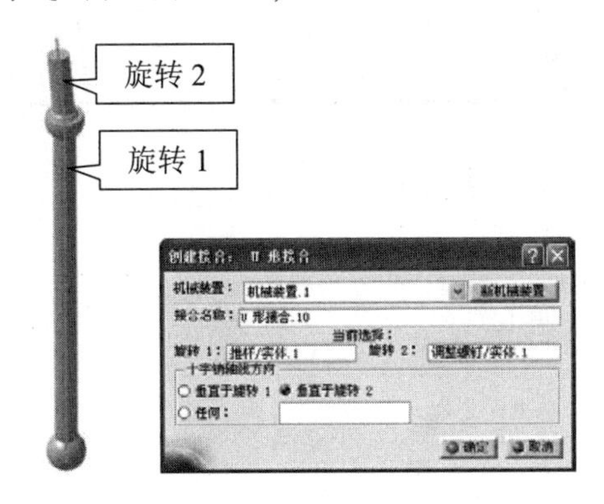

图 7-35　选择“U 形接合”创建要素

图 7-36　提示信息框

创建摇臂和调整螺钉的“螺钉副（Screw）”运动副，具体创建方法参见“2. 4 螺钉”，其创建要素的选择如图 7-39 所示。所有运动副创建完成后结构树参见图 7-39。

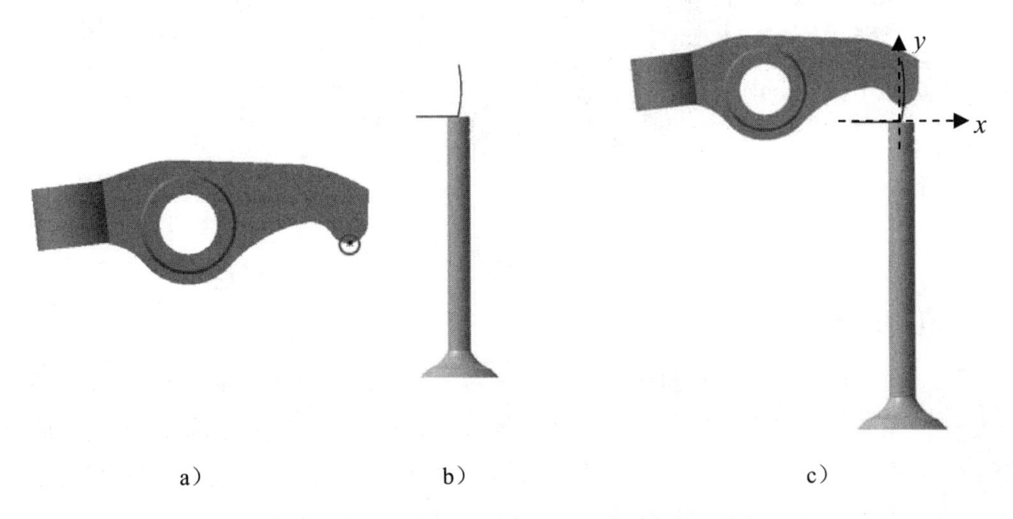

a）　　b）　　c）

图 7-37　“点曲线”运动副的点线要素

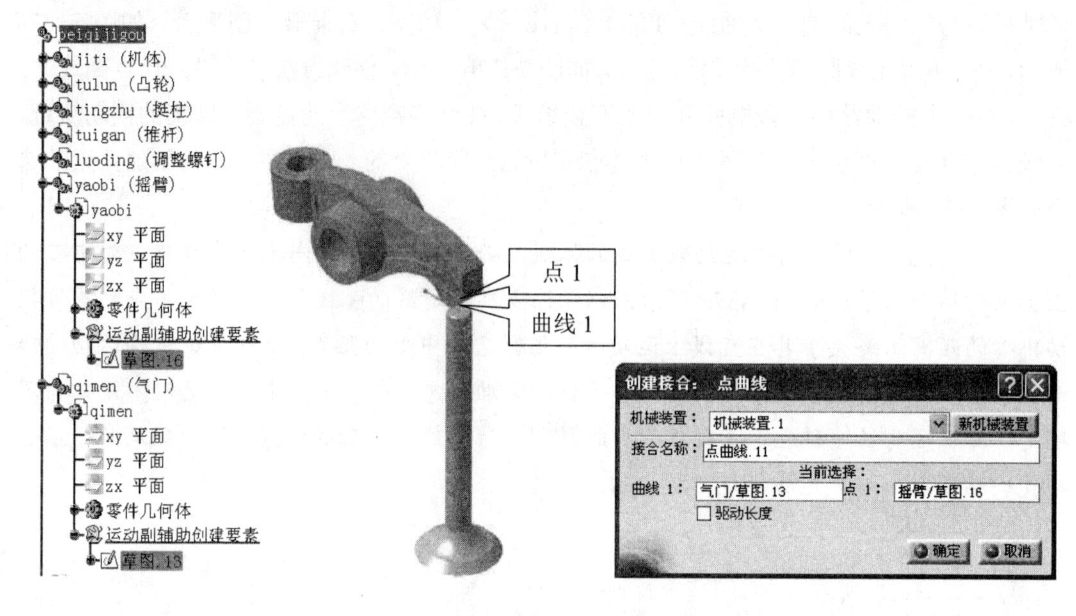

图 7-38　选择“点曲线”运动副创建要素

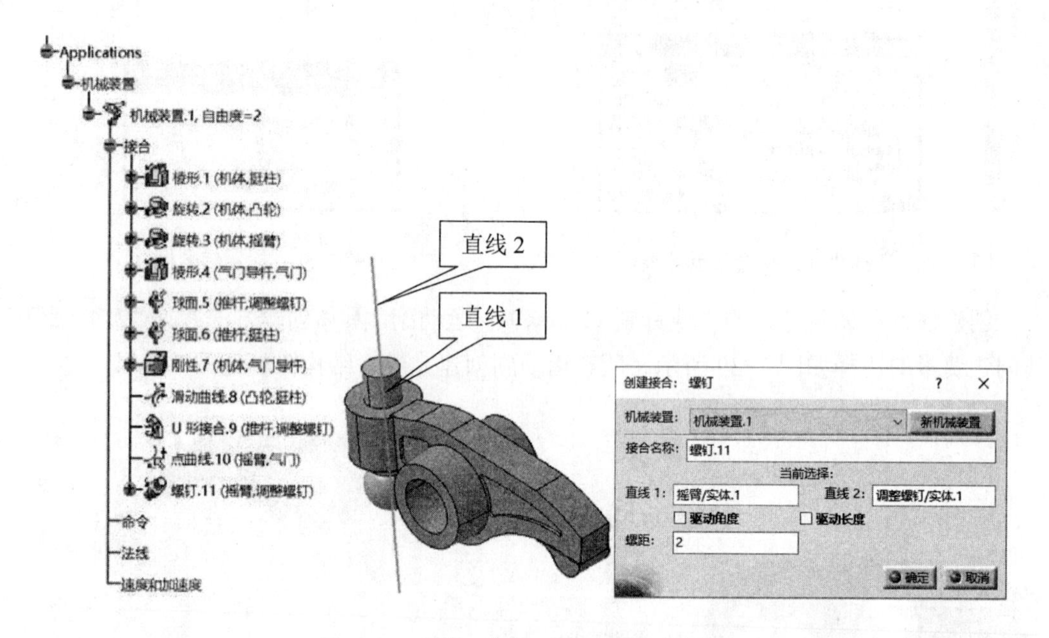

图 7-39　选择“螺钉”运动副创建要素

7.3.4　机构驱动

选择配气机构机体为固定件。对“旋转.2 （Revolute.2）（机体，凸轮）” “螺钉.11 （Screw.11）（摇臂，调整螺钉）” 进行驱动，驱动完成后，结构树上机械装置的“自由度（DOF）” 变为“0”，并在结构树下显示驱动命令的名称与性质，结构树的变化如图 7-40 所示。

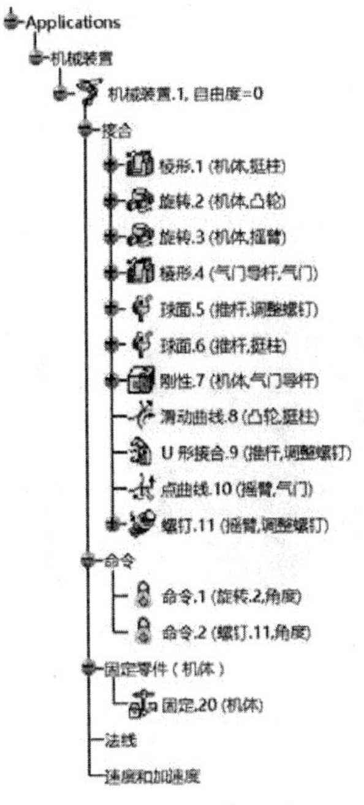

图 7-40　机构驱动

配气机构的运动状态如图 7-41 所示。

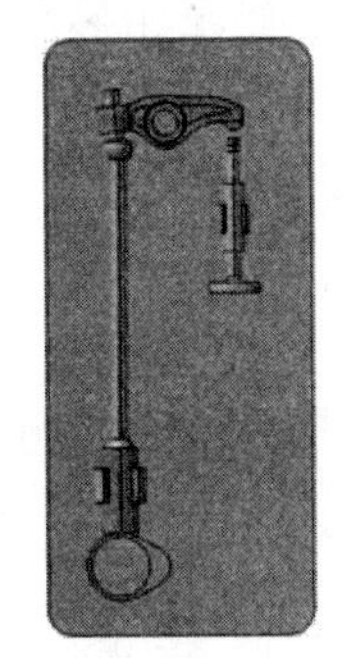

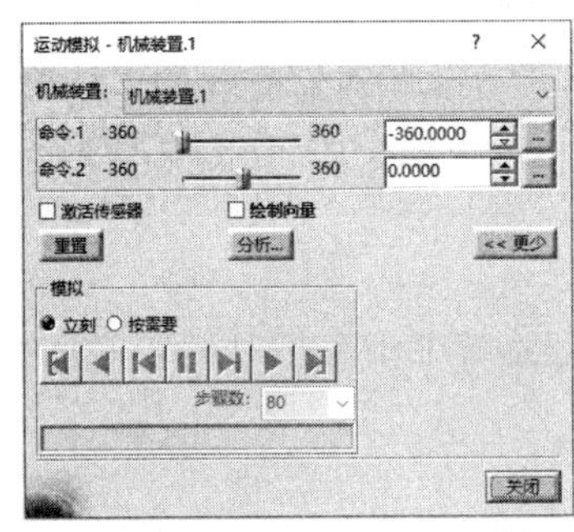

a）运动状态 1

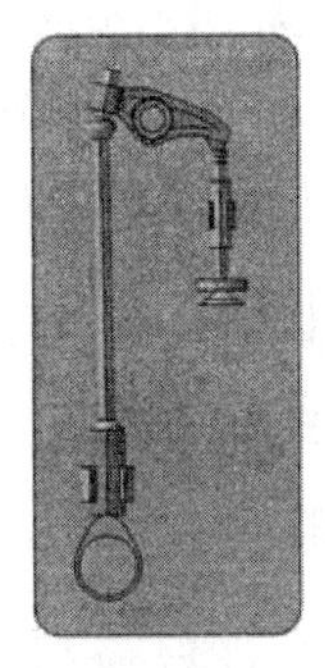

b）运动状态 2

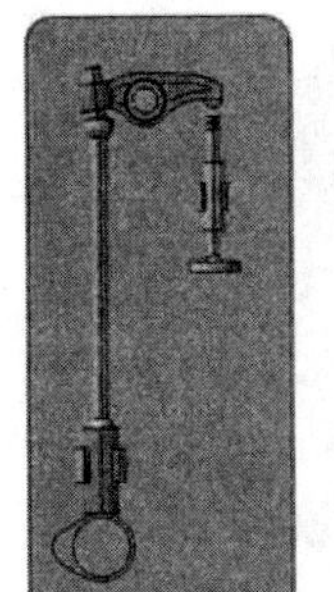

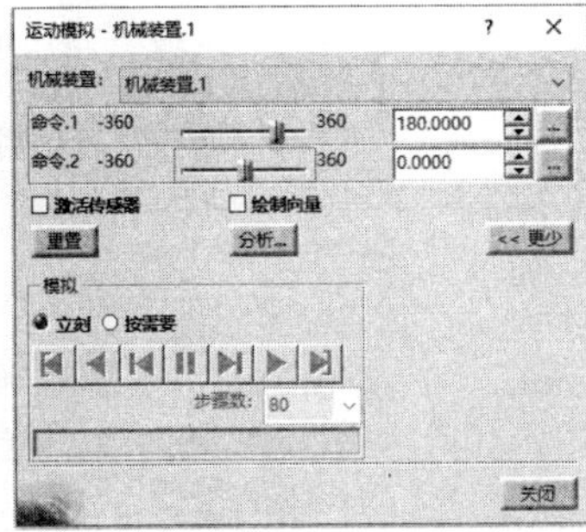

c）运动状态 3

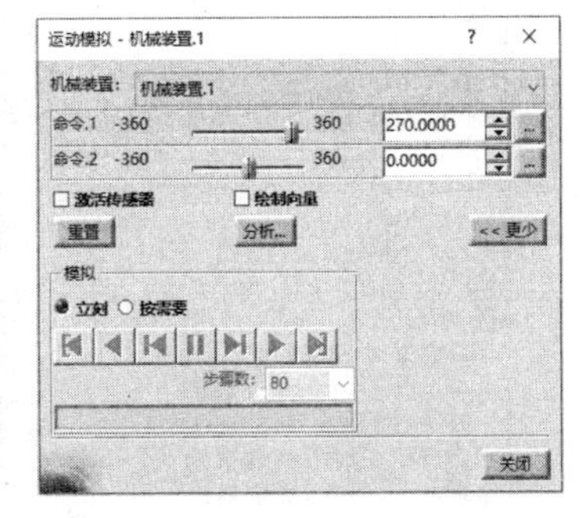

d）运动状态 4

图 7-41 配气机构的运动状态

7．4　排种器

7．4．1　仿真运动的描述

图 7-42 所示为 2B-JP-FL01 双体立式复合圆盘精密排种器模型。

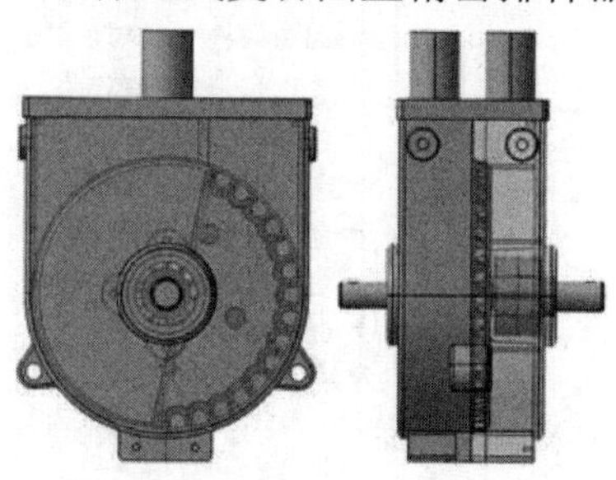

图 7-42　2B-JP-FL01 双体立式复合圆盘精密排种器

该类型排种器在实际工作过程中仅有驱动轴与组合排种盘构成的转子在壳体内的旋转运动。

在排种器运动仿真机构建立的过程中，为了便于观察排种器内部结构之间的关系及工作原理，设计了上盖、左壳体依次从排种器总成上分离和左护种板从左壳体上分离的运动。因此，该例仿真机构包括了上盖相对右壳体的"棱形（Prismatic）"运动副，转子组装总成相对右壳体的"旋转（Revolute）"运动副，左壳体相对右壳体的"棱形（Prismatic）"运动副，以及左护种板相对左壳体的"棱形（Prismatic）"运动副。

MOOC

7．4．2　样机装配

为便于运动副的创建，把系统中没有相对运动关系的零件装配为组装。转子组装如图 7-43 所示。

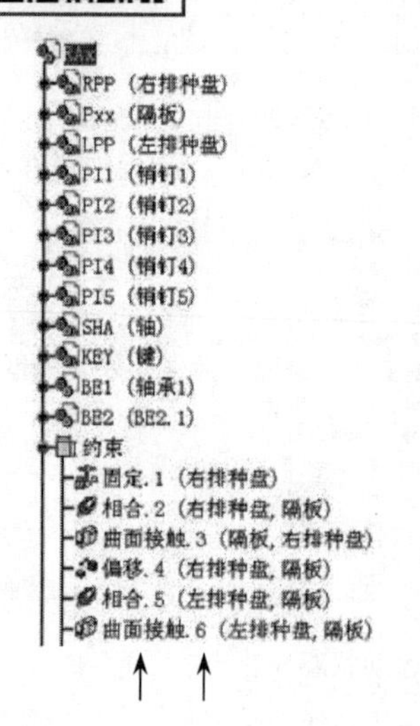

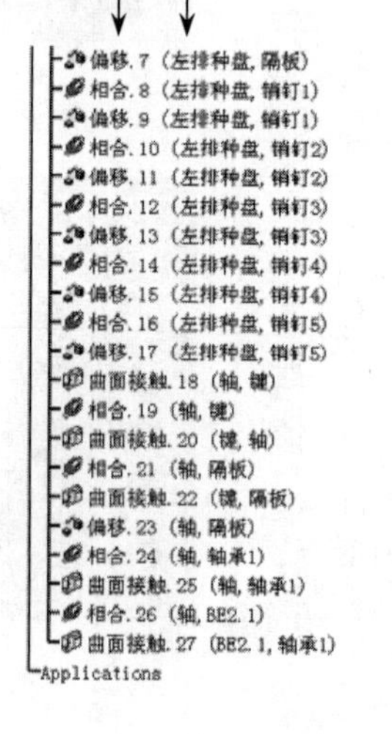

图 7-43　转子组装

打开资源包中的“Exercise\7\7. 4\Soybean precision metering device. CATProduct”，导入立式圆盘排种器组件，如图 7-44 所示。

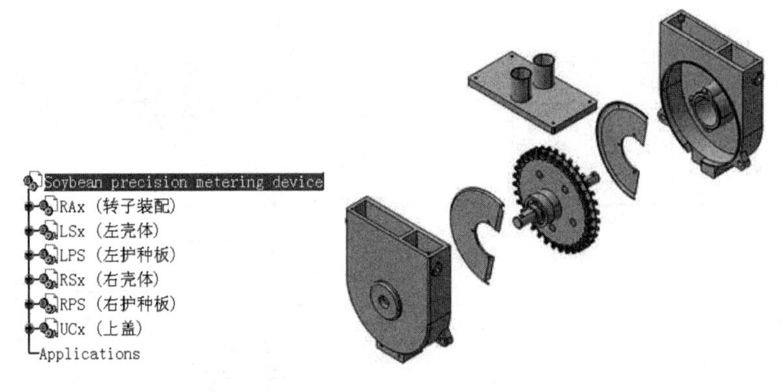

图 7-44　立式圆盘排种器组件

切换至“开始（Start）”→“机械设计（Mechanical Design）”→“装配设计（Assembly Design）”工作台，根据表 7-4 中的装配设置，在该工作台内完成立式圆盘排种器的静态装配，其中，左壳体和左护种板的装配约束关系与右壳体和右护种板的装配约束关系相同，所有长度数值单位均为 mm，所有角度数值单位均为 deg。立式圆盘排种器静态装配及约束如图 7-45 所示。

表 7-4　装配元素选择及设置

有装配关系的零部件	约束	方向	数值	元素选择
1. 右壳体 2. 右护种板	相合. 1			相合.3（轴线） 相合.1（轴线） 曲面接触.2（平面1） 曲面接触.2（平面2）
	曲面接触. 2			
	相合. 3			
1 右壳体 2. 转子装配	相合. 4			相合.4（轴线） 偏移.5（平面1） 偏移.5（隔板/yz平面） 偏移.6（隔板/zx平面） 角度.6（隔板/yz平面）
	偏移. 5	相同	0	
	角度. 6	扇形 1	180	

1. 右壳体 2. 左壳体	相合. 10			角度.12（yz平面） 曲面接触.11（平面） 相合.10（轴线） 角度.12（yz平面）
	曲面接触. 11			
	角度. 12	扇形 1	180	
1. 右壳体 2. 上盖	曲面接触. 13	相同		曲面接触.13（平面1） 曲面接触.13（平面2） 角度.15（平面2） 角度.15（平面1） 相合.14（轴线）
	相合. 14			
	角度. 15	扇形 1	0	

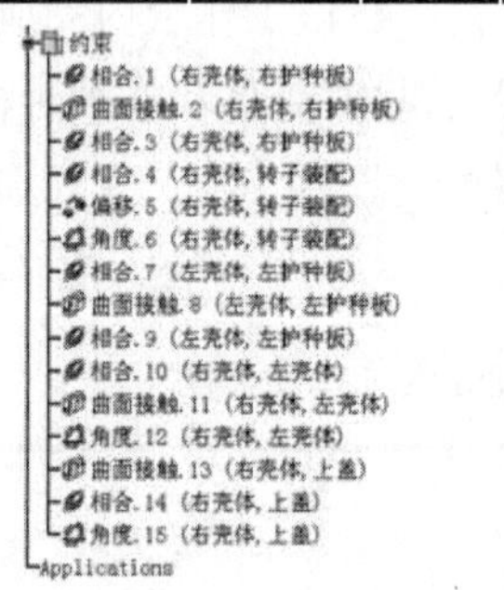

图 7-45　立式圆盘排种器静态装配及约束

7．4．3　运动副创建

采用“装配约束转换”方法，将静态装配约束逐一转换为运动副，转换过程参见“1.4.2 运动副的创建”的“对话创建”，具体转换约束的选择及完成后的结构树如图 7-46 所示。

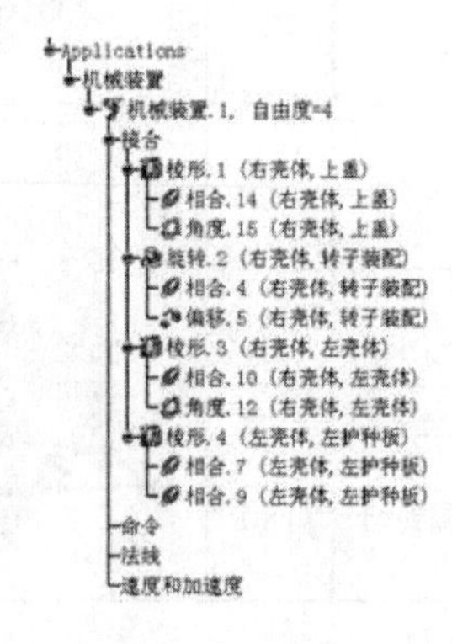

图 7-46　结构树的更新显示

7．4．4　机构驱动

选择立式圆盘排种器右壳体为固定件。该机构有四个驱动，它们是“棱形. 1（Prismatic. 1）（右壳体，上盖）”“旋转. 2 （Revolute. 2）（右壳体，转子装配）”“棱形. 3 （Prismatic. 3）（右壳体，左壳体）”“棱形. 4 （Prismatic. 4）（左壳体，左护种板）”。分别对四个命令进行驱动，驱动完成后，结构树上机械装置的“自由度（DOF）”变为“0”，并在结构树下显示驱动命令的名称与性质，结构树的变化如图 7-47 所示。

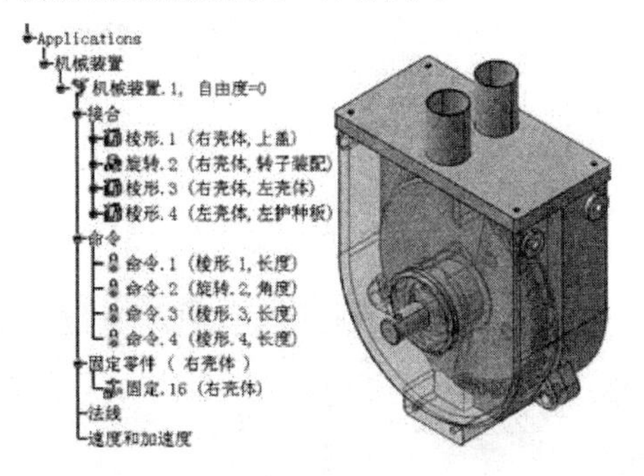

图 7-47　机构驱动

在“DMU 运动机构（DMU Kinematics）”→“模拟（Simulation）”工具栏中单击“使用命令模拟（Simulation with Commands）”图标，显示“运动模拟-机械装置.1（Kinematic Simulation-Mechanism.1）”对话框并模拟机构运动，如图 7-48 所示。

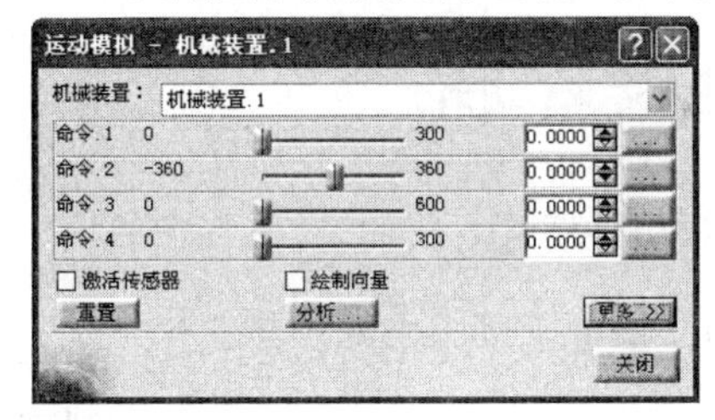

a）工作状态

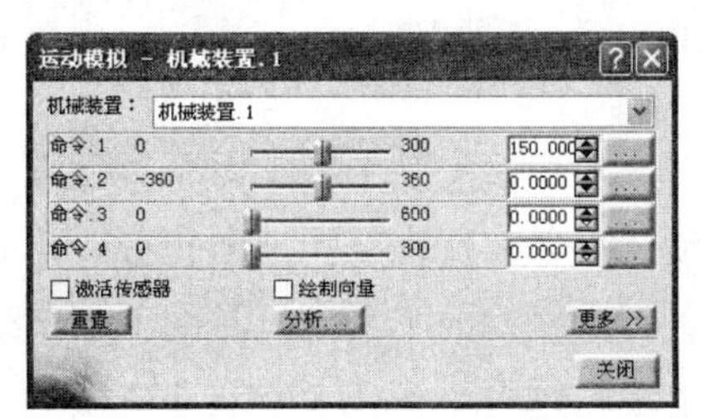

b）观察状态 1

图 7-48　排种器的状态

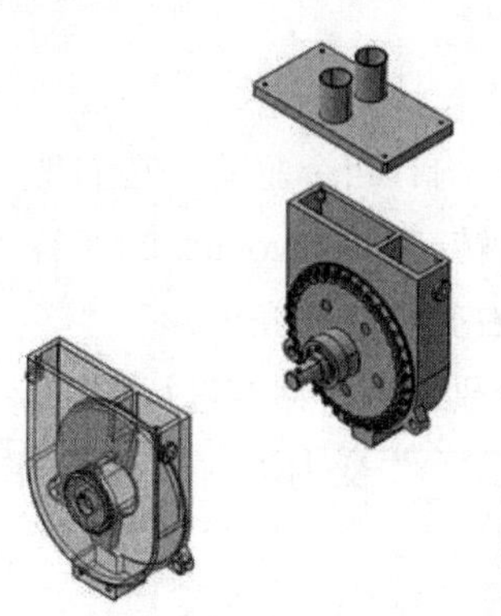
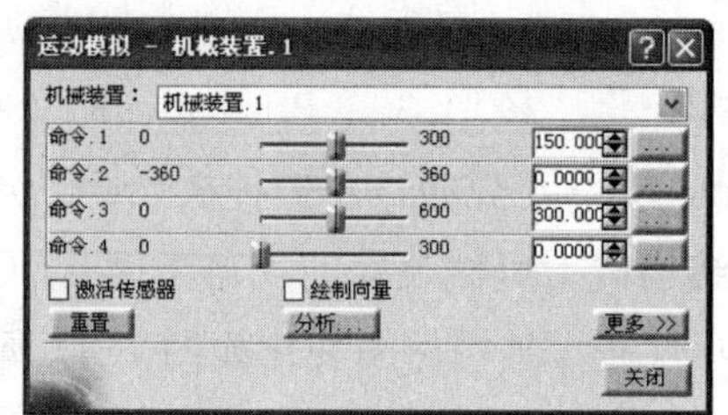

c）观察状态 2

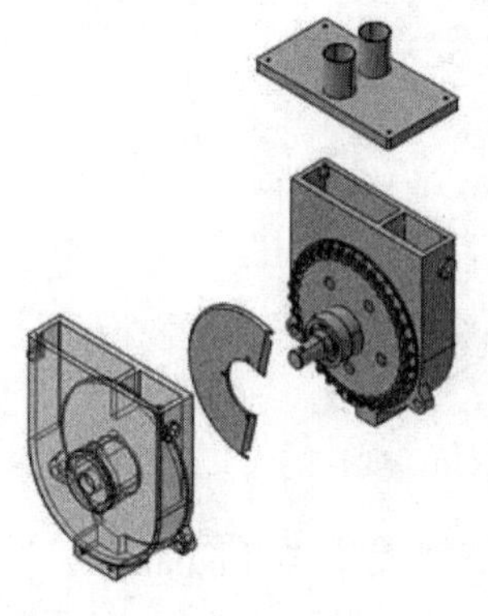
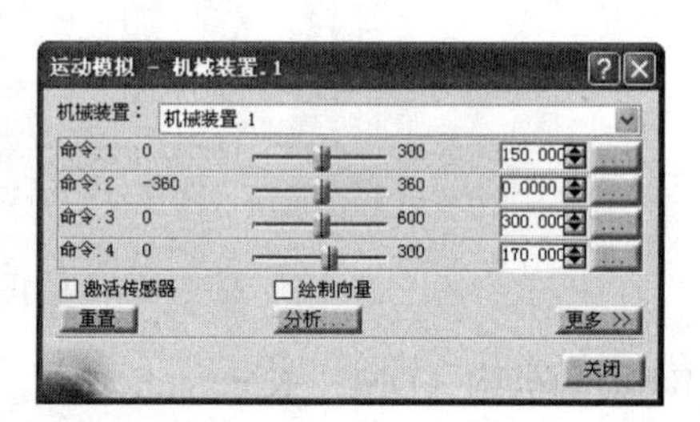

d）观察状态 3

图 7-48　排种器的状态（续）

7．5　双轴单铰接驱动轮

7．5．1　仿真运动的描述

图 7-49 所示为双轴单铰接驱动轮模型。

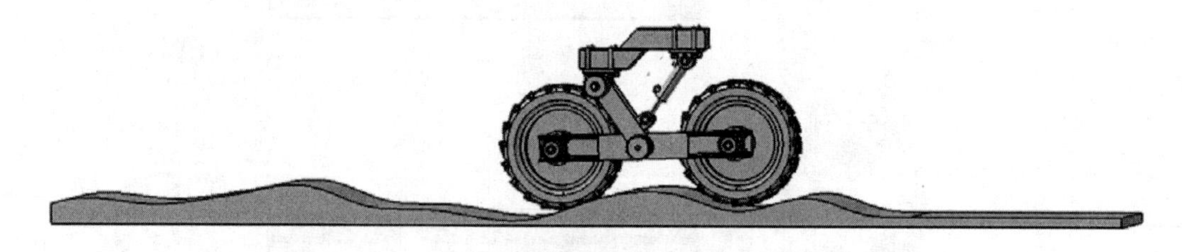

图 7-49　双轴单铰接驱动轮

双轴单铰接驱动轮可以实现良好的地面仿形，并最大限度发挥各个轮子的驱动力，同时能够保证安装该种行走机构的车辆或机具的上部车架或机体结构在颠簸路面保持平稳。该机构可用于高性能多轮越野车辆或大型农业机械上。

在路面的不平度不超过机构最大设计仿形能力的情况下，地面的起伏引起两端安装有车轮的水平摆臂绕其中部与支杆的铰接点旋转，由此引起的上部梁架的上升或下降通过液

压缸的伸缩进行补偿，从而保证上部结构的平稳。

由双轴单铰接驱动轮的运动分析可知，双轴单铰接驱动轮的运动仿真机构应具有梁架与底板、缸筒与缸杆之间的“棱形（Prismatic）”运动副，车轮与底板的“滚动曲线（Roll Curve）”运动副，以及各铰接点的“旋转（Revolute）”运动副。

7．5．2　样机装配

打开资源包中的“Exercise\7\7. 5&8. 6. 2\Lcc Super. CATProduct”，导入双轴单铰接驱动轮组件，如图 7-50 所示。

图 7-50　双轴单铰接驱动轮组件

切换至“开始（Start）”→“机械设计（Mechanical Design）”→“装配设计（Assembly Design）”工作台，根据表 7-5 中的装配设置，在该工作台内完成双轴单铰接驱动轮的静态装配，其中，所有长度单位为 mm，角度单位为 deg。双轴单铰接驱动轮装配约束及静态装配完成模型分别如图 7-51、图 7-52 所示。

表 7-5　装配元素选择及设置

有装配关系的零部件	约束	方向	数值	元素选择
1. 底板 2. 梁架总成	偏移. 1	相同	-800	底板 zx 平面，梁 zx 平面
	偏移. 2	相同	-200	偏移.2（平面2） 偏移.2（平面1）
	偏移. 3	相同	0	底板 xy 平面，梁 xy 平面
	相合. 4	相同		底板平面 2，梁 zx 平面
	相合. 5			底板草图 9，梁 zx 草图 9
1. 梁架总成 2. 上销轴总成	相合. 6			相合.6（轴线） 偏移.7（平面1）
	偏移. 7	相反	10	偏移.7（平面2）

1. 梁架总成 2. 缸筒	相合. 8			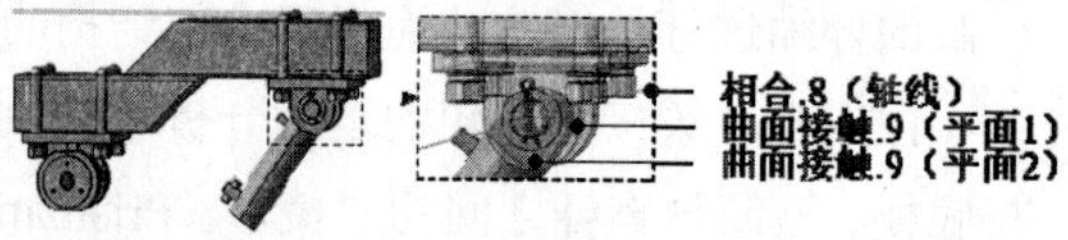
	曲面接触. 9			
1. 梁架总成 2. 支杆总成	相合. 10			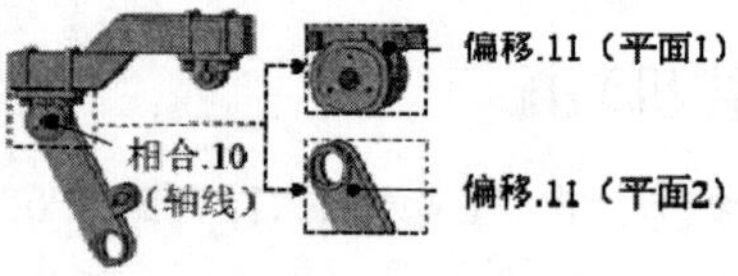
	偏移. 11	相同	34. 5	
1. 缸筒 2. 杠杆	相合. 12			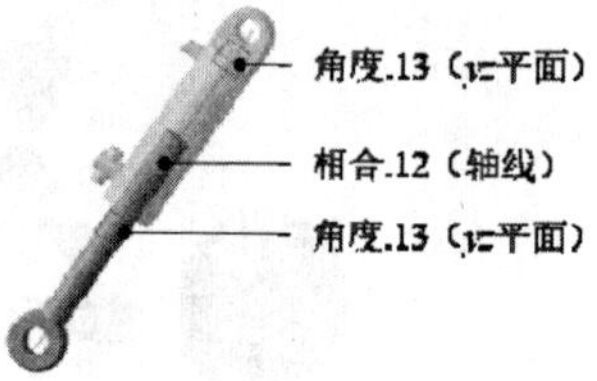
	角度. 13	扇形 1	0	
1. 支杆总成 2. 缸杆	相合. 14			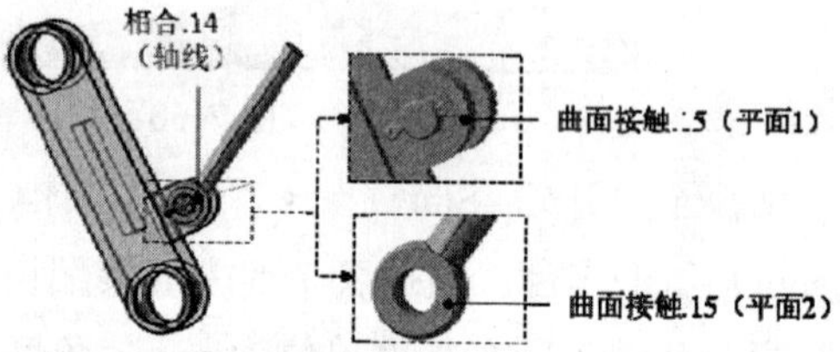
	曲面接触. 15			
1. 底板 2. 水平摆臂总成	偏移. 16	相同	368. 853	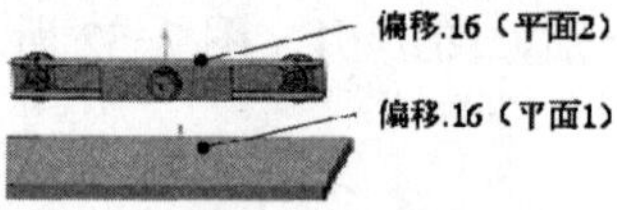
1. 水平摆臂总成 2. 支杆总成	相合. 17			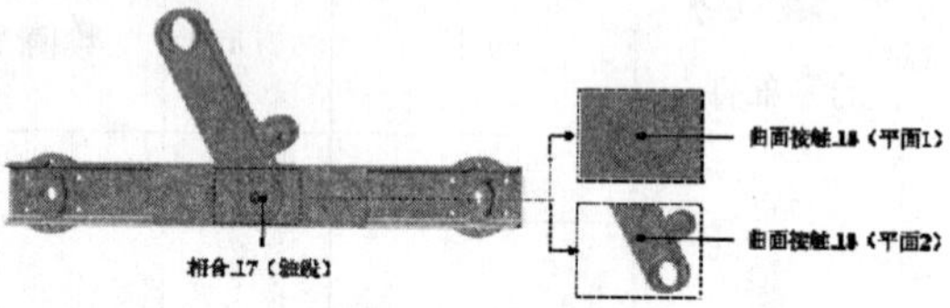
	曲面接触. 18	相同	12	
1. 水平摆臂总成 2. 中销轴总成	相合. 19			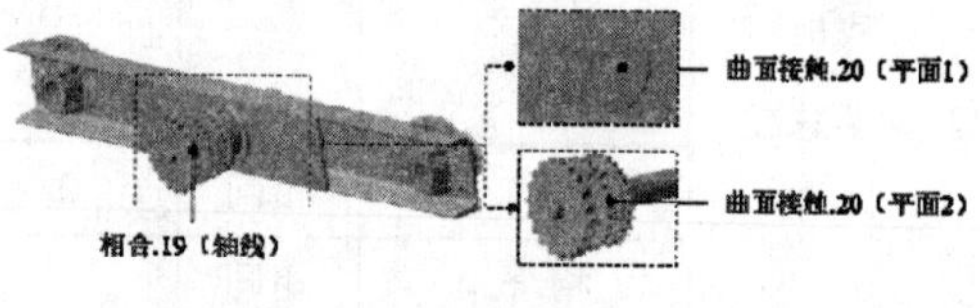
	曲面接触. 20			
1. 水平摆臂总成 2. 车轮总成 1	相合. 21			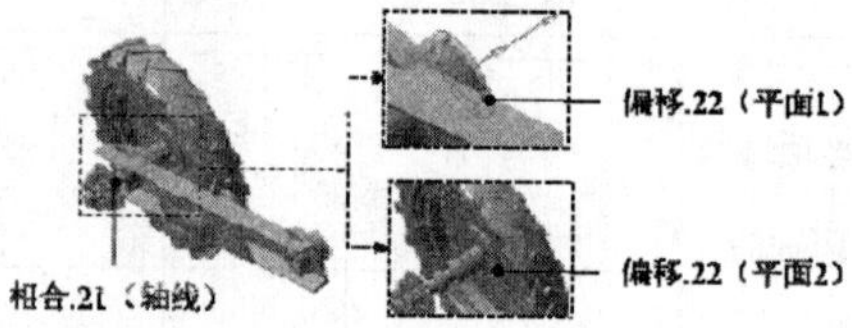
	偏移. 22	相反	54	

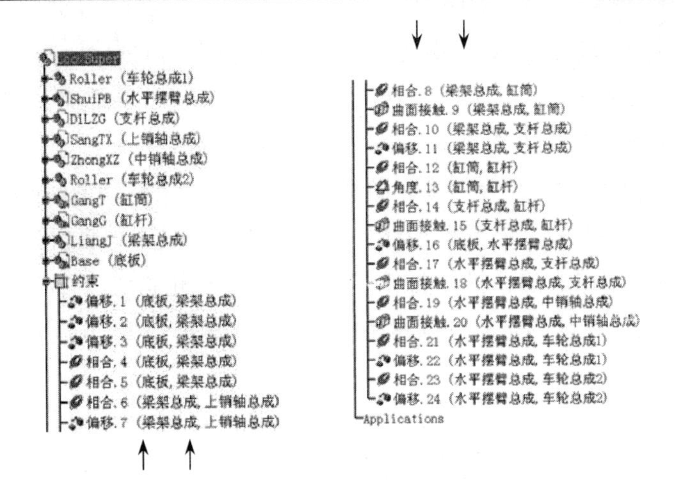

图 7-51　双轴单铰接驱动轮静态装配约束

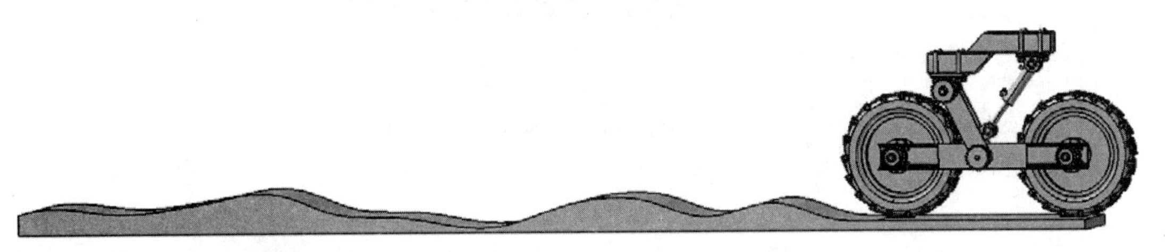

图 7-52　双轴单铰接驱动轮静态装配图

7. 5. 3　运动副创建

1）采用“装配约束转换（Assembly Constraints Conversion）”方法，将图 7-51 中的静态装配约束逐一转换为运动副，转换过程参见 “1. 4. 2 运动副的创建”。具体转换约束的选择及转换完成后的结构树参见图 7-53 所示。

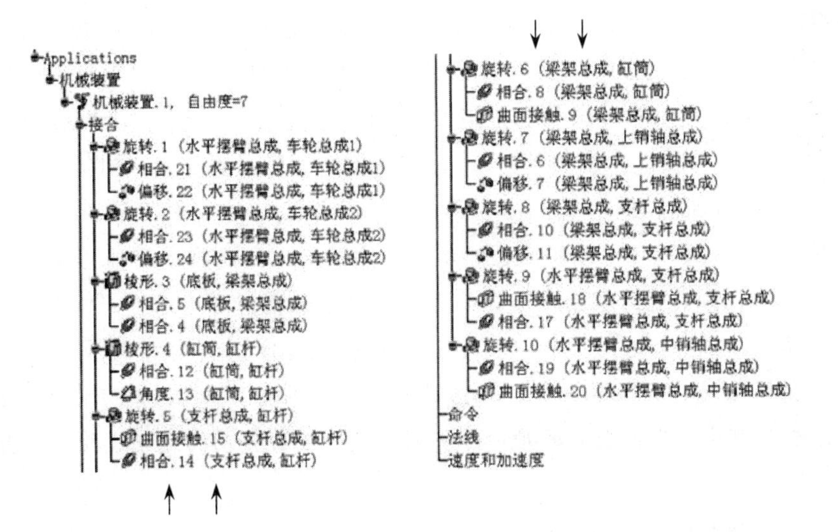

图 7-53　结构树更新显示

【难点】：采用“装配约束转换（Assembly Constraints Conversion）”方法创建运动副时，需要利用静态装配已建立的约束转换成运动副，因此，在零部件静态装配时不仅要考虑到零部件的完整约束，还应考虑可转换为理想运动副的约束组合。

2）分别创建“车轮总成 1”及“车轮总成 2”与底板的“滚动曲线（Roll Curve）” 运动副，具体创建方法参见“3.3 滚动曲线”。“车轮总成 1”与底板的“滚动曲线（Roll Curve）” 运动副创建要素的选择如图 7-54 所示，“车轮总成 2”与底板的“滚动曲线（Roll Curve）”的创建与其相同，创建完成后的结构树如图 7-55 所示。

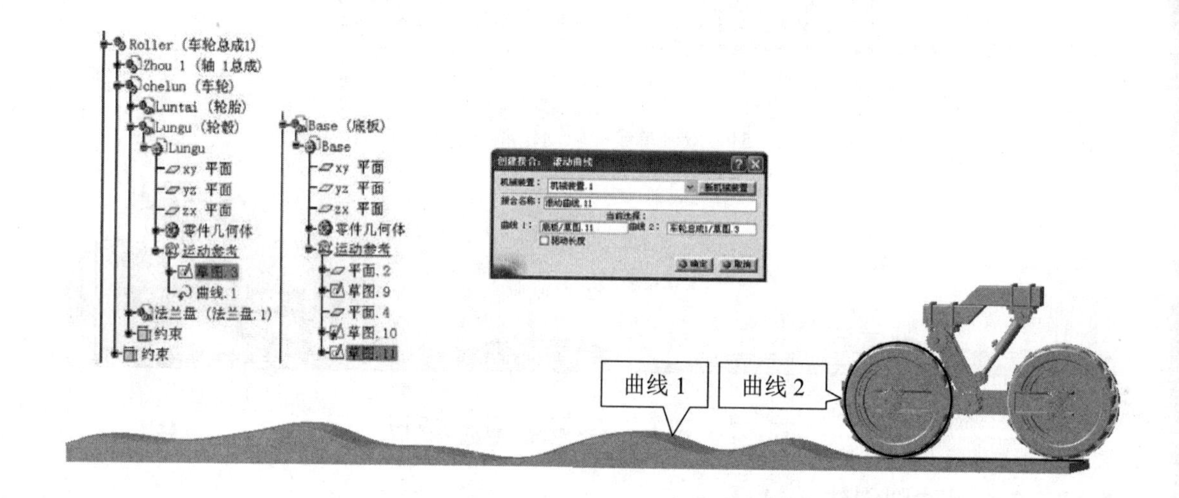

图 7-54　选择“滚动曲线”创建要素

7. 5. 4　机构驱动

选择底板为固定件。该机构有三个驱动，分别是“棱形. 3（Prismatic. 3）（底板，梁架总成）”“旋转. 7（Revolute. 7）（梁架总成，上销轴总成）”和“旋转. 10（Revolute. 10）（水平摆臂总成，中销轴总成）”。分别对三个命令进行驱动，注意驱动命令的方向设置，驱动完成后，结构树上机械装置的“自由度（DOF）”变为“0”，并在结构树下显示驱动命令的名称与性质，结构树的变化如图 7-56 所示。

※【提示】：本例不考虑该驱动轮的动力传递问题，因此将上销轴总成与中销轴总成的旋转自由度简化，设置为驱动命令。如考虑其动力传递，可建立“旋转.1（Revolute.1）（水平摆臂总成，车轮总成 1）”和“旋转.10（Revolute.10）（水平摆臂总成，中销轴总成）”之间的“齿轮接合（Gear Joint）”，并通过添加运动函数，将“旋转.7（Revolute.7）（梁架总成，上销轴总成）”的旋转角度命令关联，实现动力传动的运动模拟。读者可自行尝试。

双轴单铰接驱动轮的运动状态如图 7-57 所示。

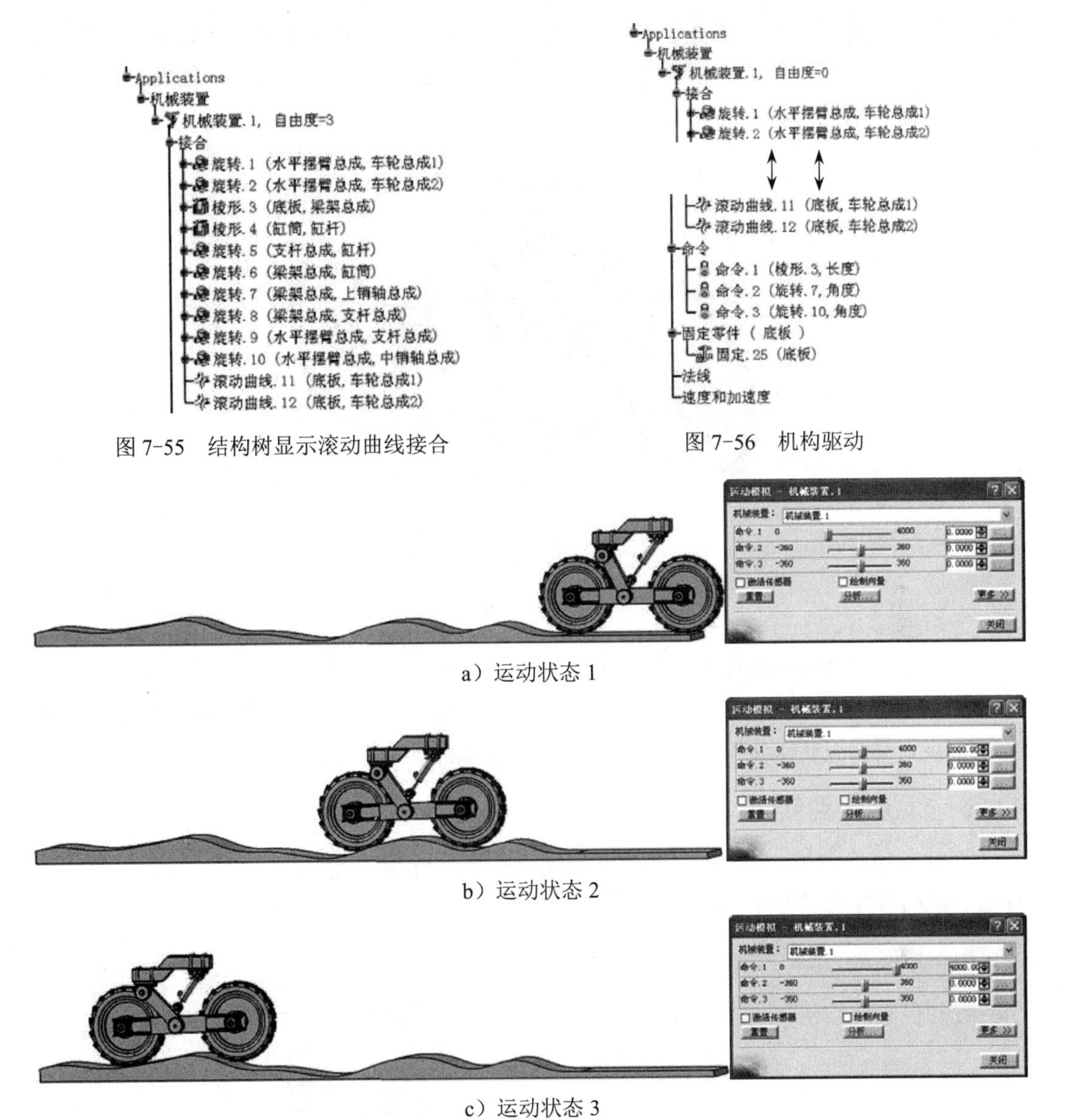

图7-55　结构树显示滚动曲线接合

图7-56　机构驱动

a）运动状态1

b）运动状态2

c）运动状态3

图7-57 双轴单铰接驱动轮运动状态

7．6　轻型自走底盘

7．6．1　仿真运动的描述

图7-58所示为轻型自走底盘模型。

轻型自走底盘具有一般非轨道车辆底盘的全部特征，其运动可简单地描述为：发动机输出的动力由输入轴传递到变速箱，经变速箱的变速变矩作用后再通过分动器传递到前、后驱动桥；输入至后桥的动力经中央传动变向增扭后送至左右半轴，再经最终传动进一步减速增扭后驱动轴驱动车轮旋转；前桥的运动及动力传递与后桥相似，但因其转向驱动桥的性质而结构更为复杂；当路面不平或车辆转向时，安装于车轿中的差速器会调节左右半轴的转速适应左右车轮的不同要求；转向盘通过齿轮齿条转向器将转动转换为直线运动后通过转向杆系拉动前轮实现转向。

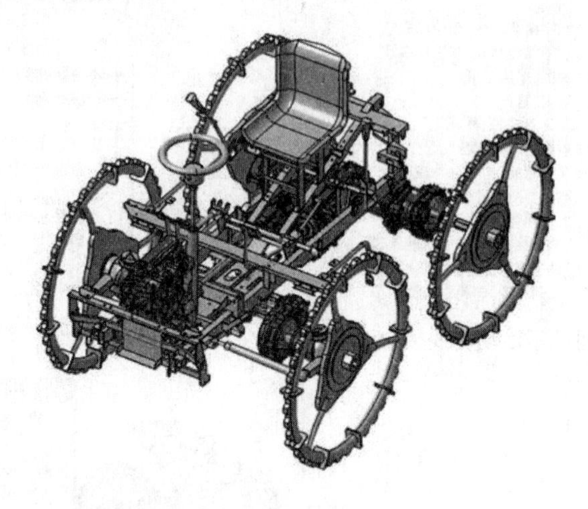

图 7-58　轻型自走底盘

由上述运动情况的描述可知，轻型底盘运动仿真机构应具有“旋转（Revolute）”“棱形（Prismatic）”“球面（Spherical）”“刚性（Rigid）”“U 形接合（U Joint）”“齿轮（Gear）”“齿轮齿条（Rack）”等多达 7 种运动副与接合形式。

7.6.2　运动副创建

打开资源包中的“Exercise\7\7.6\qingxingzizoudipan.CATProduct”，导入轻型自走底盘全部组件（参见图 7-58）。

（1）发动机

发动机组件如图 7-59 所示，运动副创建完成后的结构树如图 7-60 所示。

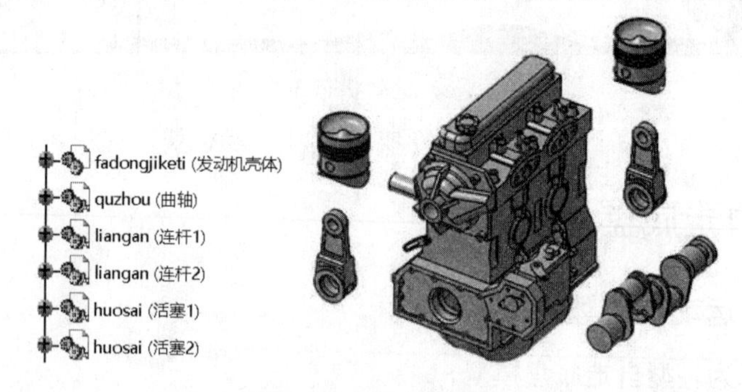

图 7-59　发动机组件

※【**提示**】：发动机壳体与活塞 1、2 之间的运动副也可以创建为“圆柱（Cylindrical）”运动副，读者可自行尝试。

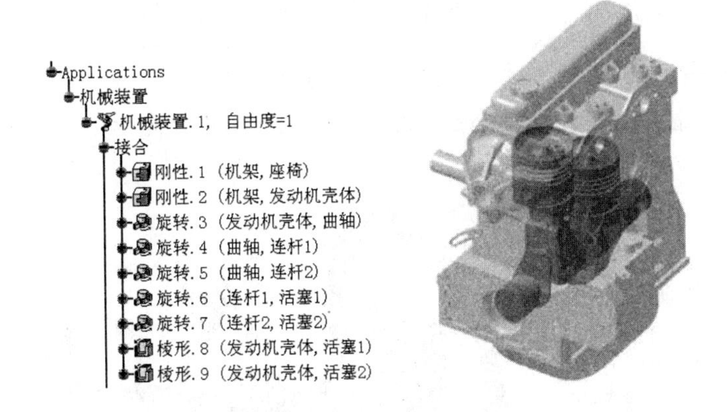

图 7-60 发动机运动模拟机构

（2）变速箱

变速箱组件如图 7-61 所示，运动副创建完成后的结构树如图 7-62 所示。

※**【提示】**：曲轴与输入轴之间的运动副也可以创建为“U 形接合（U Joint）”，读者可自行尝试。

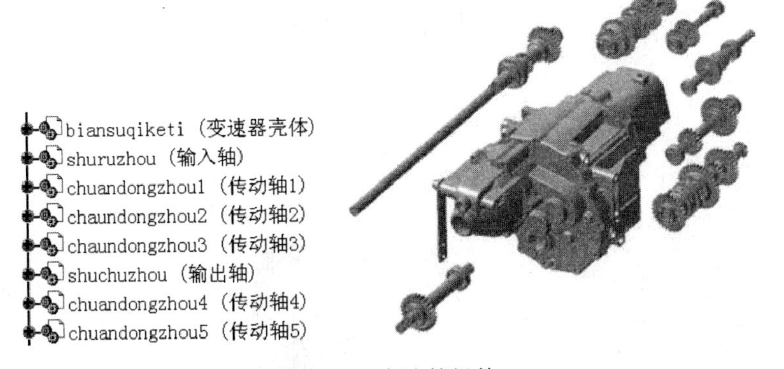

图 7-61　变速箱组件

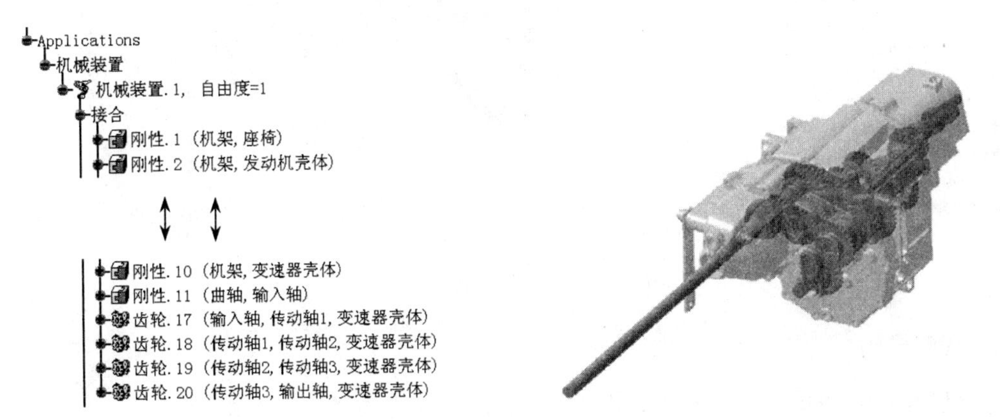

图 7-62　变速箱运动副结构树

（3）前桥

前桥组件如图 7-63 所示，运动副创建完成的结构树如图 7-64 所示。

※【**提示**】：输出轴与前驱动轴之间的运动副也可以创建为“U 形接合（U Joint）”，读者可自行尝试。

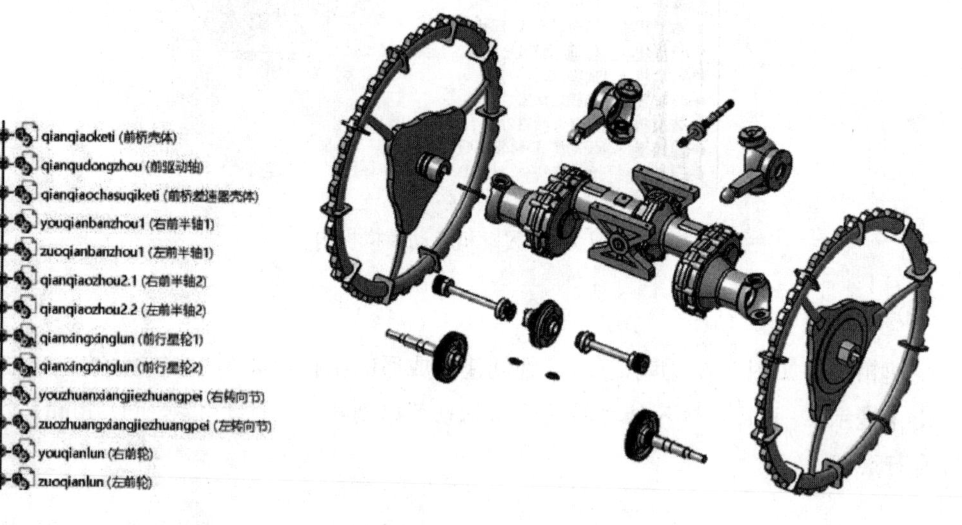

图 7-63　前桥组件

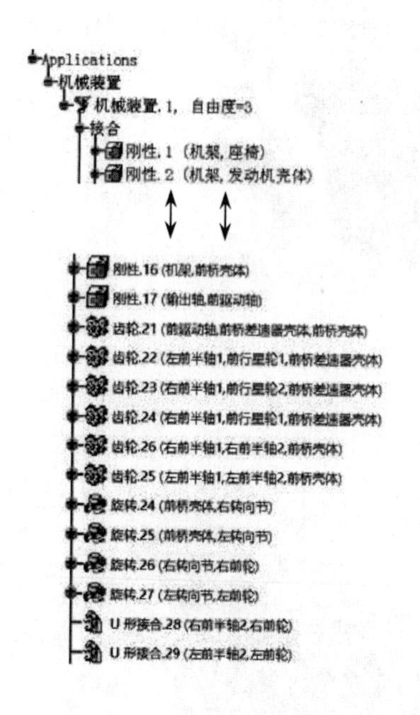

图 7-64　前桥运动副结构树

（4）转向机构

转向机构组件如图 7-65 所示，运动副创建完成后的结构树如图 7-66 所示。

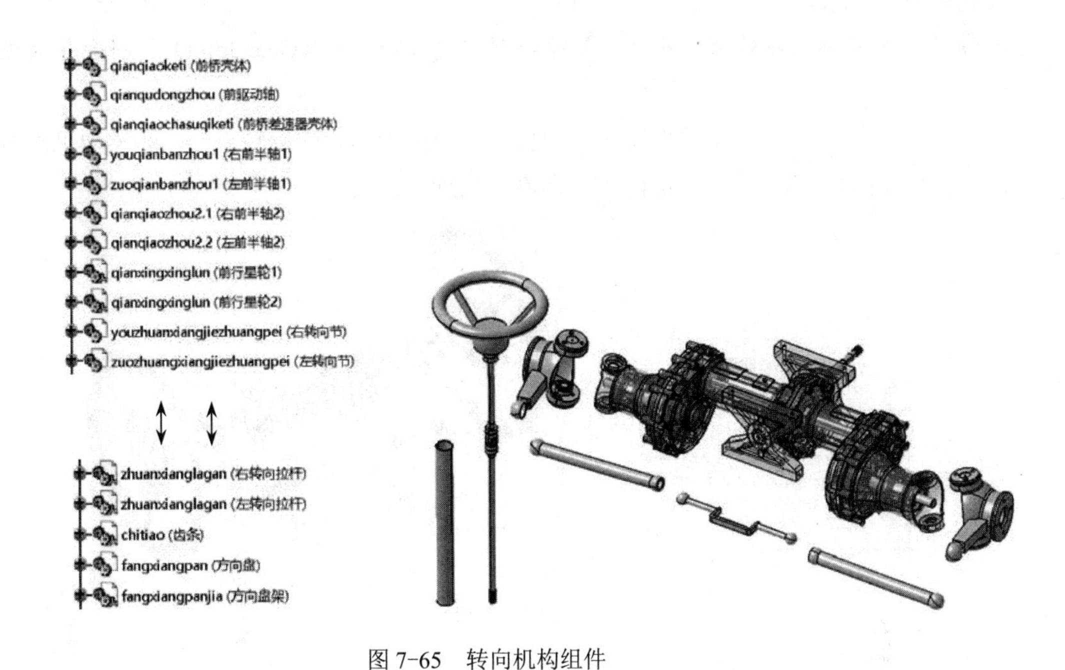

图 7-65　转向机构组件

Applications
机械装置
机械装置.1, 自由度=0
接合
刚性.1 (机架,座椅)
刚性.2 (机架,发动机壳体)
刚性.30 (机架,方向盘架)
架子.33 (齿条,方向盘,方向盘架)
球面.32 (右转向节,右转向拉杆)
球面.33 (右转向拉杆,齿条)
U 形接合.34 (右转向拉杆,齿条)
球面.35 (左转向拉杆,左转向节)
球面.36 (齿条,左转向拉杆)
U 形接合.37 (左转向拉杆,齿条)

图 7-66　转向机构运动副结构树

（5）后桥

后桥组件如图 7-67 所示，运动副创建完成后的结构树如图 7-68 所示。

【重点】：后桥和前桥的差速器运动副中，其中一根半轴与两个行星齿轮均创建“齿轮接合（Gear Joint）”，另一根半轴只需要与其中一个行星齿轮创建“齿轮接合（Gear

Joint）”。如果两根半轴都与两个行星齿轮创建“齿轮接合（Gear Joint）”将会导致过度约束。

运动副创建完成后，要根据差速器的特点调节两侧车轮的旋转方向，即发动机没有动力输入时，转动一侧车轮另一侧的车轮向着相反的方向转动。

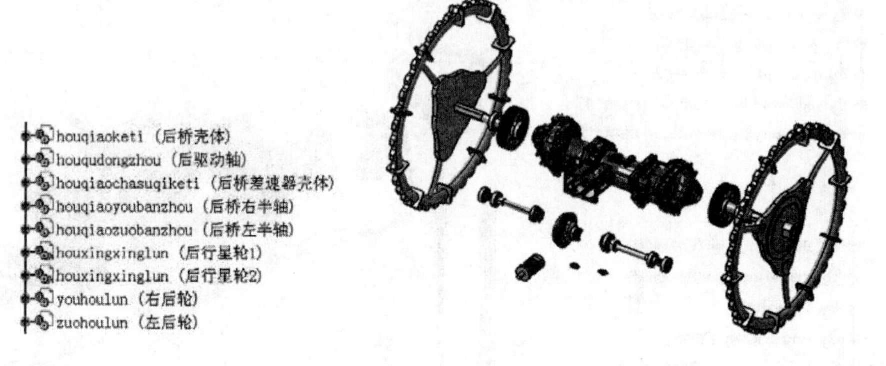

图 7-67　后桥组件

图 7-68　后桥运动副结构树

7．6．3　机构驱动

选择机架为固定件。

该机构有 4 个“驱动角度（Angle Driven）”驱动，它们分别是“旋转. 3（Revolute. 3）（发动机壳体，曲轴）”“齿轮. 22（Gear. 22）（左前半轴 1，前行星轮 1，前桥差速器壳体）”中的“旋转. 21（Revolute. 21）（前桥差速器壳体，前行星轮 1）”“架子. 33（Rack. 33）（齿条，方向盘，方向盘架）”中的“旋转. 31（Revolute. 31）（方向盘，方向盘架）”，以及“齿轮. 45（Gear. 45）（后桥右半轴，后行星轮 1，后桥差速器壳体）”中的“旋转. 43（Revolute. 43）（后桥差速器壳体，后行星轮 1）”。驱动完成后，机械装

置的“自由度（DOF）”变为“0”，并在结构树下显示驱动命令的名称与性质，结构树的变化情况如图 7-69 所示。

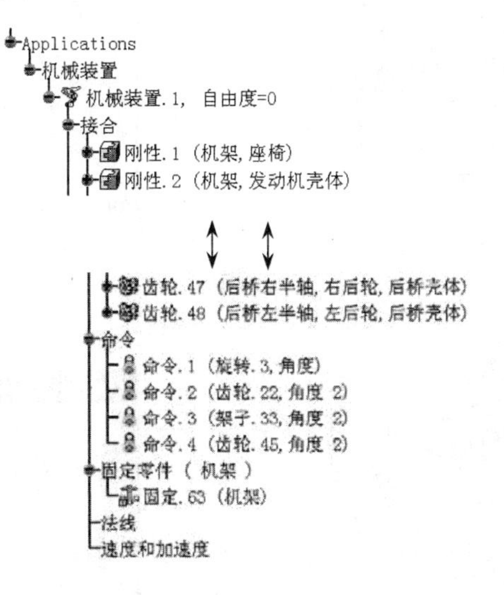

图 7-69　机构驱动

在“DMU 运动机构（DMU Kinematics）”→“模拟（Simulation）”工具栏中单击“使用命令模拟（Simulation with Commands）”图标，显示“运动模拟-机械装置.1（Kinematic Simulation-Mechanism.1）”对话框并模拟机构运动，如图 7-70 所示。

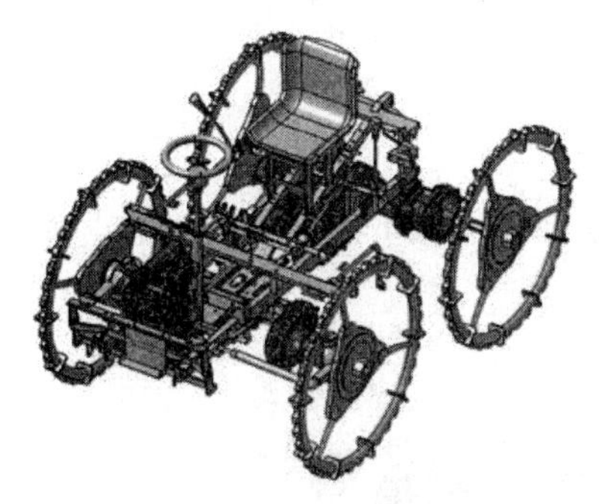

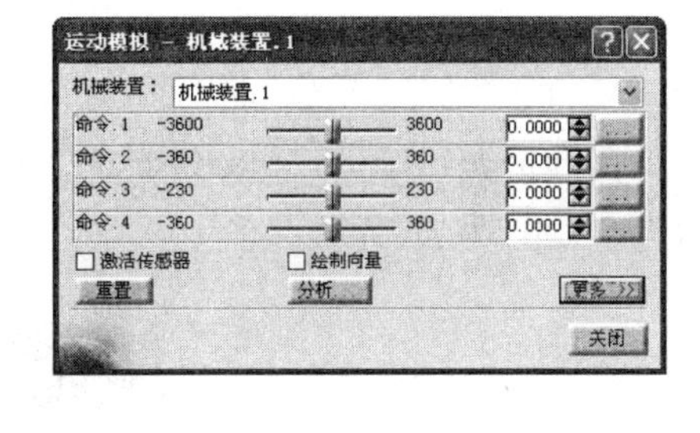

a）静止

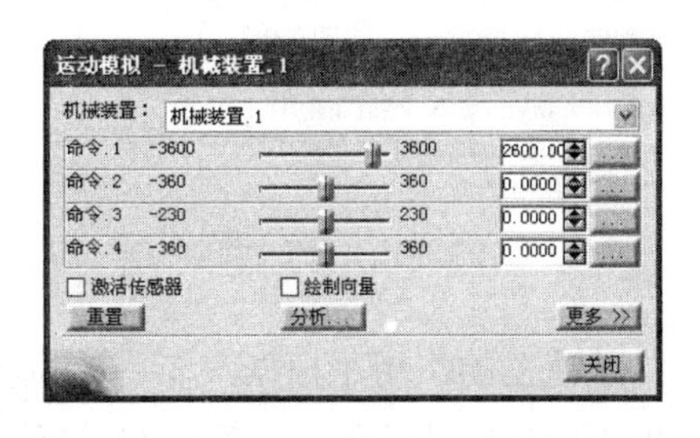

b）直行

图 7-70　底盘的运动状态

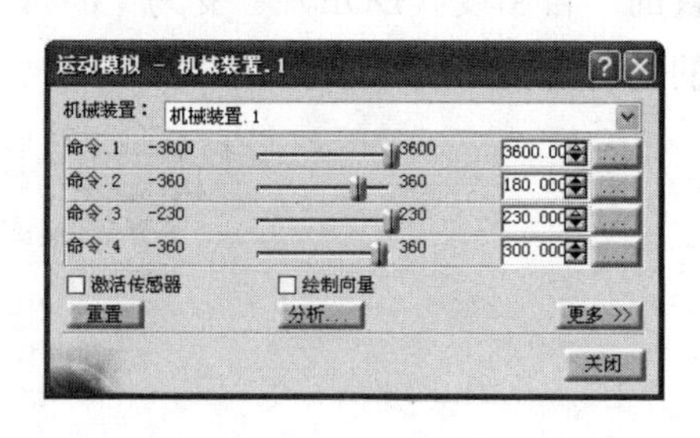

c）右转弯

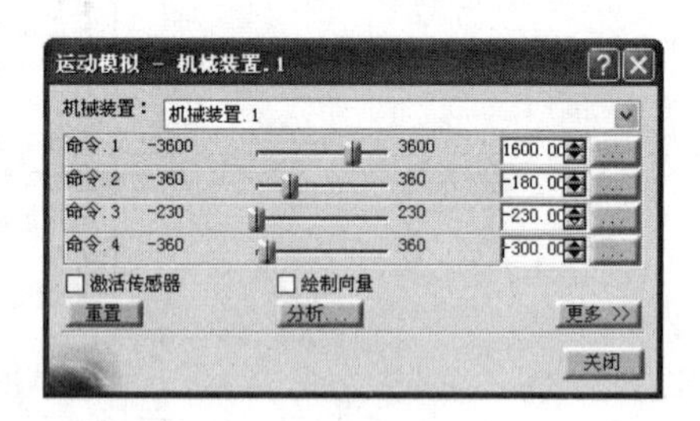

d）左转弯

图 7-70　底盘的运动状态（续）

7．6．4　关键运动副

（1）差速器

打开资源包中的“Exercise\7\7. 6\7. 6. 4\1\chasuqijigou. CATProduct”，导入差速器组件，如图 7-71 所示。

图 7-71　差速机构组件

差速器的作用是根据汽车、拖拉机行驶的需要，在传递动力的同时，使内外侧驱动轮能以不同的转速旋转，以便使车辆转弯或适应由于轮胎及路面差异而造成的内外侧驱动轮转速差。

根据差速器的工作特性创建差速机构的运动副，运动副创建完成的结构树如图 7-72

所示。

图 7-72　差速机构运动副结构树

※【提示】：当内外侧驱动轮转速相同时，行星轮只随差速器壳体公转；当内外驱动轮转速不同时，行星轮既随差速器壳体公转又绕差速器轴自转，自转起差速作用，使内外侧驱动轮的转速相适应。

（2）前桥转向机构

打开资源包中的“Exercise\7\7. 6\7. 6. 4\2\qianqiaozhuanxiangjigou. CATProduct”，导入前桥转向机构组件，如图 7-73 所示。运动副创建完成的结构树如图 7-74 所示。

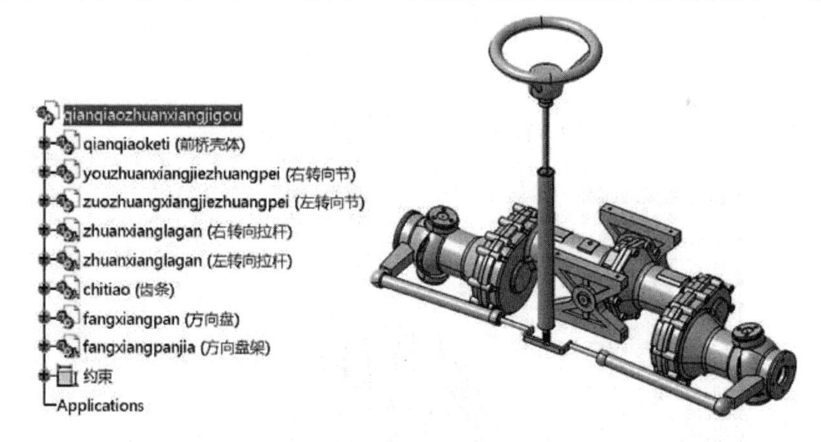

图 7-73　前桥转向机构组件

⚠【注意】：转向机构运动副中，一般容易忽略转向齿条与两个转向拉杆之间的“U 形接合（U Joint）”。如果没有创建“U 形接合（U Joint）”，将无法实现预定的运动。

（3）立轴形式前桥转向机构

前桥转向机构还可采用立轴形式的前桥转向机构，打开资源包中的“Exercise\7\7. 6\7. 6. 4\3\lizhouqianqiaojigou. CATProduct”，导入立轴形式的前桥转向机构组件，如图 7-75 所示。

此种形式的前桥转向机构，方向盘、齿条及拉杆部分的运动副和内部差速器的运动副创建与上述形式的前桥转向机构相同。

【**难点**】：为保证在动力传递的过程中立轴能够实现转向功能，两旋转不能使用“齿轮（Gear）”关联。根据机构的运动特点，在两旋转零部件之间创建“滚动曲线（Roll Curve）”运动副，可实现正确的转向驱动。

运动副创建完成的结构树如图 7-76 所示。

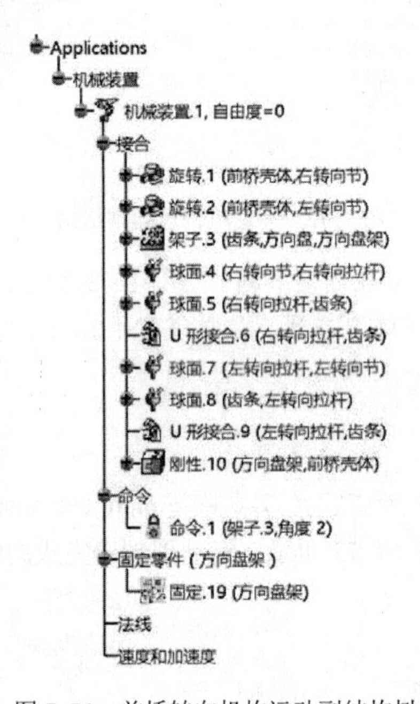

图 7-74　前桥转向机构运动副结构树

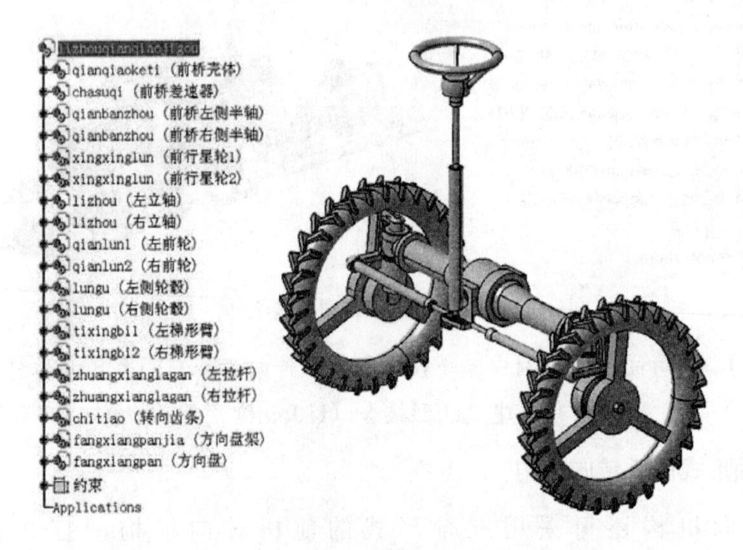

图 7-75　立轴形式前桥转向机构组件

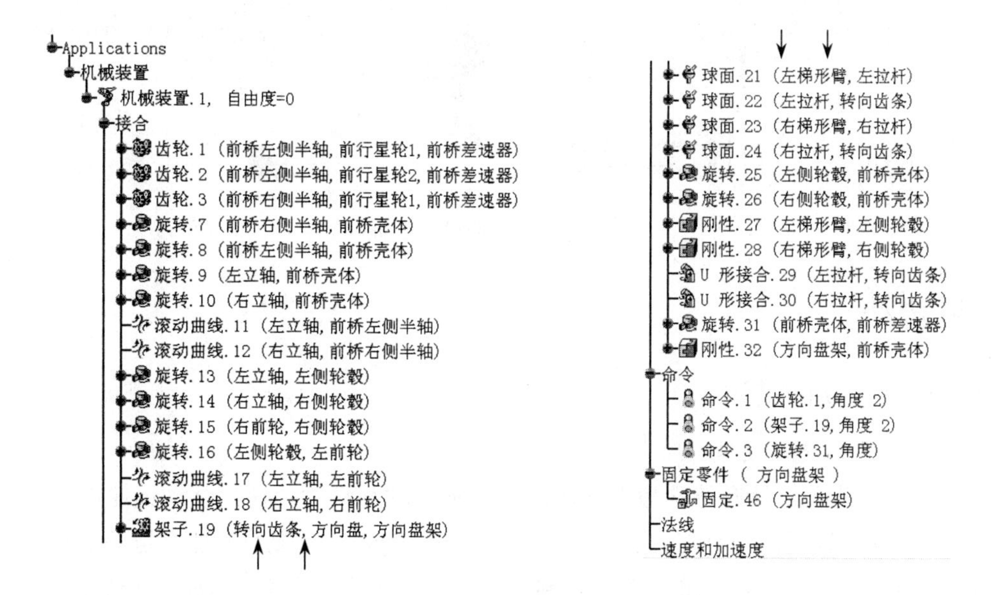

图 7-76　立轴形式前桥转向机构运动副结构树

（4）前桥立轴运动副

打开资源包中的“Exercise\7\7. 6\7. 6. 4\4\lizhouyundongfu. CATProduct”，导入前桥立轴运动副组件，如图 7-77 所示。分别创建前半轴与叉形凸缘、立轴与叉形凸缘的旋转运动副，如图 7-78 所示，前半轴与立轴之间的“滚动曲线（Roll Curve）”运动副创建完成后的结构树如图 7-79。

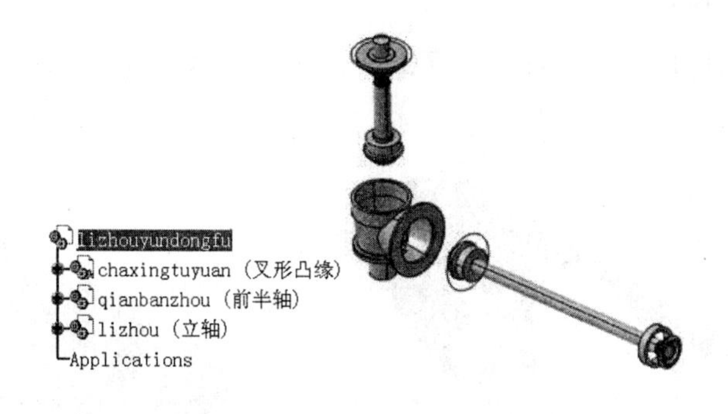

图 7-77　立轴运动副组件

图 7-78　创建“旋转”运动副

图 7-79　创建“滚动曲线”运动副

7. 7　链传动

7. 7. 1　仿真运动的描述

图 7-80 所示为链传动模型。

链传动是通过链条将具有特殊齿形的驱动链轮的运动和动力传递到从动链轮的一种传动方式。由于无法通过某一种形式关联该机构的所有运动副，达到只有驱动链轮转动的一个自由度的理想状态。因此，通过单独控制的方式，分别操纵链条运动和链轮的运动，通过时间与速度的拟合实现链传动的运动仿真。为了仿真需要，加入辅助零件，分别完成驱动、从动链轮相对于辅助零件和内、外链节相对于辅助零件的运动接合。

由链传动的运动分析可知，链传动的运动仿真机构应具有驱动链轮与从动链轮之间的“齿轮接合（Gear Joint）” 运动副，内链节与辅助安装板之间的“滑动曲线（Sliding Curve）”运动副，内、外链节与辅助安装板之间的“点曲线（Point Curve）”运动副，以及内链节与外链节之间的“旋转（Revolute）”运动副。

7. 7. 2　样机装配

打开资源包中的“Exercise\7\7. 7\lianchuandong. CATProduct”，导入链传动组件，如图 7-81 所示。

图 7-80　链传动

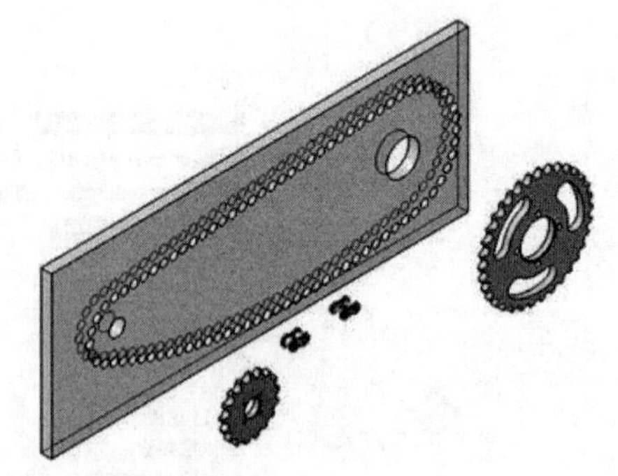

图 7-81　链传动组件

切换至“开始（Start）”→“机械设计（Mechanical Design）”→“装配设计（Assembly Design）”工作台，在该工作台内完成链传动的静态装配。

1）分别约束内链节两滚子轴线与辅助安装板上孔 1 轴线、孔 2 轴线的“相合（Coincidence）”，约束内链板表面与辅助安装板的“偏移（Offset）”距离为 50mm，装

配元素的选择如图 7-82 所示。

同理完成外链节与辅助安装板的“相合（Coincidence）”约束，约束内链板外表面与外链板内表面的“曲面接触（Contact Constraint）”，装配元素的选择如图 7-83 所示。

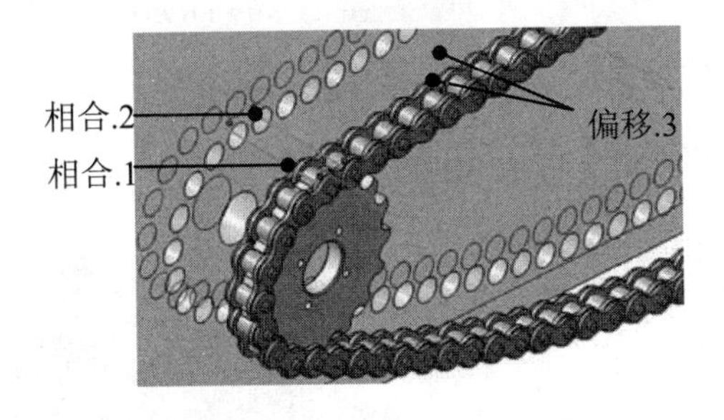

图 7-82 内链节的装配元素

图 7-83 外链节的装配元素

2）单击“约束（Constraints）”工具栏中的“重复使用阵列（Reuse Pattern）”图标，出现“在阵列上实例化（Instantia tion on a Pattern）”对话框，参见图 7-4。在“在阵列上实例化（Instantiation on a Pattern）”对话框中，选中“已生成的约束(generated constraints)”选项，激活“阵列（Pattern）”后面的选项栏，在结构树上选择“辅助安装板”的“用户阵列. 1（Userpattern. 1）”，完成阵列选项的选择。激活“要实例化的部件（Component to Instantiate）”选项栏并选择“内链节”为要实例化的部件，同时选中“重复使用约束(Re-use Constraints)”选项中的“相合. 1（Coincidence. 1）”“相合. 2（Coincidence. 2）”和“偏移. 3（Offset. 3）”，对话框设置完成，如图 7-84 所示。单击“确定（OK）”完成“内链节”的用户阵列装配，其模型及结构树如图 7-85 所示。

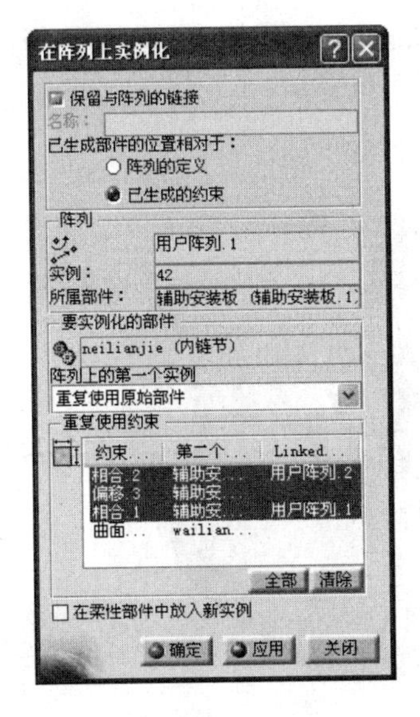

图 7-84 “在阵列上实例化”对话框

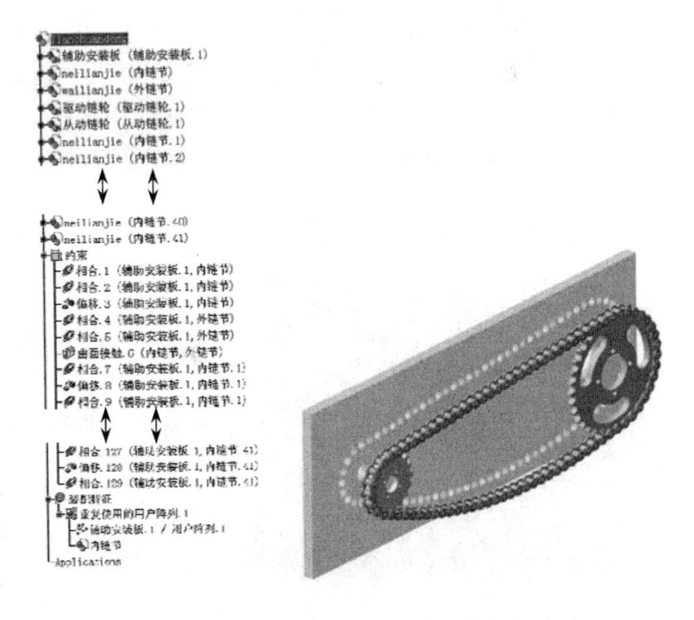

图 7-85 完成“内链节”阵列结构树及模型

同理，完成“外链节”的重复阵列，其对话框设置如图 7-86 所示，完成后“外链节”

模型及其结构树如图 7-87 所示。

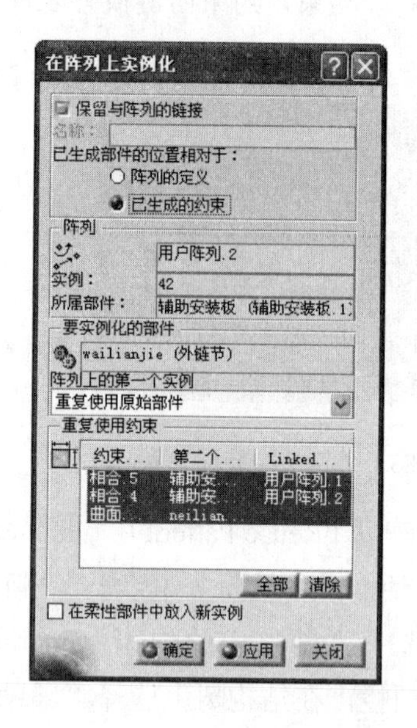

图 7-86 “在阵列上实例化”对话框

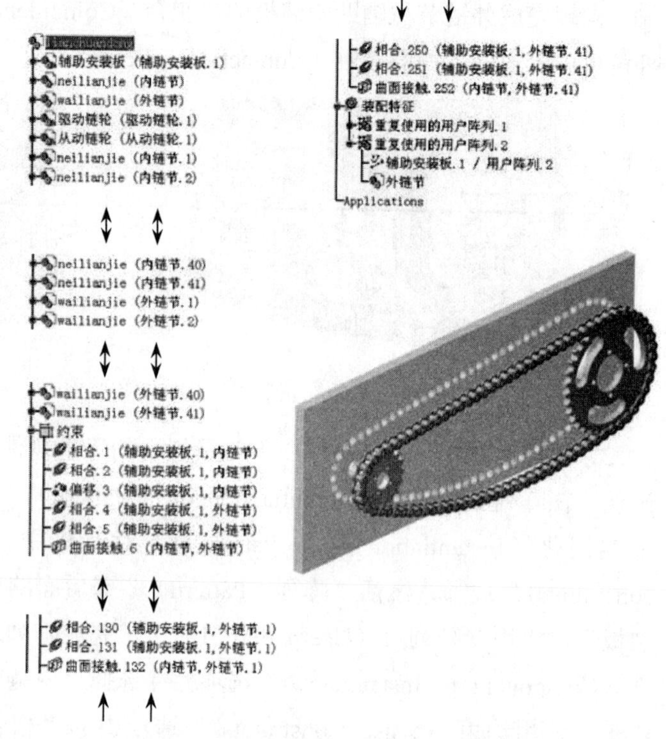

图 7-87 完成“外链节”阵列结构树及模型

3）约束驱动链轮的中心轴线与辅助安装板的相应轴线的“相合（Coincidence）”，约束驱动链轮的 yz 平面与内链节中滚子的 zx 平面的“偏移（Offset）”距离为 0mm，约束驱动链轮齿槽轴线与内链节中滚子轴线的“相合（Coincidence）”，装配元素的选择如图 7-88 所示。

同理，完成从动链轮的装配，其装配元素的选择如图 7-89 所示。

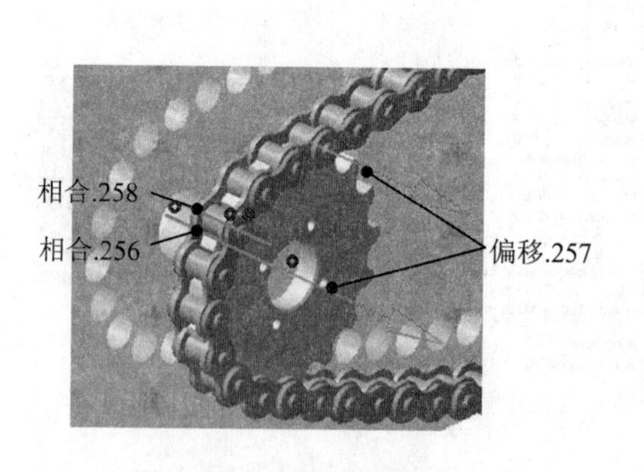

图 7-88 驱动链轮的装配元素

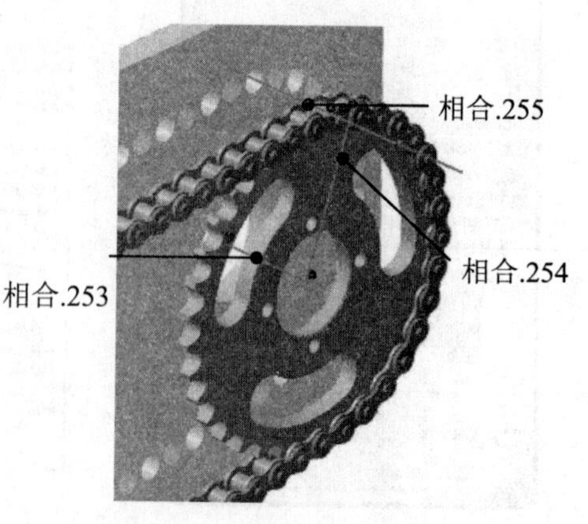

图 7-89 从动链轮的装配元素

链传动全组装配约束及静态装配完成模型如图 7-90 所示。

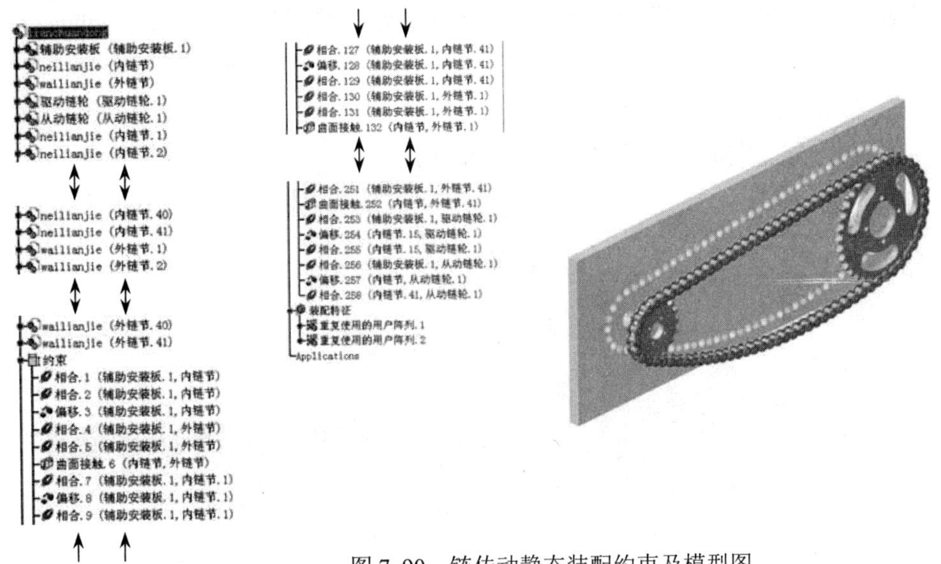

图 7-90　链传动静态装配约束及模型图

7．7．3　运动副创建

1）分别创建“驱动链轮”及“从动链轮”与辅助安装板的“旋转（Revolute）”运动副，具体创建方法参见“2. 1 旋转”。“驱动链轮”与辅助安装板的“旋转（Revolute）”运动副创建要素的选择如图 7-91 所示，“从动链轮”与辅助安装板的“旋转(Revolute)”的创建与其相同，创建完成后的结构树如图 7-92 所示。

※【**提示**】：创建“旋转. 1（Revolute.1）”时，选择偏移，偏移值为默认值。

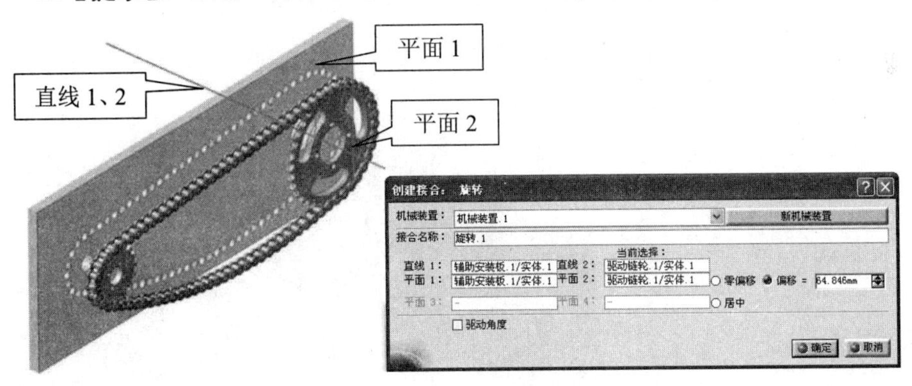

图 7-91　选择“旋转”运动副创建要素

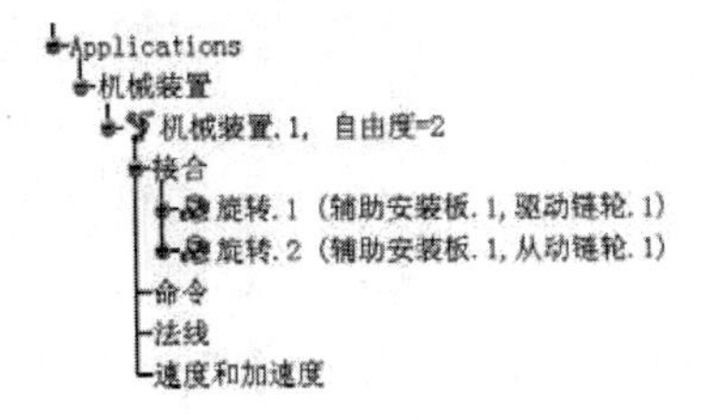

图 7-92　结构树更新显示

2)创建“旋转.1(Revolute.1)(辅助安装板.1，驱动链轮.1)”与“旋转.2(Revolute.2)(辅助安装板.1，从动链轮.1)”的“齿轮接合(Gear Joint)”，具体操作步骤参见“4.3 齿轮”。其“定义齿轮比率(Gear ratio definition)”对话框中“半径 1”和“半径 2”的定义如图 7-93 所示，创建完成后的结构树如图 7-94 所示。

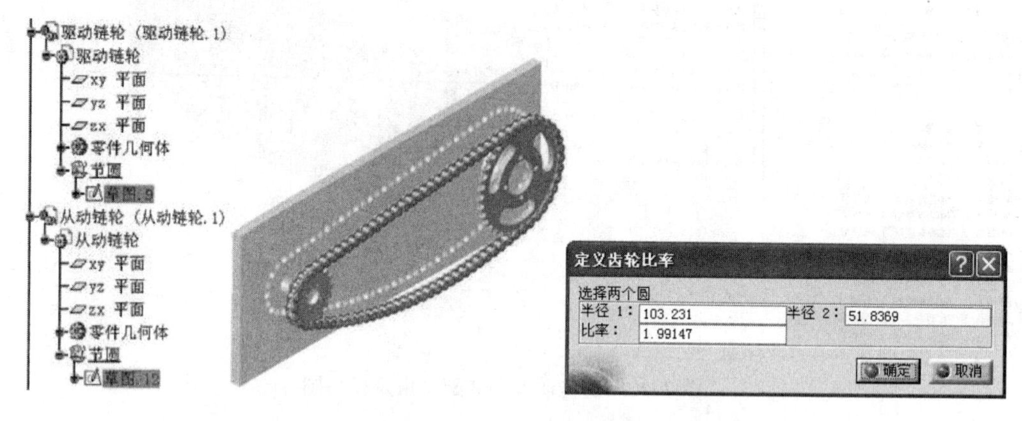

图 7-93　选择“齿轮接合”创建要素

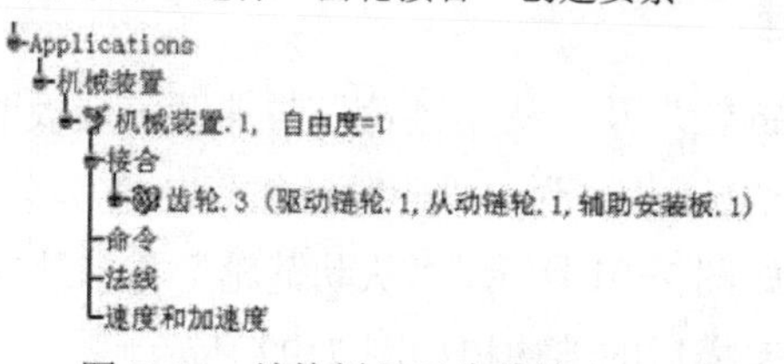

图 7-94　结构树显示齿轮接合

3)创建“内链节”与辅助安装板的“滑动曲线(Sliding Curve)”，具体创建方法参见“3.2 滑动曲线”。其创建要素的选择如图 7-95 所示。

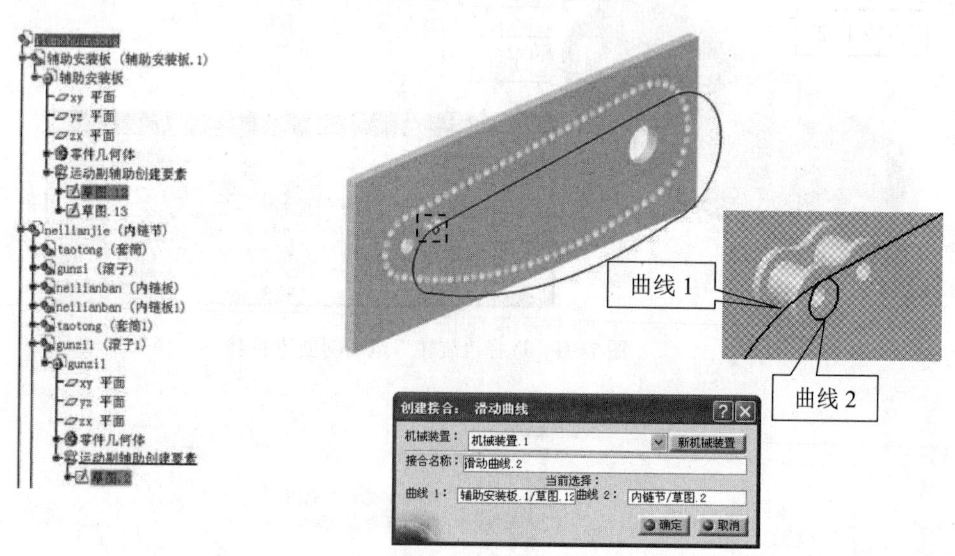

图 7-95 选择“滑动曲线”创建要素

4)创建“内链节”与辅助安装板的“点曲线(Point Curve)”，具体创建方法参见“3.1

点曲线”。其创建要素的选择如图 7-96 所示。

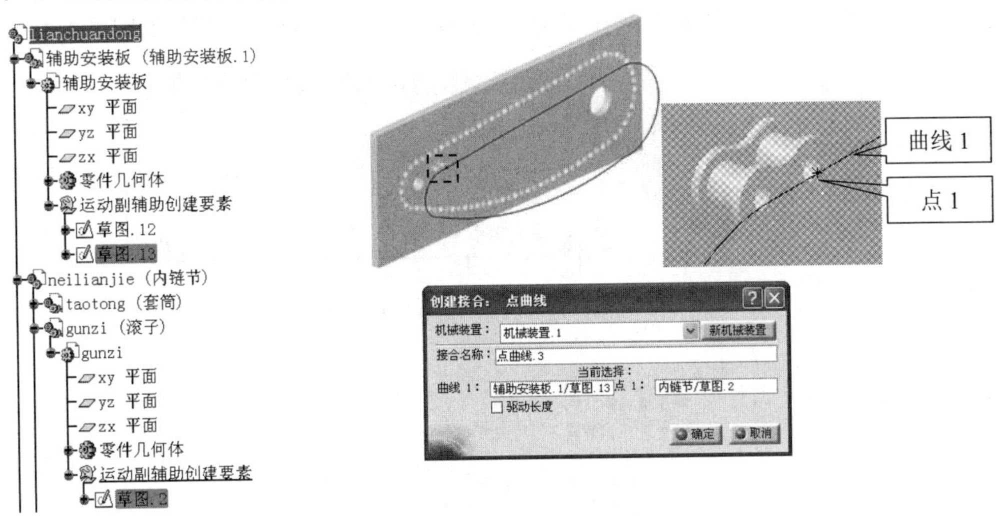

图 7-96 选择“点曲线”创建要素

5）创建“内链节”与“外链节”的“旋转（Revolute）”运动副，具体创建方法参见“2.1 旋转”。其创建要素的选择如图 7-97 所示。

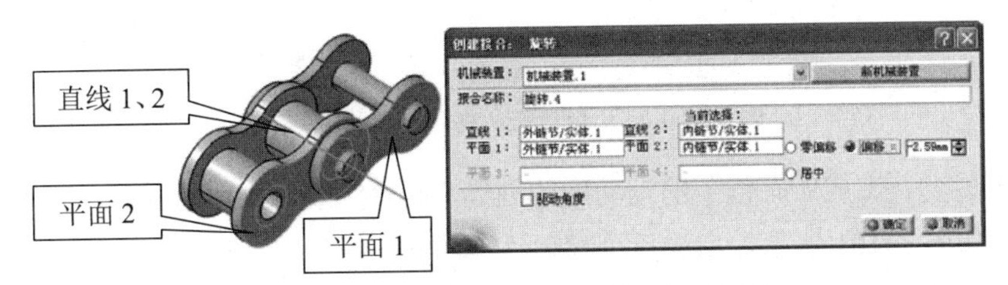

图 7-97 选择“旋转”创建要素

6）创建“外链节”与辅助安装板的“点曲线（Point Curve）”，具体创建方法参见“3.1 点曲线”。其创建要素的选择如图 7-98 所示。

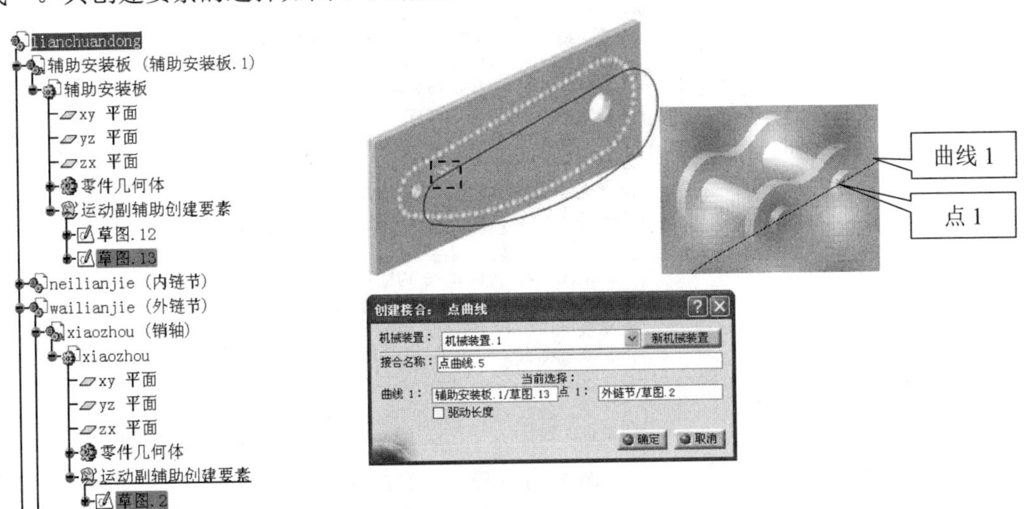

图 7-98 选择“点曲线”创建要素

7）创建“外链节”与“内链节 1”的“旋转（Revolute）”运动副，具体创建方法参见“2. 1 旋转”。其创建要素的选择如图 7-99 所示，完成后结构树更新如图 7-100 所示。

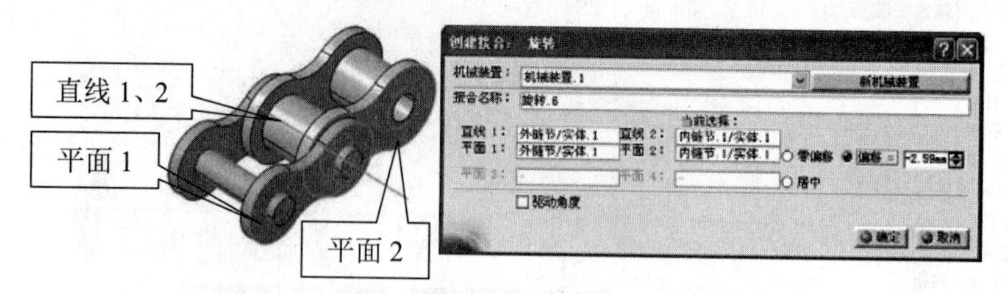

图 7-99 选择“旋转”创建要素

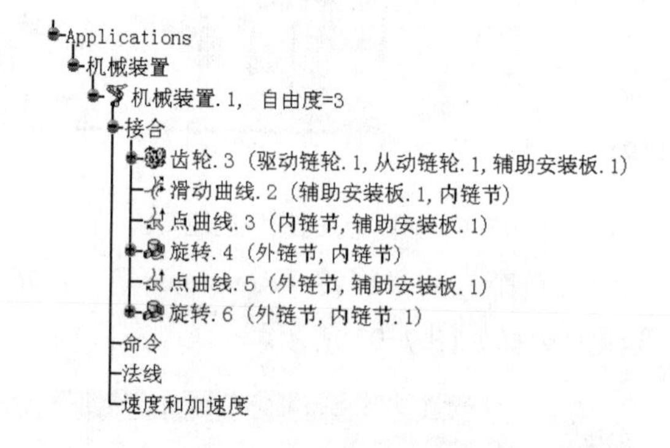

图 7-100 结构树显示旋转接合

重复步骤 4）~7)，完成所有链节的运动副的创建，创建完成所有运动副后，链传动模型及结构树更新如图 7-101 所示，完成后可隐藏“辅助安装板”。

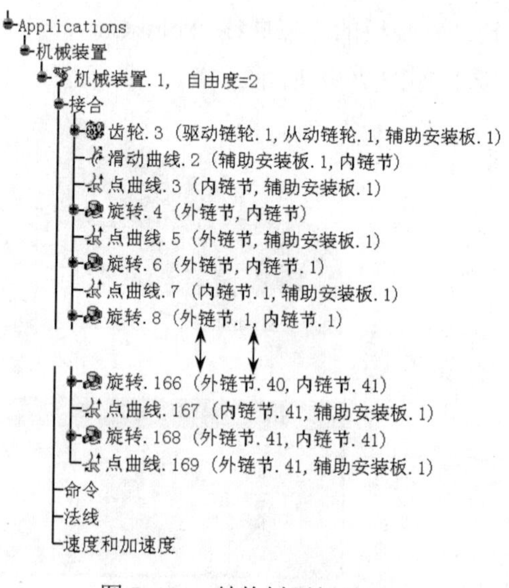

图 7-101 结构树更新显示

7. 7. 4　机构驱动

选择辅助安装板为固定件。该机构有两个驱动，分别是“齿轮. 3（Gear Joint. 3）（底板，梁架总成）”中驱动链轮的旋转和“点曲线. 5（Point Curve. 5）（梁架总成，上销轴总成）”。分别对两个命令进行驱动，驱动完成后，结构树上机械装置的“自由度（DOF）”变为“0”，并在结构树下显示驱动命令的名称与性质，结构树的变化如图 7-102 所示。

【重点】：在进行下一步操作前，用“使用命令模拟（Simulation with Commands）”打开“运动模拟”对话框，记录滚动条后窗口内显示的当前位置数值（定义其为常数 A），用于下面“点曲线”运动函数编制时修正位置使用。

分别对“命令. 1（Command. 1）（齿轮. 3，角度 1）”和“命令. 2（Command. 2）（点曲线. 3，长度）”添加命令函数“公式. 1：`机械装置. 1\命令\命令. 1\角度` =`机械装置. 1\KINTime` /1s*10deg”和“公式. 2：`机械装置. 1\命令\命令. 2\长度`=`机械装置. 1\KINTime` /1s*18. 01mm+A（根据上段“**【重点】**”中的记录填写实际数值）mm”，具体操作方法参见“6. 2. 1 运动函数的编制”。单击“使用法则曲线模拟（Simulation with Laws）”图标，显示“运动模拟-机械装置. 1（Kinematic Simulation　Mechanism. 1）”对话框，其设置如图 7-103 所示，即可模拟机构运动。

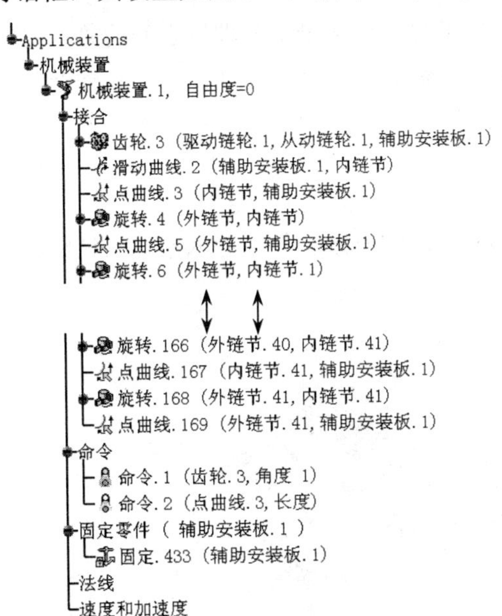

图 7-102　结构树的变化

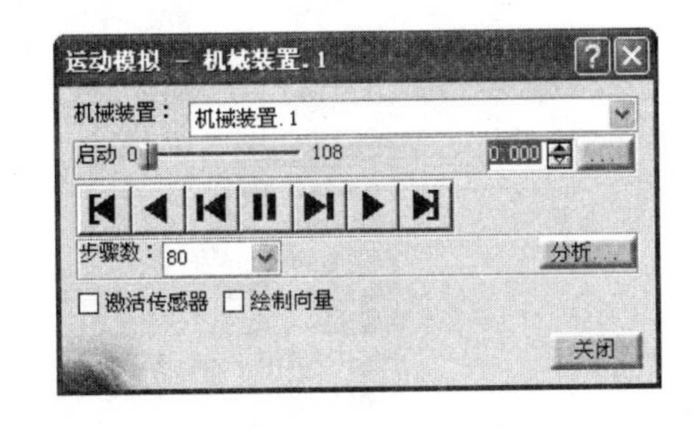

图 7-103　“运动模拟”对话框设置

7. 8　滚珠丝杠

7. 8. 1　仿真运动的描述

图 7-104 所示为滚珠丝杠模型。

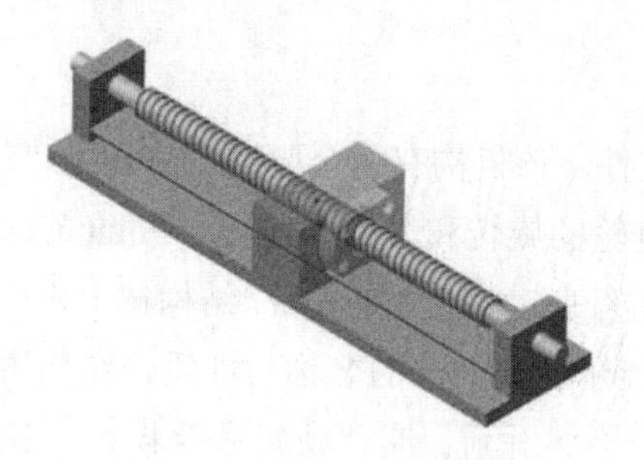

图 7-104　滚珠丝杠

滚珠丝杠可以将回转运动转化为直线运动，或将直线运动转化为回转运动。本例中丝杠的旋转驱动滚珠运动，滚珠在螺母轨道中滚动，并带动螺母直线运动。该机构运动模拟无法通过某一种形式关联该机构的所有运动副，达到只有丝杠转动的一个自由度的理想状态。因此，通过单独控制的方式，分别操纵丝杠与螺母座的运动和螺母与滚珠的运动，通过时间与速度的拟合实现滚珠丝杠的运动仿真。为了仿真需要，加入辅助零件，用以释放滚珠相对于螺母各运动方向的移动自由度。

由滚珠丝杠的运动分析可知，滚珠丝杠的运动仿真机构应具有滑轨与螺母座之间的"棱形（Prismatic）"运动副，滑轨与丝杠之间的"旋转（Revolute）"运动副，螺母座与螺母之间的"刚性（Rigid Joint）" 运动副，螺母与丝杠和滚珠与螺母之间的"点曲线（Point Curve）"运动副，以及螺母与辅助零件 1、辅助零件 1 与辅助零件 2 和辅助零件 2 与滚珠之间的"棱形（Prismatic）"运动副。

7．8．2　样机装配

打开资源包中的"Exercise\7\7. 8\gunzhusigang. CATProduct"，导入滚珠丝杠组件，如图 7-105 所示。

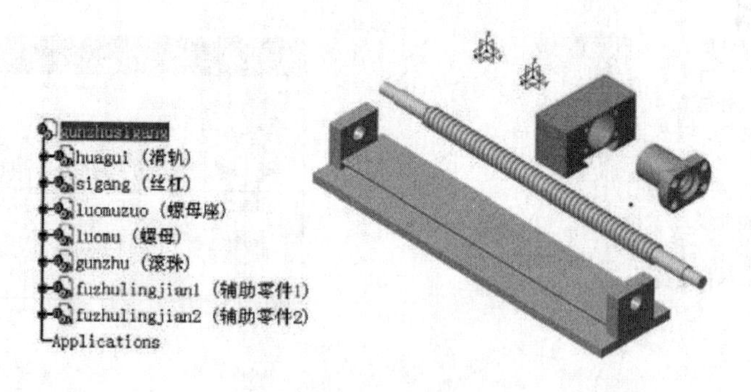

图 7-105　滚珠丝杠组件

切换至"开始（Start）"→"机械设计（Mechanical Design）"→"装配设计（Assembly Design）"工作台，在该工作台内完成滚珠丝杠的静态装配。其中，"角度. 3（Angle. 3）（滑轨，丝杠）"定义滑轨的 yz 平面与丝杠的 yz 平面之间的角度为 0deg，"偏移. 6（Offset. 6）(丝杠，螺母座)"定义丝杠 zx 平面与螺母座 zx 平面之间的偏移距离为-13mm，方向相同，“角度. 9（Angle. 9）（螺母座，螺母）”定义螺母座的 yz 平面与螺母的 yz 平面之间的角度为 0deg，“相合. 10（Coincidence. 10）（螺母，滚珠）”定义螺母的运动副辅助创建要素中“点. 1（Point. 1）”与滚珠球心相合。

滚珠丝杠全组装配约束及静态装配完成模型如图 7-106 所示。

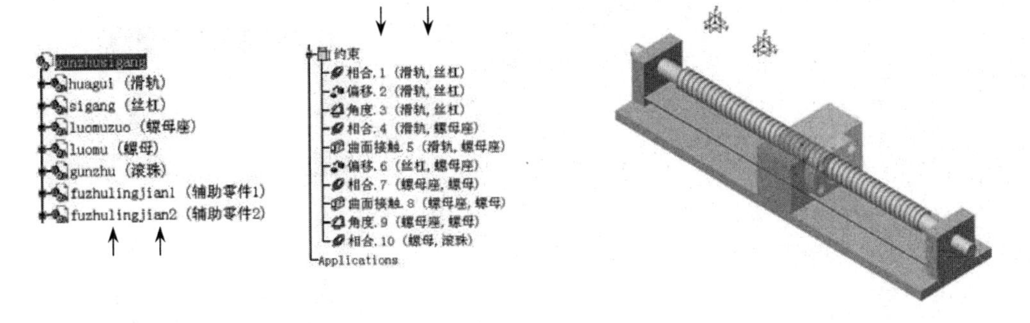

图 7-106 滚珠丝杠静态装配约束及模型图

7. 8. 3 运动副创建

1）采用“装配约束转换”方法，逐一创建运动副，具体转换约束的选择及完成后的结构树参见图 7-107。

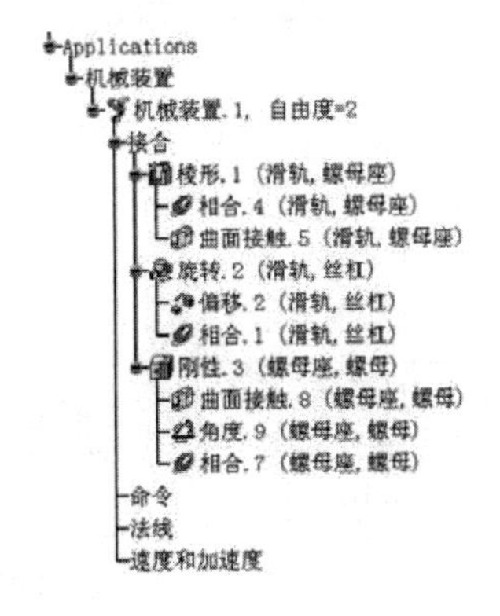

图 7-107 结构树更新显示图

2）分别创建螺母与丝杠和滚珠与螺母的“点曲线（Point Curve）”运动副，具体操作步骤参见“3. 1 点曲线”，创建要素的选择分别如图 7-108、图 7-109 所示，创建完成后的结构树如图 7-110 所示。

3）创建螺母与辅助零件 1 的“棱形（Prismatic）”运动副，释放辅助零件 1 相对于螺母轴系 x 轴方向的移动自由度，具体创建方法参见“2. 2 棱形”，其创建要素的选择如图 7-111a 所示。同理，创建辅助零件 1 与辅助零件 2 的“棱形（Prismatic）”运动副，释放辅助零件 2 相对于辅助零件 1 轴系 y 轴方向的移动自由度，具体创建方法参见“2. 2 棱形”，其创建要素的选择如图 7-111b 所示。创建辅助零件 2 与滚珠的“棱形（Prismatic）”运动副，释放滚珠相对于辅助零件 2 轴系 z 轴方向的移动自由度，具体创建方法参见“2. 2 棱形”，其创建要素的选择如图 7-111c 所示。

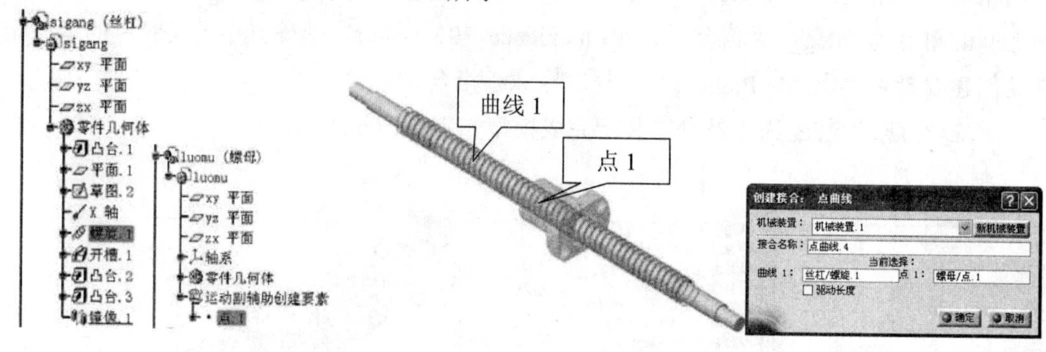

图 7-108　选择“点曲线”接合创建要素

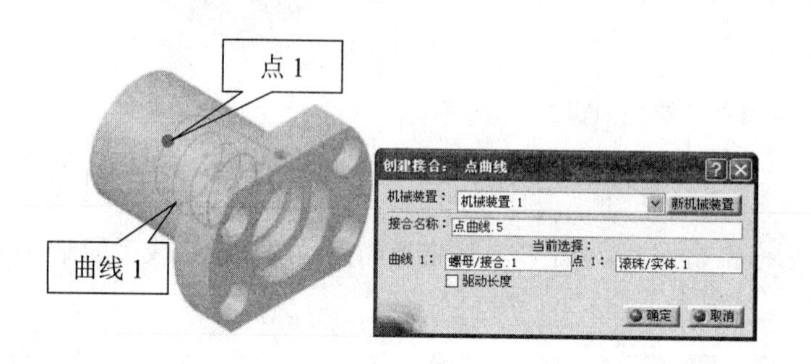

图 7-109　选择“点曲线”接合创建要素

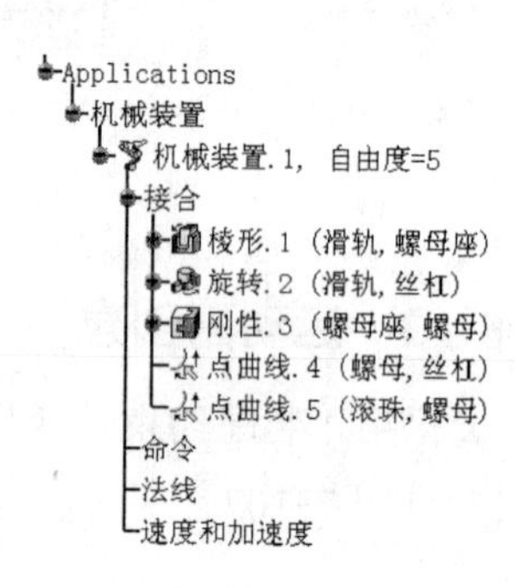

图 7-110　结构树显示点曲线

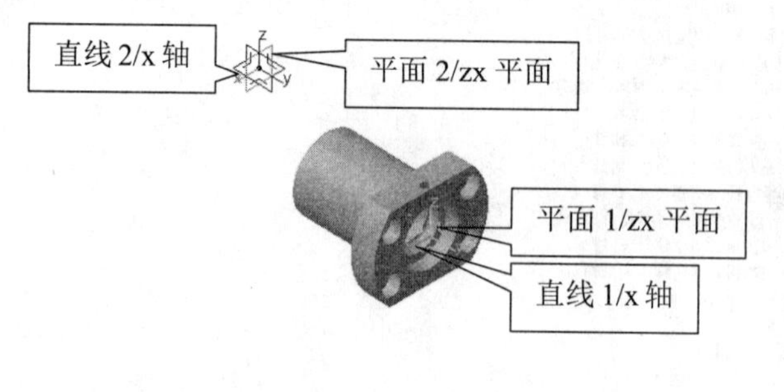

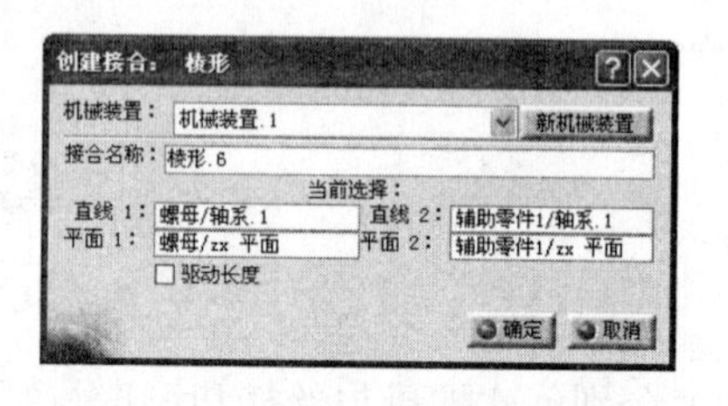

a）

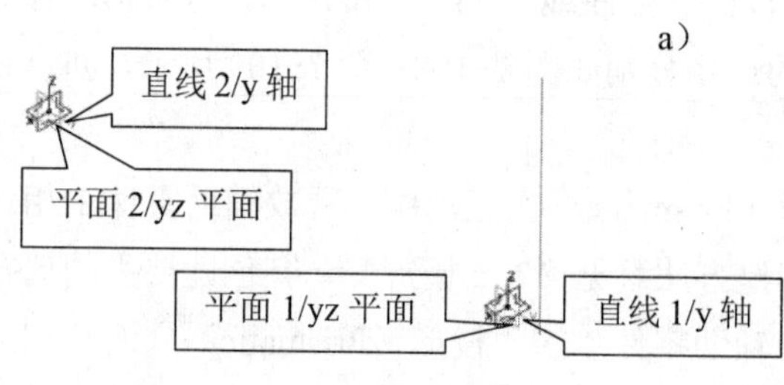

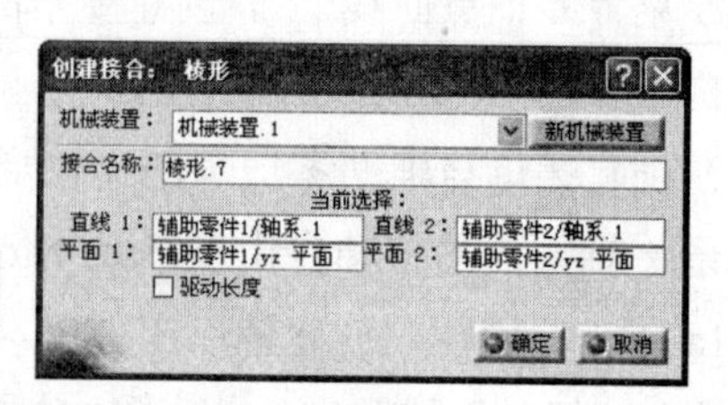

b）

图 7-111　选择“棱形”运动副创建要素

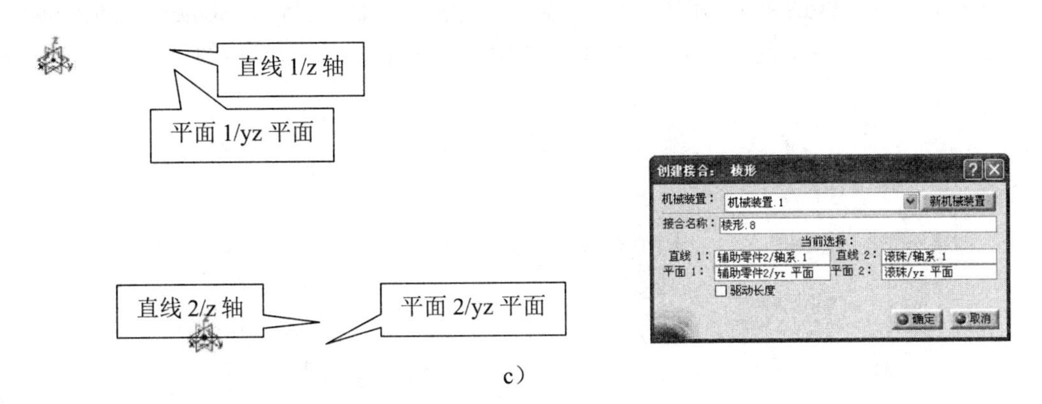

c）

图 7-111　选择“棱形”运动副创建要素（续）

【难点】：利用辅助零件释放了滚珠相对于螺母各方向的移动自由度，使滚珠可以通过“点曲线（Point Curve）”运动副沿空间曲线运动。

完成所有运动副的创建后，滚珠丝杠结构树更新如图 7-112 所示，完成后可隐藏“辅助零件 1”和“辅助零件 2”。

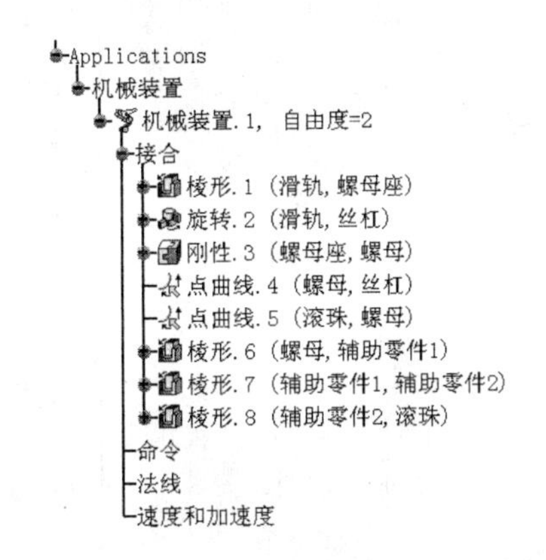

图 7-112　结构树更新显示运动副

7．8．4　机构驱动

选择滑轨为固定件。该机构有两个驱动，分别是“旋转. 2（Revolute. 2）（滑轨，丝杠）”和“点曲线. 5（Point Curve. 5）（滚珠，螺母）”。分别对两个命令进行驱动，驱动完成后，结构树上机械装置的“自由度（DOF）”变为 0，并在结构树下显示驱动命令的名称与性质，结构树的变化如图 7-113 所示。

分别对“命令. 1（Command. 1）（旋转. 2（Revolute. 2），角度（Angle））”和“命令. 2（Command. 2）（点曲线. 5（Point Curve. 5），长度（Length））”添加命令函数“公式. 1：`机械装置. 1\命令\命令. 1\角度 1` =`机械装置. 1\KINTime` /1s*10deg”和“公式. 2：`机械装置. 1\命令\命令. 2\长度`=`机械装置. 1\KINTime` /1s*1. 753278mm”，具体操作方法参见“6. 2. 1 运动函数的编制”结构树更新如图 7-114 所示。单击“使用法则曲线模

拟（Simulation with Laws）”图标，显示“运动模拟-机械装置. 1（Kinematic Simulation Mechanism. 1）”对话框，参见图 7-103，即可模拟机构运动。滚珠丝杠的运动状态如图 7-115 所示。

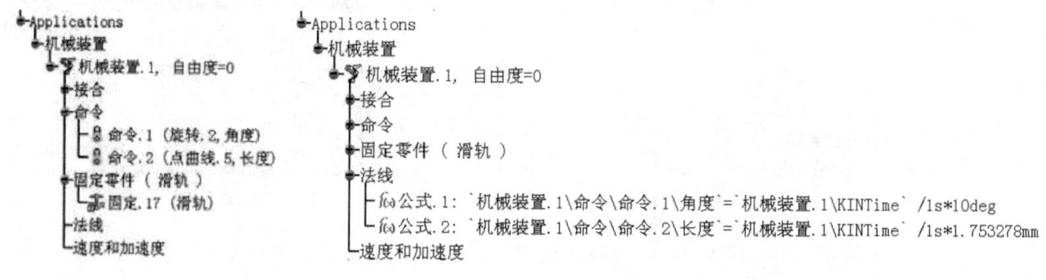

图 7-113　机构驱动　　　　图 7-114　结构树更新显示法线

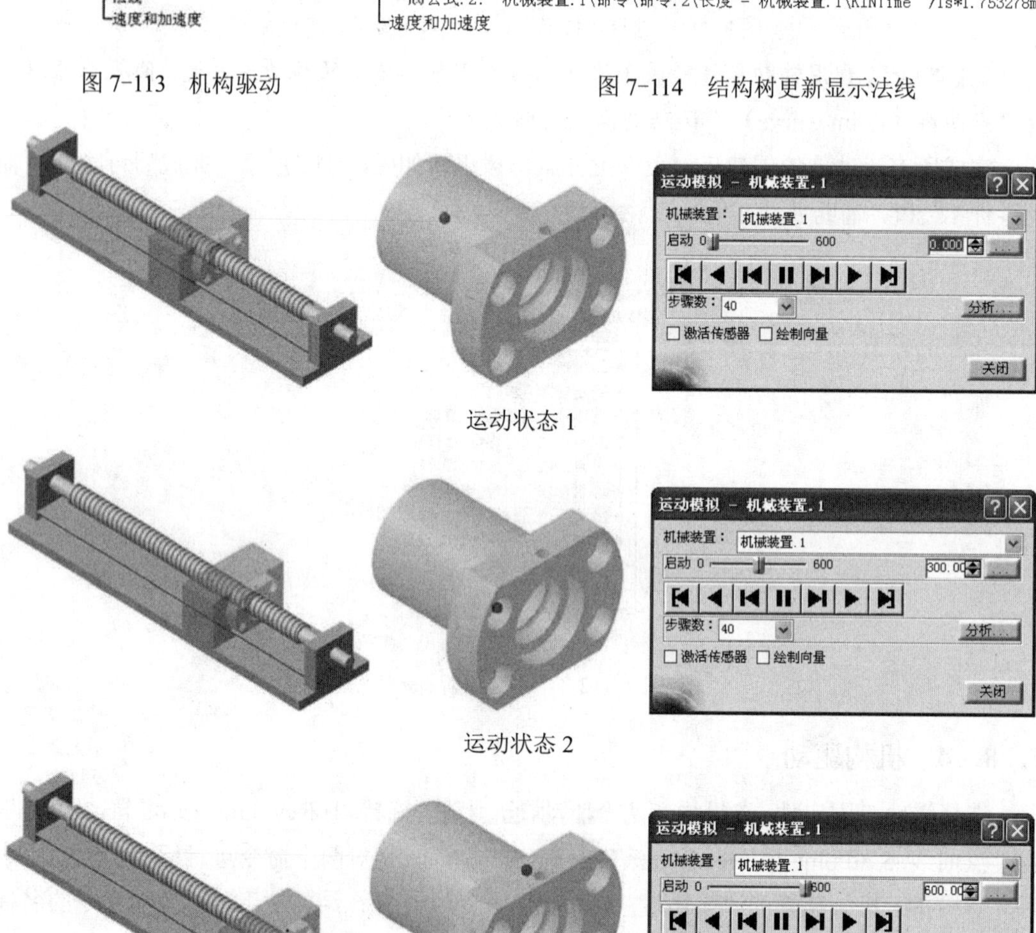

运动状态 3

图 7-115　滚珠丝杠的运动状态

7. 9　无级变速

7. 9. 1　仿真运动的描述

图 7-116 所示为无级变速原理模型。

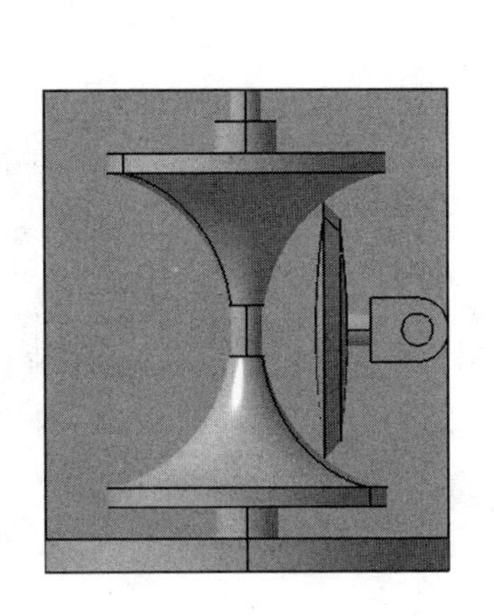

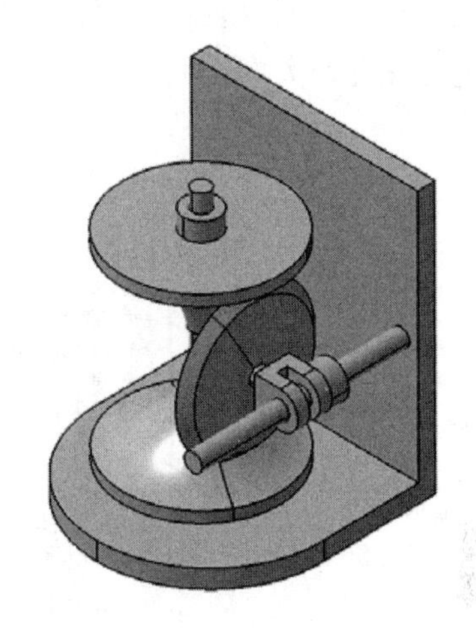

图 7-116　无级变速原理模型

无级变速系统可以连续获得变速范围内任何传动比。本例中滚轮式无级变速系统使用转盘和滚轮的结合传递扭矩并改变传动比。输入转盘旋转带动滚轮的旋转，滚轮带动输出滚轮的旋转，通过连续改变滚轮的倾斜角度，得到平顺而连续的传动比。

由无级变速的运动分析可知，无级变速的运动仿真机构应具有底座与输入转盘、底座与输出转盘、底座与调速装置和调速装置与滚轮之间的“旋转（Revolute）”运动副。

7. 9. 2　样机装配

打开资源包中的“Exercise\7\7. 9\wujibiansu. CATProduct”，导入无级变速组件，如图 7-117 所示。

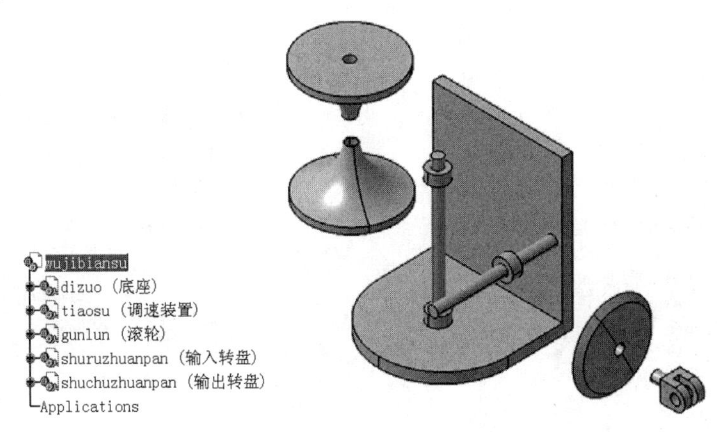

图 7-117　无级变速组件

切换至“开始（Start）”→“机械设计（Mechanical Design）”→“装配设计（Assembly Design）”工作台，在该工作台内完成无级变速的静态装配。

无级变速全组装配约束及静态装配完成模型如图 7-118 所示。其中，“角度.3（Angle.3）（底座，调速装置）”定义底座 xy 平面与调速装置 xy 平面之间的角度为 0deg。“偏移.5（Offset.5）（调速装置，滚轮）”定义调速装置的 zx 平面与滚轮的 zx 平面之间的偏移距离为-30mm，方向相同。

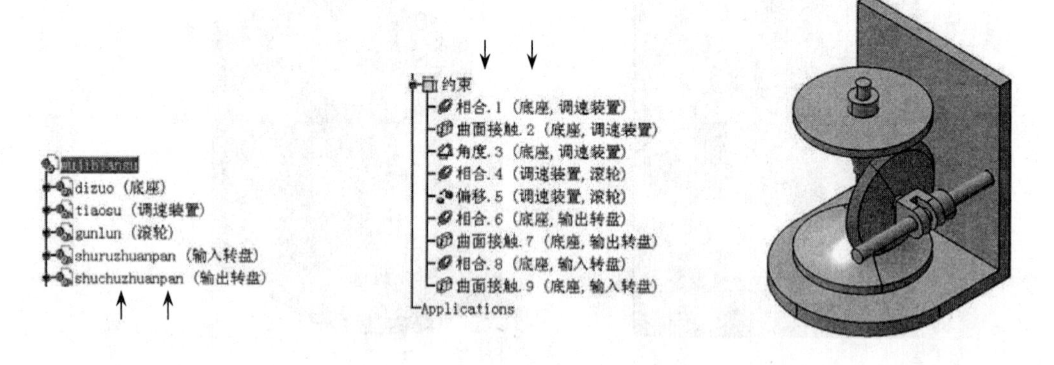

图 7-118　无级变速静态装配约束及模型图

7.9.3　运动副创建

调整静态装配约束，将约束“角度.3（Angle.3）（底座，调速装置）”删除。采用“装配约束转换”方法，将调整后的静态装配约束转换为运动副，转换过程参见“1.4.2 运动副的创建”中的自动创建，转换完成后的结构树如图 7-119 所示。

7.9.4　机构驱动

1）选择底座为固定件。该机构有四个驱动，分别对所有命令进行驱动，驱动完成后，结构树上机械装置的“自由度（DOF）”变为“0”，并在结构树下显示驱动命令的名称与性质，结构树的变化如图 7-120 所示。

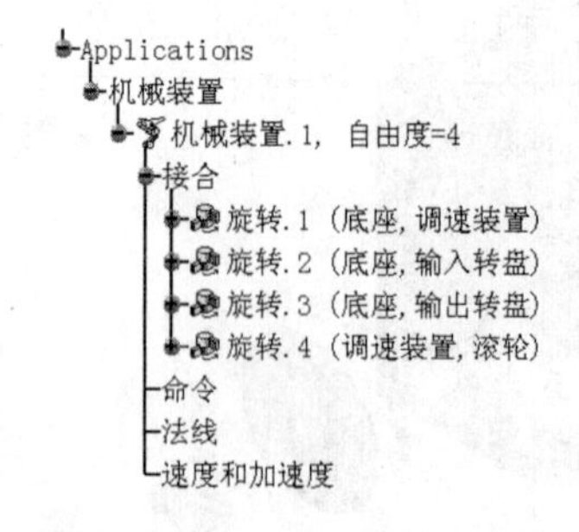

图 7-119　结构树更新显示运动副

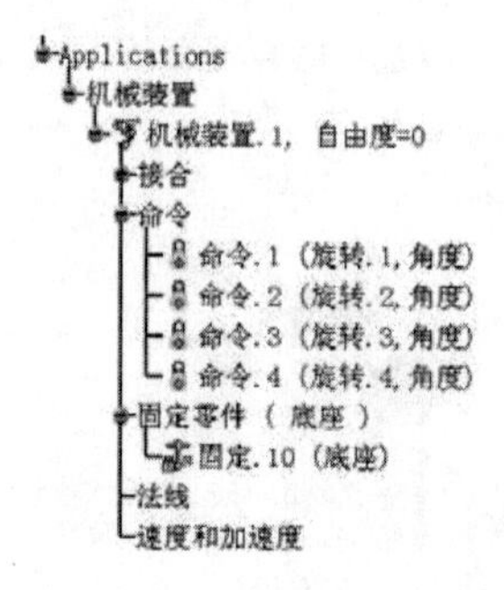

图 7-120　驱动命令更新显示

2）将调速装置中的“草图. 4（Sketch. 4）”和“草图. 5（Sketch. 5）”显示，如图 7-121 所示，或自行在“调速装置”零件上分别建立输入、输出转盘与滚轮的接触点，如图 7-122 所示。

创建“测量（MeasureBetween）”。在“DMU 测量（DMU Measure）”工具栏中单击测量间距图标，显示“测量间距（Measure Between）”对话框，测量要素分别选择调速装置中“草图. 4（Sketch. 4）”与底座轴线，如图 7-123 所示。选中“测量间距（Measure Between）”对话框中的“保持测量（Keep measure）”选项，对话框更新显示如图 7-123 所示，完成设置后单击“确定（OK）”按钮。同理，完成“草图. 5（Sketch. 5）”与底座轴线的测量，完成后结构树更新显示如图 7-124 所示。

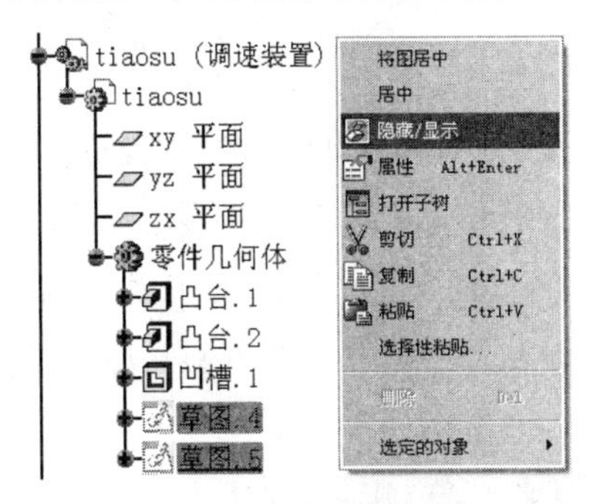

图 7-121　草图显示

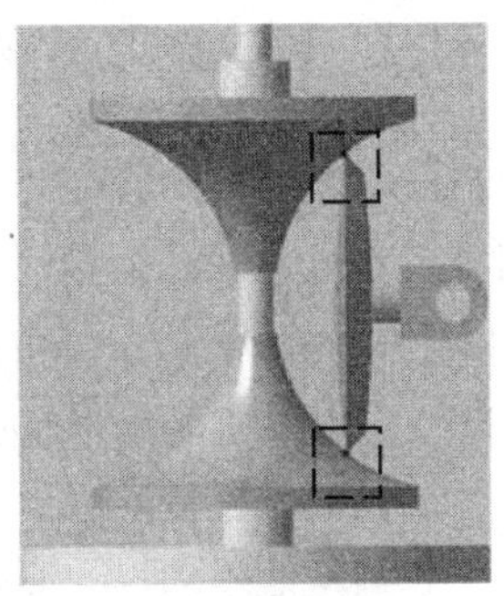

图 7-122　点显示

图 7-123　测量间距元素选择及对话框

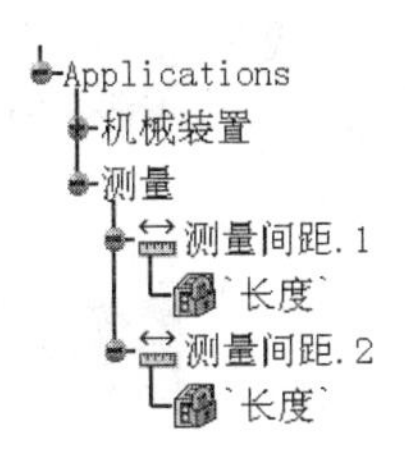

图 7-124　结构树更新显示测量

3）分别对“命令. 2（Command. 2）（旋转. 2（Revolute. 2），角度（Angle））”“命令. 3（Command. 3）（旋转. 3（Revolute. 3），角度（Angle））”和“命令. 4（Command. 4）（旋转. 4（Revolute. 4），角度（Angle））”添加运动函数。

①对“命令. 2（Command. 2）（旋转. 2（Revolute. 2），角度（Angle））”编制运动函数“公式. 1：`机械装置. 1\命令\命令. 2\角度` =`机械装置. 1\KINTime` *10deg/1s”，具体操作方法参见“6. 2. 1 运动函数的编制”。

②对“命令. 3（Command. 3）（旋转. 3（Revolute. 3），角度（Angle））” 编制运动函

数。展开“公式编辑器（Formula Editor）：机械装置.1\命令\命令.3\角度”对话框，如图 7-125 所示，具体操作方法参见“6.2.1 运动函数的编制”。

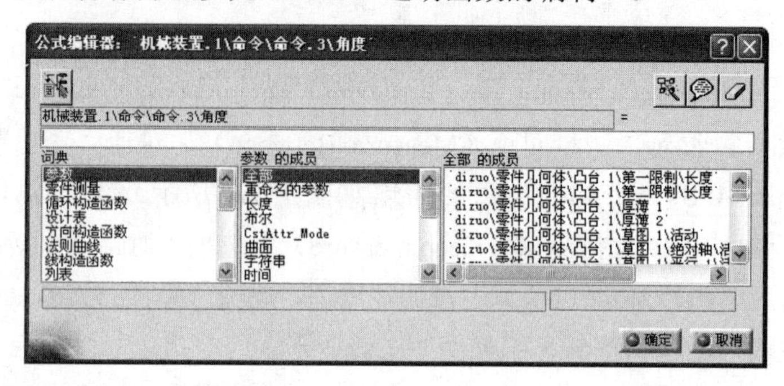

图 7-125 公式编辑器对话框

在结构树中单击“命令.4（Command.4）（旋转.4（Revolute.4），角度（Angle））”，“公式编辑器（Formula Editor）：机械装置.1\命令\命令.3\角度”更新显示如图 7-126 所示。双击已更新对话框“全部的成员（Members of All）”列表中的“命令.4（Command.4）（旋转.4（Revolute.4），角度（Angle））”，将其装载入对话框中的运动函数编辑栏，如图 7-127 所示。

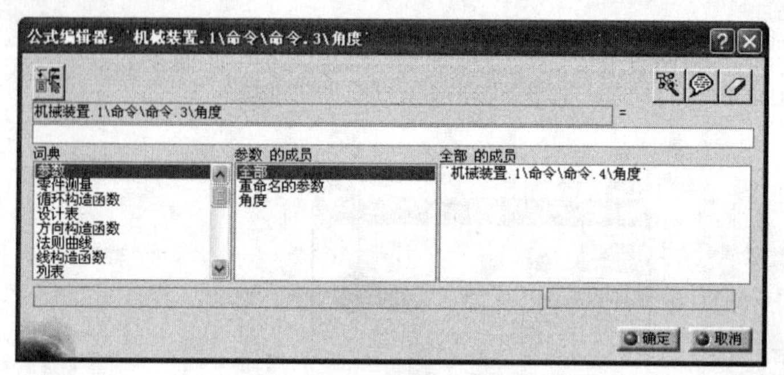

图 7-126 公式编辑器对话框更新显示

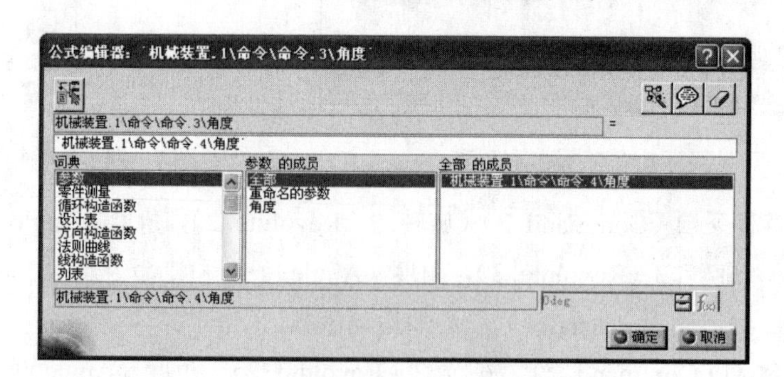

图 7-127 装载参数

在编辑栏“命令.4（Command.4）（旋转.4（Revolute.4），角度（Angle））”后键入“*40mm/”，如图 7-128 所示。

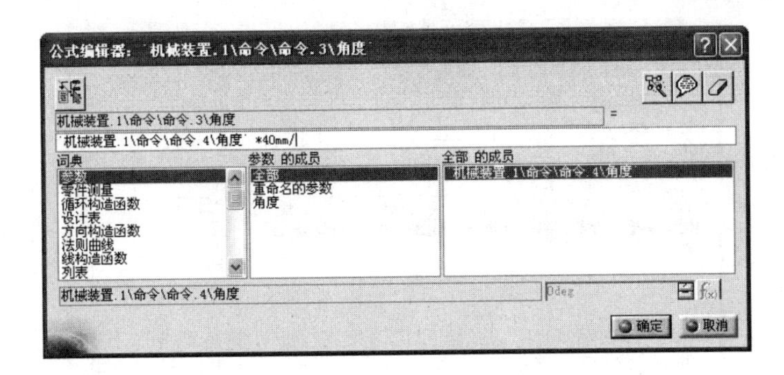

图 7-128　输入数据

在结构树中单击“测量间距. 2（Measure Between）\长度（Length）”，“公式编辑器（Formula Editor）：机械装置. 1\命令\命令. 3\角度”更新显示如图 7-129 所示。双击已更新对话框“全部的成员（Members of All）”列表中的“测量间距. 2（Measure Between）\长度（Length）”，将其装载入对话框中的运动函数编辑栏，如图 7-130 所示。

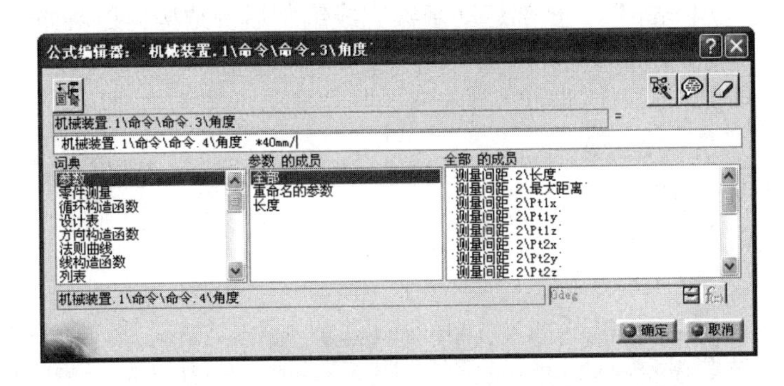

图 7-129　公式编辑器对话框更新显示

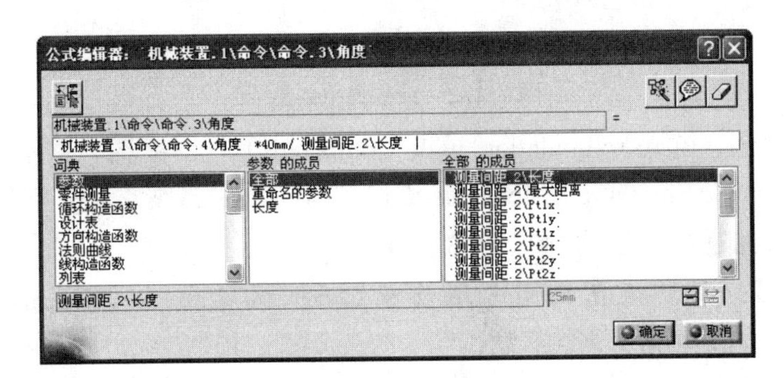

图 7-130　装载参数

单击“确定（OK）”按钮，退出“公式编辑器（Formula Editor）”对话框，回到“公式（Formula）”对话框，如图 7-131 所示。单击“确定（OK）”，关闭“公式（Formula）”对话框，结构树上“法线（Laws）”节点下显示“公式. 2：`机械装置. 1\命令\命令. 3\角度`=`机械装置. 1\命令\命令. 4\角度` *40mm/`测量间距. 2\长度`”。

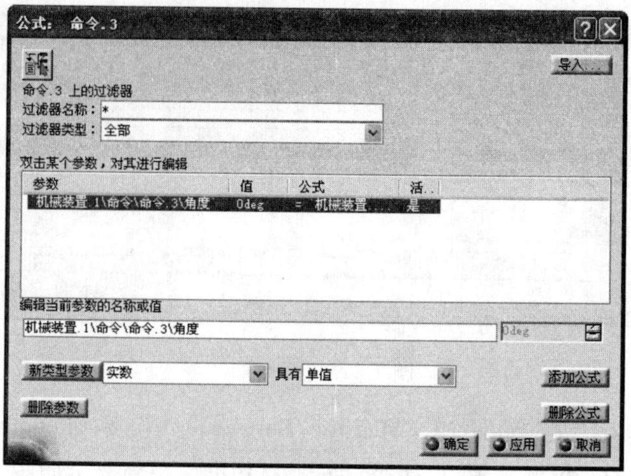

图 7-130 “公式”对话框更新显示

③ 同理，完成“命令. 4（Command. 4）（旋转. 4（Revolute. 4），角度（Angle））”的运动函数“公式. 3：机械装置. 1\命令\命令. 4\角度=`机械装置. 1\命令\命令. 2\角度`* `测量间距. 1\长度` /40mm”。全部运动函数完成编制后，结构树更新如图 7-132 所示。

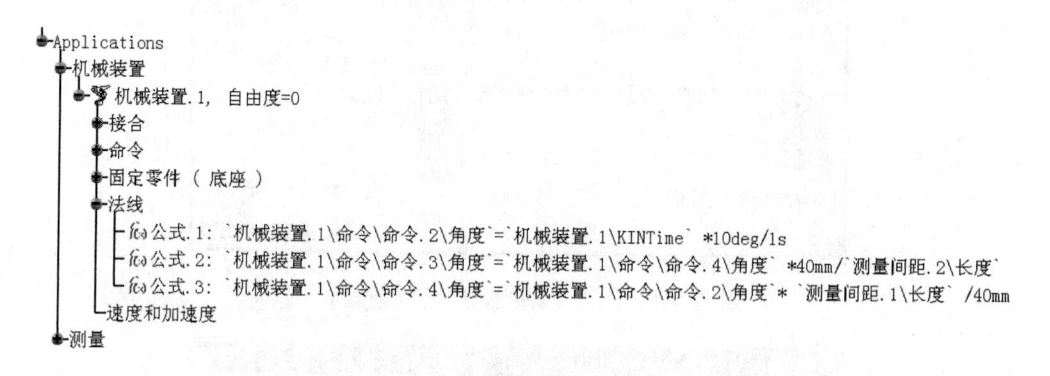

图 7-132 结构树更新显示

单击“使用命令模拟（Simulation with Commands）”图标，显示“运动模拟-机械装置. 1（Kinematic Simulation-Mechanism. 1）”对话框并改变滚轮的角度，随着滚轮角度的变化测量值也随之变化，如图 7-133 所示。

※【**提示**】：测量值在关闭“运动模拟-机械装置.1（Kinematic Simulation-Mechanism.1）”对话框后更新测量值。

利用“使用命令模拟（Simulation with Commands）”改变滚轮角度后，单击“使用法则曲线模拟（Simulation with Laws）” 图标，可模拟不同传动比时无级变速机构的运动情况，其设置参见图 7-103。

【**难点**】：运动仿真的创建可以完全不依赖于模型的几何特征，综合运用各种创建运动副的方法并灵活应用各种模拟方式，尝试用最简单的方法完成复杂运动机构的创建。

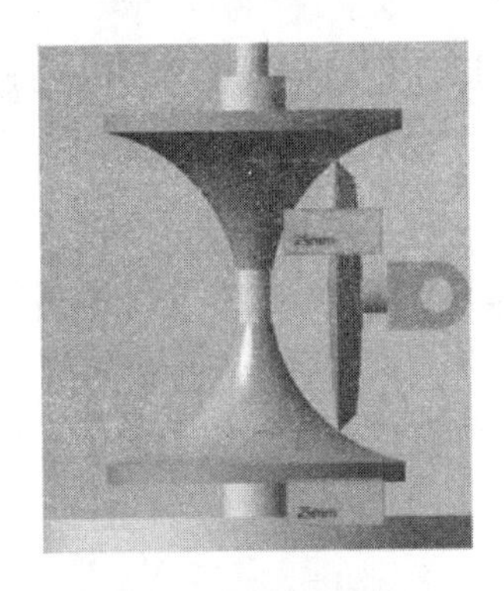

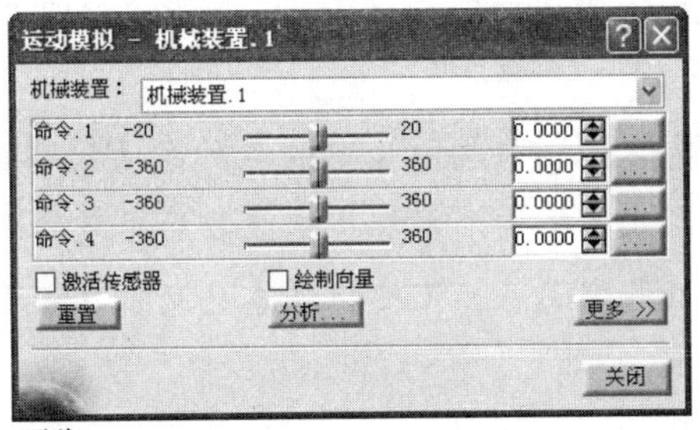

平衡

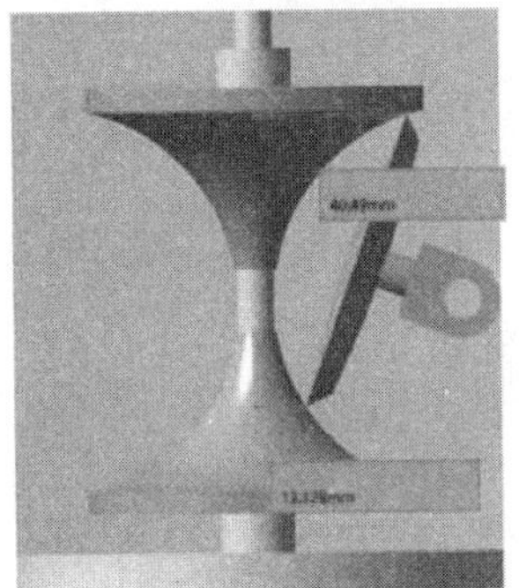

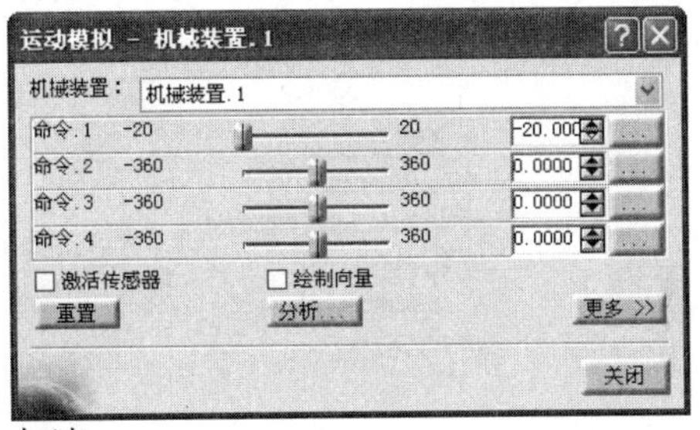

加速

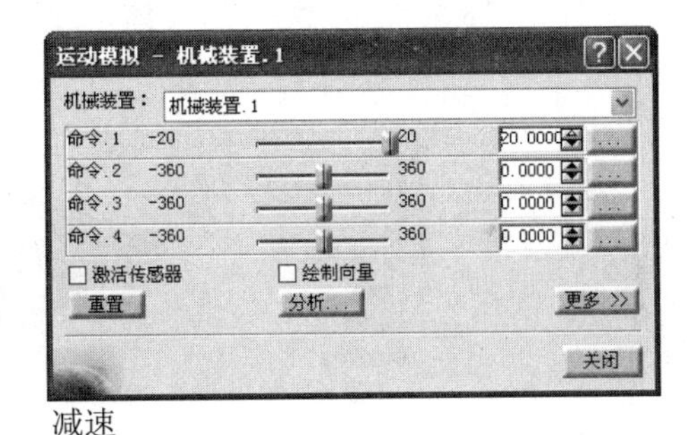

减速

图 7-133　无级变速传动状态

7. 10　组装运动

7. 10. 1　仿真运动的描述

图 7-134 所示为含有组装运动机构的可倾斜底板磁性滚动体模型。

可倾斜底板磁性滚动体模型由安装于支架上的磁性底板及底板上吸附的两个小球体组成，磁性底板可绕支架上的铰接轴改变倾斜角度，而两球体可在底板上以一定的预设轨迹滚动。

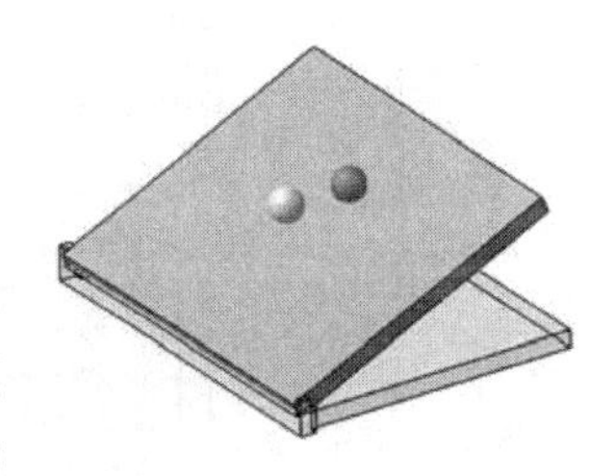

图 7-134　可倾斜底板磁性滚动体模型

由该机构的运动状态分析可知，可倾斜底板磁性滚动体运动机构由两个主要动作状态构成，一是磁性底板与支架间通过“旋转（Revolute）”运动副而形成的摆动，二是小球体在磁性底板上由“点曲线（Point Curve）”与“滚动曲线（Roll Curve）”运动副约束并规定的滚动。

【重点】：该机构所含有的两种运动状态的特点是相对独立，无运动体之间的相互作用与关联，此类机构可以采用先组装后总装的形式装配并分步制作运动机构，既符合一般机械产品的装配工艺，又使组装体具有独立的运动机构及动作功能，便于数字样机的拆解分析与研究。

7. 10. 2 样机装配

打开资源包中的“Exercise\7\7. 10\Magnetic Roller. CATProduct”，导入 Magnetic Roller 组件，如图 7-135 所示。

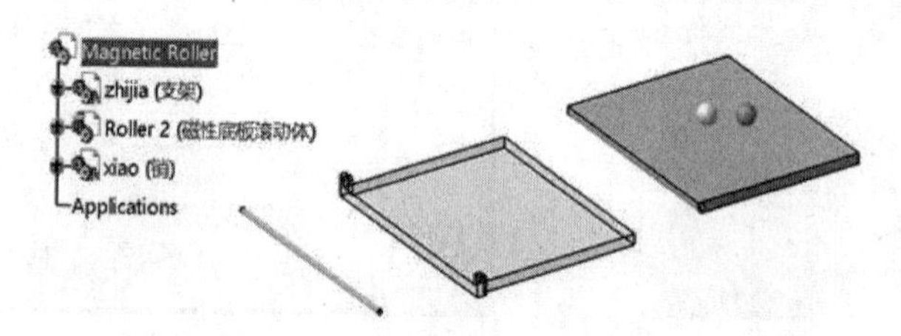

图 7-135 Magnetic Roller（可倾斜底板磁性滚动体）组件

导入的组件中“Roller 2”为一组装体，并已建立运动机构，可进行独立的运动仿真，如图 136 所示。

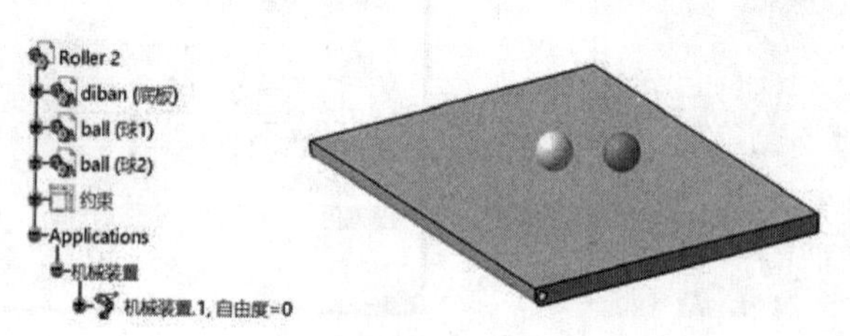

图 7-136 已完成部件装配及运动机构建立的磁性底板与滚动体

通过“开始（Start）”→“机械设计（Mechanical Design）”→“装配设计（Assembly Design）”工作台，完成可倾斜底板磁性滚动体模型的静态装配，如图 7-137 所示。

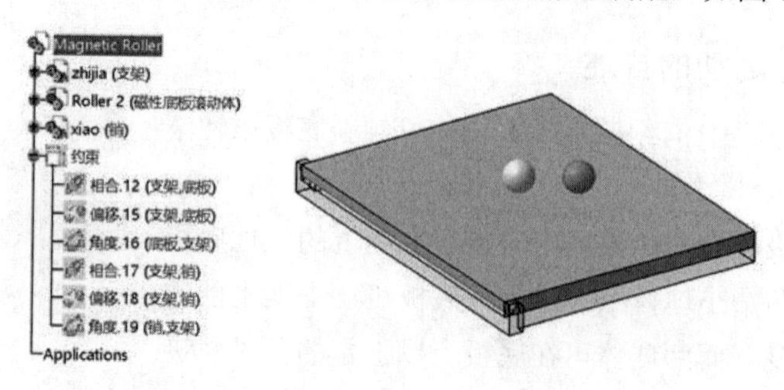

图 7-137 可倾斜底板磁性滚动体模型的静态装配

7．10．3　运动副创建

采用“装配约束转换（Assembly Constraints Conversion）”方法，将图 7-137 中的静态装配约束逐一转换为所需的运动副，转换过程参见“1. 4. 2 运动副的创建”。具体转换约束的选择及转换完成后的结构树如图 7-138 所示。

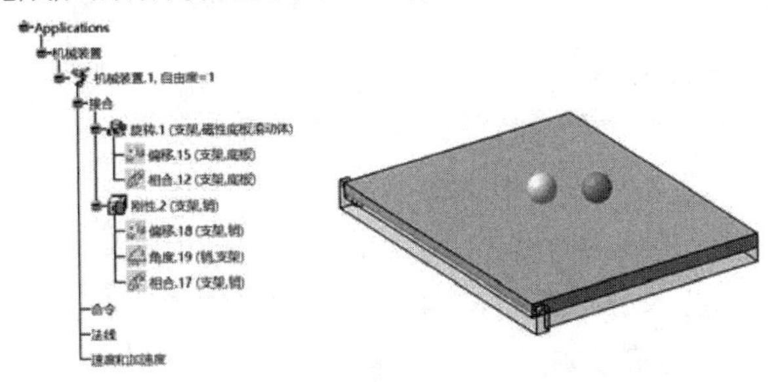

图 7-138　装配约束转换完成结构树显示

7．10．4　机构驱动

选择支架为固定件，并对“旋转. 1（Revolute. 1）（支架，磁性底板滚动体）”进行驱动，上、下限分别设定为 0deg、90deg，如图 7-139 所示，注意驱动命令的方向设置为图示轴线的逆时针转动。

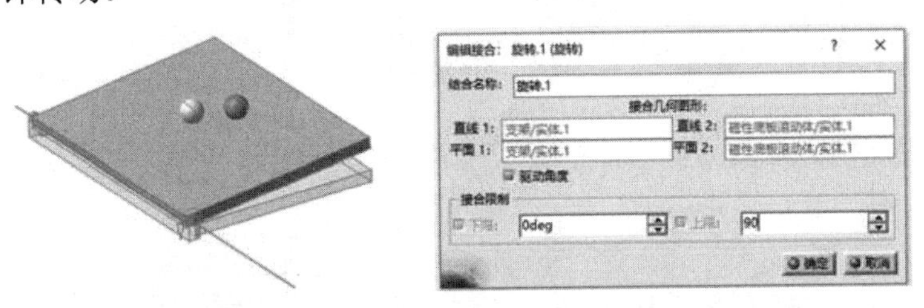

图 7-139　驱动命令及参数设置

驱动完成后，结构树上机械装置的“自由度（DOF）”变为 0，并在结构树下显示驱动命令的名称与性质，结构树的变化如图 7-140 所示。

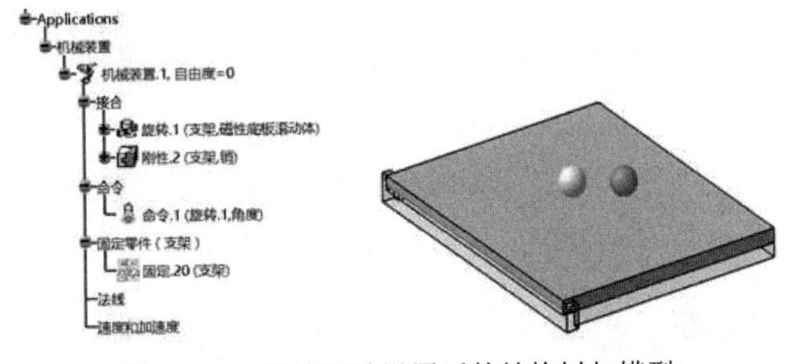

图 7-140　机构驱动设置后的结构树与模型

在“DMU 运动机构（DMU Kinematics）”→“模拟（Simulation）”工具栏中单击“使用命令模拟（Simulation with Commands）”图标，显示“运动模拟-机械装置. 1（Kinematic Simulation-Mechanism. 1）”对话框，结构树上同时出现组装体中已有的运动机构“磁性底板滚动体\机械装置. 1”其后括号内有“导入”标记，如图 7-141 所示。

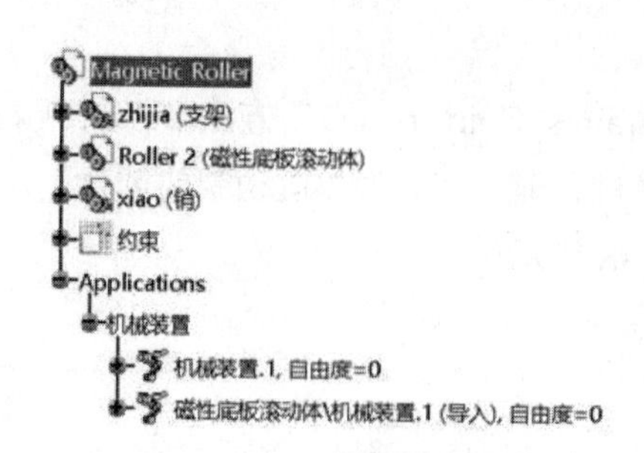

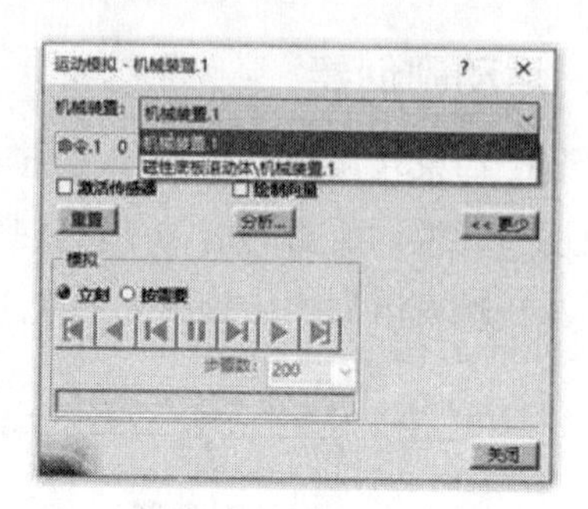

图 7-141　组装运动机构自动导入

在对话框“机械装置（Mechanism)”选项栏的右侧按黑色小三角形，下拉可展开所有可模拟的“机械装置.＊（Mechanism.＊）”，根据需要依次选择进行运动机构仿真。可倾斜底板磁性滚动体运动状态如图 7-142 所示。

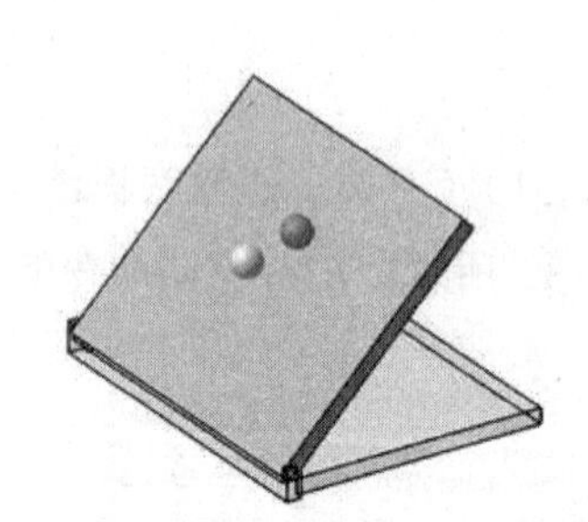
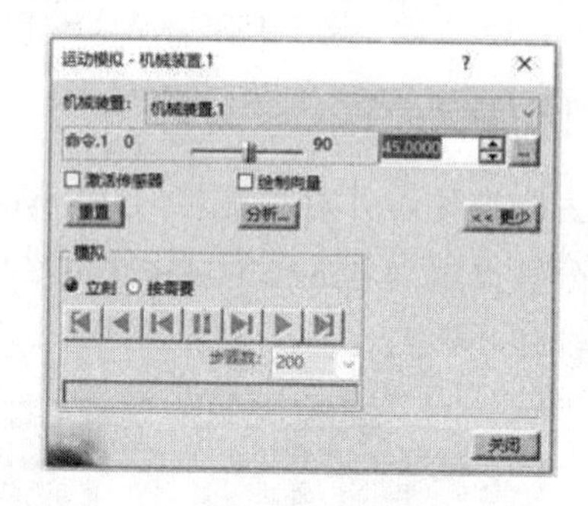

a 总装机构运动状态

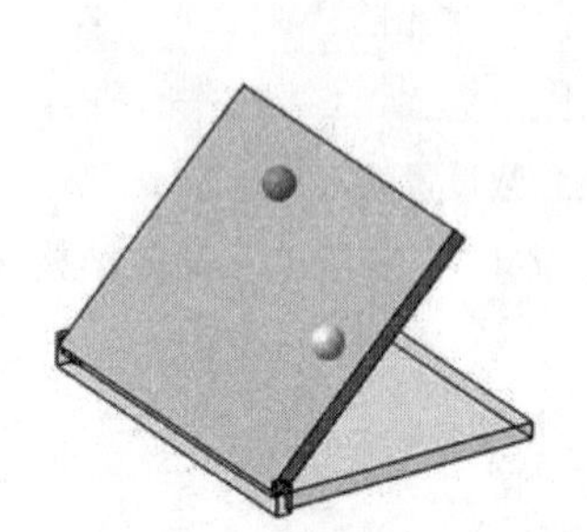
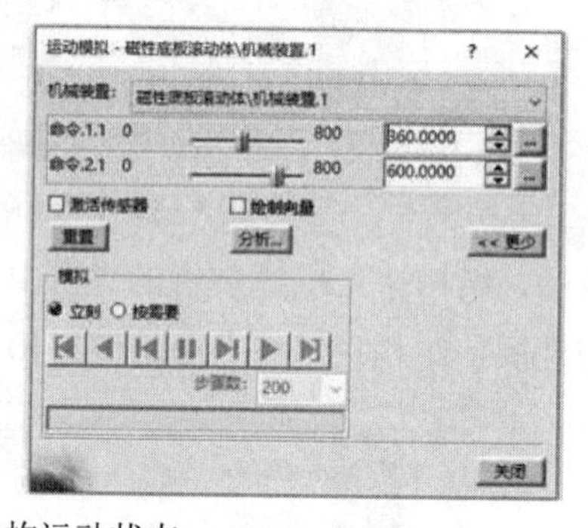

b 组装机构运动状态

图 7-142　可倾斜底板磁性滚动体运动状态

※【提示】：组装中如有固定件，会出现装配约束刷新错误的提示。

7. 10　复习与思考

（1）本章实例中对你启发最大的是哪几个？具体的启发是什么？

（2）参照实例尝试组合运用多种方法构建一个复杂的运动机构。

（3）梳理各种运动副构建及特殊运动状态模拟的方法。

（4）谈谈在数字样机运动机构建立的学习与实践过程中的心得和体会。

第 8 章 基于运动仿真的数字样机分析

➢ 本章提要

- ◆ 机械装置分析
- ◆ 利用“传感器”对运动副运动的分析
- ◆ 利用“速度和加速度”传感器对运动副运动的分析
- ◆ 运动轨迹
- ◆ 扫掠包络体
- ◆ 动态、静态碰撞检测
- ◆ 距离和区域分析

8.1 机械装置分析

打开资源包中的“Exercise\8\8.1-3&1.4\ gundongtulun.CATProduct”，出现滚动凸轮机构，如图 8-1 所示。该例运动机构已建立完成，并编制了运动函数。

运动函数“公式.1（Formula.1）”记录于结构树“法线（Laws）”节点下，该“公式.1（Formula.1）Mechanism.1\Commands\Command.1\Angle=Mechanism.1\KINTime /1s*10deg”规定凸轮每秒钟旋转 10º。

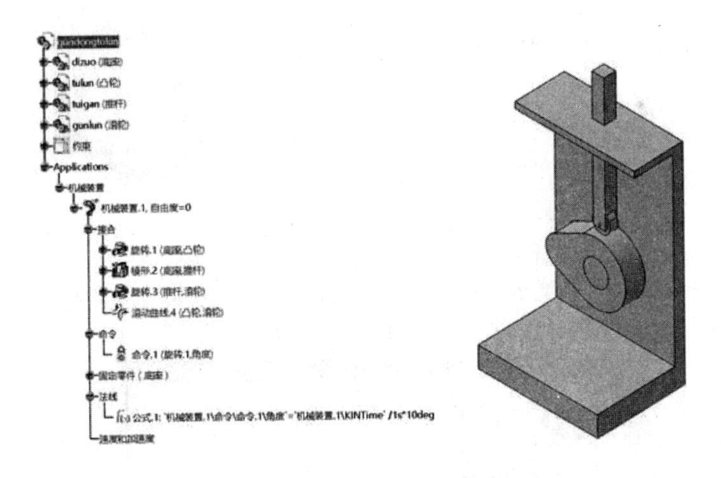

图 8-1 具有运动函数的滚动凸轮机构

在“DMU 运动机构（DMU Kinematics）”工具栏中单击“分析机械装置（Mechanism Analysis）”图标，显示“分析机械装置（Mechanism Analysis）”对话框，如图 8-2 所示。

对话框中显示出滚动凸轮装置的运动机构相关信息，包括“接合数目（Number of Joints）”“命令数目（Number of Commands）”“自由度（Degrees of freedom）”“固定零件（Fixed Part）”等总体情况及运动副的名称、类型及涉及的零部件等详细情况。

当在对话框的接合列表中选中任意运动副时，该运动副所涉及的零部件在结构树及3D模型上均以高亮状态显示，便于对运动机构进行检查和分析。以选中“滚动曲线. 4（Roll Curve. 4）”为例，结构树及3D模型显示情况如图8-3所示。

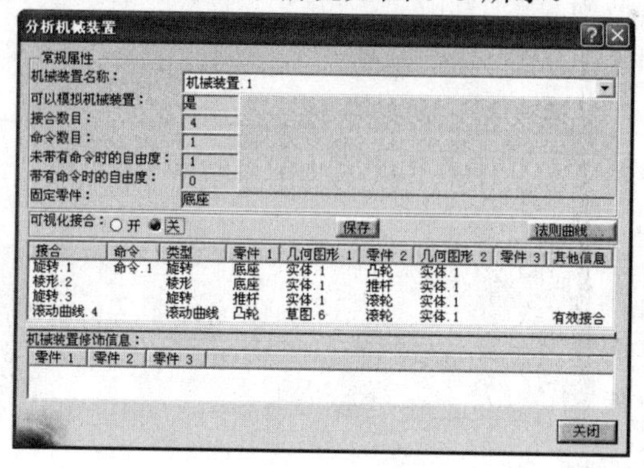

图 8-2　分析机械装置对话框

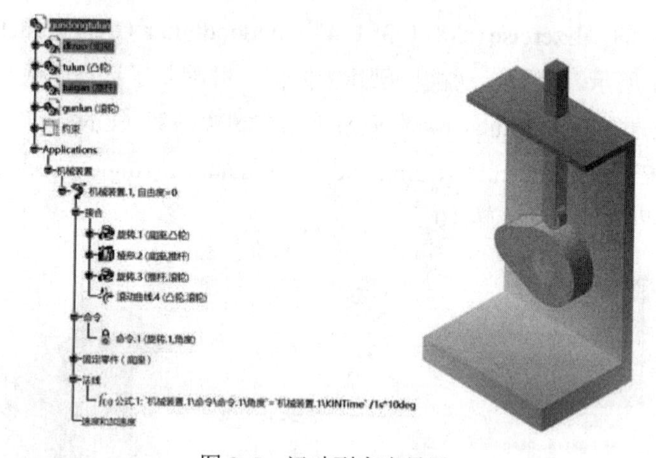

图 8-3　运动副突出显示

单击“保存（Save）”按钮，可以将“分析机械装置（Mechanism Analysis）”对话框内的信息以电子表格的形式记录下来，如图8-4所示。

图 8-4　保存运动机构信息

⚠【注意】：一般的CATIA版本仅接受字母或数字形式的文件名。

对话框中“可视化接合（Show Joints）”设置默认为“关（Off）”的状态，点选“开（On）”后，机构中运动副的运动零部件上会以箭头标示出其运动情况，便于分析与查看复杂运动机构运动副的构成情况，如图 8-5 所示。

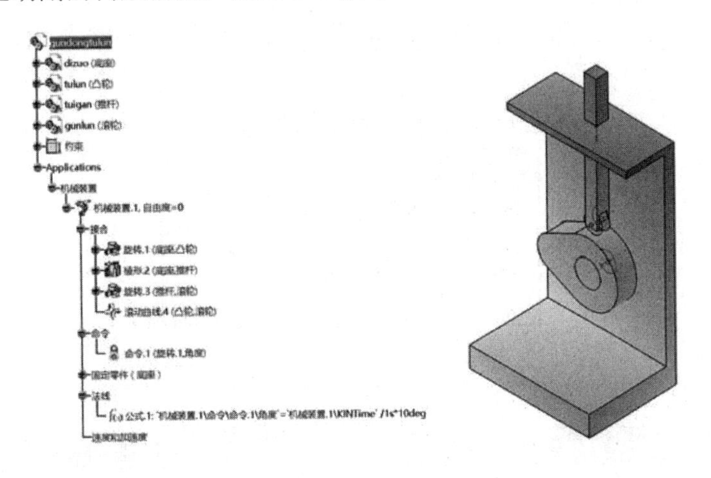

图 8-5　可视化接合

单击“分析机械装置（Mechanism Analysis）”对话框中的“法则曲线（Laws）”按钮，可以显示出由运动函数规定的驱动命令以时间为变量的变化规律，如图 8-6 所示。

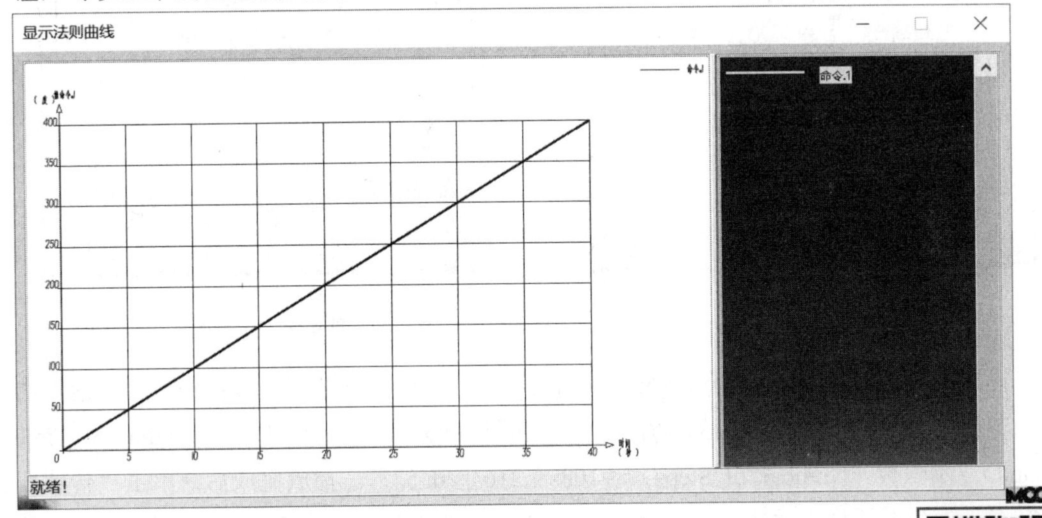

图 8-6　驱动命令函数曲线

MOOC

8．2　运动副运动规律

导入滚动凸轮机构（Exercise\8\8. 1-3&1. 4\ gundongtulun. CATProduct）。单击“DMU 运动机构（DMU Kinematics）”→“模拟（Simulation）”工具栏中“使用法则曲线模拟（Simulation with Laws）”图标，显示“运动模拟-机械装置.1（Kinematic Simulation-Mechanism. 1）”对话框。设置模拟时间为“108s”，“步骤数（Number of

Steps）”为“216”，如图 8-7 所示。

选中“激活传感器（Active Sensors）”复选框，弹出“传感器（Sensors）”对话框，如图 8-8 所示。点选运动副列表中的“旋转. 1(Revolute. 1)”“棱形. 2(Prismatic. 2)”“旋转. 3（Revolute. 3）”，“观察到（Observed）”项状态由“否（No）”变为“是（Yes）”，如图 8-9 所示。

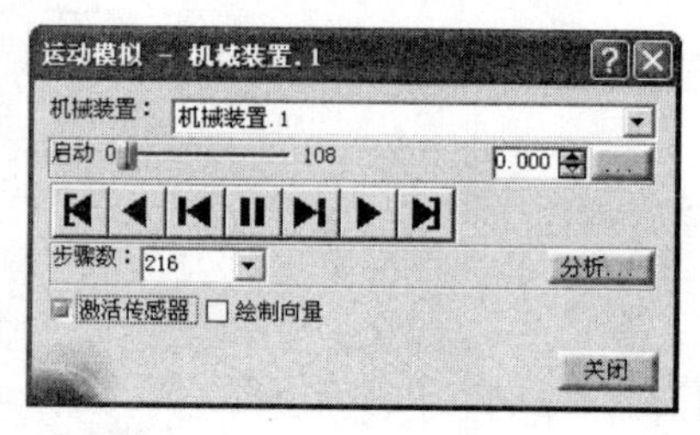

图 8-7　运动模拟对话框

图 8-8　传感器对话框

图 8-9　选择检测项

通过“运动模拟（Kinematic Simulation）”对话框内的播放器播放机构运动，内置的传动器随即检测各运动副的运动信息，检测采样间隔为“模拟时间（Simulation Time Bound）/步骤数（Number of Steps）=108s/ 216 = 0. 5s”。播放完成后，单击“传感器（Sensors）”对话框“输出（Outputs）”功能区的“图形（Graphics）”按钮，弹出“传感器图形展示（Sensors Graphical Representation）”窗口，显示以时间为横坐标的被选中运动副的运动规律曲线，如图 8-10 所示。窗口分两部分，左侧为坐标图，右侧为选中的运动副列表，每组曲线与列表项均以不同的颜色对应标识。

⚠【注意】：*只有播放完成，才能有对应的运动规律曲线显示。*

运动规律的查看只需在右侧列表内点选特定的运动副即可，对应左侧坐标图的纵坐标即变为该运动副的计量单位及标度，图 8-10a、b、c 所示分别为“旋转. 1(Revolute. 1)”“棱形. 2（Prismatic. 2）”和“旋转. 3（Revolute. 3）”的运动规律。

通过曲线图观察的运动规律也可通过数据的形式显示，或以电子表格的形式输出，以便对运动机构进行精确研究与分析。点选“传感器（Sensors）”对话框上部的“历史（History）”选项，对话框窗口内显示以数字形式记录的运动副运动规律，如图 8-11 所示。

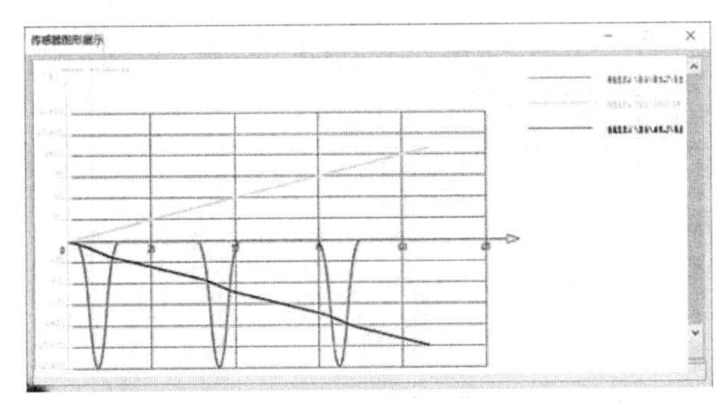

旋转. 1 运动曲线

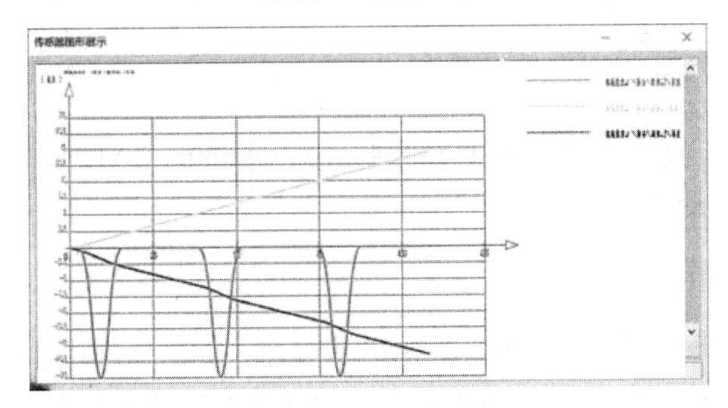

棱形. 2 运动曲线

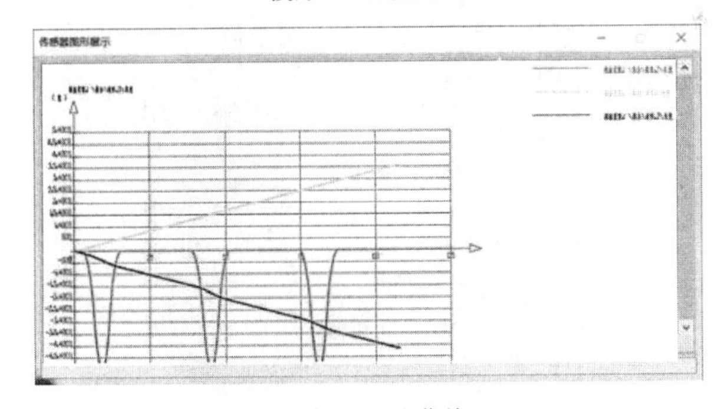

旋转. 3 运动曲线

图 8-10　运动副运动规律曲线

※【**提示**】：为避免黑背景印刷效果不清晰，图 8-10 采用打印输出的方式展示，软件中显示的对话框中的曲线为彩色。

※【**提示**】：测量数据的正负及图形在水平轴上下的位置，可通过调整对应运动副的运动正方向进行。

该组数字若需记录或导出，可单击“传感器（Sensors）”对话框右下角的“文件

（File）”按钮进行保存，参见图 8-4 及相关说明。

图 8-11　数据形式的运动规律记录

8．3　运动参数测量

以滚动凸轮机构（Exercise\8\8. 1-3&1. 4\gundongtulun. CATProduct）为例，测量其执行部件推杆的相关运动参数。

8．3．1　设置测量基准点

双击工作窗口中的“推杆”，进入针对其进行操作的零件工作台。在推杆的上端面中心设置一个测量基准点，如图 8-12 所示。点的设置过程参见 3. 1. 2 节（2）构建点线要素。

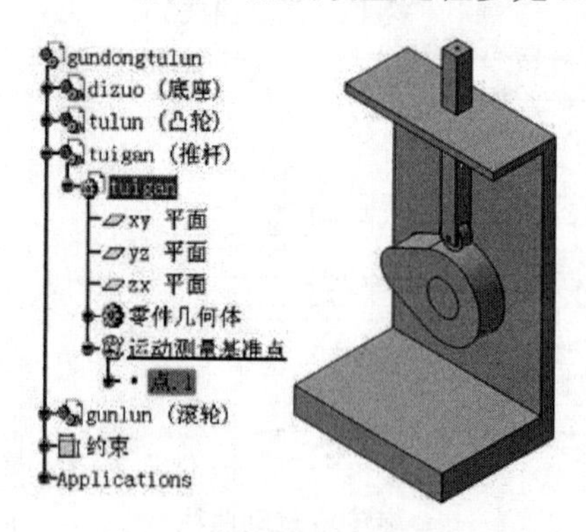

图 8-12　推杆上的测量基准点

8．3．2　建立参考轴系

双击工作窗口中的“底座”，进入针对底座操作的零件工作台，在底座的坐标平面中心插入参考轴系，如图 8-13 所示。轴系原点位于底座的坐标平面中心，且坐标轴与坐标平面一致的为主轴系。轴系的插入过程参见“5.2 轴系的创建”，本例选择主轴为参考轴系。

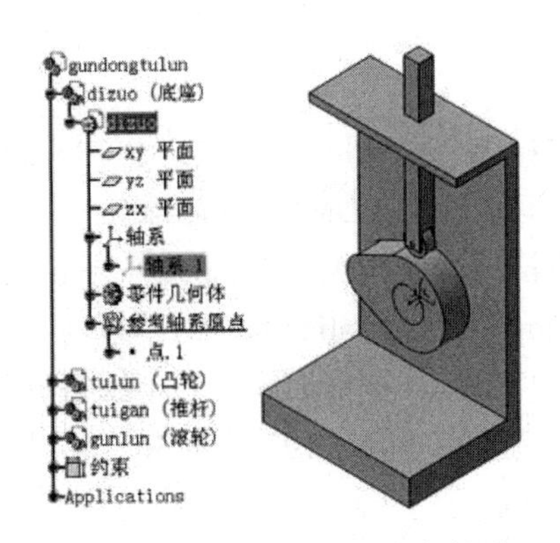

图 8-13　底座上的运动参考轴系

8．3．3　放置传感器

在“DMU 运动机构（DMU Kinematics）”工具栏中单击“速度和加速度（Speed and Acceleration）”图标，显示“速度和加速度（Speed and Acceleration）”对话框，如图 8-14 所示。

分别用鼠标激活对话框中的“参考产品（Reference Product）”和“点选择（Point Selection）”选项栏，并对应在结构树或模型上选择底座的轴系和推杆上的基准点，如图 8-15 所示。当选中“主轴”时，以参考产品的默认轴系作为测量点的参考，当选中“其他轴”时，以所创建的某轴系作为测量点的参考。本模型所创建的轴系与底座的默认轴系重合，因此，默认选择“主轴”不作修改。单击“确定（OK）”，传感器放置完成，“Applications\机械装置（Mechanisms）\速度和加速度（Speed-Acceleration）”节点下生成“速度和加速度. 1（Speed-Acceleration. 1）”，如图 8-16 所示。

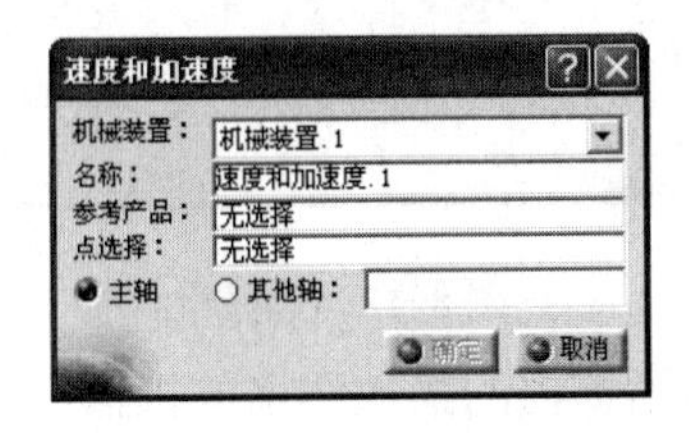

图 8-14　“速度和加速度”对话框

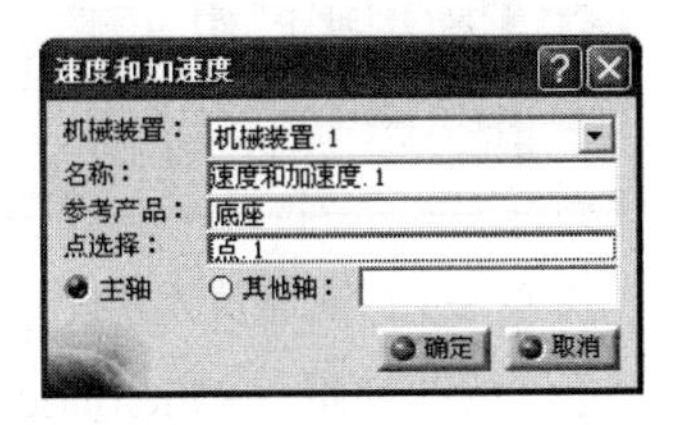

图 8-15　选择参考产品与测量点

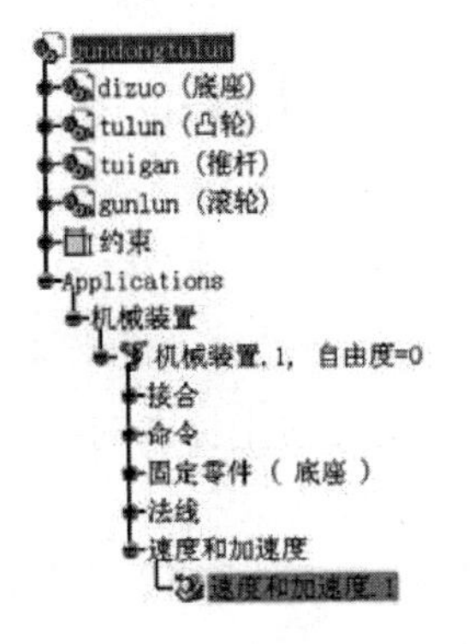

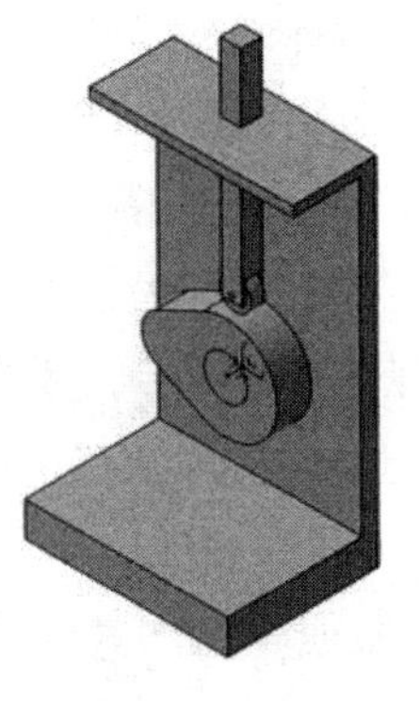

图 8-16　结构树上的速度和加速度传感器

8.3.4 测量

双击结构树上的“速度和加速度.1（Speed-Acceleration.1）”节点，或单击“DMU 运动机构（DMU Kinematics）”→“模拟（Simulation）”工具栏中“使用法则曲线模拟（Simulation with Laws）”图标，弹出“运动模拟（Kinematic Simulation）”对话框（参见图 8-7）。

为使被测点的运动规律曲线更为精细、精确，将凸轮的运动调整为一圈，对应仿真时间为“360°/凸轮转速=360°/（10°/s）=36s”，“步骤数（Number of Steps）”设置为“108”，如图 8-17 所示。

选中“激活传感器（Activate Sensors）”复选框后，弹出“传感器（Sensors）”对话框，在对话框的“选择集（Selection）”中点选“旋转.1（Revolute.1）”“棱形.2（Prismatic.2）”“z_点.1（z_Point.1）”“z_线性速度（z_Linear Speed）”，如图 8-18 所示。

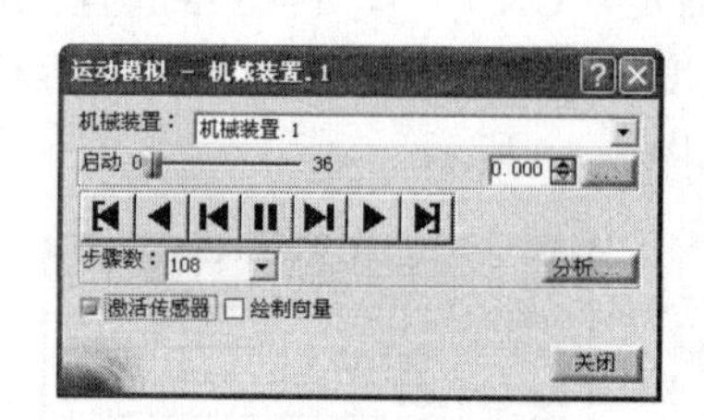

图 8-17 调整仿真参数

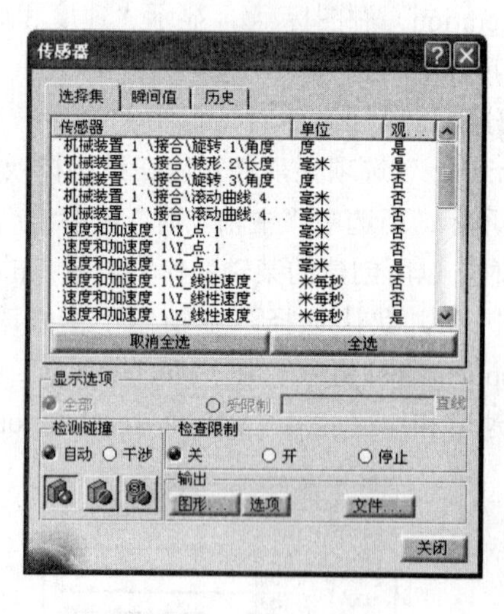

图 8-18 选择检测项

通过“运动模拟（Kinematic Simulation）”对话框内的播放器播放机构运动，放置的传感器开始检测机构的运动信息，检测采样间隔为“模拟时间（Simulation Time Bound）/步骤数（Number of Steps）=36s/108=1/3s”。

播放完成后，单击“传感器（Sensors）”对话框“输出（Outputs）”功能区的“图形（Graphics）”按钮，弹出“传感器图形展示（Sensors Graphical Representation）”窗口，显示以时间为横坐标的被选中检测项的运动规律曲线，如图 8-19 所示。

【重点】：只有完成播放后，才有相应的运动规律曲线生成。

在右侧列表内点选各检测项，可将对应左侧曲线坐标图的纵坐标变为该项的计量单位及标度，用于详细的分析与查看。

运动情况若需记录或导出，可单击“传感（Sensors）”对话框中的“文件（File）”按钮进行保存，参见图 8-11 及相关说明。

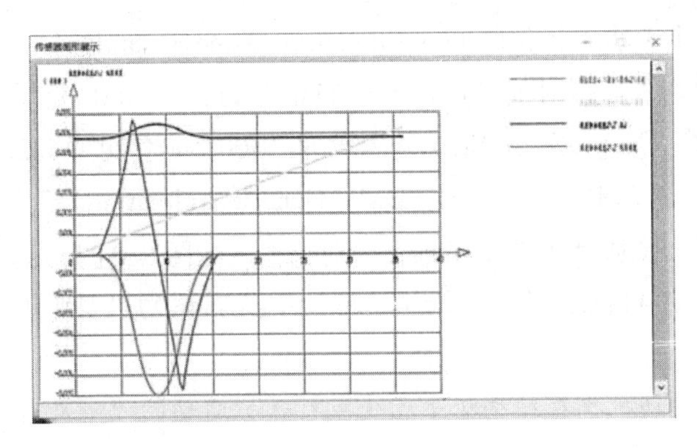

图 8-19　检测项图形显示

8．4　机构运动轨迹分析

运动轨迹分析基于运动机构驱动命令的运动函数、动作程序，或在结构树上已生成的重放。

打开资源包中的“Exercise\8\8. 4&8. 5. 1\fenchajigou. CATProduct”，出现用于水稻移栽的分插机构，如图 8-20 所示。该机构利用椭圆齿轮的不等速传动使栽植臂形成特殊的旋转运动，并结合变速机构的水平移动合成插秧作业所需的运动轨迹。

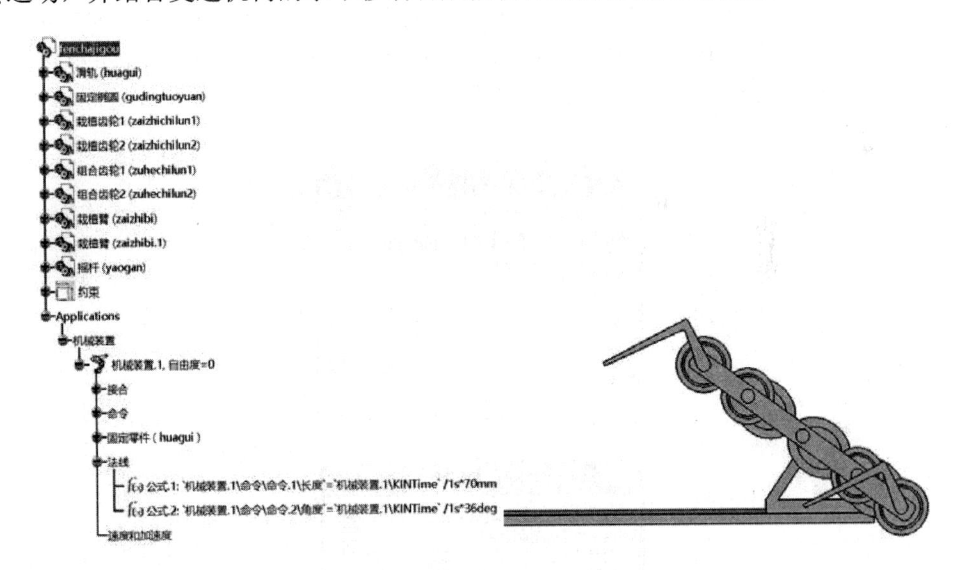

图 8-20　分插机构

8．4．1　单一运动轨迹

单一运动轨迹（或称相对运动轨迹），即运动体相对于某一部件运动过程中所形成的轨迹，本例选择栽植臂绕固定椭圆的相对旋转运动。

首先，通过“DMU 运动机构（DMU Kinematics）”→“模拟（Simulation）”工具栏中的“使用法则曲线模拟（Simulation with Laws）”图标，显示出“运动模拟（Kinematics

Simulation）”对话框。将“模拟时间（Simulation Time Bound）”调整为机构旋转 1 周所需的秒数，该数值为“模拟时间(Simulation Time Bound)＝360°/旋转速度＝360°/(36°/s)＝10 s”，“步骤数（Number of Steps）”设为“300”，参见“6. 2. 2 运动模拟”。

设置完成后，在“DMU 一般动画（DMU Generic Animation）”工具栏中单击“轨迹（Trace）”图标，显示“轨迹（Trace）”对话框，如图 8-21 所示。对于具有运动函数或动作程序的机构，“机械装置. *（Mechanism. *）”默认为“要绘制轨迹的对象（Object to Trace Out）”。

※【提示】：如运动机构在结构树上已生成有模拟运动的“重放（Replay）”，可以通过下拉按钮进行选择，基于“重放（Replay）”的计算速度明显快于基于“法线（Laws）”的轨迹绘制。

选中栽植臂前端部的标记点作为“要绘制轨迹的元素（Elements to Trace Out）”，然后激活对话框内的“参考产品（Reference product）”选项栏，随即在模型中选中固定椭圆，对话框更新如图 8-22 所示。轨迹元素与参考产品选定后，对话框中“轨迹目标(Trace Destination）”选项自动跳至“参考产品（Reference Product）”，即“轨迹（Trace）”是以几何图形集的形式在所选中的“参考产品（Reference Product）”零部件上生成。如选择将轨迹目标选为“新零件（New Part）”，则单独生成一个新的含有轨迹几何图形集的零件文件。单击“确定（OK）”开始绘制轨迹，取样点为“步骤数（Number of Steps）+1＝300+1=301”，各点相对“参考产品（Reference Product）”轴心的角度间隔为“360°/步骤数（Number of Steps）＝360°/300=1. 2°”。

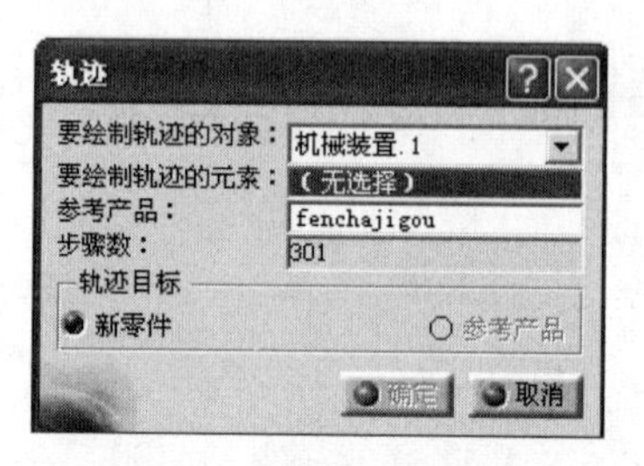

图 8-21　“轨迹”对话框

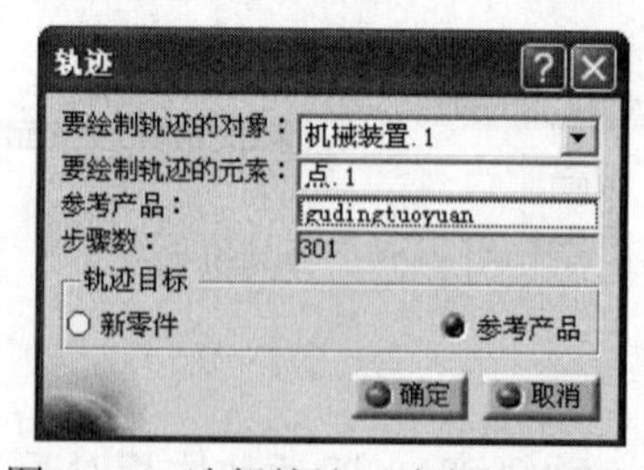

图 8-22　选择轨迹元素与参考产品

根据计算机配置与“步骤数（Number of Steps）”不同，轨迹的绘制需要几十秒至几分钟不等的时间。计算完成后，描绘出的栽植臂标记点绕固定椭圆旋转的“肾形”运动轨迹，如图 8-23 所示，其中图 8-23a 为轨迹生成效果图，图 8-23b、c、d 为栽植臂相对于固

定椭圆的运动过程示意图。

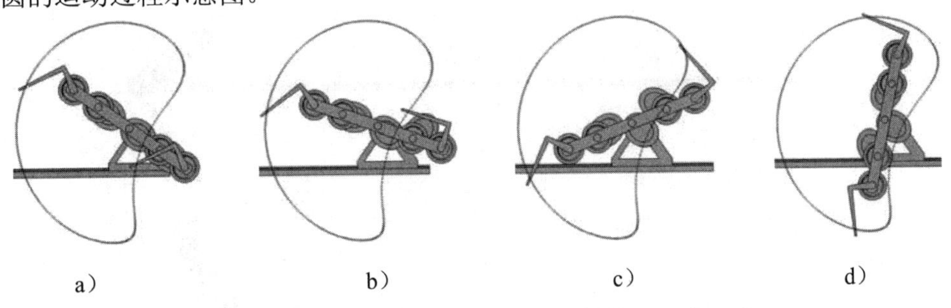

图 8-23　栽植臂相对运动轨迹

8．4．2　合成运动轨迹

合成运动由两个以上的相对运动组成，如这些运动包含了运动体所有的相对运动并以固定物为参考，则称其为绝对运动。

单击“DMU 运动机构（DMU Kinematics）”→“模拟（Simulation）”工具栏中的“使用法则曲线模拟（Simulation with Laws）”图标，显示出“运动模拟（Kinematics Simulation）”对话框。将“模拟时间（Simulation Time Bound）”调整为机构旋转 3 周所需的秒数，则“模拟时间（Simulation Time Bound）＝1080°/旋转速度＝1080°/（36°/s）＝30s”，“步骤数（Number of Steps）”设为“300”，参见图 8-7 及相关说明。

在“DMU 一般动画（DMU Generic Animation）”工具栏中单击“轨迹（Trace）”图标，显示“轨迹（Trace）”对话框，选中两栽植臂前端标记点作为“要绘制轨迹的元素（Elements to Trace Out）”，并将固定件滑轨选定为“参考产品（Reference Product）”，如图 8-24 所示。

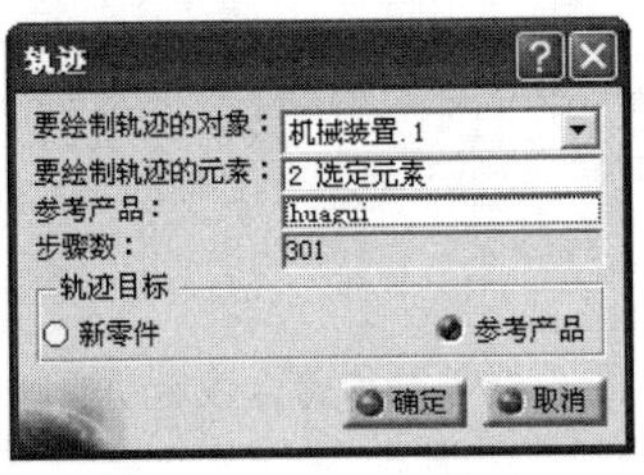

图 8-24　“轨迹”对话框

单击“确定（OK）”按钮，开始绘制轨迹。该轨迹是栽植臂绕固定椭圆旋转的“肾形”运动轨迹与栽植臂随固定椭圆沿滑轨水平运动轨迹的合成，如图 8-25 所示。其中图 8-25a 为轨迹生成效果图，图 8-25b、c、d、e 为栽植臂以滑轨为参考的复合运动过程示意图。

※【提示】：轨迹的形状与机构驱动命令运动函数和程序的参数有关。隐藏结构树“滑轨”→“几何图形集.1、几何图形集.2”中的点，可只显示轨迹样条线。

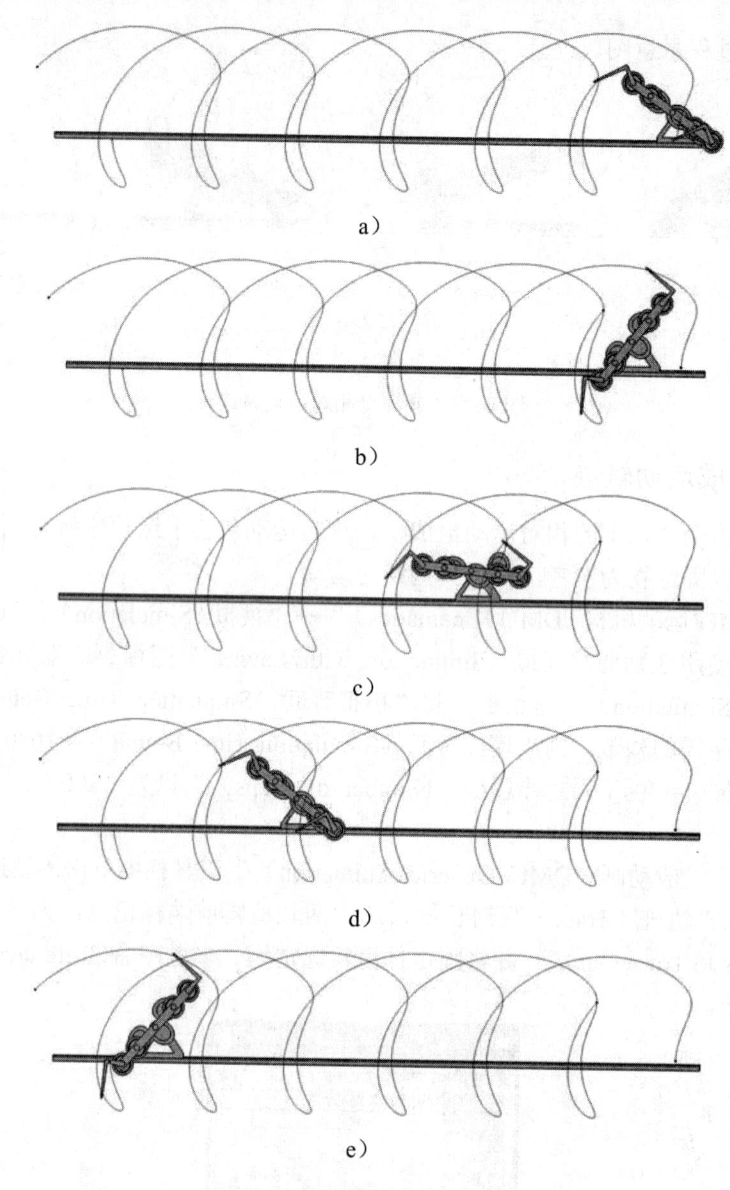

a）

b）

c）

d）

e）

图 8-25　栽植臂合成运动轨迹

8. 5　扫掠包络体

扫掠包络体功能可描绘机构运动部件几何体在整个运动过程中所扫掠的空间范围，用于运动区域观察、外壳设计或干涉的检查。与运动轨迹分析一样，扫掠包络体对运动机构的基本要求是结构树上具有有效的运动函数、程序或重放。

8. 5. 1　基于运动法则的扫掠

（1）合成运动包络体

导入水稻移栽分插机构（Exercise\8\8. 4&8. 5. 1\fenchajigou. CATProduct），在“DMU 一般动画（DMU Generic Animation）”工具栏中单击“扫掠包络体（Swept Volume）”图标，显示“扫掠包络体（Swept Volume）”对话框，如图 8-26 所示。基于运动法则的扫掠应将“选择（Selection）”项定位于“机械装置. 1（Mechanism. 1）”。对话框中默认要扫掠包络体的产品为运动机构中的除固定件外的所有运动零部件，本例为栽植臂等 8 个零部件，对应结构树上突出显示。

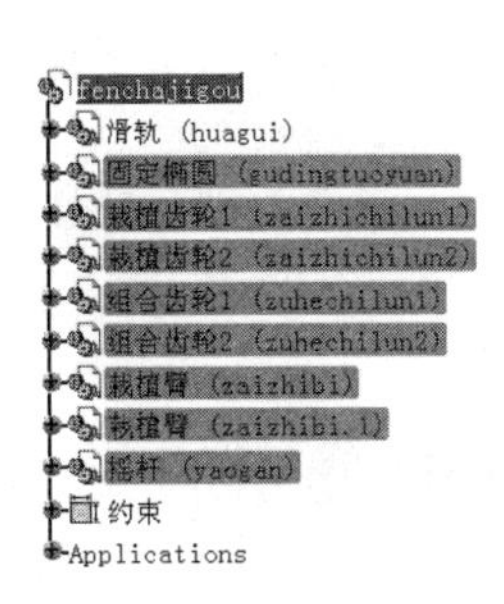

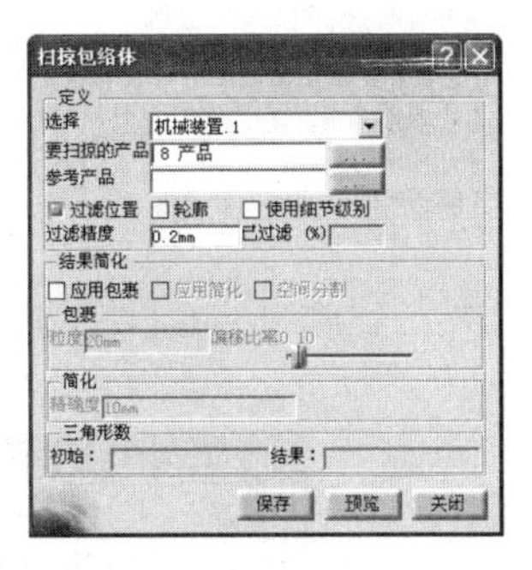

图 8-26　“扫掠包络体”对话框

单击对话框“要扫掠的产品（Product(s) to sweep）”选项栏右侧按钮，展开“多重选择产品（Product Multiselection）”对话框，如图 8-27a 所示。在对话框内选择前、后栽植臂和组合齿轮 1 为“要扫掠的产品[Product(s) to Sweep]”。选择过程中，选定情况在结构树及“扫掠包络体（Swept Volume）”对话框中同步更新显示。

选择完成后，单击“确定(OK)”按钮，关闭“多重选择产品(Product Multiselection)”对话框。“要扫掠的产品[Product(s) to Sweep]”也可以在结构树上直接用鼠标进行点选。“参考产品（Reference Product）”默认为运动机构的固定件，且不能在结构树上进行选择，扫掠合成运动包络体时不需对其进行操作。其他情况可单击“参考产品（Reference Product）”选项栏右侧的按钮，展开“选择参考产品（Reference Product Selection）”对话框，根据需要进行选择，如图 8-27b 所示。

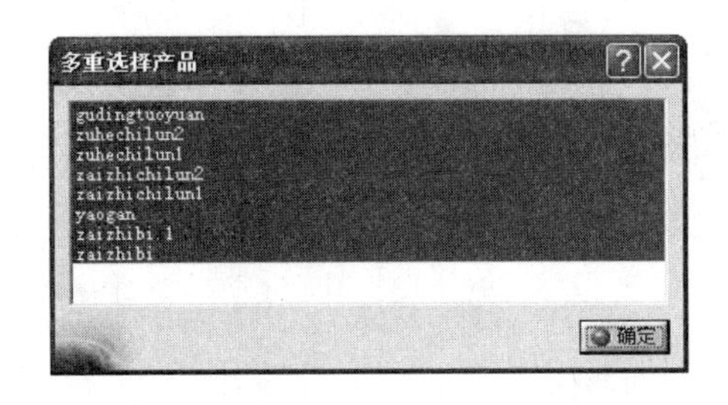

a）

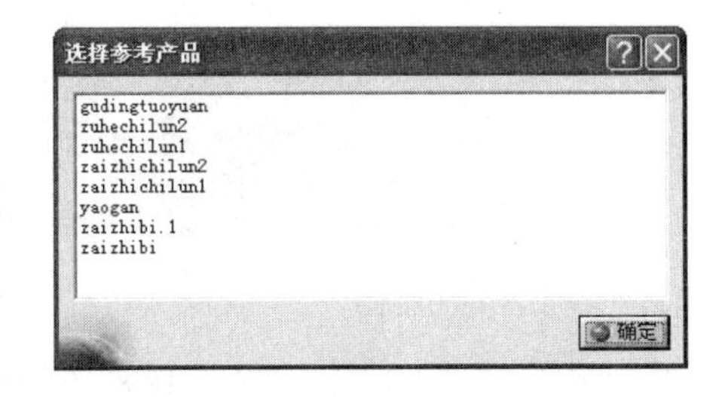

b）

图 8-27　扫掠参象与参考体的设置

在“扫掠包络体（Swept Volume）”对话框内将扫掠“过滤精度（Filter Precision）”修改为“1 mm”，如图 8-28 所示。单击对话框中的“预览（Preview）”按钮，开始扫掠，根据计算机的配置情况，以及要扫掠的产品个数及过滤精度不同，轨迹的绘制需要几分钟不等的时间，进度显示如图 8-29 所示。

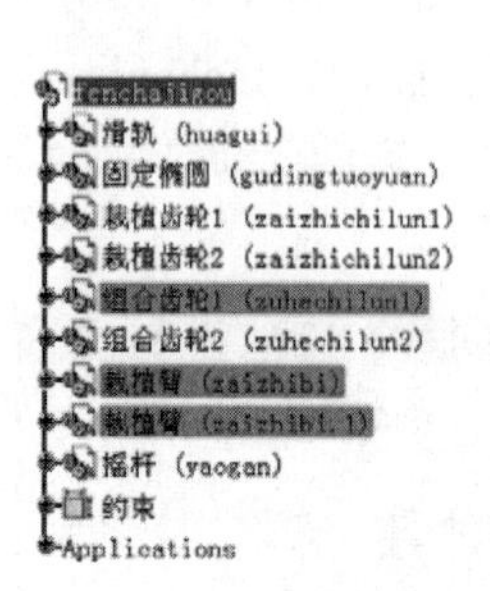

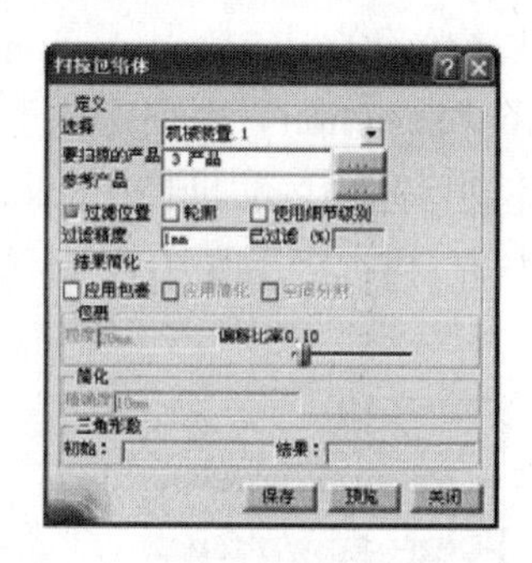

图 8-28　选择扫掠体并修改参数

图 8-29　扫掠进度显示

扫掠完成后，生成的包络体如图 8-30 所示，其中图 8-30a、b 分别为从正反两个方向观察到的扫掠包络体效果图。

扫掠包络体可以通过单击对话框的“保存（Save）”按钮选择以“CGR”“WRL”“MODEL”或“STL”的形式进行保存。

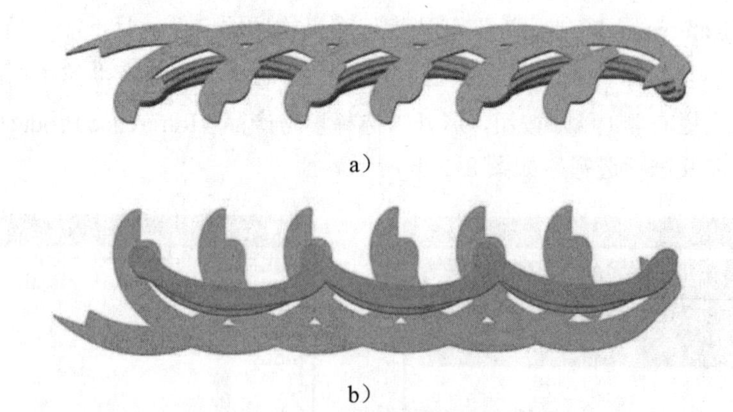

a）

b）

图 8-30　合成运动包络体

（2）相对运动包络体

将机构模拟时间调整为“10s”（参见“8. 4. 1 单一运动轨迹”），并展开“扫掠包络体（Swept Volume）”对话框，参见图 8-26 及相关说明。

选择“栽植臂（zaizhibi. 1）”和 “组合齿轮 2（zuhechilun2）”为“要扫掠的产品

[Product(s) to sweep]”，单击对话框“参考产品（Reference Product）”选项栏右侧的 按钮，展开“选择参考产品（Reference Product Selection）”对话框，选择“固定椭圆（gudingtuoyuan）”为“参考产品（Reference Product）”，参见图 8-27 b 及相关说明，设置“过滤精度（Filter Precision）”为“1 mm”。

扫掠参数设置完成后，结构树上待扫掠零部件的突出显示，“扫掠包络体（Swept Volume）”对话框更新显示，如图 8-31 所示。

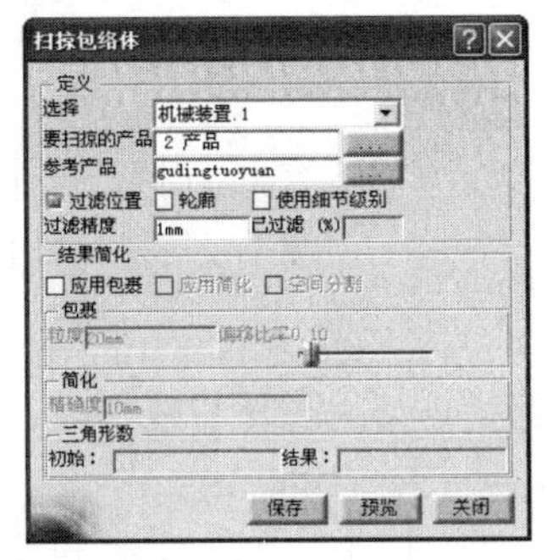

图 8-31　扫掠参数设置完成

单击对话框中的“预览（Preview）”按钮，开始扫掠，生成结果如图 8-32 所示，其中图 8-32a、b 分别为从正反两个方向观察到的扫掠体效果图。

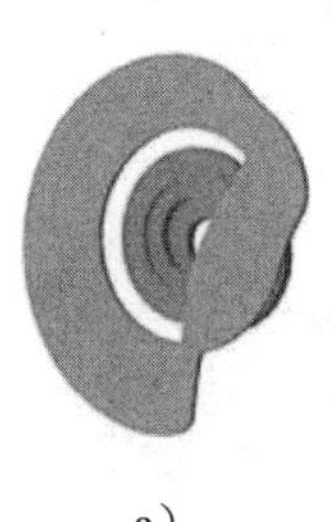

a）

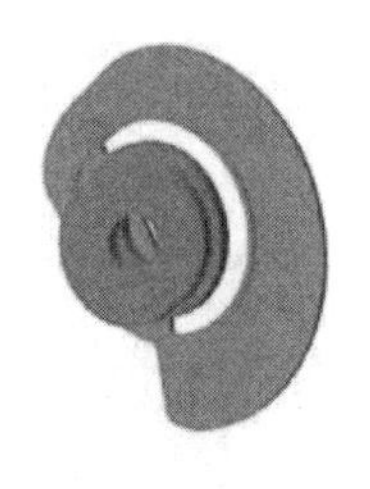

b）

图 8-32　相对运动包络体

8. 5. 2　基于重放的扫掠

打开资源包中的“Exercise\8\8. 5. 2&6. 3. 3&6. 3. 5&6. 4. 1\Robot. CATProduct”，出现直角坐标机械手（参见图 6-35）。该例运动机构结构树上已具有“模拟（Simulation）”节点。

MOOC

使用“DMU 一般动画（DMU Generic Animation）”→“综合模拟（Generic Simulation）”工具栏中的“编辑模拟（Compile Simulation）”功能图标，弹出“编辑模拟（Compile Simulation）”对话框，将该运动机构结构树上的“模拟. 1（Simulation. 1）”生成“重放（Replay. 1）”，如图 8-33 所示，操作过程参见“6. 4. 1 生成重放”。

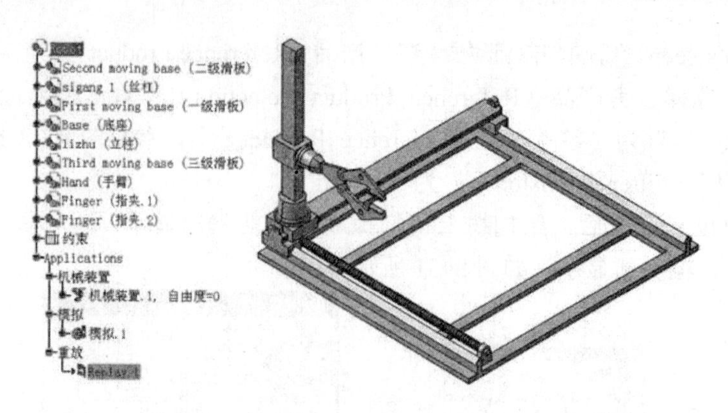

图 8-33　结构树上生成“重放”节点

在“DMU 一般动画（DMU Generic Animation）”工具栏中单击“扫掠包络体（Swept Volume）”图标，显示“扫掠包络体（Swept Volume）”对话框，参见图 8-26 及相关说明。在对话框的“选择（Selection）”栏内选择“重放. 1（Replay. 1）”，并将 Finger（指夹. 1、指夹. 2）作为“要扫掠的产品[Product(s) to Sweep]”，“过滤精度（Filtering Precision）”设置为“1 mm”，如图 8-34 所示。

图 8-34　扫掠包络体对话框

单击对话框的“预览（Preview）”按钮开始扫掠，进度显示如图 8-35 所示。由扫掠进度及相关参数可见，基于“重放（Replay）”的扫掠速度远高于直接基于机构运动函数或程序的扫掠。

【经验】：对于复杂的运动机构，建议将运动模拟生成“重放（Replay）”后进行包络体的扫掠或运动轨迹的描绘。

扫掠完成后，结果预览如图 8-36 所示。

图 8-35　扫掠进度显示

图 8-36　指夹扫掠包络体

若设置扫掠参数时在“扫掠包络体（Swept Volume）”对话框内选择“结果简化（Result Simplification）”中的“应用包裹（Apply Package）”，则生成的扫掠包络体效果如图 8-37 所示。

图 8-37　简化包络体

8. 6　空间分析

8. 6. 1　干涉与碰撞

（1）动态检测

打开资源包中的“Exercise\8\8. 6. 1&6. 1-2\wanxiangjiechuandong. CATProduct”，显示具有运动函数的十字轴万向节传动机构（参见图 6-1、图 6-16）。

单击“DMU 一般动画（DMU Generic Animation）”→“综合模拟（Generic Simulation）”工具栏中“模拟（Simulation）”功能图标，打开“运动模拟（Kinematics Simulation）”对话框并选择“使用法则曲线（Use Laws）”操作界面，参见图 6-24 及相关说明。

在“DMU 一般动画（DMU Generic Animation）”→“碰撞模式（Clash Mode）”工具栏内选择“碰撞检测停止[Clash Detection（Stop)]”图标，将“DMU 一般动画（DMU Generic Animation）”工具栏设定为碰撞检测停止模式，如图 8-38 所示。

使用“运动模拟（Kinematics Simulation）”对话框的“使用法则曲线（Use Laws）”操作界面的播放器按钮播放机构运动。当齿条上的测试块与底座相接触时，机构运动停止，碰撞区域的轮廓线突出显示，如图 8-39a 所示。

图 8-38　设定为碰撞检测停止模式

若仅设置“DMU 一般动画（DMU Generic Animation）”工具栏为“碰撞检测打开[Clash Detection（On)]”模式，则当测试块与底座发生接触时，机构运动并不停止，但系统将零部件碰撞后贯通区域的轮廓高亮显示，如图 8-39b 所示。

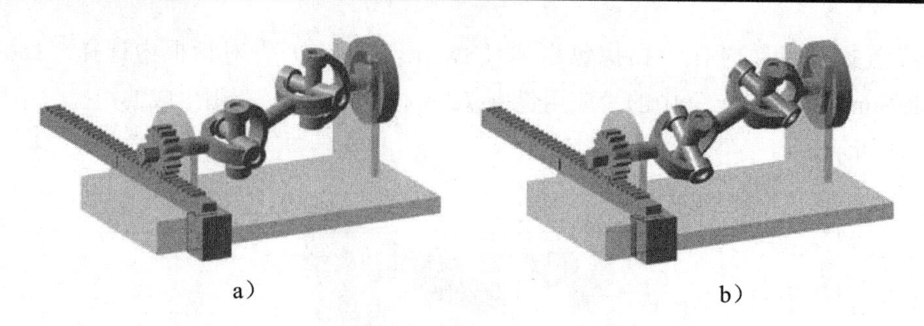
a）　　　　　　　　　　b）

图 8-39　运动机构碰撞检测情况

动态碰撞检测也可在使用“DMU 运动机构（DMU Kinematics）”→“模拟（Simulation）”工具栏中的“使用命令模拟（Simulation with Command）”和“使用法则曲线模拟（Simulation with Laws）”功能时，激活传感器，弹出“传感器（Sensors）”对话框。

在“传感器（Sensors）”对话框左下部“检测碰撞（Detect Clashes）”设置区单击与“DMU 一般动画（DMU Generic Animation）”→“碰撞模式（Clash Mode）”工具栏内相同的功能图标，设置不同的碰撞检测模式，播放机构运动启动检测，如图 8-40 所示。

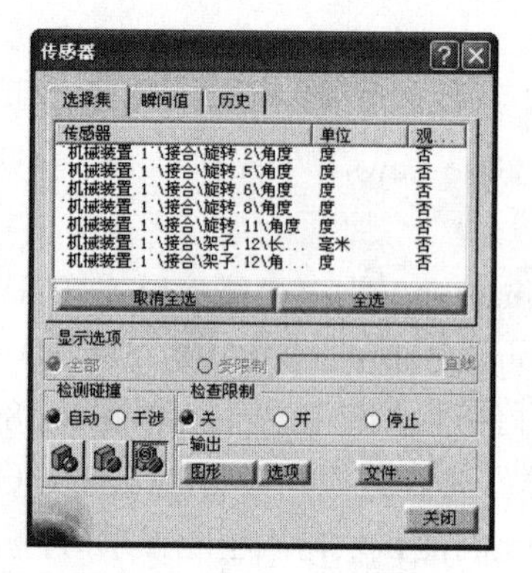

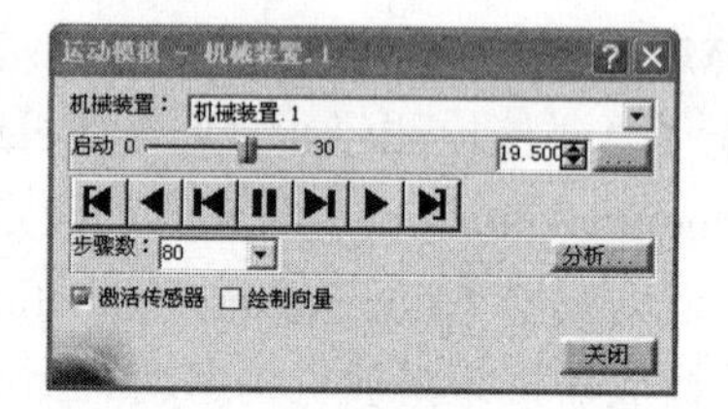

图 8-40　通过激活传感器设置并检测碰撞

（2）静态检测

① 检测设置

在“空间分析（Space Analysis）”工具栏中单击“碰撞（Clash）”图标，显示“检查碰撞（Check Clash）”对话框，如图 8-41 所示。

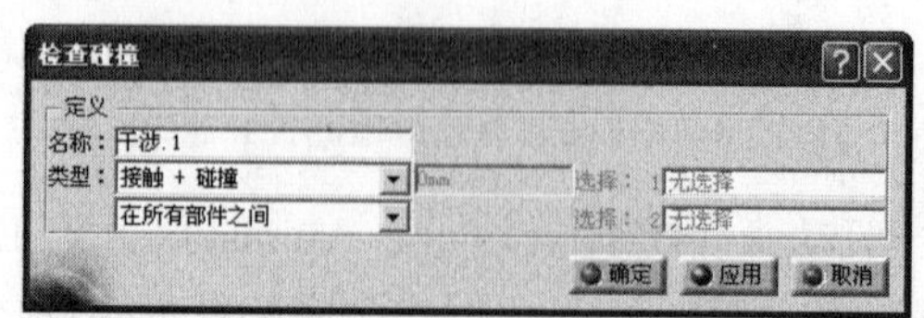

图 8-41　“检查碰撞”对话框

对话框“类型（Type）”选项栏下拉菜单中有 4 种干涉类型可供选择，如图 8-42 所示。

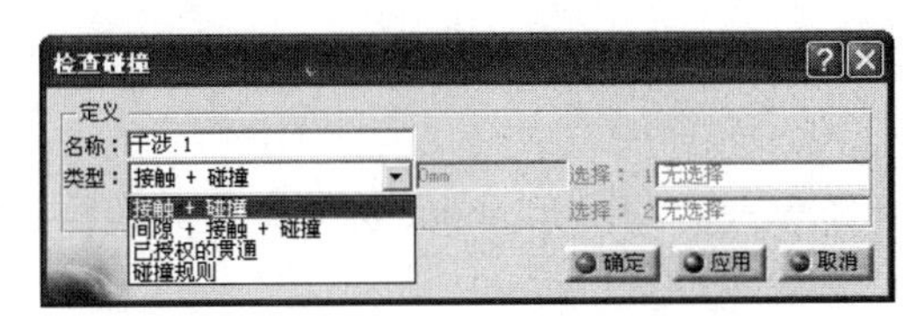

图 8-42　检查类型

其中各类型含义为：

“接触+碰撞（Contact + Clash）”：检查干涉与接触。

“间隙+接触+碰撞（Clearance + Contact + Clash）”：检查干涉与接触的同时检查两个对象之间的最小距离是否超过规定值。当选中该类型时，类型栏后面的距离设置栏被激活，如图 8-43 所示。默认距离是 5 mm，可根据需要自行修改。

“已授权的贯通（Authorized Penetration）”：允许产生用户给定的渗透深度而不报告为干涉。当选中该类型时，类型栏后面的数字精度栏同样会被激活，可根据需要自行调整渗透值，如图 8-43 所示。

“碰撞规则（Clash Rules）”：基于“知识工程（Knowledgeware）”模块所编制的规则而进行的干涉检查。

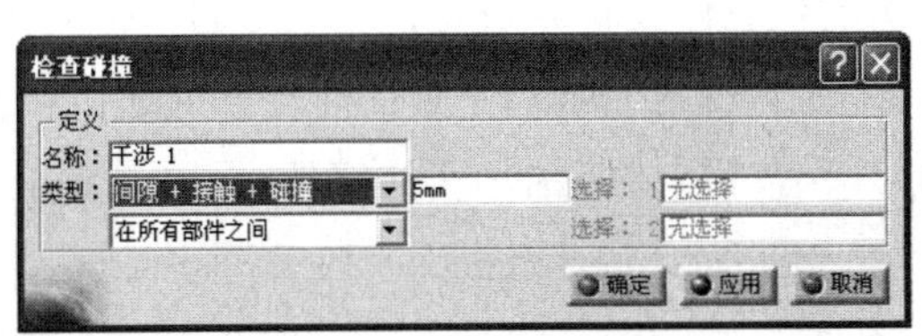

图 8-43　激活距离设置栏

对话框“类型（Type）”栏下面干涉检查范围默认为“在所有部件之间（Between All Components）”，检查范围的下拉选项中还有其他 3 个范围可供选择，如图 8-44 所示。

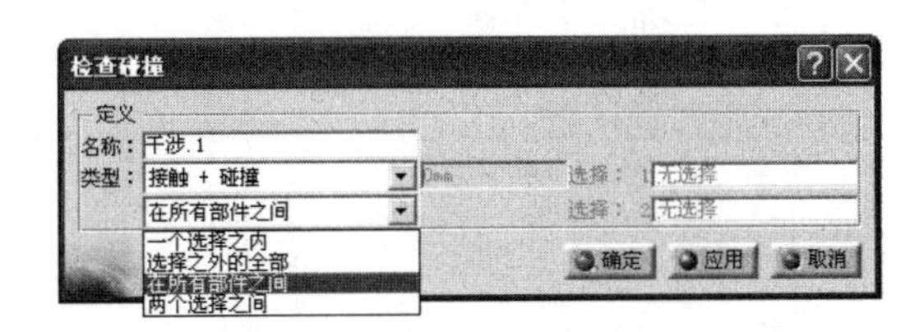

图 8-44　检查范围

干涉检查范围各选项的含义为：

“一个选择之内（Inside One Selection）”：将待测试零部件均放在一个选择组内，检查组内所有选项之间的干涉情况。当选中该类型时，“选择：1（Selection：1）”栏被激活，如图 8-45 所示，可用鼠标在结构树或模型上选择零部件。

“选择之外的全部（Selection Against All）”：检查所选组内的每个零部件相对于其他运动机构零部件之间的干涉情况。选中该类型时，“选择：1（Selection：1）”栏同样被激活。

“在所有部件之间（Between All Components）”：系统默认选项，检查整个运动机构中每个零部件之间的干涉情况。

“两个选择之间（Between Two Selection）”：建立两个测试组，检查“选择：1（Selection:1）”组中每个零部件相对于“选择：2（Selection：2）”组中每个零部件之间的干涉情况。选中该类型时，“选择：1（Selection：1）”与“选择：2（Selection：2）”栏同时被激活。

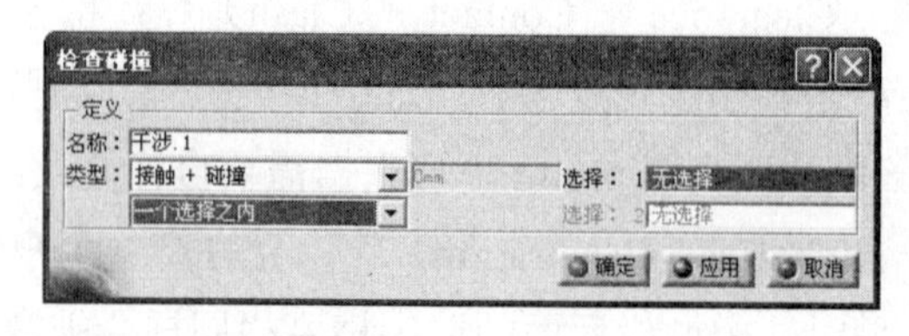

图 8-45 选择栏被激活

② 检测

检测可针对运动机构的任意停止位置进行，现以万向节传动机构处于图 8-39b 所示状态时为例。将“检查碰撞（Check Clash）”对话框设置为默认状态（参见图 8-41）。

单击”应用（Apply）”按钮，对话框扩展更新显示如图 8-46 所示。对话框中部显示检查结果：干涉数目（Number of Interferences）13 个，其中，碰撞（Clash）项 1 个、接触（Contact）项 12 个、超过最小间隙（Clearance）项 0 个，下部为检测情况的详细列表。

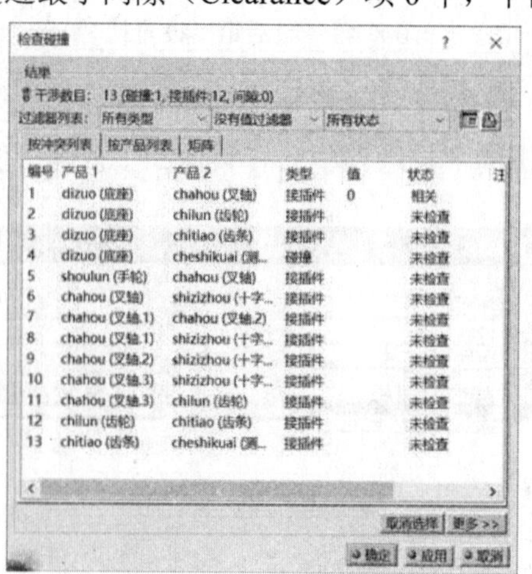

图 8-46 检测结果

在“检查碰撞（Check Clash）”对话框扩展更新显示的同时，弹出对应冲突列表中被

选项的两零部件之间关系的“预览（Preview）”窗口。

图 8-47 所示为第 5 项“底座”与“测试块”干涉情况的显示，两部件之间的关系为“碰撞（Clash）”类型，并标示出测试块侵入底座的距离为“24. 12 mm”，侵入部分的外轮廓突出显示。

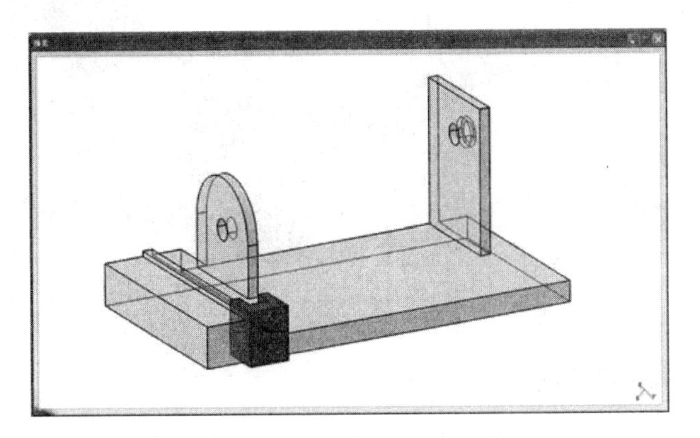

图 8-47　底座与测试块的干涉情况

“接触（Contact）”类型的预览窗口如图 8-48 所示，图 8-48a、b 分别对应冲突列表的第 8 项“叉轴. 1”与“叉轴. 2”，和第 11 项“叉轴. 3”与“十字轴”，接触要素及接触部位以网状线标识。

a）

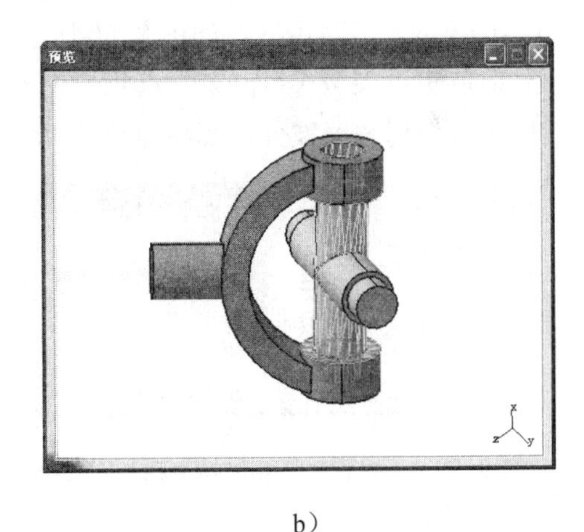

b）

图 8-48　接触关系显示

单击“检查碰撞（Check Clash）”对话框的”确定（OK）”按钮，则检测结果被保存，结构树上生成“干涉（Interference）”及其下属节点，如图 8-49 所示。

针对运动机构不同位置的检查可在结构树上生成多个“干涉. *（Interference. *）”记录，查看时只需双击结构树上对应的干涉子节点即可。

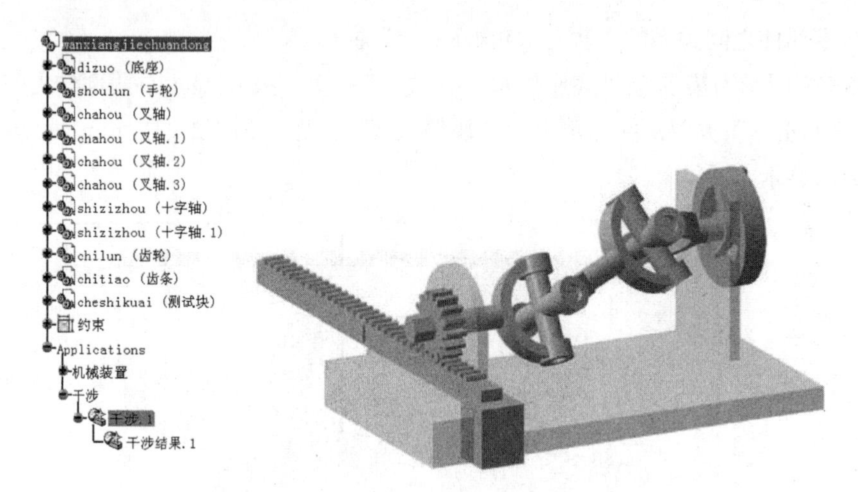

图 8-49　结构树上生成“干涉”节点

8. 6. 2　距离和区域分析

打开资源包中的“Exercise\8\8. 6. 2&7. 5\Lcc Super. CATProduct”，显示双轴单铰接驱动轮运动机构（参见图 7-52）。

（1）分析设置

在“空间分析（Space Analysis）”工具栏中单击“距离和区域分析（Distance and Band Analysis）”图标，显示“编辑距离和区域分析（Edit Distance and Band Analysis）”对话框，如图 8-50 所示。

对话框中“类型（Type）”选项栏内默认为“最小值（Minimum）”，下拉选项中还有其他 4 种距离与区域分析类型可供选择，如图 8-51 所示。

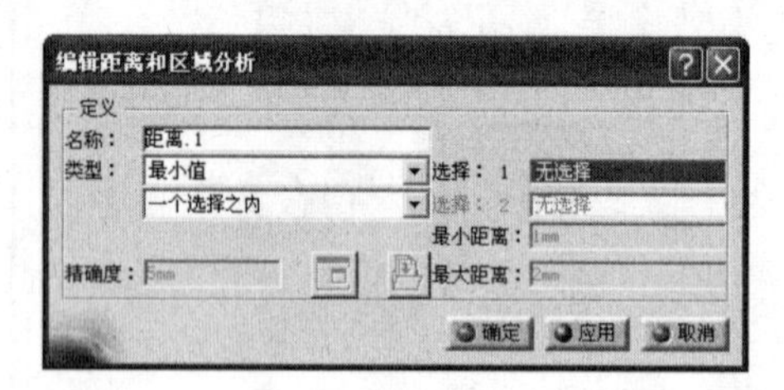

图 8-50　“编辑距离和区域分析”对话框

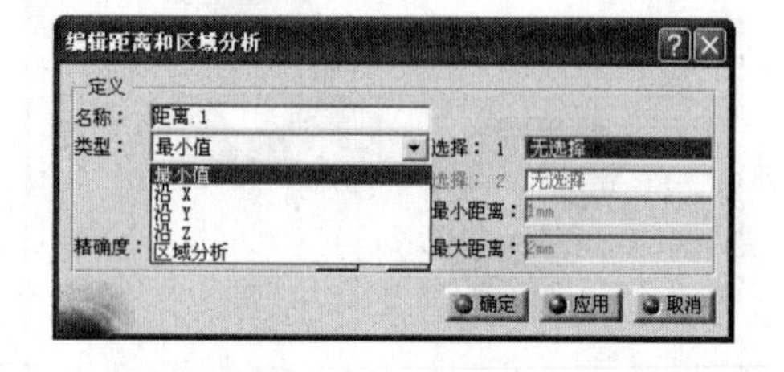

图 8-51　距离与区域分析类型

其中各类型含义为：

“最小值（Minimum）”：测量两零部件之间的最短距离。

“沿 X（Along X）”：沿工作窗口的主坐标系（罗盘）的 x 轴方向测量距离。

“沿 Y（Along Y）”：沿工作窗口的主坐标系（罗盘）的 y 轴方向测量距离。

“沿 Z（Along Z）”：沿工作窗口的主坐标系（罗盘）的 z轴方向测量距离。

“区域分析（Band Analysis）”：根据设定的距离范围和精度测量零部件之间的位置，并以不同的颜色显示用户规定的最短距离和处于规定范围内的区域。

当选中“区域分析（Band Analysis）”项时，对话框中的“精确度（Accuracy）”“最小距离（Minimum Distance）”“最大距离（Maximum Distance）”数值输入栏被激活，如图 8-52 所示，用户可根据需要设定具体的数值。

对话框类型选项栏下面距离与区域分析范围默认为“一个选择之内（Inside One Selection）”，检查范围的下拉选项中共有 3 个测量范围可供选择，如图 8-53 所示。

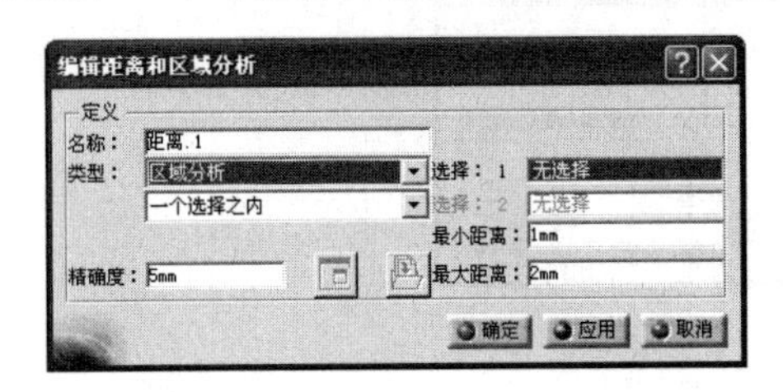

图 8-52　数值输入栏被激活

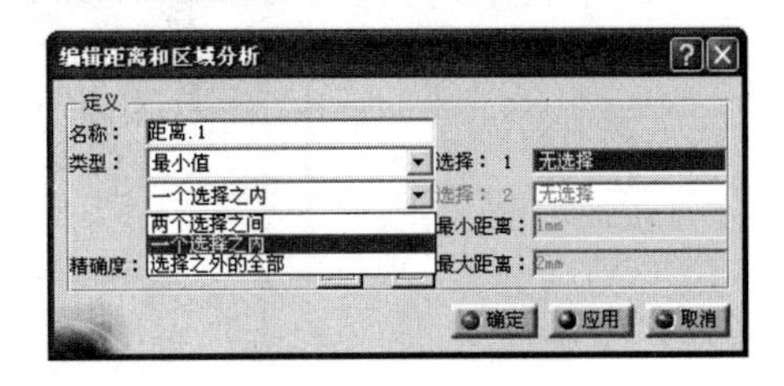

图 8-53　检查范围选项

距离与区域分析范围各选项含义为：

“两个选择之间（Between Two Selection）”：建立两个组，测量“选择：1（Selection：1）”组中每个零部件相对于“选择：2（Selection：2）”组中每个零部件之间距离。选中该类型时，“选择：1（Selection：1）”与“选择：2（Selection：2）”选项栏同时被激活，可用鼠标在结构树或模型上选择零部件。

“一个选择之内（Inside OneSelection）”：将待测量与分析的零部件均放在一个选择组内，测量组内所有选项之间的距离与区域情况。该选项状态时，对话框“选择：1（Selection：1）”选项栏被激活，如图 8-50 所示。

“选择之外的全部（Selection Against All）”：测量选中组内的每个零部件相对于所有运动机构未选部分零部件之间的距离与区域情况。选中该类型时，“选择：1（Selection：1）”选项栏处于被激活状态。

（2）最短距离测量

将“编辑距离和区域分析（Edit Distance and Band Analysis）”对话框中的“类型（Type）”设置为“最小值（Minimum Distance）”，范围为“两个选择之间（Between Two Selection）”，如图 8-54 所示，“选择：2（Selection：2）”由灰度变为可操作状态的正常显示。

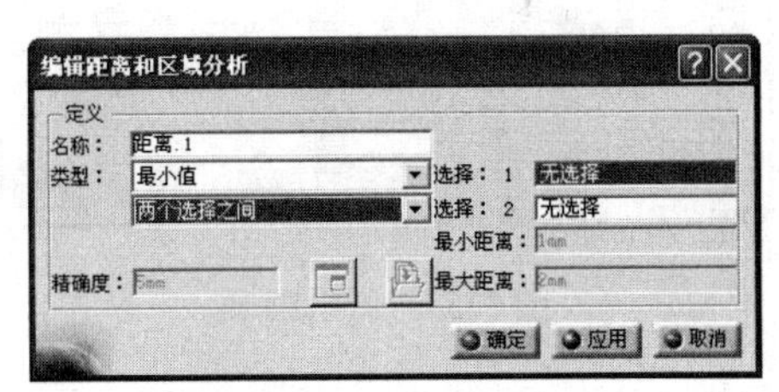

图 8-54　检查范围选项

分别激活“选择：1（Selection：1）”“选择：2（Selection：2）”为当前操作对象，并对应在结构树或模型中选择“梁架总成”中的梁和“车轮总成 2”中的后轮轮胎，则两被选零部件分别归属“选择：1（Selection：1）”和“选择：2（Selection：2）”，对话框更新显示，如图 8-55 所示。

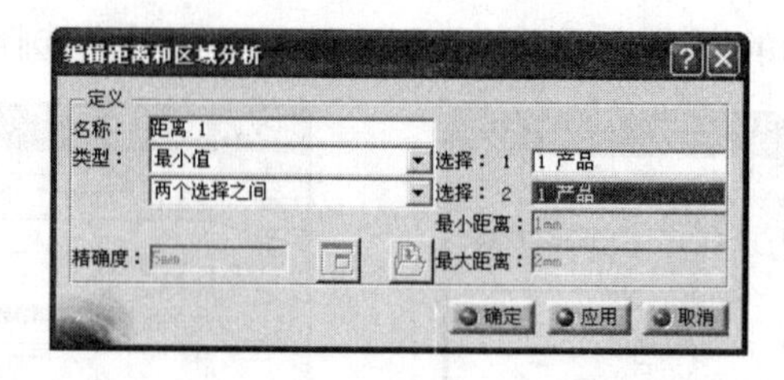

图 8-55　对话框更新显示

操作过程中，当前被选零部件及其所属的组装总成分别在机构模型及结构树上突出显示，如图 8-56 所示。

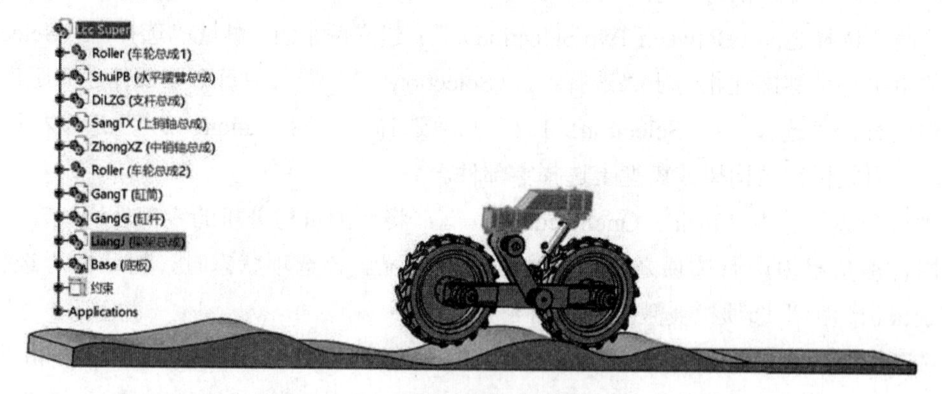

图 8-56　选中零部件突出显示

单击“应用（Apply）”按钮，对话框扩展更新显示，如图 8-57 所示。对话框下部显示距离测量结果、测量点的坐标及测量点所属的零部件等信息。

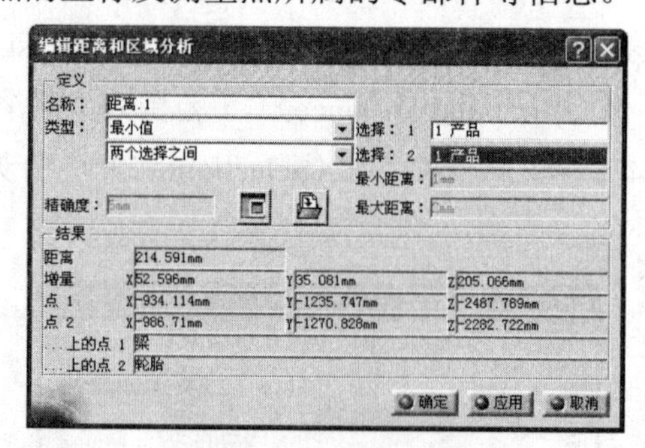

图 8-57　测量结果

在“编辑距离和区域分析（Edit Distance and Band Analysis）”对话框扩展更新显示的同时，弹出标注距离的两被测零部件预览窗口，如图 8-58 所示。

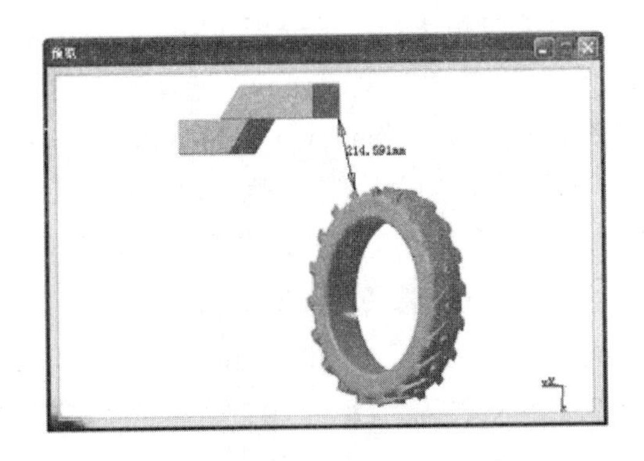

图 8-58　测量结果预览窗口

单击对话框的“确定（OK）”按钮，则测量结果被保存，结构树上生成“距离（Distance）”及其下属节点，并于 3D 模型上标注出测量结果，如图 8-59 所示。不同零部件的检查可生成多个“距离.*（Distance.*）”记录，查看时只需双击结构树上对应的节点即可。

图 8-59　测量结果记录与显示

距离值即结构树上的“距离.1（Distance.1）”，在机构运动模拟过程中可自动更新，由初始状态的“214.591 mm”变为当前运动位置的“26.935 mm”，如图 8-60 所示。

⚠【注意】：距离值的更新在机构模拟运动停止后才能够显示出来。

图 8-60　测量结果更新

（3）区域分析

单击“空间分析（Space Analysis）”工具栏中“距离和区域分析（Distance and Band

Analysis）”图标，显示“编辑距离和区域分析（Edit Distance and Band Analysis）”对话框，参见图 8-50 及相关说明。将“类型（Type）”选择为“区域分析（Band Analysis）”，分析范围设定为“两个选择之间（Between Two Selections）”，如图 8-61 所示。

分别激活“选择：1（Selection：1）”“选择：2（Selection：2）”为当前操作对象，并对应在结构树或模型中选择“梁架总成”中的梁和“车轮总成 1”中的前轮轮胎，并设置“精确度（Accuracy）”“最小距离（Minimum Distance）”“最大距离（Maximum Distance）”分别为“1 mm”“80 mm”“200 mm”，如图 8-62 所示。

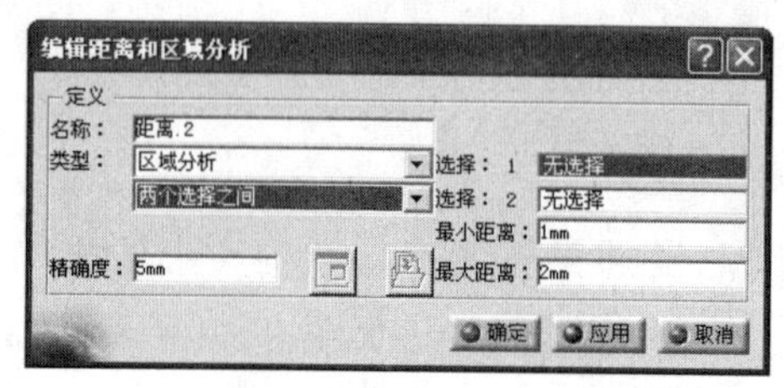

图 8-61　对话框区域分析设置

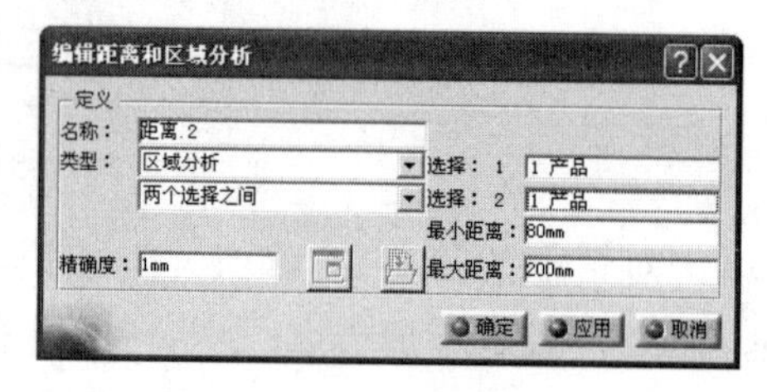

图 8-62　区域分析参数设定

单击“应用（Apply）”按钮，开始对选中的部件进行区域分析，计算进度显示如图 8-63 所示，计算所需时间与设定的距离范围与精度有关。

计算完成后“编辑距离和区域分析（Edit Distance and Band Analysis）”对话框扩展更新显示，如图 8-64 所示。对话框展开部分显示分析结果、测量点的坐标、测量点所属的零部件等信息，并在最下部设有分析结果可视化说明及设置区域。

图 8-63　区域分析进度显示

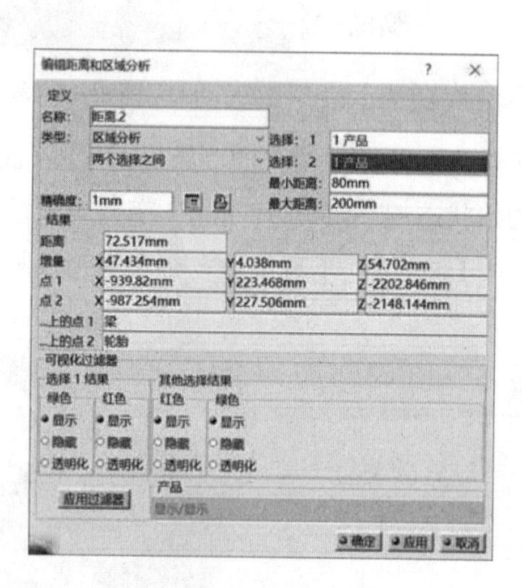

图 8-64　分析结果

在“编辑距离和区域分析（Edit Distance and Band Analysis）”对话框扩展更新显示的同时，弹出以不同颜色显示区域并标注当前距离值的两被分析零部件预览窗口，如图 8-65 所示。单击对话框的“确定（OK）”按钮，则分析结果被保存，结构树“距离（Distance）”节点下又生成一个“距离. 2（Distance. 2）”子节点。

图 8-65　分析结果预览窗口

3D 模型上以不同颜色标示分析结果，其中，深色（红色）为最小距离以内区域，浅色（绿色）为指定距离范围内（最小距离与最大距离之间）区域，如图 8-66 所示。区域的颜色标识可在“编辑距离和区域分析（Edit Distance and Band Analysis）”对话框下部的“可视化过滤器（Visualization Filters）”功能区进行“隐藏（Hide）”或“透明化（Transparent）”的效果处理。

图 8-66　分析结果记录与标示

设定的区域分析与前节所讲述的距离测量一样，可随机构的运动而自动跟踪并更新分析结果。图 8-67 所示为结构树上的“距离. 2（Distance. 2）”在机构运动模拟到其他位置时分析结果的更新情况，标示颜色的比例及区域发生了明显变化。

图 8-67　分析结果更新

⚠【注意】：区域分析结果的更新同样要在机构模拟运动停止后才能够显示出来。

如需对运动机构新位置的区域分析情况进行详细的了解与观察，可直接双击结构树上的“距离.2（Distance.2），这时会同时弹出“编辑距离和区域分析（Edit Distance and Band Analysis）”对话框（如图 8-68 所示）和分析结果“预览（Preview）”窗口（如图 8-69 所示）。

通过“编辑距离和区域分析（Edit Distance and Band Analysis）”对话框，用户可获得区域分析设置与结果可视化的相关信息，也可根据需要在对话框内重新设置并计算。

※【提示】：因“预览（Preview）”窗口内仅显示选中零部件及相互间根据设定参数计算的区域分析结果，对于复杂运动机构来讲，应用该窗口观察零部件之间的区域关系更为清晰明了。

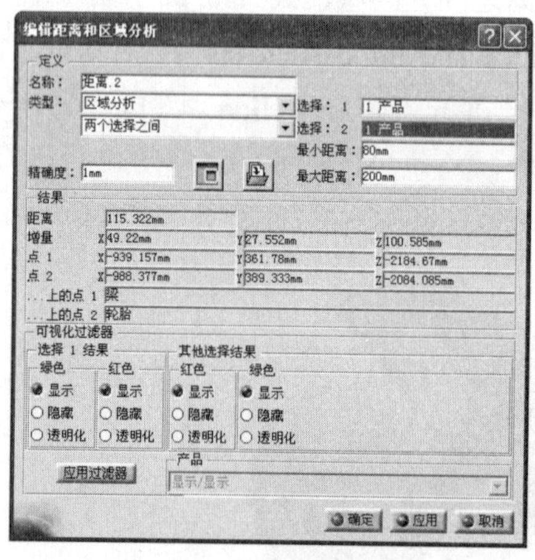

图 8-68　区域分析设置与结果可视化相关信息

图 8-69　分析结果更新预览

8.7　复习与思考

（1）论述基于运动仿真的数字样机分析的内容与用途。

（2）论述机械装置分析的过程与注意事项。

（3）论述基于传感器的运动参数分析过程与注意事项。

（4）论述机构运动轨迹分析的过程与注意事项。

（5）论述运动部件扫掠包络体获取的过程与操作要点。

（6）论述运动机构空间分析的内容与过程。

（7）谈谈对数字样机运动仿真技术课程学习及技术运用的理解和认识。

附录　运动副一览表

序号	运动副		图标	创建要素	自由度	驱动形式	装配约束转换要素
	中文名称	英文名称					
1	旋转副	Revolute		两条相合轴线和两个接触或偏移平面	一个旋转	角度	轴相合&与轴垂直的面接触、面相合、面偏移或面的角度约束
2	棱形副	Prismatic		两条相合直线和两个接触或偏移平面	一个移动	长度	线相合&与线平行的面接触；线相合&与线平行的线或面偏移、角度或相合约束；两对面相合
3	圆柱副	Cylindrical		两条相合轴线	一个旋转和一个移动	角度和长度	轴相合
4	螺钉副	Screw		两条相合轴线	以比率关联的旋转和移动	角度或长度	—
5	球面副	Spherical		两个相合点	三个旋转	—	点相合；相合点的偏移约束
6	平面副	Planar		两个接触面	两个移动和一个旋转	—	相合面的相合；相合面的偏移；相合面的角度约束；相合面的曲面接触
7	刚性接合	Rigid		空间的两个零部件实体	—	—	两零部件之间限制全部自由度的约束组合或固联
8	点曲线	Point Curve		相合的一条曲线和一个点	三个旋转和一个移动	长度	—
9	滑动曲线	Slide Curve		相切的两条曲线	一个旋转和一个移动	—	—
10	滚动曲线	Roll Curve		相切的两条曲线	相合点切线速度相同的两个旋转	长度	—
11	点曲面	Point Surface		相合的一个曲面和一个点	三个旋转、两个移动	—	—
12	U 形接合	U Joint		两条相交的轴线	一个旋转	—	—
13	CV 接合	CV Joint		同一平面内相交且始末端与中间轴夹角相等的三条轴线	一个旋转	—	—
14	齿轮接合	Gear		建立在同一部件或刚性联接体上的两个旋转	以比率关联的两个旋转	角度	—
15	齿轮齿条	Rack		建立在同一部件或刚性联接体上的一个棱形和一个旋转	以比率关联的旋转和移动	长度或角度	—
16	电缆接合	Cable		两个棱形	以比率关联的两个移动	长度	—
17	轴系接合	Axis-based		两个轴系	**	**	—

注：表中“—”表示“无”；“**”表示与目标运动副相同。